旗 標 FLAG

好書能增進知識　提高學習效率　卓越的品質是旗標的信念與堅持

旗 標 FLAG

http://www.flag.com.tw

Type Script

Essential TypeScript：From Beginner to Pro

邁向專家之路

Adam Freeman 著　許文達 譯

施威銘研究室 監修

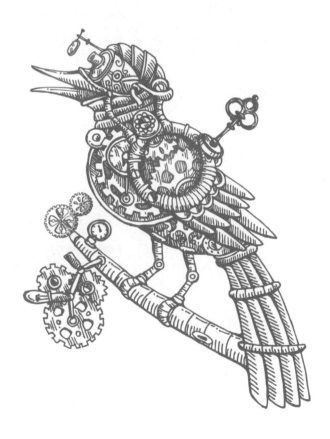

感謝您購買旗標書,
記得到旗標網站
www.flag.com.tw
更多的加值內容等著您…

● FB 官方粉絲專頁:旗標知識講堂

● 旗標「線上購買」專區:您不用出門就可選購旗標書!

● 如您對本書內容有不明瞭或建議改進之處,請連上
旗標網站,點選首頁的 聯絡我們 專區。

若需線上即時詢問問題,可點選旗標官方粉絲專頁
留言詢問,小編客服隨時待命,盡速回覆。

若是寄信聯絡旗標客服 email,我們收到您的訊息
後,將由專業客服人員為您解答。

我們所提供的售後服務範圍僅限於書籍本身或內
容表達不清楚的地方,至於軟硬體的問題,請直接
連絡廠商。

學生團體　　訂購專線:(02)2396-3257 轉 362
　　　　　　傳真專線:(02)2321-2545

經銷商　　　服務專線:(02)2396-3257 轉 331
　　　　　　將派專人拜訪
　　　　　　傳真專線:(02)2321-2545

國家圖書館出版品預行編目資料

TypeScript 邁向專家之路
Adam Freeman 著;許文達 譯. 初版. 臺北市:
旗標科技股份有限公司, 2021.11　面;　公分

譯自:Essential TypeScript : from beginner to pro

ISBN 978-986-312-690-4(平裝)

1.Java Script (電腦程式語言)
2.TypeScript (電腦程式語言)

312.932J36　　　　　　　　110015692

作　　者/Adam Freeman

翻譯著作人/旗標科技股份有限公司

發 行 所/旗標科技股份有限公司

　　　　　台北市杭州南路一段15-1號19樓

電　　話/(02)2396-3257(代表號)

傳　　真/(02)2321-2545

劃撥帳號/1332727-9

帳　　戶/旗標科技股份有限公司

監　　督/陳彥發

執行企劃/王寶翔

執行編輯/王寶翔

美術編輯/薛詩盈

封面設計/薛詩盈

校　　對/陳彥發・王寶翔

新台幣售價:　880　元

西元 2023 年 5 月 初版 2 刷

行政院新聞局核准登記-局版台業字第 4512 號

ISBN　978-986-312-690-4

版權所有・翻印必究

First published in English under the title
Essential TypeScript; From Beginner to Pro
By Adam Freeman
Copyright © Adam Freeman, 2019
This edition has been translated and published
under licence from
APress Media, LLC, part of Springer Nature.

目　錄

第二篇　TypeScript 徹底解析

第三篇 TypeScript 實戰攻略

電子書

Bonus 打造 Svelte 網路應用程式

CHAPTER

01

你的第一個 TypeScript 應用程式

學習 TypeScript 的最佳方法，就是實際動手做。本章先透過一個簡單範例，讓讀者感受一下如何建置和執行一個最基本的 TypeScript 應用。在本書後面的章節中，我們將一一講解 TypeScript 的環境、架構與各種功能。

1-1 本書行前準備

在正式開始之前，我們得先安裝好四個套件。請依照下列的步驟進行安裝並執行測試，以確保所有套件都已正確安裝。

1-1-1 安裝 Node.js

儘管本書以 Windows 系統的操作來示範，但除了安裝方式之外，TypeScript 與相關工具的指令是一樣的。

在 Windows 系統安裝 Node.js

首先請到 https://nodejs.org/en/ 下載與安裝 **Node.js**（亦簡稱為 Node), 本書使用的安裝版本為 14.17.3 LTS (LTS 即 long-term support, 長期支援版)。

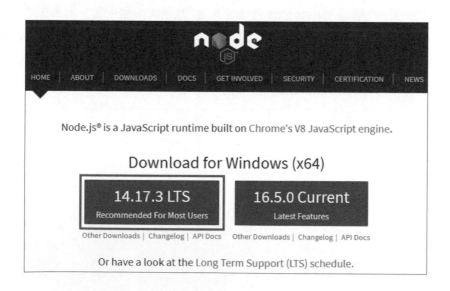

安裝時只要依安裝指示進行即可：

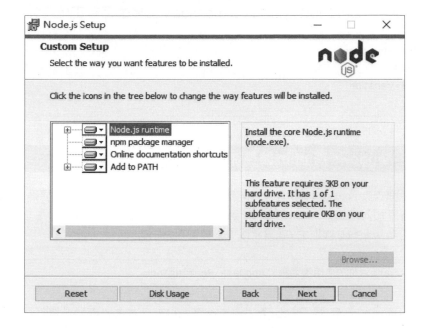

在出現『Automatically install the necessary tools』的畫面可不勾選。
本書我們會使用微軟 Visual Studio Code (簡稱 VS Code) 做為開發編輯器，
但若你想使用 Visual Studio 2017 或 2019 等版本，就需要勾選這個選項，
這會在安裝程式結束後跳出新視窗，同樣依畫面指示進行即可。

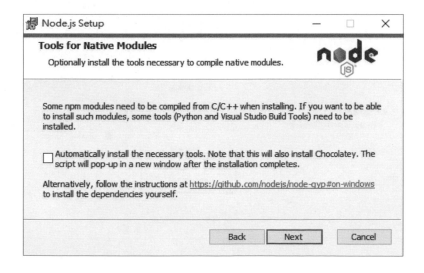

主程式安裝完畢後，到命令提示字元或終端機輸入以下指令，檢查 Node.js 與其 npm (Node package manager) 工具是否有正確安裝：

```
> node --version
v14.17.3
> npm --version
7.20.1
```

⬡ 在 Windows 將 npm 路徑加入 PATH 變數

你在上面查詢 npm 版本時，有可能得到查無此功能的錯誤訊息，這時你便得手動將以下路徑加入系統的 PATH 變數。如果你想在一般命令提示字元 (包括 VS Code 編輯器的 PowerShell) 存取它，就得將以下路徑加入 PATH：

```
C:\Users\<你的使用者名稱>\AppData\Roaming\npm
```

以 Windows 10 為例，在『開始』點右鍵然後選『系統』(或者從開始選單點『設定』→『系統』→『關於』)，再點右邊的**進階系統設定**。在畫面中點**環境變數...**：

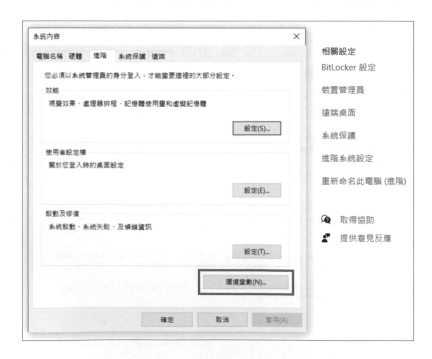

Next

在使用者變數或系統變數找到 Path 並點『編輯』,然後把前面的路徑新增進去:

按確定關閉畫面,然後重新啟動命令提示字元。若你正在使用 VS Code,則關閉它和重新開啟之。

npm 是安裝 Node.js 套件的核心工具,若你想在命令提示字元或 PowerShell (包括 VS Code 編輯器的命令列) 使用 npm,就得確保系統可透過 PATH 路徑存取它。

若不想設定 PATH 變數,也可直接使用 **Node.js command prompt (開始→ Node. js)** 做為替代的命令列介面。

以上兩道指令會分別顯示已安裝之 Node.js 與 npm 的版本。只要畫面上有顯示你所安裝的版本，就代表它們皆已正確安裝。

如果你看到的 npm 版本較舊，可用以下指令更新到最新版或特定版本 (在使用 npm 時若有更新可用，它也會在執行結果中提示你)：

```
> npm install -g npm@latest  ◄——更新 npm 到最新版
> npm install -g npm@7.20.1  ◄——更新 npm 到 7.20.1 (本書使用的版本)
```

小編註 **本書的套件版本**

本書中安裝任何套件時，我們會寫出本書我們實際使用並測試可行的版本。然而網頁前端套件更新很快，我們也無法保證未來版本的相依性依然不會有問題。若您有疑問，也可聯繫旗標公司。

你在安裝套件時也可能看到一些警告訊息，例如某些相依套件已經過時等等，但在這本書中你可以忽略它們。

本書第 5 章會深入介紹如何用 npm 管理 Node.js 套件。

在 Linux 安裝 Node.js

若要在 Linux 系統安裝 Node.js，可在終端機依序輸入以下指令：

```
~$ sudo apt install curl
~$ curl -fsSL https://deb.nodesource.com/setup_14.x | sudo -E bash -
~$ sudo apt-get update
~$ sudo apt install nodejs
```

安裝好之後，你就能用和前面一樣的指令來查詢 Node.js 及 npm 的版本。更新 npm 的方式則如下 (需加上 sudo)：

```
~$ sudo npm install -g npm@7.20.1
```

▌ 1-1-2 安裝 Git

第二個任務是前往 https://git-scm.com/ 下載與安裝 Git 版本管理工具。雖然 Git 並非必要的 TypeScript 開發工具，但許多常用套件都得仰賴它。對於 Windows 使用者，只要到該網站下載安裝檔和執行之即可。

Linux 使用者可在終端機使用以下指令來安裝 Git：

```
sudo apt install git
```

同樣的，安裝完成後請在命令提示字元（或終端機）執行以下指令，透過查驗版本的方式確定它已正確安裝：

```
git --version
```

小編註 譯本使用的 Git 版本為 2.32.0。

▌ 1-1-3 安裝 TypeScript

第三件工作是安裝 TypeScript 套件，請在命令列執行下列指令：

```
> npm install -g typescript@4.3.5
```

小編註 以上指令會在系統中安裝 TypeScript 4.3.5 版 (2021 年 7 月發行)，這也是譯本採用的版本。你可以將 @4.3.5 換成 **@latest** 來安裝最新版本。在 Linux 上安裝時請在開頭加上 **sudo**。

接著在命令列檢查 TypeScript 編譯器是否已正確安裝：

```
> tsc --version
Version 4.3.5
```

1-1-4 安裝 VS Code 程式編輯器

最後的準備工作是安裝一套支援 TypeScript 的程式編輯工具。絕大多數的編輯器都可用來撰寫 TypeScript 程式，如果沒有特別的偏好，不妨到 https://code.visualstudio.com 下載 VS Code。VS Code 是一套開源而且免費的跨平台程式碼編輯器，也是筆者在撰寫本書範例時所用的編輯器。

點選最左側的延伸模組 (Extensions) 圖示，輸入『typescript』，然後安裝微軟提供的『JavaScript and TypeScript Nightly』：

1-2 創建並執行第一個 TypeScript 專案

為了讓讀者對 TypeScript 有初步了解，我會示範怎麼建立一個會輸出簡單回應的應用。TypeScript 最常見的用途是開發網頁應用程式（在客戶端瀏覽器上執行的程式），不過本章的範例只會透過命令列傳回字串而已，這是為了把焦點放在 TypeScript 身上，先避開複雜的網路應用程式框架。等到本書的第三部分，我們才會再來介紹 Angular、React 與 Vue 這三大主流框架。

▌ 1-2-1 初始化專案

在你想要建置專案的環境新增一個名為 todo 的目錄，然後打開命令列執行以下指令，切換到該目錄並為其進行初始化：

```
> cd \路徑\todo
\todo> npm init --yes    ◄──初始化 todo 資料夾
```

 本書會以 Windows 的命令提示字元或 PowerShell 為操作示範, 此外也只會寫出專案目錄的相對路徑。

你會看到如下的回應：

```
Wrote to todo\package.json:

{
    "name": "todo",
    "version": "1.0.0",
    "description": "",
    "main": "index.js",
    "scripts": {
        "test": "echo \"Error: no test specified\" && exit 1"
    "keywords": [],
    "author": "",
    "license": "ISC"
}
```

npm init 指令會在專案資料夾建立一個 package.json 檔案，協助追蹤專案所需的套件以及開發工具的設定。

✿ 將專案資料夾開啟為 VS Code 工作區

對於 VS Code 使用者，有一個更簡單的方式來開發並管理 TypeScript 專案：

1. 點選**檔案 → 開啟資料夾 ...** 然後選擇專案目錄。（若你正在操作其他專案，可先點**開新視窗**然後再開啟資料夾。）

2. 點選**終端機 → 新增終端**來打開一個命令列介面（取決於你的系統，其實就是 PowerShell 或終端機）。你會發現其路徑已經切到專案目錄底下了。在本書中，我們仍會以命令提示字元稱呼 Windows 的命令列介面。

3. 在命令列輸入並執行 **npm init --yes**。你會看到編輯器左側的檔案總管 (Explorer) 出現 package.json。

本書的範例都會沿用這種做法，你也能以這種方式開啟本書的範例專案。你可到以下網址下載範例專案：

https://www.flag.com.tw/bk/st/F1485

開啟專案資料夾時，你也可能會看到 VS Code 詢問你是否信任此目錄。勾選畫面中的框後按『是』或 『Yes』 即可。

接著請參閱專案根目錄下的『請先讀我』檔案 (假如有的話) 來安裝必要的套件。一般來說，你只要在專案目錄下於命令列執行 『**npm install**』 即可。若你想更新特定的套件，則請先用前面的方式安裝所有套件，再單獨安裝某套件的新版本即可 (第 2 與第 5 章將談到 NPM 的安裝功能)。

▌ 1-2-2 建立編譯器設定檔

我們在前面安裝的 TypeScript 編譯器 tsc，可將 TypeScript 程式碼編譯為純 JavaScript 程式碼 (後面會再深入說明)。現在我們得幫 tsc 編譯器定義其設定。

在 todo 目錄新增一個名為 **tsconfig.json** 的檔案，輸入以下內容：

tsconfig.json

```json
{
    "compilerOptions": {
        "target": " es2020",
        "outDir": "./dist",
        "rootDir": "./src",
    }
}
```

稍後第 5 章還會詳細介紹 TypeScript 編譯器組態設定檔的用途。簡單來說，這幾個設定內容就是告訴編譯器使用 ECMAScript 2020 版本的 JavaScript 做為編譯目標 (後面章節會再探討 JavaScript 的版本問題)，而本專案的 TypeScript 原始碼可在 src 目錄下找到。至於編譯出來的 JavaScript 檔案則要擺到 dist 目錄下。

1-2-3 新增 TypeScript 程式檔

接著我們要為專案新增第一個 TypeScript 程式檔。在 todo 目錄底下創建一個名為 **src** 的子目錄，然後在裡頭新增一個名為 **index.ts** 的檔案 (.ts 即是 TypeScript 程式檔的副檔名)，寫入以下程式碼：

\todo\src\index.ts

```typescript
console.clear();
console.log("Adam's Todo List");
```

```
TS index.ts    ✕

src > TS index.ts
   1    console.clear();
   2    console.log("Adam's Todo List");
```

這個檔案的內容只有兩行簡單的 JavaScript 程式碼：先以 console 物件清除命令列視窗，然後寫出一句簡短訊息。

1-2-4 編譯程式碼

TypeScript 程式檔必須被編譯成純 JavaScript 程式碼，才能在瀏覽器或是本章一開始安裝的 Node.js 環境中執行。所以接著請在命令列輸入下列 tsc 指令 (你必須切到專案目錄底下)，以便在 todo 目錄中進行編譯：

```
\todo> tsc
```

編譯器將根據我們在 tsconfig.json 裡頭的設定，到 src 目錄尋找 TypeScript 原始碼，然後建立 dist 目錄、並將編譯出來的 JavaScript 檔案寫入其中。所以這時若檢視 dist 目錄，便會發現它多了一個名為 index.js 的檔案，其 .js 副檔名即代表這是個標準 JavaScript 檔：

進一步查看 index.js 檔案的內容，會看見下列程式碼：

\todo\dist\index.js

```
console.clear();
console.log("Adam's Todo List");
```

TypeScript 檔案的內容之所以與 JavaScript 檔案完全相同，是因為我們還沒有真正開始用到 TypeScript 的任何功能。隨著應用程式逐漸成形、用到的功能越來越多，TypeScript 檔的內容也將會跟編譯器在 dist 目錄底下產出的 JavaScript 檔內容變得越來越不一樣。

> **注意** 千萬別修改 dist 目錄下的檔案，因為下次執行編譯器時它們就會被覆寫。在 TypeScript 開發流程中，我們是在 .ts 檔案進行撰寫與修改，然後再編譯成 .js 的 JavaScript 檔案。

■ 1-2-5 執行程式碼

要執行編譯好的程式，請在命令列中於 todo 目錄下執行這個指令：

```
\todo> node dist/index.js
```

node 指令會啟動 Node.js 的 JavaScript 執行環境，後面的參數是要執行的內容之所在目錄與檔案名稱。如果前面步驟的開發工具都已正確安裝，命令列視窗將被清除乾淨，並顯示『Adam's Todo List』這行文字：

```
Adam's Todo List
```

1-3 本章總結

我們在本章建立了個非常簡單的 TypeScript 應用範例，讓各位初步認識開發 TypeScript 應用的面貌。你會發現 TypeScript 並非完全獨立運作的程式語言，其編譯器實際上會將程式編譯成 JavaScript，而最終執行的也是 JavaScript。

在下一章中，本書將正式開始帶出什麼是 TypeScript，它與 JavaScript 的關係究竟為何、TypeScript 能帶來什麼改變，以及本書的內容會如何安排。

認識 TypeScript
及本書內容

由微軟開發並維護的 **TypeScript** 是 JavaScript 語言的一個超
集合 (superset), 其優勢在於可產出安全、容易維護且可在任何
JavaScript 環境執行的程式碼。它的最大特點是採用了**靜態型
別系統 (static typing)**, 凡是熟悉 C# 和 Java 語言的程式設計師
應該都能很快上手。

在開發網頁應用程式時, TypeScript 不是所有問題的萬能解答。關鍵在於釐清使用 TypeScript 的正確時機, 以及何種情況之下它反而會礙手礙腳。在這一章, 我們會來逐一檢視 TypeScript 提供的高階功能及其適用情境。

2-1 TypeScript 可提高 JavaScript 開發效能

TypeScript 如何增進開發者的生產力

TypeScript 的優勢在於它能有效預防一般的 JavaScript 程式碼撰寫錯誤, 尤其是透過**靜態型別**讓 JavaScript 的動態型別更容易維護、操作上更安全。TypeScript 還加入了像是**類別 (class)**、**介面 (interface)**、**泛型 (generic type)** 等 JavaScript 原本沒有的功能, 使熟悉諸如 Java 或 C# 等語言的開發者能夠大幅提高產能。

如同第一章所提, TypeScript 編譯器會用來轉換 TypeScript (及 JavaScript) 原始碼, 生成指定版本的純 JavaScript 程式碼。這個產出結果可在任何 JavaScript 執行環境 (包括 Node.js 與瀏覽器) 運作, 而使用者透過 TypeScript 建置的功能, 都會被轉成 JavaScript 的對應形式。下圖簡單說明了它們的關係:

透過 TypeScript 來開發 JavaScript 程式，不僅能保留 JavaScript 的大部分包容性與彈性，同時也加強了資料型別安全，讓多數開發者得以獲得可靠的程式執行結果、減少得在執行階段除錯的時間。這也意味著 TypeScript 專案可以搭配眾多第三方 JavaScript 套件使用，甚至結合 Angular、React、Vue.js 這類完整的應用開發框架 (請參閱本書第三篇)。

你甚至不必照單全收 TypeScript 的全部功能，可以只選擇你的專案會用到的部分，並在其他地方沿用現有的 JavaScript 原始碼。若你是 TypeScript 和 JavaScript 的新手，你當然應該為了熟悉 TypeScript 而盡可能應用它的所有功能。但隨著你知識和開發經驗的累積，你自然而然會只將 TypeScript 集中用在專案中的其中一塊，比如格外複雜或最有可能出錯的部分。

產能提升的陷阱

話雖如此，使用 TypeScript 並不能代表 JavaScript 的開發效能就會有絕對的提升。

TypeScript 的許多功能完全是由其編譯器實作，在實際執行的 JavaScript 程式碼中完全看不出它們存在的跡象；也有的功能是建立在標準的 JavaScript 語法之上，於編譯時進行了額外檢查。所以，開發者除了知道某一功能如何運作之外，**同時**也得了解 TypeScript 實作的方式，才能發揮出最大功效。這正是為何 TypeScript 的各種功能會讓人感覺如此表現不一致、難以理解的原因。

整體而言，TypeScript 雖然能強化 JavaScript，最終產出的依然是 JavaScript 程式碼，因為這是瀏覽器與 Node.js 等環境的通用語言。某些開發者之所以採用 TypeScript，是因為他們想撰寫網頁應用程式，卻又不想學 JavaScript。這些人看到 TypeScript 是微軟推出的，誤以為 TypeScript 是 C# 或 Java 語言的網頁版，結果就陷入了愁雲慘霧。

所以若要有效活用 TypeScript，你就得對 JavaScript 語言本身有充足的認識，並理解它為何會有某些奇怪的行為。本書第 3 章與第 4 章會帶各位快速入門 JavaScript 基礎、講解它的古怪特性，好讓讀者能更充分理解 TypeScript 這項工具的強大之處。

只要你願意花功夫搞清楚 JavaScript 的型別系統，那麼你就會發現 TypeScript 用起來如魚得水。但若你不願意投資時間學習 JavaScript，你就不該貿然使用 TypeScript。在缺乏任何 JavaScript 知識的前提下，硬是要把 TypeScript 套用到專案，只會徒增開發難度，因為屆時你就得同時應付兩套特性不同的語言，而你對兩者的行為都會一無所知。

2-2 TypeScript 讓專案能相容於 舊版 JavaScript

JavaScript 早期素以紊亂的發展歷史遭人詬病，但近年開始有系統地更新與統一標準，並推出讓 JavaScript 更易於使用的新功能。不過問題在於，仍有許多 JavaScript 執行環境 (比如舊版瀏覽器) 不支援這些新特色。這導致使用者在針對舊版 JavaScript 執行環境開發應用時，有些能夠降低開發難度的功能就無法使用，而且要如何控管程式中用到的 JavaScript 功能符合編譯目標，也會成為一大難題。

TypeScript 的便利之處就在於，它允許你指定 JavaScript 編譯目標，你也依然能在專案開發時套用新版 JavaScript 功能。編譯器會產生出符合舊版本規範的 JavaScript 程式碼，確保專案能配合舊環境的執行條件。

但儘管 TypeScript 編譯器能轉換大多數的 JavaScript 功能，有些功能就是沒法有效轉換到舊的 JavaScript 執行環境，因為編譯器找不到辦法在較早版本的 JavaScript 中呈現它們。幸好，現今要針對如此早期的 JavaScript 版本編譯的機會已經不多。我們將在第 5 章探討 TypeScript 是如何支援 JavaScript 各種編譯目標版本。

此外，並非所有專案都得考量到 JavaScript 版本。在配合網頁應用程式框架時，TypeScript 編譯器就只是延伸工具鏈中的一環，其產生的 JavaScript 程式碼會進一步交由框架工具處理。各位會在本書第三部中看到範例。

2-3 閱讀本書前的準備

你需要具備哪些基礎知識？

若你想採用 TypeScript 來開發專案，最好能對資料型別與 JavaScript 的基礎功能有一定的瞭解。但就算你目前仍不清楚 JavaScript 如何處理資料型別，也不必過度擔心，本書將在第 3 章與第 4 章替讀者扼要帶過 JavaScript 的關鍵語法。

至於本書的第三篇將以範例說明如何用 TypeScript 結合常見的網頁應用開發框架，讀者需擁有 HTML 與 CSS 的相關知識才能充分理解這些範例。

開發環境如何設定？

TypeScript 需要的全部開發工具，就只有我們在第 1 章安裝的東西。後頭有些章節還會安裝額外套件，但都會有完整的操作步驟；讀者們只要依照每章開頭的指示建立專案並安裝好全部的工具，便足以應付本書所有的內容及 TypeScript 的開發挑戰。

2-4 本書的內容

本書的架構如何編排？

本書的內容依照主題重點，分成三大部分：

1. 第一篇『TypeScript 入門準備』(第 1 至 6 章) 為必備的基礎知識，為你的 TypeScript 開發打下穩固基礎。這包括 JavaScript 快速入門，以及如何運用 TypeScript 編譯器工具。

2. 第二篇『TypeScript 徹底解析』(第 7 至 14 章) 開始介紹靜態型別、類別、介面、泛型等 TypeScript 生產力特色，搭配各種範例進行深入淺出的探討。

3. 第三篇『TypeScript 實戰攻略』(第 15 至 22 章) 將帶領讀者以 TypeScript 在最受歡迎的 Angular、React 與 Vue.js 開發框架上打造網頁應用程式。這部分的章節會詳述每種框架適用的 TypeScript 功能，並展示完成開發網頁應用時所需的一般過程。為了協助讀者理解這些框架，本書亦會先示範如何不仰賴這些框架來設計一個獨立的 JavaScript 網頁應用程式。

本書的範例夠多嗎？

放心，本書有**非常多**的範例，因為學習 TypeScript 最佳的方式就是透過範例進行實作。而為了盡可能收錄更多的範例，本書會盡量避免列出各範例之間有重複的程式碼與內容，並用粗體字標示出有更動的部分，並用三個點的省略符號 (...) 將過長的程式碼省去。

技術上來說，讀者可以在書中的不同階段沿用同一個專案，直接修改內容來實地操作新功能。不過我們仍會差異較大的範例分割成不同檔案或專案，以利讀者檢視。讀者可透過以下 https://www.flag.com.tw/bk/st/F1485 連結，在出版社網站註冊會員、並輸入通關密語後免費下載本書所有章節的範例。

> **注意** 由於本書範例會隨著解說主題而不斷演進，我們不可能將每一種變化都製作成範例專案。因此在您下載的專案中，其內容可能只是反映某個階段的最終結果。還請讀者參照本書的實際內容來逐步學習。

2-5 本章總結

本章解釋了 TypeScript 與 JavaScript 的關係、能替網頁應用程式開發帶來的好處，以及你甚麼時候適合使用 TypeScript 來建置專案，最後則簡述本書的內容與編排。下一章，我們將開始解說 JavaScript 型別系統，好替各位在稍後學習 TypeScript 時打下穩固的基礎和理解。

MEMO

JavaScript
快速入門 (上)

要有效利用 TypeScript 進行開發, 首先就得理解 JavaScript 是如何處理資料型別的。有些開發者看這段話可能會備感失望, 因為他們很多人就是被 JavaScript 搞得一頭霧水, 才把希望寄託在 TypeScript 上的。但是只要弄懂 JavaScript 如何運作, 不僅能讓 TypeScript 變得更容易上手, 還能更清楚 TypeScript 提供了哪些好處、這些功能又是如何運作。

本章將從 JavaScript 基礎型別開始講起, 然後循序漸進到第 4 章的進階 JavaScript 內容。

3-1 本章行前準備

　　正式進入本章主題之前，我們得建立一個練習用的專案。在你想要建置專案的位置新增一個名為 primer 的資料夾，然後在命令列切換到 primer 目錄底下，執行以下指令來初始化它：

```
\primer> npm init --yes
```

> **小編註** 各位也可直接照第 1 章的方式下載範例程式，於 VS Code 開啟 \ch.03\primer 資料夾。注意範例專案不會包含下面的套件，請照指示重新安裝。

　　接著，我們可以在此專案安裝一個名為 **nodemon** 的套件，它的功能是能自動監看 JavaScript 檔案的變更並重新執行之。如果你想在這章沿用同一個 JavaScript 檔案來練習，nodemon 套件就會很方便，不過這一章我們不會強制使用它。nodemon 的安裝方式是在 primer 目錄底下執行下列指令：

```
\primer> npm install nodemon@2.0.12
```

　　這指令會自動下載 nodemon 的套件並安裝在 primer 資料夾下。

> **小編註** 譯本中使用的 nodemon 版本為 2.0.12，你也可在指令結尾用 @latest 或不寫版本號來直接安裝最新版。

　　安裝完成後，請在 primer 目錄底下建立一個名為 **index.js** 的檔案，寫入下列內容：

\primer\index.js

```
let hatPrice = 100;
console.log(`Hat price: ${hatPrice}`);
```

> **小編註** 第二行程式碼中使用反引號 (`) 來標示樣板字串，細節見後說明。

接著執行以下指令,開始監看 JavaScript 檔案的變動:

```
\primer> npx nodemon index.js
[nodemon] 2.0.12
[nodemon] to restart at any time, enter `rs`
[nodemon] watching path(s): *.*
[nodemon] watching extensions: js,mjs,json
[nodemon] starting `node index.js`
Hat price: 100    ◄─── 執行結果
[nodemon] clean exit - waiting for changes before restart
```

上面我用粗體標示了 index.js 檔案執行後產出的結果。現在,為確保 nodemon 能正確偵測到檔案內容變更,請試著在 index.js 加入以下的粗體字內容:

修改 \primer\index.js

```
let hatPrice = 100;
console.log(`Hat price: ${hatPrice}`);
let bootsPrice = "100";
console.log(`Boots price: ${bootsPrice}`);
```

當你一儲存檔案,nodemon 套件應該能偵測到 index.js 的內容已經改變,並自動重新執行其程式碼。你應該會看到以下結果:

```
[nodemon] restarting due to changes... ◄─── nodemon 偵測到變更,重新執行
[nodemon] starting `node index.js`
Hat price: 100
Boots price: 100 ◄─── 新程式的執行結果
[nodemon] clean exit - waiting for changes before restart
```

若要停止 nodemon, 在命令列按下 ⌷Ctrl⌷ + ⌷C⌷ 並輸入 Y 確認結束。

如前所述, 你可以只在專案中建立一個 index.js、並搭配 nodemon 來自動執行修改後的 JavaScript 程式, 但以下為了示範起見, 會分割成不同的原始碼檔案 (這也是你在下載的範例專案會看到的結果), 並使用『node <檔名>.js』的方式來執行它們。

在第 5 章, 我們會介紹一個和 nodemon 功能類似、但專門用來搭配 TypeScript 編譯的套件。

3-2 JavaScript 的令人困惑之處

JavaScript 有許多和其他程式語言相似的功能，多數開發者都學過類似前面 index.js 範例的程式碼。就算你是 JavaScript 的新手，只要學過一些其他語言，這種範例就不會太難懂。

敘述 (statement) 是 JavaScript 程式的基本單位，以分號 (;) 代表結尾，會按照其撰寫的順序由上而下一一執行，而在以上範例中共有四段敘述。關鍵字 **let** 的作用是宣告變數 (宣告常數時則是用 const 關鍵字)，其使用語法是在關鍵字後面接著變數名稱 (比如 halfPrice)、指派算符 (= 等號)，以及要指派給該變數的值 (比如 100)。

語法

```
let 變數名稱 = 值;
const 常數名稱 = 值;
```

常數 (constants) 等於是建立後便不可改變的變數，通常是用來替一些已知、在執行階段不會改變的值定義一個名稱。

JavaScript 亦內建了一些現成物件，可用來處理例行性工作，譬如用 **console.log()** 能將字串寫至命令列介面，作為給開發者看的訊息。字串可以是使用單引號 (') 或雙引號 (") 框起來的**字面值 (literal value)**，也可以是範例中使用的**樣板字串 (template string)**。

　　樣板字串以 ` 反引號以及 ${} 將運算式的值插入模板中，以便輸出格式化的文字。簡單地說，JavaScript 會將 ${} 內的值轉成字串，並和反引號內的其餘字串合併成我們想要的格式。

> **小編註** JavaScript ES2015/ES6 版起，樣板字串的正式名稱為樣板字面值 (template literals)，但本書仍會基於方便而稱之為樣板字串。

　　但有時 JavaScript 會發生預料之外的結果，最主要的原因往往在於 JavaScript 的型別系統。以下這段程式便是個典型的例子：

修改 \primer\index.js

```javascript
let hatPrice = 100;  // 值為數值
console.log(`Hat price: ${hatPrice}`);
let bootsPrice = "100";  // 值為字串
console.log(`Boots price: ${bootsPrice}`);

if (hatPrice == bootsPrice) {  // 判斷 hatPrice 的值是否和 bootsPrice 相等
    console.log("Prices are the same");
} else {
    console.log("Prices are different");
}
let totalPrice = hatPrice + bootsPrice;
console.log(`Total Price: ${totalPrice}`);
```

> **提示** 除了用大括號標示程式區塊的部分外，一行 JavaScript 程式敘述的結尾會加上分號 (;) 來代表這是敘述結尾。要是兩行敘述的語法有明顯區隔的話，也可以不必加分號，JavaScript 執行環境會自行補上。

　　新增的敘述將比較 hatPrice 與 bootsPrice 這兩個變數的值是否相同，接著將兩者相加的值指派給名為 totalPrice 的新變數，最後再以 console.log() 將其結果寫入命令列。這段程式碼執行後將產生下列結果：

```
Hat price: 100
Boots price: 100
Prices are the same
Total Price: 100100
```

有經驗的開發者應該馬上就能發現問題：hatPrice 變數的 100 是**數值**，而 bootsPrice 的 100 卻是用雙引號框起來的**字串**。多數程式語言在進行不同型別的運算時會產生錯誤，但是 JavaScript 卻不會。如上所見，字串和數值時雖然可以比較，但是相加時會導致兩者相連。

只要釐清上面的結果，背後究竟是什麼原因在作祟，便有助於理解 JavaScript 處理資料型別的方式、以及為何 TypeScript 能協助我們解決這些問題。

3-3 理解 JavaScript 的資料型別

▌ 3-3-1 JavaScript 的基礎與複合型別

乍看之下 JavaScript 似乎沒有任何資料型別、或者型別的使用方式並不一致。事實上並非如此：JavaScript 只是運作方式跟其他主流程式語言不太一樣罷了。只要搞懂它會有何行為，就會知道它的運算結果是符合預期的。下表列舉了 JavaScript 內建的資料型別：

▼ JavaScript 內建資料型別

名稱	說明
number (數值)	代表數字值。不同於其他語言，JavaScript 沒有區分整數 (integer) 與浮點數 (floating-point values)，兩者皆一視同仁視為 number 型別。
string (字串)	代表文字。
boolean (布林)	代表 true (真) 與 false (偽) 的邏輯值。

symbol (符號)	表示獨一無二的常數值, 例如集合中的鍵 (key)。於 ES2015/ ES6 加入。
bigint (大整數)	可用來表示超過 number 型別範圍 (正負 2^{53} - 1) 的任何數字。於 ES2020 加入。
null (空值)	這種型別只能指派值 null, 代表空值或無效的參照。
undefined (未定義)	變數已宣告、但尚未指派任何值, 則會視為未定義型別。
object (物件)	代表複合型別值, 這些型別由各別的屬性和值組成。

上表的前七項屬於 JavaScript 的**基本型別 (primitive types)**, 可以直接使用。JavaScript 應用程式中的值若不是基本型別, 就是由基本型別構成的複合型別。最後一項物件型別則顧名思義用來代表物件。

▌ 3-3-2 基本型別的運用

回頭查看先前的範例, 會發現我們在程式碼中宣告變數時, 並沒有指定其型別。其他程式語言多半會強制你在宣告變數時寫明資料型別, 才能開始使用之。以 C# 語言為例：

```
string name = "Adam";
```

這行 C# 敘述明確將變數 name 宣告為字串型別, 並將 Adam 這個字串值賦予給它。但是 JavaScript 的邏輯相反, 有型別的是**值本身**而非變數, 變數只是個指向值的名稱罷了, 其型別會由值決定。

JavaScript 變數只要被指派不同型別的值, 其型別就會跟著改變。我們可以來做個實驗驗證這一點。在 primer 專案底下新增一個檔案 **index2.js**, 然後輸入以下程式碼：

\primer\index2.js

```
let myVariable = "Adam";   // 宣告變數 myVariable 並指派值 "Adam"
```

小編註 雙斜線 // 後面的任何文字都會被視為程式註解。不過本書的註解乃為協助讀者理解程式之用, 各位不需要照著輸入。

JavaScript 執行環境會自動推論 myVariable 的值究竟屬何種型別。而 JavaScript 因為支援的型別種類較少，讓這個過程變得相對簡單，執行環境會曉得以雙引號框起來的值必定為字串。我們可用 **typeof** 關鍵字來確認 myVariable 變數的型別：

```
let myVariable = "Adam";
console.log(`Type: ${typeof myVariable}`);
```

typeof 關鍵字會傳回 myVariable 變數的型別，所以這段程式執行後應該會產生下列結果：

```
Type: string   ◄── 型別為字串
```

接著我們可以嘗試再指派一個新的值給 myVariable 變數，觀察它的型別變化：

```
let myVariable = "Adam";
console.log(`Type: ${typeof myVariable}`);
myVariable = 100;
console.log(`Type: ${typeof myVariable}`);
```

儲存這兩行變更後，程式碼執行時應當會產生如下的結果：

```
Type: string
Type: number   ◄── 變成數值型別
```

在以上範例中，我們指派給 myVariable 變數的值首先是字串 ("Adam")，接著又重新指派了一個數值 (100)。由於 JavaScript 支援的基本型別種類少，因此它能用這種動態方式來推論 100 為數值，並得以用 typeof 關鍵字判別 myVariable 在第二次指派值後變成 number 型別。

在 JavaScript 中，所有數值都屬於 **number** 型別，不分整數與浮點數，這是其他型別系統較為複雜的語言難以做到的。

小編註 JavaScript 的 number 實際上是 64 位元雙精確浮點數 (IEEE 754 標準)。

☆ 古怪的 null 型別

如果用 typeof 關鍵字檢查 null 值，得到的答案居然會是 object。這是打從 JavaScript 設計之初便存在的奇特現象，至今一直沒有修正，原因是怕影響到太多依賴此種判斷方式的舊程式。

3-3-3 理解強制轉型

在 JavaScript 中，當算符 (或稱運算子，比如加減乘除) 被套用到不同型別的值時，JavaScript 執行環境會將其中一個轉換為另一個型別的值，這個過程叫做**強制轉型 (type coercion)**。前面 index.js 執行後產生的詭異結果 (判定數值的 100 與字串的 100 相等，以及相加兩者變成兩者相連) 便是發生了兩次強制轉型的結果，但若你曉得這特色是如何運作的，就知道它其實是預料中的結果。

我們來回顧一下 index.js 的內容：

```
let hatPrice = 100;
console.log(`Hat price: ${hatPrice}`);
let bootsPrice = "100";
console.log(`Boots price: ${bootsPrice}`);
if (hatPrice == bootsPrice) {
    // ... 以下略
```

⬡ if...else if...else 敘述與比較算符

本書的用意並非教導完整 JavaScript 語法, 但我們仍會視情況加以補充。各位也可參考 JavaScript 的官方線上中文文件:

https://developer.mozilla.org/zh-TW/docs/Web/JavaScript/Guide

如上所見, if 敘述可用來在條件成立時執行特定的程式碼:

語法

```
if (條件) {
    // 條件成立時要執行的程式碼
}
```

條件是個布林運算式, 使用比較算符來傳回 true 或 false:

▼ **比較算符**

名稱	說明
==	等於
!=	不等於
>	大於
>=	大於等於
<	小於
<=	小於等於

例如 2 == 3 會傳回 false, 2 < 3 會傳回 true, 以此類推。若結果為 true, 那麼 if 大括號區塊內的程式碼就會被執行。

你可進一步加入多重 else if 以及 else 來判斷多重條件:

語法

```
if (條件 1) {
    // 條件 1 成立時的程式碼
} else if (條件 2) {
    // 條件 2 成立時的程式碼
} else {
    // 以上條件皆不成立時的程式碼
}
```

程式會依序由上往下檢查, 並執行第一個條件符合的程式碼區塊。if 敘述後面可以有不只一個 else if, 而 else 最多只能有一個, 且必須放在最後。

在 JavaScript 語法中，雙等號 == 表示進行的是**一般相等比較 (abstract equality comparison)**，它會先將兩個變數的值轉換為相同的型別，好產生有意義的比較結果。例如，在比較數值與字串這兩種不同型別時，字串值會被自動轉換為數值，然後再進行比較。所以當 if 在比較 hatPrice 是否等於 bootPrice 時，bootPrice 的 100 便從字串被轉成了數值，這就是為什麼它們的比較結果會是 true (被認為相等)。

若你想進一步了解 JavaScript 在進行一般相等比較時, 對不同型別的值會有怎樣的表現, 請參考 JavaScript 官方文件：

https://developer.mozilla.org/en-US/docs/Web/JavaScript/Equality_comparisons_and_sameness#loose_equality_using

但在你鑽研以上細節之前, 請注意 TypeScript 禁用了其中幾種最罕見古怪的的用法。

而 index.js 中第二次的型別轉換，則發生在兩個變數相加那時：

```
let totalPrice = hatPrice + bootsPrice;
```

相加算符 + 被用來相加一個數值與一個字串，兩者型別不同，因此其中一方會被強制轉型。但令人困惑之處在於，這裡的轉換方式跟用 == 做比較時剛好相反：若兩個值相加時，其中一方為字串，另一個值就會被轉為字串，然後將兩者會連接 (concatenation) 起來。這就是為什麼範例中的 totalPrice 最後會獲得 100100 這樣的結果。

▌3-3-4　避免無意間的強制轉型

強制轉型其實是相當便利的功能，它之所以惡名遠播，只是因為你很容易無意間引發它，特別是你沒意識到要運算的變數已經被指派新值、導致型別已經改變的時候。我們將在之後的章節說明 TypeScript 提供了何種功能來避免無意間的型別轉換，並確保只有明確要求轉換型別時才會轉型。

但其實 JavaScript 本身便提供了限制型別轉換和明確要求轉型的功能。我們來在新檔案 index3.js 改寫 index.js 的內容：

\primer\index3.js

```
let hatPrice = 100;
console.log(`Hat price: ${hatPrice}`);
let bootsPrice = "100";
console.log(`Boots price: ${bootsPrice}`);

if (hatPrice === bootsPrice) {        // 使用嚴格相等比較
    console.log("Prices are the same");
} else {
    console.log("Prices are different");
}
let totalPrice = Number(hatPrice) + Number(bootsPrice);
console.log(`Total Price: ${totalPrice}`);
```

之前我們解釋過，雙等號 == 進行的是會套用強制轉型的『一般相等比較』，現在我們把它換成三個等號 (===) 的**嚴格相等比較 (strict equality comparison)**。嚴格相等不會做強制轉型，雙方的值與型別都必須相等才會傳回 true。接著為了避免值相加時發生字串相連現象，這兒明確用內建的 Number() 函式把兩個變數的值都轉成數值，然後再進行相加。

Index3.js 執行後應該會產生如下結果：

執行結果

```
Hat price: 100
Boots price: 100
Prices are different
Total Price: 200
```

▌3-3-5 活用強制轉型

其實只要善加利用強制轉型，這也能當成一種實用的工具。例如，OR 邏輯算符 (||) 會將值的型別強制轉換為布林值，而 0、空字串、null 或

undefined 之類的值會被轉成 false, 其餘的值則會轉成 true。我們可以利用這個特性把它當成一種提供預設值或後備值 (fallback value) 的便利手段。

✿ 邏輯算符

邏輯算符可以連接兩個布林值, 算出兩者合併後的布林值, 或者改變既有的單一布林值:

▼ 條件算符

名稱	說明
&&	且 (and): 前後條件皆為 true 時傳回 true, 否則傳回 false
||	或 (or): 前後條件任一為 true 時傳回 true, 否則傳回 false
!	非 (not): 反轉單一布林值 (比如 true 變成 false)

邏輯算符也不只能用在布林值, JavaScript 中像是 0、空字串、null、undefined 等值都會在條件判斷時被視為 false, 而其他數值、有內容的字串或物件則可視為 true。

在 primer 專案下新增一個檔案 index4.js, 並輸入以下程式:

\primer\index4.js

```
let firstCity;
let secondCity = firstCity || "London";
console.log(`City: ${secondCity}`);
```

執行結果

```
City: London
```

變數 secondCity 的值將視變數 firstCity 的值而定。若 firstCity 有被指派某個值, || 會認為它相當於 true, 因此 firstCity 的值便會被指派給 secondCity (JavaScript 不會把 firstCity 的值轉成 true 傳回)。

但在此我們在此宣告了 firstCity 變數，卻沒有賦予它任何值，因此它會是 undefined, 相當於 false 值。在這種情況下，|| 算符會將字串 "London" 指派給 secondCity 變數，因為該字串在條件判斷中等於 true。意即，當你需要的資料是無效的空值時，就可藉此『退而求其次』取得一個預設或備用值，確保 secondCity 一定有內容。

小編註 零值合併

從 ES2020 起還提供了零值合併 (nullish coalescing) 算符, 寫法是 **??**。用法與 || 算符很像, 但只會將 null 及 undefined 視為 false。這使得你仍然可以仍將 0 或空字串視為有效的後備值：

```
let firstCity = "";
let secondCity = firstCity ?? "London";
console.log(`City: ${secondCity}`);
```

執行結果

```
City: ◄—— secondCity 被設為空字串，因為空字串不是 null 或 undefined
```

3-4 運用函式

▌ 3-4-1 函式參數的型別

JavaScript 能夠彈性推論型別的特質，也會作用在該語言的其他地方，包括**函式 (function)**。在 primer 專案新增 index5.js, 加入以下程式碼：

\primer\index5.js

```
let hatPrice = 100;
console.log(`Hat price: ${hatPrice}`);
let bootsPrice = "100";
console.log(`Boots price: ${bootsPrice}`);
```
Next

```
function sumPrices(first, second, third) {  // 定義函式和參數
    return first + second + third;  // 用 return 傳回值給呼叫者
}

let totalPrice = sumPrices(hatPrice, bootsPrice); // 呼叫函式和接收傳回值
console.log(`Total Price: ${totalPrice}`);
```

⚙ 函式

函式可用來放置會重複使用的程式碼,以利簡化程式,它可以定義若干參數 (parameter) 並用 return 關鍵字傳回一個值。在 JavaScript 中宣告函式的方式有兩種:

```
function foo(param1, param2) {    // 函式敘述
    return param1 + param2
}

let foo = function(param1, param2) {    // 函式運算式 (指派函式給變數名稱)
    return param1 + param2
};

let t = foo(n1, n2)  // 呼叫函式並接收傳回值
```

要注意用函式敘述建立的函式,可以在程式的任何位置 (包括函式宣告處前面) 呼叫,但用函式運算式建立的函式就只能在宣告之後呼叫。

函式參數 (parameter, 即範例中的 first, second 和 third) 的型別,是由呼叫函式時傳入的引數 (argument, 如範例中的 hatPrice 和 bootsPrice) 所決定。舉例來說,我們可以假設某個函式收到的值應該是數值,但你其實沒有辦法預防呼叫者傳入字串、布林或物件型別的值。而若撰寫函式時沒有檢查參數型別,就有可能得到預料之外的結果——原因若不是 JavaScript 執行環境做了強制轉型,就是函式中呼叫了特定型別才會具備的功能。

小編註 JavaScript 的值本身也是物件 (第 4 章會再談到),因此會具備一些函式或物件方法 (method),但每種型別的值可用的方法不同。

例如，上面範例的 sumPrices() 函式的用意是要用 + 號來加總一組數值參數，但是呼叫函式時傳入的第二個值卻是字串。如同我們先前的解釋，把 + 號算符用在字串時進行的將是字串相連而非數字加總。這支程式將產生如下的結果：

執行結果

```
Hat price: 100
Boots price: 100                 只對sumPrices()傳入兩個引數，
Total Price: 100100undefined ◄── 一個是數值，一個是字串
```

在呼叫函式時，JavaScript 不會強制要求傳入的引數必須與函式定義的參數數量一致，於是未給值的參數會變成 undefined。在這範例中，我們沒有提供任何值給 third 參數，而參數在相加時都被轉成字串，使得 undefined 值也被轉成字串、然後附加在最後的輸出結果中。

▌ 3-4-2　函式傳回值的型別

JavaScript 這種有別於其他語言的型別機制，在操作函式時會變得更明顯，因為函式運算結果的型別也可能會受到該函式的引數影響。請看以下範例：

修改 \primer\index5.js

```
let hatPrice = 100;
console.log(`Hat price: ${hatPrice}`);
let bootsPrice = "100";
console.log(`Boots price: ${bootsPrice}`);

function sumPrices(first, second, third) {
    return first + second + third;
}

let totalPrice = sumPrices(hatPrice, bootsPrice);
console.log(`Total: ${totalPrice}, ${typeof totalPrice}`);
totalPrice = sumPrices(100, 200, 300);
console.log(`Total: ${totalPrice}, ${typeof totalPrice}`);
```
Next

```
totalPrice = sumPrices(100, 200);
console.log(`Total: ${totalPrice}, ${typeof totalPrice}`);
```

這段範例呼叫了三次 sumPrices() 函式，並將傳回值賦予給變數 totalPrice，然後用 typeof 關鍵字來查驗該變數的型別。它會產生如下的結果：

執行結果

```
Hat price: 100
Boots price: 100
Total: 100100undefined, string
Total: 600, number
Total: NaN, number
```

第一次呼叫函式時，因為有一個引數是字串，導致函式中的所有參數都被轉為字串值和連在一起，所以傳回字串 100100undefined。

第二次給的是三個數值，使它們順利相加、得到數值 600。第三次呼叫雖然同樣傳入數值，但並未提供第三個引數，使該參數變成 undefined。JavaScript 在嘗試拿 undefined 跟數值相加時，會把它轉型成特殊數值 **NaN** (Not a Number, 非數字)。NaN 與任何數字的運算結果都是 NaN，這意味著就算傳回的是個 number 型別值，它仍是一個無意義的值、很可能還是預期之外的結果。

▌ 3-4-3 避免引數跟參數數量不符的問題

前面兩個範例的結果很容易讓人感到困惑，但它們全都是 JavaScript 官方文件中明確提到的特性。JavaScript 並不是真的難以預料，就只是其運作邏輯跟其他程式語言不一樣而已。

接下來我們示範如何利用 JavaScript 本身的功能，來規避上述的狀況。首先是我們可指定參數預設值，參數若沒有收到對應引數就會套用預設值。底下我們來修改 index5.js：

```
let hatPrice = 100;
console.log(`Hat price: ${hatPrice}`);
let bootsPrice = "100";
console.log(`Boots price: ${bootsPrice}`);

function sumPrices(first, second, third = 0) {
    return first + second + third;
}

let totalPrice = sumPrices(hatPrice, bootsPrice);
console.log(`Total: ${totalPrice}, ${typeof totalPrice}`);
totalPrice = sumPrices(100, 200, 300);
console.log(`Total: ${totalPrice}, ${typeof totalPrice}`);
totalPrice = sumPrices(100, 200);
console.log(`Total: ${totalPrice}, ${typeof totalPrice}`);
```

現在 sumPrices() 第三個參數 third 後面用等號指定一個預設值。呼叫函式時若該參數缺少對應的引數，JavaScript 便會採用該預設值。改寫之後，第三次呼叫 sumPrices() 函式時便不會再產生 NaN，而是得到以下結果：

執行結果

```
Hat price: 100
Boots price: 100
Total: 1001000 string  ◀── 第三個參數變成 0
Total: 600 number
Total: 300 number
```

另外一種更具彈性的做法是在函式使用『**其餘參數**』(rest parameter)，或者數量不定的參數。『其餘參數』的語法必須以連續三個句點 (...) 當開頭，而且它只能作為函式的最後一個參數。以下我們在 index6.js 根據前一個範例來改寫：

\primer\index6.js

```javascript
let hatPrice = 100;
console.log(`Hat price: ${hatPrice}`);
let bootsPrice = "100";
console.log(`Boots price: ${bootsPrice}`);

function sumPrices(...numbers) {
    return numbers.reduce(
        function (total, val) {
            return total + val;
        }
    );
}

let totalPrice = sumPrices(hatPrice, bootsPrice);
console.log(`Total: ${totalPrice}, ${typeof totalPrice}`);
totalPrice = sumPrices(100, 200, 300);
console.log(`Total: ${totalPrice}, ${typeof totalPrice}`);
totalPrice = sumPrices(100, 200);
console.log(`Total: ${totalPrice}, ${typeof totalPrice}`);
```

　　『其餘參數』會是個陣列 (array)，其元素為傳入函數的數量不定引數 (我們會在後面『陣列的運用』小節更詳細介紹 JavaScript 陣列)。上面的 sumPrices() 函式單純只定義了一個『其餘參數』，這代表傳入該函式的所有引數通通會被納入 numbers 這個陣列。

　　接著 sumPrices() 呼叫陣列的內建方法 **reduce()** 來加總陣列元素。這個方式雖然能確保引數的數量不會影響計算結果，但 reduce() 方法本身呼叫的匿名函式使用了加法算符，代表字串值依然會被連接起來。

為了讓各位更清楚 reduce() 是如何運作, 我們將它稍微改寫如下:

```
let numbers = [100, 200, 300]  // 自己定義陣列

function accumulator(total, val) {  // 計算累加值的函式 accumulator
    return total + val
}

// 將 accumulator 當成參數傳給 reduce(), 然後取得結果
totalPrice = numbers.reduce(accumulator)
console.log(totalPrice)
```

reduce() 會針對陣列的每一個元素呼叫 accumulator 函式, 並傳入兩個引數: 目前的加總值, 以及目前元素的值。等到每個元素都相加過後, reduce() 會傳回最終的加總值。如果改變傳入 reduce() 的函式, 那麼你就可以改變 reduce() 的加總行為。

index6.js 範例的寫法是直接在 reduce() 內宣告一個函式並使用之, 這種沒有名稱的函式稱為匿名函式 (anonymous function)。

這個範例應當會產生如下的結果:

執行結果

```
Hat price: 100
Boots price: 100
Total: 100100 string
Total: 600 number
Total: 300 number
```

由於 JavaScript 並沒有限制傳入其餘算符的引數型別, numbers 參數有可能收到非數值、導致加總值變成非預期型別的值。

為了確保不論使用者如何給值, 我們的函式都能產生有意義的加總結果, 最安全的做法就是把陣列元素全部強制轉為數值, 並將 NaN 值過濾掉:

修改 \primer\index6.js

```
let hatPrice = 100;
console.log(`Hat price: ${hatPrice}`);
let bootsPrice = "100";
console.log(`Boots price: ${bootsPrice}`);

function sumPrices(...numbers) {
    return numbers.reduce(
        function (total, val) {
            return total +
                (Number.isNaN(Number(val)) ? 0 : Number(val));
        }
    );
}

let totalPrice = sumPrices(hatPrice, bootsPrice);
console.log(`Total: ${totalPrice}, ${typeof totalPrice}`);
totalPrice = sumPrices(100, 200, 300);
console.log(`Total: ${totalPrice}, ${typeof totalPrice}`);
totalPrice = sumPrices(100, 200);
console.log(`Total: ${totalPrice}, ${typeof totalPrice}`);

// 傳入多個不同型別的引數
totalPrice = sumPrices(100, 200, undefined, false, "hello");
console.log(`Total: ${totalPrice}, ${typeof totalPrice}`);
```

改寫後我們利用 Number() 將元素值轉為數值，並用 Number.isNaN() 函式檢查該值是否為 NaN, 倘若為真就傳回 0, 否則傳回該數值。如此一來，只有有意義的數值會被函式加總，至於 null、undefuned、布林值或字串型別的引數都不會影響到結果。

執行結果

```
Hat price: 100
Boots price: 100
Total: 200, number
Total: 600, number
Total: 300, number
Total: 300, number   ← 正確計算出 100 + 200
```

> **小編註** 條件算符
>
> 修改後的 index6.js 使用了條件算符 (conditional operator), 也稱為三元算符 (ternary operator):
>
> **語法**
>
> ```
> 條件運算式 ? a : b
> ```
>
> 當條件運算式傳回 true 時, 條件算符會傳回 a 值, 否則傳回 b 值。

▌ 3-4-4 使用箭頭函式

箭頭函式 (arrow function) 是另一種定義函式的精簡寫法，又稱胖箭頭函式 (fat arrow function) 或 lambda 運算式 (lambda expression)。當函式本身會當成引數傳給其他函式 (比如陣列的 reduce() 方法) 時, 我們可用箭頭函式來讓程式碼變得更加精簡。

JavaScript 函式不論採用何種語法寫成，終究也是一種值，只不過它們屬於特殊的物件 (object) 型別 (在第 10 章『物件的運用』會有更深入的剖析)。因此函式也能當成直接指派給變數的值, 就像所有其他的值一樣。

以下來建立 index7.js ，使用箭頭函式取代 index6.js 的標準函式宣告法：

修改 \primer\index7.js

```
let hatPrice = 100;
console.log(`Hat price: ${hatPrice}`);
let bootsPrice = "100";
console.log(`Boots price: ${bootsPrice}`);

function sumPrices(...numbers) {
    return numbers.reduce(
        (total, val) => total + (Number.isNaN(Number(val)) ? 0 :
            Number(val)));
}
```

Next

```
let totalPrice = sumPrices(hatPrice, bootsPrice);
console.log(`Total: ${totalPrice}, ${typeof totalPrice}`);
totalPrice = sumPrices(100, 200, 300);
console.log(`Total: ${totalPrice}, ${typeof totalPrice}`);
totalPrice = sumPrices(100, 200);
console.log(`Total: ${totalPrice}, ${typeof totalPrice}`);
totalPrice = sumPrices(100, 200, undefined, false, "hello");
console.log(`Total: ${totalPrice}, ${typeof totalPrice}`);
```

箭頭函式的語法分成三部分：輸入的參數、胖箭頭 (也就是 =>) 以及傳回值：

語法

```
(param1, param2) => {return param1 + param2}
(param1, param2) => return param1 + param2
(param1, param2) => param1 + param2
param1 => param1 + param1
() => 1  ◄── 沒有參數
```

倘若箭頭函式內只有一個傳回值敘述，就可以省略 return 關鍵字和 {} 大括號，箭頭函式會自動傳回運算式結果。而若參數只有一個，參數兩側的小括號也可不寫。

箭頭函式可用來取代一般函式，端看使用者個人的偏好。唯一特別要注意的只有 this 關鍵字作用域的問題，本章稍後會在『了解 this 關鍵字』一節再深入討論之。下面我們就嘗試以更簡潔的語法重寫 sumPrices() 函式：

修改 \primer\index7.js

```
// ... 上略

// 把 sumPrices 也改成箭頭函式
let sumPrices = (...numbers) =>
    numbers.reduce(
        (total, val) =>
            total + (Number.isNaN(Number(val)) ? 0 : Number(val))
    );

// ... 下略
```

3-23

上面我們改用箭頭函式的語法來宣告函式，並直接將函式指派給 sumPrices 變數。這麼做能把原本複雜的功能改成更精簡的語法，只是要注意的是，這麼做也有可能會增加程式的理解難度。在本書之中，你還會看到更多運用箭頭函式、以及直接把函式當成值的範例。

3-5 陣列的運用

▊ 3-5-1 宣告與使用陣列

JavaScript 的陣列與其他程式語言相似，差別在於陣列大小可以彈性調整，並且可以存放任何種類的值，這意味著元素不必是單一型別。我們用以下這段程式碼示範陣列的定義與使用：

\primer\index8.js

```javascript
let names = ["Hat", "Boots", "Gloves"];  // 用初始值建立陣列
let prices = [];  // 建立空陣列
prices.push(100);  // 用 push() 方法在 prices 陣列加入新元素
prices.push("100");
prices.push(50.25);
// 讀出兩個陣列的第一個元素（索引 0）
console.log(`First Item: ${names[0]}: ${prices[0]}`);

let sumPrices = (...numbers) => numbers.reduce((total, val) =>
    total + (Number.isNaN(Number(val)) ? 0 : Number(val)));
let totalPrice = sumPrices(...prices);
console.log(`Total: ${totalPrice} ${typeof totalPrice}`);
```

宣告陣列時並不需要明確定義陣列大小，它會隨著元素的新增或移除而自動分配記憶體空間。JavaScript 陣列索引採用從 0 開始編號的方式 (zero-based), 並用 [ ] 中括號定義, 而定義時若有初始值, 則以逗號 (,) 隔開彼此：

語法

```
let 陣列變數 = [元素 1, 元素 2, 元素 3, ...]
```

譬如,index8.js 範例中的 names 陣列在宣告時便賦予了三個字串值,而 prices 陣列建立時是空的,接著再以 push() 方法把值新增到陣列尾端。

陣列中的元素可用 [ ] 中括號來存取:

語法

```
值 = 陣列變數[索引]
```

陣列	元素 1	元素 2	元素 3
索引	0	1	2
值	陣列[0]	陣列[1]	陣列[2]

下表則列出陣列具備、可用來處理元素的常用方法:

▼ JavaScript 陣列的常用方法

方法	說明
concat(其他陣列)	將呼叫者陣列本身與其他陣列合併, 產生一個新陣列並傳回。可一次與多個陣列合併。
join(分隔符號)	將陣列的所有元素值依指定的分隔符號 (字串) 合併成一個字串。
pop()	移除並傳回陣列的最後一個元素。
shift()	移除並傳回陣列的第一個元素。
push(元素)	將元素新增到陣列尾端。
unshift(元素)	將元素插入到陣列開頭。
reverse()	傳回一個新陣列, 其內容為原本陣列元素的反向排列。
slice(start, end)	擷取指定範圍 (索引從 start 開始到 end - 1) 內的陣列元素。
sort()	就地排序陣列元素, 轉成字串後從字元順序小排到大。也可以傳入一個函式, 以其傳回值做為排序依據。
splice(index, count)	從陣列中索引 index 的位置開始, 移除陣列中 count 數量的元素 (就地改變原陣列)。

Next

every(test)	根據傳入的函式 test, 測試陣列中的元素是否符合 test 所設定之條件。唯有陣列中的全部元素皆符合條件時才會傳回 true, 否則為 false。
some(test)	據傳入的函式 test, 測試陣列中的元素是否符合 test 所設定之條件。若陣列中至少有一個元素符合條件時就傳回 true, 否則為 false。
includes(值)	若陣列有包含指定的值, 傳回 true, 否則傳回 false。
indexOf(值)	若陣列有包含指定的值, 傳回其索引, 否則傳回 -1。
filter(test)	過濾元素：傳入一個 test 函式, 將每個元素傳入 test, 並將 test 傳回值是 true 時的元素放進新陣列後傳回。
includes(值)	判斷陣列是否包含某個值, 若有便傳回 true。
find(test)	傳入一個 test 函式, 傳回陣列中第一個傳入 test 後得到 true 的元素, 否則傳回 undefined。
findIndex(test)	同 find(), 但傳回元素索引, 找不到則傳回 -1。
forEach(callback)	傳入一個 callback 函式, 將陣列中每個元素傳入 callback 來處理之。
map(callback)	傳入一個 callback 函式, 將陣列中每個元素傳入 callback 呼叫, 然後傳回包含所有處理後元素的陣列。
reduce(callback)	傳入一個 callback() 函式, 將陣列中每個元素傳入 callback() 呼叫, 然後將所有結果累加後傳回。

▌3-5-2 在陣列使用展開算符

『**展開算符**』(spread operator) 或三個點 (...) 可用來展開陣列的內容, 讓這些元素全部變成呼叫函式時傳入的個別引數。展開算符必須放在陣列引數前面, 之前的範例 index8.js 便是透過『展開算符』把陣列的內容傳給 sumPrices() 函式：

```
let totalPrice = sumPrices(...prices);
// 相當於呼叫 sumPrices(prices[0], prices[1], prices[2]...)
```

我們亦可透過『展開算符』來展開兩個以上的陣列, 輕鬆將它們的內容合併在一起。在 index8.js 加入下面的程式碼：

修改 \primer\index8.js

```javascript
let names = ["Hat", "Boots", "Gloves"];
let prices = [];
prices.push(100);
prices.push("100");
prices.push(50.25);
console.log(`First Item: ${names[0]}: ${prices[0]}`);

let sumPrices = (...numbers) => numbers.reduce((total, val) =>
    total + (Number.isNaN(Number(val)) ? 0 : Number(val)));
let totalPrice = sumPrices(...prices);
console.log(`Total: ${totalPrice} ${typeof totalPrice}`);

// 合併 names 和 prices 的元素成為新陣列
let combinedArray = [...names, ...prices];
combinedArray.forEach(element =>
    console.log(`Combined Array Element: ${element}`));
```

這兩行新程式碼會透過『展開算符』建立一個新的 combinedArray 陣列，其內容來自 names 與 prices 陣列的所有元素，然後呼叫 combinedArray 的 forEach() 方法。這方法接收了一個箭頭函式參數，功能單純就是將傳入的值 (combinedArray 的所有元素) 印出來。

修改後的 index8.js 會產生如下結果：

執行結果

```
First Item: Hat: 100
Total: 250.25 number
Combined Array Element: Hat
Combined Array Element: Boots
Combined Array Element: Gloves
Combined Array Element: 100
Combined Array Element: 100
Combined Array Element: 50.25
```
←── 印出 combinedArray 的所有元素

3-6 物件的運用

3-6-1 建立和使用物件

JavaScript 物件是多個**屬性 (property)** 的集合，每個屬性 (物件的變數) 有各自的名稱與值。定義物件最簡單的方式是透過**物件字面表示法 (object literal notation)** 來撰寫：

語法

```
let 物件變數 = {
    屬性 1: 值,        ← 結尾用逗號
    屬性 2: 值,
    ...
    屬性 n: 值         ← 最末屬性沒有逗號
}

let 物件變數2 = {};  ← 空物件
```

小編註 物件宣告也可以寫成同一行, 不見得要分行, 這麼做僅是為了增加閱讀性。

下面來新增一個檔案 index9.js, 加入以下程式碼：

primer\index9.js

```
let hat = {
    name: "Hat",   // 屬性 name
    price: 100     // 屬性 price
};
let boots = {
    name: "Boots",
    price: "100"
};

let sumPrices = (...numbers) => numbers.reduce((total, val) =>
    total + (Number.isNaN(Number(val)) ? 0 : Number(val)));
let totalPrice = sumPrices(hat.price, boots.price);
console.log(`Total: ${totalPrice} ${typeof totalPrice}`);
```

　　物件字面表示法以 {} 大括號框住物件的一系列屬性名稱與它們的值，名稱與值會以冒號隔開，而各屬性之間則以逗號隔開。物件可以指派給變數、當成其他函數的引數，以及被存在放陣列裡，比如 index9.js 就定義了兩個物件，分別指派給變數 hat 與 boots。

　　接著，物件定義的屬性可透過『物件 . 變數』的寫法來存取。範例中取出兩個物件的 price 屬性值和傳給 sumPrices() 函式加總：

```
let totalPrice = sumPrices(hat.price, boots.price);
```

　　因此 index9.js 會產生如下結果：

執行結果

```
Total: 200 number
```

▌3-6-2　物件屬性的增刪與變更

　　正如 JavaScript 本身，JavaScript 的物件充滿彈性，可以任意新增和刪除屬性，屬性亦可接收任何型別的值。請看以下示範：

修改 \primer\index9.js

```
let hat = {
    name: "Hat",
    price: 100
};
let boots = {
    name: "Boots",
    price: "100"
};
let gloves = {    // 宣告 gloves 物件
    productName: "Gloves",
    price: "40"
};

gloves.name = gloves.productName;    // 在 gloves 建立屬性 name
```

Next

```
delete gloves.productName; // 刪除 gloves 的屬性 productName
gloves.price = 20;         // 修改 gloves 的屬性 price

let sumPrices = (...numbers) => numbers.reduce((total, val) =>
    total + (Number.isNaN(Number(val)) ? 0 : Number(val)));
let totalPrice = sumPrices(hat.price, boots.price, gloves.price);
console.log(`Total: ${totalPrice} ${typeof totalPrice}`);
```

新的 gloves 物件在建立時具有 productName 和 price 這兩個屬性，但後續的敘述又幫它新增一個 name 屬性、以 **delete** 關鍵字移除 productName 屬性，然後賦予 price 屬性一個新的數值來取代原本的字串值。當然，sumPrices() 函式加總時還是會把字串轉成數值。於是程式碼執行後會產生如下結果：

執行結果

```
Total: 220 number
```

▋ 3-6-3 預防未定義的物件與屬性

使用物件往往得特別注意，因為它們的屬性與值結構可能不同於你的預期，或者跟它最初建立時的樣貌已有所不同。

既然物件的內容是可變的，因此試圖存取未定義之屬性的值，就不會被 JavaScript 視為錯誤。若你指派值給一個不存在的屬性，該屬性會被新增到物件，然後被指派該值。但若嘗試讀取一個不存在的屬性，則會得到 undefined。為了確保程式碼必定能獲得可運算的值，我們可透過強制型別轉換和 OR 邏輯算符來留下後備值 (以下使用 index10.js)：

\primer\index10.js

```
let hat = {
    name: "Hat",
    price: 100
};
```

Next

```
let propertyCheck = hat.price || 0;
let objectAndPropertyCheck = (hat || {}).price || 0;
console.log(`Checks: ${propertyCheck}, ${objectAndPropertyCheck}`);
```

最後三行敘述比較複雜一點，用意在於替可能不存在的物件和屬性值提供後備值。其重點在於 || 算符會將 undefined 與 null 值強制轉為 false, 並傳回 || 另一邊的值。以 propertyCheck 為例，程式會檢查 hat 物件的 price 屬性是否存在，存在就將該值指派給 propertyCheck, 否則指派 0 給它；objectAndPropertyCheck 則多做了物件檢查，若 hat 是個空物件就也傳回 0。

index10.js 執行後應當會出現下列結果：

執行結果

```
Checks: 100, 100
```

你可試試看移除 hat 的 price 屬性，甚至在 hat 宣告後加入一行『hat = {}』把它變成空物件，看看執行結果為何。

小編註 如果 hat 根本沒有宣告, 那麼就會引起執行錯誤。此外若有宣告 hat 但沒有賦予值 (hat 本身的值是 undefined), 那麼嘗試存取屬性也會出錯。

■ 3-6-4 在物件使用『展開』與『其餘』算符

展開算符亦可用來擴充物件的屬性與值，方便我們根據其他物件的屬性來建立一個新物件 (以下使用 index11.js)：

\primer\index11.js

```
let hat = {
    name: "Hat",
    price: 100
};

let otherHat = { ...hat };
console.log(`OtherHat: ${otherHat.name}, ${otherHat.price}`);
```

上面拿 hat 物件配合『展開算符』，把它的屬性與值解開到 {} 物件字面表示法中，等於將 hat 物件內容複製到新的 otherHat 物件，相當於以下的寫法：

```
let otherHat = {name: hat.name, price: hat.price};
```

於是上述範例程式會產生如下結果：

執行結果

```
OtherHat: Hat, 100
```

『展開算符』亦可用來合併其他屬性，並藉以新增、取代或吸收來自原本物件的屬性：

修改 \primer\index11.js

```
let hat = {
    name: "Hat",
    price: 100
};

let otherHat = { ...hat };
console.log(`Spread: ${otherHat.name}, ${otherHat.price}`);

// 加入 discounted 屬性
let additionalProperties = { ...hat, discounted: true };
console.log(`Additional: ${JSON.stringify(additionalProperties)}`);
// 修改 price 屬性值
let replacedProperties = { ...hat, price: 10 };
console.log(`Replaced: ${JSON.stringify(replacedProperties)}`);
// 過濾出 price 以外的屬性
let { price, ...someProperties } = hat;
console.log(`Selected: ${JSON.stringify(someProperties)}`);
```

　　內建的 JSON.stringify() 方法會將物件的內容轉成一個 JSON
(JavaScript Object Notation, JavaScript 物件表示法) 格式的字串，以便讓
我們看到物件所有的屬性名稱和值。但它也只適用於簡單的物件，若物件擁
有函式 (方法) 就會無法完整顯示。

　　以上範例在物件字面表示法當中，以展開算符拆開的屬性名稱和值，並
且在新物件加入額外的屬性。我們先來看範例中新增部分的第一行：

```
let additionalProperties = { ...hat, discounted: true};
```

　　新的 discounted 屬性 (值為 true) 會連同 hat 物件原有的屬性放入
additionalProperties。這行程式的實際效果就跟下面的寫法是一樣的：

```
let additionalProperties = { name: hat.name, price: hat.price,
    discounted: true};
```

　　接著，如果一個屬性在物件字面表示法裡有重複定義，右邊的定義會蓋
過左邊的。我們可利用這個特色搭配展開算符來改變某一既有屬性的值：

```
let replacedProperties = { ...hat, price: 10 };
```

　　其效果相當於底下的正規寫法：

```
let replacedProperties = { name: hat.name, price: 10};
```

　　這使得新建的 replacedProperties 物件將擁有來自 hat 物件的所有屬
性與值，但 price 屬性的值被覆蓋成 10。

　　最後，你也能在物件字面表示法用『其餘算符』(跟展開算符一樣都
是 ... 三個半形句點) 來過濾屬性。下面這個敘述定義了名為 price 與
someProperties 的變數：

```
let { price , ...someProperties } = hat;
```

這裡將 hat 指派給一個沒有名稱的新物件，當中分成 price 屬性，其餘的則全數歸入 someProperties 物件。JavaScript 會自行分割 hat 的內容來指派值，使得 someProperties 物件得到了 price 屬性以外的 hat 內容 (去掉 price 屬性)。

小編註

如果想了解 JavaScript 物件字面表示法的其他用法，可參閱官方文件：https://developer.mozilla.org/en-US/docs/Web/JavaScript/Reference/Operators/Object_initializer

---

index11.js 程式的最終結果如下：

執行結果

```
OtherHat: Hat, 100
Additional: {"name":"Hat","price":100,"discounted":true}
Replaced: {"name":"Hat","price":10}
Selected: {"name":"Hat"}
```

3-6-5 屬性 getter 與 setter 的定義

如果你希望使用者在存取物件屬性時，程式能對這些動作做些控管，則可考慮使用 **getter** 和 **setter**。這是兩個特殊函式，能綁定到一個屬性：當你存取此屬性時，就會呼叫這些函式。我們用底下的範例 index12.js 來說明：

primer\index12.js

```
let hat = {
    name: "Hat",
    _price: 100,
    priceIncTax: 100 * 1.2,
    set price(newPrice) {   // price 的 setter
        this._price = newPrice;   // 用 this 來存取 hat 物件自身
        this.priceIncTax = this._price * 1.2;
    },
```

Next

```
        get price() {  // price 的 getter
            return this._price;
        }
    };

    let boots = {
        name: "Boots",
        price: "100",
        get priceIncTax() {  // priceIncTax 的 getter
            return Number(this.price) * 1.2;
        }
    };

    console.log(`Hat: ${hat.price}, ${hat.priceIncTax}`);
    hat.price = 120;
    console.log(`Hat: ${hat.price}, ${hat.priceIncTax}`);
    console.log(`Boots: ${boots.price}, ${boots.priceIncTax}`);
    boots.price = "120";
    console.log(`Boots: ${boots.price}, ${boots.priceIncTax}`);
```

　　JavaScript 將關鍵字 **set** 與 **get** 綁定的函式名稱視為屬性，因此你不能再將該名稱定義為屬性。以 set 建立的函式稱為 setter, get 函式則叫做 getter。這兩個函式會對應到該屬性的指派及讀取動作。

　　以上面的 hat 物件為例，它會擁有 price **虛擬屬性 (pseudo-property)**，並用 _price 來儲存真正的價格；外界讀取 price 屬性時就會呼叫 get price() 並傳回 _price 屬性的值，而 price 被指派值時則會呼叫 set price(), 將新值傳入函式、並賦予給 _price 以及 priceIncTax (稅後價格，價格乘以 1.2)。

⚙ JavaScript 物件的私有屬性

在以上範例中, 我們使用 _price 這種名稱加上底線的方式來『模擬』私有屬性, 而 getter/setter 就能用來扮演屬性的操作介面, 並在必要時做些控管。

然而在本書撰寫時, JavaScript 並不支援物件的私有屬性或私有欄位 (private field), 意即它無法像 Java 那樣以資料封裝 (data encapsulation) 的手法將某些屬性隱藏起來、強迫使用者透過函式或方法存取之。所有物件屬性預設都是公開的。

雖然有一些技巧可達到類似的效果, 但往往都過於複雜, 所以最常見的方式還是如上例, 採取以底線 _ 開頭的屬性命名習慣, 告訴使用者該屬性並非有意公開。當然這樣無法防止使用者存取這些屬性, 但至少能清楚表示這麼做是違反設計者本意的。

不過, 有個已通過的提案將在 JavaScript ES2022 年版加入類別私有屬性及私有方法 (只能在類別中定義; 類別請見下一章介紹), 辦法是在屬性／方法前面標上 #, 使得它在執行階段真正被隱藏起來。這也已於 Node.js 12、TypeScript 4.3 及部分瀏覽器獲得支援。此功能的細節請見以下頁面:

https://developer.mozilla.org/en-US/docs/Web/JavaScript/Reference/Classes/Private_class_fields

第 11 章會介紹 TypeScript 的 private 關鍵字, 不過它只能用在編譯時期的檢查, 無法在執行階段隱藏物件成員。

至於範例中的 boots 物件定義了 priceIncTax 的 getter, 但該虛擬屬性卻沒有對應的 setter, 讓它的值只能被讀取而無法修改 (嘗試修改不會有錯誤 , 也不會有影響)。這點也能讓讀者曉得 , getter 與 setter 兩者並沒有一定要同時使用。以上範例的程式碼會產生如下結果:

執行結果

```
Hat: 100, 120
Hat: 120, 144
Boots: 100, 120
Boots: 120, 144
```

3-6-6 物件方法的定義

剛學 JavaScript 的時候確實很容易令人困惑，但只要越深入細節，就越能體會到它底下蘊含的一致性。在之前的範例中，我們呼叫過一些物件的方法 (method),而物件方法便是一個這樣的例子，它的語法與前面的 getter/setter 非常相似：

修改 \primer\index12.js

```javascript
let hat = {
    name: "Hat",
    _price: 100,
    priceIncTax: 100 * 1.2,
    set price(newPrice) {
        this._price = newPrice;
        this.priceIncTax = this._price * 1.2;
    },
    get price() {
        return this._price;
    },
    writeDetails: function() {   // 定義方法
        console.log(`${this.name}: ${this.price}, ${this.priceIncTax}`);
    }
};

let boots = {
    name: "Boots",
    price: "100",
    get priceIncTax() {
        return Number(this.price) * 1.2;
    }
};

hat.writeDetails();   // 呼叫方法
hat.price = 120;
hat.writeDetails();

console.log(`Boots: ${boots.price}, ${boots.priceIncTax}`);
boots.price = "120";
console.log(`Boots: ${boots.price}, ${boots.priceIncTax}`);
```

就其本質而言，方法也是物件的一個屬性，只不過該名稱指向的值是一個函式（函式本身是另一個物件）。換句話說，JavaScript 函式具備的所有功能與行為，包括參數預設值和『其餘參數』等等，也都能應用在物件方法。

前面範例的方法是以 **function** 關鍵字建立的，但從 ES2015/ES6 之後，我們其實也可以用底下更簡潔的語法來宣告方法：

```
let hat = {
    ...
    writeDetails() {
        console.log(`${this.name}: ${this.price}, ${this.priceIncTax}`);
    }
};
```

新的寫法省去了 function 關鍵字以及屬性名稱與值之間的冒號，讓我們能用更直覺的方式定義物件方法。修改後的 index12.js 執行後應會產生如下成果：

執行結果

```
Hat: 100, 120
Hat: 120, 144
Boots: 100, 120
Boots: 120, 144
```

3-7 了解 this 關鍵字

▌ 3-7-1 傳回 undefined 的 this

即便對有經驗的 JavaScript 程式設計師來說，**this** 仍是個頗令人困惑的關鍵字。在其他程式語言中，this 是用來指向某類別的當前實例物件；而 JavaScript 的 this 關鍵字效果差不多，可是卻會在某些情況下變成 undefined 值，結果害程式當掉。

　　為了讓讀者了解問題在哪，以下來修改前面的 index12.js 範例寫成 index13.js, 改用胖箭頭語法定義 hat 物件的 writeDetails() 方法：

\primer\index13.js)

```javascript
let hat = {
    name: "Hat",
    _price: 100,
    priceIncTax: 100 * 1.2,
    set price(newPrice) {
        this._price = newPrice;
        this.priceIncTax = this._price * 1.2;
    },
    get price() {
        return this._price;
    },
    writeDetails: () =>
        console.log(`${this.name}: ${this.price}, ${this.priceIncTax}`)
};

hat.writeDetails();
hat.price = 120;
hat.writeDetails();
```

　　這個 writeDetails() 方法做的事跟 index12.js 完全相同，可是當我們執行這支程式後，卻印出了 undefined 值：

執行結果

```
undefined: undefined, undefined
undefined: undefined, undefined
```

　　為了搞懂問題所在，以及如何修正，我們得後退一步、重新檢視 this 關鍵字在 JavaScript 中真正的作用究竟為何。

3-7-2 了解獨立函式中的 this 如何作用

我們可以在任何函式中使用 this 關鍵字, 即使該函式並沒有被當成物件方法使用。請參照以下範例:

primer\index14.js

```js
function writeMessage(message) {
    console.log(`${this.greeting}, ${message}`);
}

greeting = "Hello";
writeMessage("It is sunny today");
```

這個 writeMessage() 函式透過 this 關鍵字讀取一個名為 greeting 的屬性, 但這個值卻被定義在函式之外。這個範例的 this 也就只使用這麼一次。我們儲存與執行程式後則得到以下結果:

執行結果

```
Hello, It is sunny today
```

JavaScript 中其實定義了一個**全域物件 (global object)**, 在程式的任何地方都能存取。全域物件的用處是讓我們能存取執行環境的重要功能, 譬如瀏覽器的 **document** 物件, 使程式得以跟文件物件模型 (DOM, Document Object Model) 互動。

而若在 JavaScript 定義變數時沒有使用 let、const 或 var 等關鍵字 (var 是在 let 出現之前宣告變數的舊關鍵字), 它們就會被存入全域物件。意即, 範例中的『greeting = "Hello";』這行會在全域層級宣告一個 greeting 變數。

這裡的關鍵就在於:在**一般函式中, this 關鍵字並非指向函式物件本身, 而會指向全域物件**, 使得 this.greeting 傳回了 Hello 字串值。若你不了解 JavaScript 的這種特性, 就會想不透 writeMessage() 函式是從哪邊取得 greeting 值的。

有一個方式能驗證函式中的 this 關鍵字是全域物件。函式除了用 () 呼叫的標準做法外，也能用下面這個語法呼叫：

修改 \primer\index13.js

```javascript
function writeMessage(message) {
    console.log(`${this.greeting}, ${message}`);
}

greeting = "Hello";
writeMessage("It is sunny today");
writeMessage.call(global, "It is sunny today");
```

傳給 this　　　　傳給 message

如同先前提的，JavaScript 函式也是一種物件。換言之，它們會自動定義包括 call() 在內的方法，而這正是在幕後真正用來呼叫並執行函式的途徑。call() 方法的第一個引數就是要給 this 的值——這解釋了為何一般函式也能存取 this ——而這個值若沒有指定 (正常呼叫函式也不會指定)，它就會指向全域物件。call() 的其他引數則會被傳給函式的參數。

因此上面新增的第二行敘述直接呼叫 writeMessage 的 call() 方法，並把 this 的值設為全域物件 global。因此，執行後的結果將和傳統呼叫法完全相同：

```
Hello, It is sunny today
Hello, It is sunny today
```

要注意的是，全域物件的變數名稱也會因執行環境而異。在 Node.js 執行環境下會叫做 **global**，而瀏覽器環境則是 **window** 或 **self**。

小編註 從 ES2020 起，你可使用 **globalThis** 關鍵字，它會根據執行環境自動指向對應的全域物件。

JavaScript 支援所謂的**嚴格模式 (strict mode)**, 會關閉或限制部分已知可能造成問題的功能, 以避免寫出不夠嚴謹、或執行效率不佳的程式碼。嚴格模式啟用後, 一般函式的 this 將預設為 **undefined**, 好阻止你意外動到全域物件。此外, 想放在全域層級的值也必須明確宣告為全域物件的屬性。

若要啟動嚴格模式, 在程式碼開頭加入以下這行即可:

```
'use strict';
```

關於嚴格模式的使用與其它細節, 請參閱官方文件: https://developer.mozilla.org/en-US/docs/Web/JavaScript/Reference/Strict_mode

TypeScript 編譯器也能夠在它產出的 JavaScript 程式碼啟用某種程度的嚴格模式。第 7 章將對此有更深入的介紹。

3-7-3 了解物件方法中的 this 關鍵字如何作用

對於物件方法, this 關鍵字則會指向該物件本身。請參照以下的範例 index15.js:

\primer\index15.js

```
let myObject = {
    greeting: "Hi, there",

    writeMessage(message) {
        console.log(`${this.greeting}, ${message}`);
    }
}

myObject.writeMessage("It is sunny today");
```

之所有會有這種行為差異, 是因為當函式是透過物件呼叫 (當成方法執行) 時, JavaScript 會呼叫該函式的 call() 方法, 並將物件指派給 this:

```
myObject.writeMessage.call(myObject, "It is sunny today");
```

　　此外要注意的是，若函式是在它屬於的物件之外被呼叫，this 的行為也會不同。譬如底下的範例，我們把物件方法指派給一個變數，然後從物件之外呼叫它：

```
let myObject = {
    greeting: "Hi, there",

    writeMessage(message) {
        console.log(`${this.greeting}, ${message}`);
    }
}

myObject.writeMessage("It is sunny today");

greeting = "Hello";
let myFunction = myObject.writeMessage;  // 把物件方法指派給變數
myFunction("It is sunny today");  // 在物件外呼叫函式
```

　　當我們透過 myFunction 變數呼叫該函式時，this 將會指向全域物件，並存取到一個不同的 greeting 變數：

執行結果

```
Hi, there, It is sunny today
Hello, It is sunny today
```

　　假如你不明白 this 關鍵字的特性，就有可能會遇到意料之外的結果：明明相同的一道函式，卻會因呼叫位置不同而產生行為上的改變。

▌ 3-7-4　改變 this 關鍵字的行為

　　若想更安全掌握 this 的值，做法之一是改用 call() 方法來呼叫函式，但這樣在每次呼叫函式時都很麻煩，還要多傳入一個物件給 this。更可靠的方式是透過函式的 **bind()** 方法來指定 this 的值，這樣不論函式是在哪裡被呼叫，this 都會指向該值。請參考以下範例 index15.js：

```javascript
let myObject = {
    greeting: "Hi, there",

    writeMessage(message) {
        console.log(`${this.greeting}, ${message}`);
    }
}

// 指定傳入 myObject 給 this
myObject.writeMessage = myObject.writeMessage.bind(myObject);

myObject.writeMessage("It is sunny today");

greeting = "Hello";
let myFunction = myObject.writeMessage;
myFunction("It is sunny today");
```

　　bind() 方法實際上會傳回一個新函式，而該函式被呼叫時 this 的值將保持一致。既然我們把這個新函式重新指派給 myObject 物件的 writeMessage 屬性，取代了原本的方法，writeMessage() 函式不管在物件內外被呼叫都能產生相同的結果：

執行結果

```
Hi, there, It is sunny today
Hi, there, It is sunny today
```

　　但使用 bind() 的麻煩在於，你必須等物件被建立出來了才有辦法把它設為 this，迫使整個操作流程得分成兩階段：首先建立物件，然後才能呼叫 bind() 來取代每個需要讓 this 值保持一致的物件方法。

▌3-7-5　了解箭頭函式中的 this 關鍵字作用

　　讓 this 關鍵字的問題雪上加霜的是，箭頭函式的運作方式其實與一般函式不同。箭頭函式**沒有**自己的 this 值，而是在執行時去繼承最靠近範圍的

this 值。為了幫助讀者理解這種現象，我們在 index16.js 改寫前一個範例的程式碼來安插一個箭頭函式：

\primer\index16.js

```
let myObject = {
    greeting: "Hi, there",

    getWriter() {
        return (message) => console.log(`${this.greeting}, ${message}`);
    }
}

greeting = "Hello";
let writer = myObject.getWriter();
writer("It is raining today");

let standAlone = myObject.getWriter;
let standAloneWriter = standAlone();
standAloneWriter("It is sunny today");
```

在這個範例中，myObject 物件的 getWriter() 方法是個正規函式，但它會傳回一個箭頭函式物件。這個箭頭函式在被呼叫時，會從它的作用域往上查，直到找到一個 this 值為止。也就是說，getWriter() 函式被呼叫的方式會影響到該箭頭函式的 this 值。

我們來看範例中呼叫函式的前兩行指令：

```
let writer = myObject.getWriter();
writer("It is raining today");
```

其實我們可以把這兩行合併成一行：

```
myObject.getWriter()("It is raining today");
```

合併後的敘述變得有點難讀，但它有助於強調 this 的值會依函式被呼叫的方式而變。現在 getWriter() 方法是透過 myObject 呼叫的，表示箭頭函式被接著呼叫時，它會在 getWrite() 方法中找到一個 this 的值，而該值會指向 myObject。於是，箭頭函式當中的 this.greeting 表達式會得到『Hi, there』的結果。

第二組程式碼把 getWriter() 變成獨立函式，從 myObject 物件之外呼叫：

```
let standAlone = myObject.getWriter;
let standAloneWriter = standAlone();
standAloneWriter("It is sunny today");
```

這可以改寫成

```
let standAlone = myObject.getWriter;
standAlone()("It is sunny today");
```

這使得箭頭函式的 this 會指向全域物件，讓 this.greeting 得到的值變成 Hello。

範例 index16.js 執行後將產生如下結果，證明兩組敘述得到的 this 值並不相同：

```
Hi, there, It is raining today
Hello, It is sunny today
```

▌ 3-7-6　回到原本的 this 問題

在這一節的開頭，我們示範了用箭頭語法重新定義方法，並發現它的行為跟正規方法並不相同，導致傳回值變成 undefined。下面來回顧範例 index13.js 中的程式碼：

`\primer\index13.js`

```js
let hat = {
    ...
    writeDetails: () =>
        console.log(`${this.name}: ${this.price}, ${this.priceIncTax}`)
};

hat.writeDetails();
hat.price = 120;
hat.writeDetails();
```

　　箭頭函式會有不一致的行為，原因在於它們沒有自己的 this 值，而範例中的箭頭函式又沒有被一般函式包起來。既然物件本身也沒有 this, 箭頭函式最後往上找到了全域範圍的 this, 但全域物件並沒有它想存取的屬性 name, 導致得到 undefined。

　　為解決這個問題並確保程式獲得一致的結果，我們就必須使用之前的辦法，改用一般函式定義方法，並用 bind() 方法來固定 this 的值：：

```js
let hat = {
    name: "Hat",
    _price: 100,
    priceIncTax: 100 * 1.2,
    set price(newPrice) {
        this._price = newPrice;
        this.priceIncTax = this._price * 1.2;
    },
    get price() {
        return this._price;
    },
    writeDetails() {
        console.log(`${this.name}: ${this.price}, ${this.priceIncTax}`);
    }
};

hat.writeDetails = hat.writeDetails.bind(hat);
hat.writeDetails();
hat.price = 120;
hat.writeDetails();
```

如此修改之後，writeDetails() 方法中的 this 便會指向該方法隸屬的物件，不會因呼叫方式的不同而產生預期之外的變化了。

3-8 本章總結

本章介紹了 JavaScript 型別系統、函式及物件的基礎。它們有許多地方容易引起誤解，因為其運作方式與其他程式語言不盡相同。一旦理解這些特性，就有助我們更輕鬆使用 TypeScript，因為這麼一來你才能切實感受到 TypeScript 如何解決這類問題。

在下一章當中，我們將更深入探討 JavaScript 的型別系統及物件、類別等特色，繼續替學習 TypeScript 的旅程鋪路。

JavaScript
快速入門 (下)

在本章將繼續解說有助於理解 TypeScript 開發的 JavaScript 型別系統,但重心會放在 JavaScript 對物件的支援,包括定義物件的不同方式、以及它們與 JavaScript 類別 (class) 的關係。此外我們也會示範如何處理值的序列、JavaScript 的集合,最後則來看模組 (module) 機制,可讓我們把一個專案拆分成多個 JavaScript 檔案。

4-1 本章行前準備

各位在本章可沿用第 3 章建立的 primer 專案來演練,不過為了讀者參考方便,本章我們會建立一個新專案 primer2, 各位也可在下載的範例程式中於 \F1485\ch.04\primer2 找到它 (假如你使用 VS Code 來開發,便可直接開啟該資料夾為工作區)。

為了建立 primer2 專案,請在電腦中選擇一個位置新增 primer 目錄,然後於命令提示字元或終端機從該目錄的位置初始化它:

```
\primer2> npm init --yes
```

接著新增一個 index.js 檔案,並輸入以下的程式碼:

\primer2\index.js

```
let hat = {
    name: "Hat",
    price: 100,
    getPriceIncTax() {
        return Number(this.price) * 1.2;
    }
};


console.log(`Hat: ${hat.price}, ${hat.getPriceIncTax()}`);
```

小編註 和前一章一樣, 本章的範例程式會分割成不同 .js 檔案。若只想使用單一檔案練習, 可照前章開頭的指示安裝並執行 nodemon 套件, 來監看檔案的變動並立即執行之。

4-2 了解 JavaScript 的物件繼承

▌ 4-2-1　原型 (prototype) 物件

　　和其他物件導向語言不同的是，JavaScript 並沒有類別；它的所有物件，其實都連結到一個**原型**物件，並且會從該物件繼承屬性與方法。既然原型物件本身也是物件，它們**也有**自己的原型物件，使得物件之間會形成一條**原型鏈 (prototype chain)**。拜這種設計之賜，JavaScript 的物件仍然能繼承上層物件的功能，讓你只需定義一次就能重複使用。

　　當你用物件字面表示法建立物件，例如下面範例的 hat，它的原型便是 JavaScript 內建的 Object 物件。Object 提供了一些基本功能給所有的物件來繼承，其中包括一個方法 toString(),可將物件的內容轉為字串形式。請參考以下範例：

```
let hat = {
    name: "Hat",
    price: 100,
    getPriceIncTax() {
        return Number(this.price) * 1.2;
    }
};

console.log(`Hat: ${hat.price}, ${hat.getPriceIncTax()}`);
console.log(`toString: ${hat.toString()}`);
```

　　第一個 console.log 指令以模板字串呼叫 hat 物件的 price 屬性，這沒什麼問題，因為上面已經幫它定義好了。但這回新增的第二行指令呼叫了一個 toString() 方法，可是我們並沒有先幫 hat 物件定義 toString 屬性。這使得 JavaScript 執行環境轉而查看 hat 物件上游的原型，也就是 Object 物件，而 Object 物件確實有內建 toString() 方法。因此它會產出下列結果：

```
Hat: 100, 120
toString: [object Object]
```

這邊以 toString() 方法產生的結果其實沒有什麼實際用途 (它會印出物件的字串型式, 也就是 [object Object]), 但能說明 hat 物件與其原型的關係。

4-2-2 檢視與修改原型物件

JavaScript 內建的 Object 不僅是絕大多數物件的原型, 它本身也提供了一些不必繼承便可直接使用的方法, 可藉此來取得與原型物件相關的資訊。下表列舉了其中最便利的幾個方法:

getPrototypeOf()	傳回物件的原型物件
setPrototypeOf(物件)	設定物件的原型物件
getOwnPropertyNames()	傳回物件自有屬性的名稱

 物件的 Prototype 屬性也可讓我們存取或修改原型物件, 但這麼做對 JavaScript 執行環境來說是沉重的負擔。如果可以的話, 建議還是使用上表列出的方法。

來看以下範例程式 index2.js:

\primer2\index2.js

```javascript
let hat = {
    name: "Hat",
    price: 100,
    getPriceIncTax() {
        return Number(this.price) * 1.2;
    }
};
let boots = {
    name: "Boots",
    price: 100,
    getPriceIncTax() {
        return Number(this.price) * 1.2;
    }
};

let hatPrototype = Object.getPrototypeOf(hat);
console.log(`Hat Prototype: ${hatPrototype}`);
let bootsPrototype = Object.getPrototypeOf(boots);
console.log(`Boots Prototype: ${bootsPrototype}`);
console.log(`Common prototype: ${hatPrototype === bootsPrototype}`);
```

這回多宣告了一個新物件 boots, 然後比較它的原型物件跟 hat 的原型物件是否相同。這會產生如下結果：

執行結果

```
Hat Prototype: [object Object]
Boots Prototype: [object Object]
Common prototype: true
```

結果顯示 hat 與 boots 物件共享著同一個原型物件, 如下圖所示的關係：

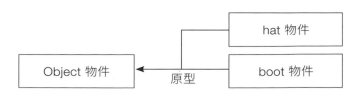

由於原型物件亦屬 JavaScript 的正規物件，因此我們也能為它定義新的屬性、或是對既有屬性賦予新值。我們修改 index2.js 的程式碼來示範：

```javascript
let hat = {
    name: "Hat",
    price: 100,
    getPriceIncTax() {
        return Number(this.price) * 1.2;
    }
};
let boots = {
    name: "Boots",
    price: 100,
    getPriceIncTax() {
        return Number(this.price) * 1.2;
    }
};

let hatPrototype = Object.getPrototypeOf(hat);  // 取得 hat 的原型
hatPrototype.toString = function () {  // 修改原型方法
    return `toString: Name: ${this.name}, Price: ${this.price}`;
}
console.log(hat.toString());
console.log(boots.toString());
```

這段新程式透過 hat 物件的原型物件 Object, 定義了一個新的函式覆蓋 toString() 的原始方法。由於 hat 和 boot 物件也會連結到原型，因此 boots 物件會繼承到這個新的 toString(), 並在呼叫後產生如下結果：

執行結果

```
toString: Name: Hat, Price: 100
toString: Name: Boots, Price: 100
```

小編註　程式重新執行後, Object 物件會隨執行環境重新建立, 因此這種覆蓋不是永久的。

▌4-2-3 自訂原型物件

　　然而，若要變更 JavaScript 最頂層的 Object 物件就必須十分小心，因為這會影響到程式中的所有物件。範例 index2.js 中的 toString() 新方法為 hat 與 boots 物件產生了更有意義的結果，但該方法假設物件有 name 與 price 這兩個屬性。所以若對其他物件呼叫 toString()，便有可能無法滿足需求、甚至產生錯誤結果。

　　所以更好的做法是為 hat 和 boots 自製一個擁有 name 與 price 屬性的原型物件。我們可以參照底下的範例，運用 Object.setPrototypeOf() 方法來達成這項需求：

```javascript
// 自訂原型物件
let ProductProto = {
    toString: function () {
        return `toString: Name: ${this.name}, Price: ${this.price}`;
    }
};
let hat = {
    name: "Hat",
    price: 100,
    getPriceIncTax() {
        return Number(this.price) * 1.2;
    }
};
let boots = {
    name: "Boots",
    price: 100,
    getPriceIncTax() {
        return Number(this.price) * 1.2;
    }
};

// 將物件的原型設為 ProductProto
Object.setPrototypeOf(hat, ProductProto);
Object.setPrototypeOf(boots, ProductProto);
console.log(hat.toString());
console.log(boots.toString());
```

在這段程式碼中，我們為 ProductProto 物件定義了一個 toString() 方法，並將它設為 hat 與 boots 物件的原型。當然 ProductProto 也是個物件，這意味著它跟所有物件一樣擁有一個更上層的原型，也就是內建的 Object 物件。下圖為它們彼此之間的關係：

當 JavaScript 在某個物件找不到某個屬性名稱時，它會沿著如上的原型鏈往上層尋找，直到找到符合的項目或抵達原型鏈最頂端為止。範例 index3. js 的程式碼會產生以下的結果：

執行結果

```
toString: Name: Hat, Price: 100
toString: Name: Boots, Price: 100
```

▌ 4-2-4 使用函式建構子產生物件

我們也可利用**函式建構子 (function constructor)** 來產生新物件、定義其屬性與指派其原型，而且僅需使用一個 **new** 關鍵字即可完成以上動作。若使用函式建構子，即可確保創造出來的多個物件能夠一致，並連到正確的原型。請參考以下範例 index4.js：

\primer2\index4.js

```
let Product = function (name, price) {   // 函式建構子
    this.name = name;
    this.price = price;
    this.toString = function () {
        return `toString: Name: ${this.name}, Price: ${this.price}`;
    };
};
```

Next

```
let hat = new Product("Hat", 100);
let boots = new Product("Boots", 100);
console.log(hat.toString());
console.log(boots.toString());
```

在 JavaScript 中，函式本身也是物件，因此同樣可以新增屬性與方法。範例中先建立了個函式物件 Product 並根據參數設定其內容，這便是我們要使用的建構子。接著程式以 new 關鍵字搭配建構子，傳入要指派給物件屬性的引數，以便產生出新物件：

```
let hat = new Product("Hat", 100);
```

JavaScript 執行環境於是會根據 Product 物件來建立新物件，以該物件作為 this 的值去呼叫建構子：

```
let Product = function (name, price) {
    this.name = name;
    this.price = price;
    this.toString = function () {
        return `toString: Name: ${this.name}, Price: ${this.price}`;
    };
};
```

建構子便會透過 this 替新物件定義屬性，而這個新物件的原型也會指向建構子本身的原型。最後這個新物件被指派給 hat 變數。

小編註　建構子函式中不寫 return, 是為了讓它將原型物件提供給 new 關鍵字, 好建立一個新物件。

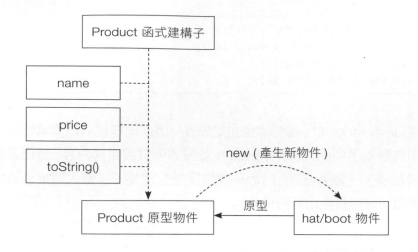

本範例的執行結果如下：

```
toString: Name: Hat, Price: 100
toString: Name: Boots, Price: 100
```

範例 index4.js 的執行結果與 index3.js 完全相同，但由上可見，使用建構子可確保建立的新物件之間保持一致，並被設定到正確的原型物件。

4-2-5 建構子的串連

雖然說運用函式建構子能輕鬆建立出自訂的原型鏈，但想對多重建構子做同樣的事情就得稍微花點功夫，才能確保函式建構子產生的物件都獲得正確的內容、並指向原型鏈當中正確的原型。底下我們要在 index5.js 新加入一個建構子，接著用它搭配 Product 建構子來產生原型鏈：

`\primer2\index5.js`

```javascript
let Product = function (name, price) {
    this.name = name;
    this.price = price;
    this.toString = function () {
        return `toString: Name: ${this.name}, Price: ${this.price}`;
    };
};

// 第二個函式建構子
let TaxedProduct = function (name, price, taxRate) {
    Product.call(this, name, price);  // 呼叫 Product 建構子
    this.taxRate = taxRate;
    this.getPriceIncTax = function () {
        return Number(this.price) * this.taxRate;
    };
    this.toTaxString = function () {
        // 呼叫 Product.toString()
        return `${this.toString()}, Tax: ${this.getPriceIncTax()}`;
    };
};

// 將 TaxedProduct 建構子傳回的原型連結到 Product 傳回的原型
Object.setPrototypeOf(TaxedProduct.prototype, Product.prototype);

let hat = new TaxedProduct("Hat", 100, 1.2);
let boots = new Product("Boots", 100);
console.log(hat.toTaxString());
console.log(boots.toString());
```

　　我們必須分成兩步驟，來設定好建構子與它們在原型鏈中的原型。首先是 TaxedProduct 建構子透過 call() 方法呼叫它的上一層建構子 Product, 以便正確繼承 Product 的屬性：

```javascript
Product.call(this, name, price);
```

　　使用 call() 方法可允許把新物件的值透過 this 傳遞給下個建構子。然後接下來的第二步是把它們的原型串連起來：

```
Object.setPrototypeOf(TaxedProduct.prototype, Product.prototype);
```

值得注意的是，我們傳入 setPrototypeOf() 方法的引數是函式建構子的 prototype 屬性所傳回的原型物件，而非該函式建構子自身。

```
Object.setPrototypeOf(TaxedProduct.prototype, Product.prototype);
```

只要將原型物件串連起來，即可確保 JavaScript 執行環境能循著正確的原型鏈，去尋找某個物件從某處繼承而來的屬性。例如，boots 物件在呼叫 toString() 時，JavaScript 在 TaxedProduct 原型找不到這個名稱，但往上到 Product 原型就找到了。

小編註 函式建構子的 prototype 屬性會指向函式建構子**產生**的原型物件，注意這不是建構子**自身**的原型。

下圖展示了這幾個物件與其原型之間的關聯：

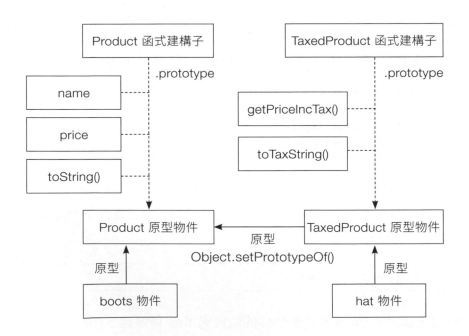

本範例執行後會產生如下結果：

執行結果

```
toString: Name: Hat, Price: 100, Tax: 120
toString: Name: Boots, Price: 100
```

🔯 存取被覆蓋的原型方法

在同一原型鏈當中，如果有下層物件定義了相同名稱的屬性或方法，JavaScript 沿著原型鏈尋找時就會優先使用這些東西，等同於新內容覆蓋 (override) 或遮蔽 (shadowing) 了上層原型的內容，因此這麼做時得格外小心。比如，若你也在 TaxedProduct 內定義一個 toString() 方法，toTaxString() 方法呼叫的對象就會是這個新方法，而不是 Product.toString()。

此外有個問題是：在前面幾個範例中，屬性與方法都是會等到函式建構子建立物件時才會放進去，這使得我們無法從 TaxedProduct 內直接呼叫 Product 的 toString() 方法。

若你真的想呼叫上層原型物件的方法，有個辦法是在定義了建構子之後，透過它們的 .prototype 屬性取得原型並新增方法，並藉由該方法的 **call()** 傳入正確的物件：

\primer2\index5a.js

```
let Product = function (name, price) {
    this.name = name;
    this.price = price;
};

// 替 Product 傳回的原型定義 toString() 方法
Product.prototype.toString = function () {
    return `toString: Name: ${this.name}, Price: ${this.price}`;
};

let TaxedProduct = function (name, price, taxRate) {
    Product.call(this, name, price);
    this.taxRate = taxRate;
    this.getPriceIncTax = function () {
        return Number(this.price) * this.taxRate;
    };
    this.toTaxString = function () {
```

```
        return `${this.toString()}, Tax: ${this.
getPriceIncTax()}`;
    };
};

// 替 TaxedProduct 原型定義 toString()
TaxedProduct.prototype.toString = function () {
    // 呼叫 Product 的原型方法
    return Product.prototype.toString.call(this);
};

...
```

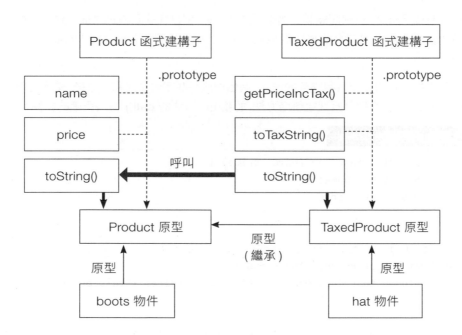

既然現在兩個原型物件已經定義了相關方法, 而不是等到建立新物件時才新增, 我們就能在想要的時機呼叫上層原型被覆蓋的方法了。

▌ 4-2-6 檢查原型的歸屬

若要檢查建構子的原型物件是否出現在某個物件的原型鏈中，可使用 **instanceof** 關鍵字來查驗之：

修改 \primer2\index5.js

```javascript
let Product = function (name, price) {
    this.name = name;
    this.price = price;
};

Product.prototype.toString = function () {
    return `toString: Name: ${this.name}, Price: ${this.price}`;
};

let TaxedProduct = function (name, price, taxRate) {
    Product.call(this, name, price);
    this.taxRate = taxRate;
};

Object.setPrototypeOf(TaxedProduct.prototype, Product.prototype);
TaxedProduct.prototype.getPriceIncTax = function () {
    return Number(this.price) * this.taxRate;
};

TaxedProduct.prototype.toTaxString = function () {
    return `${this.toString()}, Tax: ${this.getPriceIncTax()}`;
};

let hat = new TaxedProduct("Hat", 100, 1.2);
let boots = new Product("Boots", 100);

console.log(hat.toTaxString());
console.log(boots.toString());
console.log(`hat -> TaxedProduct: ${hat instanceof TaxedProduct}`);
console.log(`hat -> Product: ${hat instanceof Product}`);
console.log(`boots -> TaxedProduct: ${boots instanceof TaxedProduct}`);
console.log(`boots -> Product: ${boots instanceof Product}`);
```

新增的這四行程式使用 instanceof 來檢查，TaxedProduct 與 Product 建構子的原型是否位在 hat 與 boots 物件的原型鏈當中。它應當會輸出下列的結果：

執行結果

```
toString: Name: Hat, Price: 100, Tax: 120
toString: Name: Boots, Price: 100
hat -> TaxedProduct: true
hat -> Product: true
boots -> TaxedProduct: false
boots -> Product: true
```

 注意 instanceof 算符需要搭配函式建構子使用。若你要檢查的對象不是建構子，**Object.isPrototypeOf()** 方法可以直接用在原型物件。

▌ 4-2-7 靜態屬性與方法的定義

在前面的範例中，可透過物件本身存取的屬性或方法，即為所謂的**實例屬性 (instance property)**。不過你也可以直接對函式建構子本身（它也是物件）加入屬性與方法，而這些就只能透過建構子存取，一般稱之為是靜態 (static) 屬性及方法。

其實像是 Object.setPrototypeOf() 與 Object.getPrototypeOf() 就是靜態方法的典型例子。以下範例以簡化的方式示範了如何定義靜態方法：

\primer2\index6.js

```javascript
let Product = function (name, price) {
    this.name = name;
    this.price = price;
    this.toString = function () {
        return `toString: Name: ${this.name}, Price: ${this.price}`;
    };
};
```

Next

```
Product.process = (...products) =>
    products.forEach(p => console.log(p.toString()));

Product.process(
    new Product("Hat", 100, 1.2),
    new Product("Boots", 100));
```

上面對 Product 建構子函式本身新增一個方法 process(), 並指派一個箭頭函式給它：

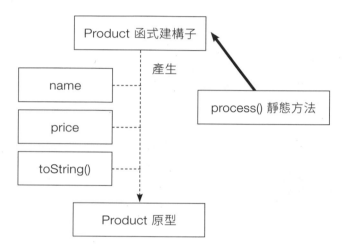

這個箭頭函式（不帶 this 屬性）定義了一個『其餘參數』來接收數量不定的參數, 並使用 forEach 方法來呼叫每個物件的 toString() 方法。既然 hat 與 boots 物件並未繼承 process() 方法, 唯一呼叫方式就是透過 Product 建構子物件呼叫。這使得範例 index6.js 會產生下列結果：

執行結果

```
toString: Name: Hat, Price: 100
toString: Name: Boots, Price: 100
```

4-3 在 JavaScript 使用類別 (class)

4-3-1 定義類別

JavaScript 的物件原型鏈畢竟不好懂也不易操作，因此從 ES2015/ES6 開始，它引入了**類別**的相關語法，好讓學過其他熱門語言的程式設計師能夠更快上手。你可將類別想像成物件的藍圖，實際上也能用來代表物件的型別。當然，JavaScript 實際上並沒有類別，此語法仍是透過前面的函式物件原型來實作的，所以它的類別在本質上還是跟 C# 與 Java 等語言有所出入。等到本書第 11 章，我們會介紹 TypeScript 是如何提供類別的宣告和繼承等功能。

下列的範例就改用 class 關鍵字定義了一個 Product 類別：

primer2\index7.js

```javascript
class Product {
    constructor(name, price) {  // 類別建構子
        this.name = name;
        this.price = price;
    }

    toString() {  // 原型方法
        return `toString: Name: ${this.name}, Price: ${this.price}`;
    }
};

let hat = new Product("Hat", 100);
let boots = new Product("Boots", 100);
console.log(hat.toString());
console.log(boots.toString());
```

定義類別時需使用 **class** 關鍵字，後面接上類別名稱。若你用過其他語言，這裡的類別語法乍看或許更眼熟，但它骨子裡仍會把類別轉換成先前講過的 JavaScript 函式建構子。

當你使用 new 關鍵字建立類別的新物件時，JavaScript 執行環境會建立一個新的空物件，接著再呼叫類別內的 constructor() 建構子；建構子會透過 this 接收新物件，並對它定義屬性。至於類別內定義的方法，則會被加到類別傳回的原型物件中 (和前面我們透過函式建構子的 prototype 屬性來定義方法一樣)。

> **小編註** 一個類別只能有一個建構子方法。方法會被附加到建構子傳回的原型物件，這點和前面範例 index5a.js 的效果一樣。

以上範例會產生如下的結果：

執行結果

```
toString: Name: Hat, Price: 100
toString: Name: Boots, Price: 100
```

▌ 4-3-2　類別繼承

類別可使用類似 Java 的 **extends** 關鍵字來進行繼承 (inherit), 並透過 **super** 關鍵字呼叫父類別 (superclass) 的建構式與方法來產生共用的屬性。請看底下的示範：

\primer2\index8.js

```
class Product {
    constructor(name, price) {
        this.name = name;
        this.price = price;
    }

    toString() {
        return `toString: Name: ${this.name}, Price: ${this.price}`;
    }
};

// TaxedProduct 繼承 Product
class TaxedProduct extends Product {
```
Next

```
    constructor(name, price, taxRate = 1.2) {
        super(name, price);   // 呼叫父類別的建構式
        this.taxRate = taxRate;
    }

    getPriceIncTax() {
        return Number(this.price) * this.taxRate;
    }

    toString() {   // 覆蓋父類別的方法
        let chainResult = super.toString();   // 呼叫父類別方法
        return `${chainResult}, Tax: ${this.getPriceIncTax()}`;
    }
};

let hat = new TaxedProduct("Hat", 100);
let boots = new TaxedProduct("Boots", 100, 1.3);
console.log(hat.toString());
console.log(boots.toString());
```

在這段範例中，TaxedProduct 類別使用 extend 關鍵字繼承 Product 類別的內容 (Product 即成為 TaxedProduct 的父類別)，而其建構子也使用 super 關鍵字呼叫其父類別的函式，意義上等同將建構子串連起來：

```
constructor(name, price, taxRate = 1.2) {
    super(name, price);
    this.taxRate = taxRate;
}
```

super 關鍵字必須在使用 this 關鍵字之前呼叫，通常也會擺在建構子中的第一句。這便會在子類別中產生父類別定義過的屬性，達到繼承的效果。

我們亦可使用 super 來存取父類別的屬性與方法，例如 TaxedProduct 類別定義的 toString()：

```
toString() {
    let chainResult = super.toString();
    return `${chainResult}, Tax: ${this.getPriceIncTax()}`;
}
```

　　TaxedProduct 類別的 toString() 方法覆蓋了父類別的 toString(), 但仍會先呼叫後者作為其傳回值的基礎。於是範例 index8.js 的執行結果如下:

執行結果

```
toString: Name: Hat, Price: 100, Tax: 120
toString: Name: Boots, Price: 100, Tax: 130
```

■ 4-3-3　在類別定義靜態方法

　　類別內也可以定義靜態方法, 這要用到 **static** 關鍵字。請注意靜態方法只能透過類別 (即前面的函式建構子) 存取, 不能透過實例物件, 這和前面對原型物件附加靜態方法的效果一樣。

修改 \primer2\index8.js

```
class Product {
    constructor(name, price) {
        this.name = name;
        this.price = price;
    }

    toString() {
        return `toString: Name: ${this.name}, Price: ${this.price}`;
    }
};

class TaxedProduct extends Product {
    constructor(name, price, taxRate = 1.2) {
        super(name, price);
        this.taxRate = taxRate;
    }

    getPriceIncTax() {
        return Number(this.price) * this.taxRate;
    }

    toString() {
        let chainResult = super.toString();
```

Next

```
                return `${chainResult}, Tax: ${this.getPriceIncTax()}`;
        }

        static process(...products) {
                products.forEach(p => console.log(p.toString()));
        }
};

let hat = new TaxedProduct("Hat", 100);
let boots = new TaxedProduct("Boots", 100, 1.3);
TaxedProduct.process(hat, boots);
```

　　static 關鍵字用來在 TaxedProduct 類別定義 process() 方法，這使得它只能透過 TaxedProduct.process() 的語法存取。修改後的 index8.js 範例會產生如下的結果：

執行結果

```
toString: Name: Hat, Price: 100, Tax: 120
toString: Name: Boots, Price: 100, Tax: 130
toString: Name: Hat, Price: 100, Tax: 120    ← 透過 TaxedProduct.process()
toString: Name: Boots, Price: 100, Tax: 130   ← 透過 TaxedProduct.process()
```

4-4 走訪器與產生器的使用

▋4-4-1 使用走訪器 (iterator)

　　走訪器是個可依序傳回一系列值的物件。它通常會搭配前一章介紹的陣列或稍後介紹的集合 (collection)，但它們本身也有許多用處。

　　走訪器必須符合走訪器協定 (iterator protocol)，也就是得定義一個名為 **next()** 的方法，這方法每次會傳回一個具有 value 與 done 屬性的物件。value 屬性會是序列中的下一個值，而整個序列走訪完畢後，done 屬性會被設為 true, 告訴我們走訪該結束了。底下便示範了走訪器的定義與使用：

```javascript
class Product {
    constructor(name, price) {
        this.name = name;
        this.price = price;
    }

    toString() {
        return `toString: Name: ${this.name}, Price: ${this.price}`;
    }
}

// 傳回走訪器的函式
function createProductIterator(...products) {
    let index = 0;
    return {   // 傳回走訪器
        next() {   // next() 方法
            // 看看 products 是否還有值可傳回
            if (index < products.length) {
                return { value: products[index++], done: false }
            } else {
                return { value: undefined, done: true }
            }
        }
    }
}

let iterator = createProductIterator(   // 建立走訪器並傳入資料
    new Product("Hat", 100),
    new Product("Boots", 100),
    new Product("Umbrella", 23)
);

let result = iterator.next();   // 從走訪器取得第一筆結果
while (!result.done) {   // 檢查是否走訪完畢
    console.log(result.value.toString());
    result = iterator.next();   // 從走訪器取得下一筆結果
}
```

⬚ while 迴圈

while **迴圈**會根據給予的條件, 決定是否繼續執行。每次重複迴圈之前, while 會先檢查條件是否為 true, 若為 false 便結束迴圈:

語法

```
while (條件) {
    // 程式碼
}
```

因此若寫 while (true) {} 便代表無窮迴圈 (永遠不會結束)。若希望是在每次迴圈重複**之後**才檢查條件, 則可使用 **do...while** 迴圈:

語法

```
do {
    // 程式碼
} while (條件)
```

若要在迴圈內的任何地方離開迴圈, 可用 **break** 關鍵字。若要在迴圈內跳過這一輪剩餘的程式、回到迴圈開頭繼續執行, 則可用 **continue** 關鍵字。

---

　　createProductIterator() 函式會用『其餘參數』接收一系列 Product 型別物件, 並傳回一個物件 iterator, 而該物件定義了一個 next() 方法。每當我們呼叫 next() 方法時, 它會傳回 products 陣列中的下一個 Product 物件; 而當所有物件都依序傳回後, 最後一個物件中的 done 屬性將被設為 true, 好表示走訪已經結束。

　　範例最後使用 while 迴圈來讀取走訪器傳回的資料, 每印出一個物件便呼叫 next() 以取得下一筆資料。範例 index9.js 的程式碼會產生如下結果:

執行結果

```
toString: Name: Hat, Price: 100
toString: Name: Boots, Price: 100
toString: Name: Umbrella, Price: 23
```

> **小編註** 閉包
>
> 注意到 createProductIterator() 傳回的物件, 仍然可以存取 createProductIterator() 內部的 products 參數和 index 變數等。這是因為從函式內傳回的函式會變成**閉包 (closure)**, 即使離開上一層的執行範圍, 也依舊能記得父函式的變數。
>
> 本書不會深入討論閉包, 但你可參閱官方文件說明：https://developer.mozilla.org/zh-TW/docs/Web/JavaScript/Closures

4-4-2 使用產生器 (generator)

撰寫走訪器並不輕鬆, 因為你得在走訪器中手動記錄用個 index 變數記錄走訪狀態, 以便在每次呼叫 next() 方法時能正確傳回下一筆資料。更簡單的做法是利用所謂的**產生器**, 產生器是個只需要呼叫一次的函式, 使用 yield 關鍵字來產生資料序列中的值。使用方法請參考以下的範例：

\primer2\index10.js

```javascript
class Product {
    constructor(name, price) {
        this.name = name;
        this.price = price;
    }

    toString() {
        return `toString: Name: ${this.name}, Price: ${this.price}`;
    }
};

// 定義產生器, 用 for...of 迴圈逐次傳回一個值
function* createProductIterator(...products) {
    for (let product of products) {
        yield product;
    }
};

// 取得產生器和傳入資料
let generator = createProductIterator(
```
Next

```
    new Product("Hat", 100),
    new Product("Boots", 100),
    new Product("Umbrella", 23)
);

// 從產生器取值
let result = generator.next();
while (!result.done) {
    console.log(result.value.toString());
    result = generator.next();
}
```

⬡ for 迴圈

for...of 迴圈的作用和陣列的 forEach() 或 map() 方法很像, 可以走訪一個集合中的所有元素:

語法

```
for (let 變數 of 集合) {
    // 程式碼
}
```

for 迴圈每次會從集合中取出一個元素和指派給變數, 直到所有元素都取完為止, 而你可在 {} 中對該元素值做些處理。這裡之所以得用 for...of, 是因為 yield 關鍵字無法在 forEach() 或 map() 的內部函式中作用。

JavaScript 提供了幾種 for 迴圈語法, 但本書用到的機會很少, 因此這裡便不多介紹。讀者可參閱官方文件的說明:

https://developer.mozilla.org/zh-TW/docs/Web/JavaScript/Guide/Loops_and_iteration

function* (標上星號的 function) 代表我們要建立一個產生器函式, 這個函式會自動實作走訪器協定, 也就是會具備取值用的 next() 方法。

產生器中的 yield 關鍵字和 return 很像, 會傳回一個值, 但它會暫停產生器的執行、而不是讓函式結束和把控制權還給呼叫者。每當產生器的 next() 被呼叫時, 產生器會繼續執行, 直到 for...of 迴圈走訪完所有元素為止。

等到產生器真正結束（執行到 return 或函式結尾），那麼 next() 傳回之物件的 done 屬性就會設為 true。範例 index10.js 會產生如下結果：

執行結果
```
toString: Name: Hat, Price: 100
toString: Name: Boots, Price: 100
toString: Name: Umbrella, Price: 23
```

　　產生器亦可搭配『展開算符』使用，把整個序列當成其他函式的數量不定參數，或是把資料填入陣列：

```
let generator = createProductIterator(
    new Product("Hat", 100),
    new Product("Boots", 100),
    new Product("Umbrella", 23));

[...generator].forEach(p => console.log(p.toString()));
```

　　展開算符會透過走訪器協定從產生器取得所有結果，在走訪完畢時自動停止，再將它一一填入新陣列。這行新的程式碼也會用 forEach() 方法來將該陣列的元素依序印出：

執行結果
```
toString: Name: Hat, Price: 100
toString: Name: Boots, Price: 100
toString: Name: Umbrella, Price: 23
```

小編註 附帶一提，for...of 迴圈其實也是使用走訪器協定來走訪元素。

4-4-3 定義可走訪物件

　　以獨立函式來定義走訪器和產生器，雖是不錯的選擇，但我們最常需要的是一個物件，能夠同時提供序列資料和產生器，並結合其他的便利功能。以下範例 index11.js 就定義一個物件，將相關的東西整理在一起：

```js
// 代表資料的普通類別
class Product {
    constructor(name, price) {
        this.name = name;
        this.price = price;
    }

    toString() {
        return `toString: Name: ${this.name}, Price: ${this.price}`;
    }
};

// 整合資料及產生器的類別
class GiftPack {
    constructor(name, ...products) {
        this.name = name;
        this.products = products
    }

    getTotalPrice() {
        return this.products.reduce((total, p) => total + p.price, 0);
    }

    *getGenerator() {
        for (let product of this.products) {
            yield product;
        }
    }
};

let winter = new GiftPack(
    "winter",
    new Product("Hat", 100),
    new Product("Boots", 80),
    new Product("Gloves", 23)
);

console.log(`Total price: ${winter.getTotalPrice()}`);
[...winter.getGenerator()].forEach(p => console.log(`Product: ${p}`));
```

範例中的 GiftPack 類別會記載一組相關的產品資料，而該類別的 getGenerator() 方法便是個產生器，能透過 yield 關鍵字傳回產品資訊。產生器方法和產生器函式一樣，名稱前面得加上星號 *。

這個做法可行，但是使用產生器的語法有點複雜，因為我們得刻意去呼叫 getGenerator() 方法。更優雅的另一種寫法是利用特殊方法名稱 [Symbol.iterator] 來作為產生器，它會告訴 JavaScript 執行環境說這個方法為物件提供了預設的走訪器支援。請參照以下範例 index12.js：

```javascript
class Product {
    constructor(name, price) {
        this.name = name;
        this.price = price;
    }

    toString() {
        return `toString: Name: ${this.name}, Price: ${this.price}`;
    }
};

class GiftPack {
    constructor(name, ...products) {
        this.name = name;
        this.products = products
    }

    getTotalPrice() {
        return this.products.reduce((total, p) => total + p.price, 0);
    }

    *[Symbol.iterator]() {
        for (let product of this.products) {
            yield product
        }
    }
};

let winter = new GiftPack(
    "winter",
```

```
    new Product("Hat", 100),
    new Product("Boots", 80),
    new Product("Gloves", 23)
);

console.log(`Total price: ${winter.getTotalPrice()}`);
[...winter].forEach(p => console.log(`Product: ${p}`));
```

Symbol.iterator 屬性被用來代表物件的預設走訪器（暫且先別擔心 Symbol, 它是 Javascript 最少用到的基本型別，我們會在後續章節說明它的作用）。使用 Symbol.iterator 作為產生器名稱，使得我們可以直接走訪物件**本身**：

```
[...winter].forEach(p => console.log(`Product: ${ p }`));
```

於是我們不再需要呼叫 winter 自身的方法就能獲得產生器和走訪之，讓整個程式碼變得更簡潔優雅。

4-5 JavaScript 集合的操作

一般來說，JavaScript 中的資料集合是以物件與陣列來管理的，物件會透過**鍵 (key)** 來存取資料，而陣列則仰賴**索引 (index)** 存取資料。其實 JavaScript 也提供了其他集合物件，它們能提供更完整的結構，但相對的彈性也較差。接下來我們就拿一些實例來說明。

▋ 4-5-1 在物件透過鍵存放資料

首先來看使用物件作為集合的用法。物件屬性其實也是一組鍵與值 (key/value pair), 屬性的名稱就是鍵，你可用『物件 [" 屬性名稱 "]』的形式存取屬性值。請看以下的範例：

`\primer2\index13.js`

```javascript
class Product {
    constructor(name, price) {
        this.name = name;
        this.price = price;
    }

    toString() {
        return `toString: Name: ${this["name"]}, Price: 接下行
            ${this["price"]}`;
    }
};

let data = {
    hat: new Product("Hat", 100)
};
data["boots"] = new Product("Boots", 100);

Object.keys(data).forEach(key => console.log(data[key].toString()));
```

　　這段範例建立了個名叫 data 的物件，收集兩個 Product 物件。第一個物件在宣告時指定給 hat 屬性，但接著我們又透過鍵加入一個屬性 boots，指派第二個物件：

```javascript
data["boots"] = new Product("Boots", 100);
      ▲── 等同於 data.boots
```

　　而在 Product 物件中，也改用鍵的形式來讀取屬性，這和寫成『物件.屬性』的效果一樣：

```javascript
return `toString: Name: ${this["name"]}, Price: ${this["price"]}`;
```

　　最後一行程式則使用 JavaScript 內建的 Object.key() 來讀取物件中的所有鍵 (屬性)，以每個鍵取出對應物件，再呼叫物件的 toString()：

```javascript
Object.keys(data).forEach(key => console.log(data[key].toString()));
```

下表整理了 Object 的相關功能：

名稱	說明
Object.keys(物件)	傳回一個陣列, 內容為物件各屬性的名稱。
Object.values(物件)	傳回一個陣列, 內容為物件各屬性的值。

　　如上所見, 我們可以查詢物件內所有屬性的名稱, 再用**物件 [" 屬性名稱 "]** 取得或設定其值。範例 index13.js 會產生如下的結果：

```
hat -> toString: Name: Hat, Price: 100
boots -> toString: Name: Boots, Price: 100
```

▌ 4-5-2　在映射表 (Map) 透過鍵存放資料

　　物件能很輕鬆地當成基本的資料集合, 但仍有其限制, 譬如它只能拿字串作為鍵。對此 JavaScript 另外提供了 Map (映射表) 集合, 可使用任何型別的值為鍵。請見以下示範：

\primer2\index14.js

```
class Product {
    constructor(name, price) {
        this.name = name;
        this.price = price;
    }

    toString() {
        return `toString: Name: ${this.name}, Price: ${this.price}`;
    }
};

let data = new Map();  // 建立 Map
data.set("hat", new Product("Hat", 100));
data.set("boots", new Product("Boots", 100));
[...data.keys()].forEach(key => console.log(`${key} -> ${data.get(key).接下行
toString()}`));
```

Map 物件提供的方法允許你存取其元素，亦可針對其鍵或值取得走訪器。下表為 Map 最常用的功能：

▼ **Map 物件的常用方法**

名稱	說明
set(鍵, 值)	根據指定的鍵存入一個值。
get(鍵)	根據指定的鍵取出一個值。
has(鍵)	傳回一個布林值, 代表 Map 是否包含指定的鍵。
delete(鍵)	在 Map 刪除指定的鍵, 成功時傳回 true, 反之傳回 false。
keys()	傳回一個走訪器, 包含 Map 裡所有元素的鍵。
values()	傳回一個走訪器, 包含 Map 裡所有元素的值。
entries()	傳回一個走訪器, 包含 Map 裡每個元素的鍵與值 (鍵與值會構成子陣列形式)。這亦是 Map 物件的預設走訪器, 也就是你直接走訪 Map 集合本身時得到的結果。
forEach(callback)	將每個值傳入回呼函式執行。

小編註 若不需要持續新增或刪除鍵與值, 使用 Map 的效率就會優於物件。

4-5-3 用 Symbol 當作 Map 鍵

使用 Map 的最大好處是任何值都可以當作鍵，包括 Symbol 值。每個 Symbol 值都是獨一無二、而且不可變更，非常適合用來當作 Map 元素的鍵。以下範例 index15.js 便示範在定義新的 Map 物件時，使用 Symbol 值作為元素鍵。

 注意 Symbol 值雖然好用, 卻有一定的使用難度, 因為你無法直接檢視它的值, 建立和使用時都得格外小心。更多詳情可參照：

https://developer.mozilla.org/en-US/docs/Web/JavaScript/Reference/Global_Objects/Symbol

```javascript
// 產品資料類別
class Product {
    constructor(name, price) {
        this.id = Symbol();  // 產生獨一無二 id
        this.name = name;
        this.price = price;
    }
};

// 不同廠商的產品資料
let acmeProducts = [
    new Product("Hat", 100, "Acme"),
    new Product("Boots", 100, "Acme")
];
let zoomProducts = [
    new Product("Hat", 75, "Zoom"),
    new Product("Boots", 125, "Zoom")
];

// 將資料集合成陣列後，以物件 id 為鍵將物件存入 Map
let products = new Map();
[...acmeProducts, ...zoomProducts].forEach(p => products.set(p.id, p));

// 走訪 Map 並印出特定供應商的產品
products.forEach(p => {
    if (p["supplier"] == "Zoom") {
        console.log(`Name: ${p.name}, Price: ${p.price}, Supplier: ${p.[接下行]
supplier}`)
    }
})
```

　　用 Symbol 值當鍵的好處是，絕對不會有兩組鍵起衝突，反過來說 Symbol 值無法以字串形式印出。我們前一個範例就是以 Product.name 的值當成鍵，但這有可能使得兩個物件儲存了相同的鍵、導致先存入的資料被後來的蓋掉。

在這個新範例中，每個 Product 物件都擁有一個 id 屬性，並透過建構子賦予它們獨特的 Symbol 值。然後我們用 id 為鍵將物件存入 Map 中，這麼一來就算物件的其他屬性有值重複，也不怕會相互覆蓋。最後我們呼叫 Map 的方法 forEach() 來走訪它，並取出供應商屬性值為 "Zoom" 的商品。

範例 index15.js 會產生如下的結果：

執行結果

```
Name: Hat, Price: 75, Supplier: Zoom
Name: Boots, Price: 125, Supplier: Zoom
```

你可以在程式結尾加入一行 console.log() 來檢視這個 Map 集合的內容：

```
console.log(products);
```

這會印出映射表的內容如下：

```
Map(4) {
  Symbol() => Product { id: Symbol(), name: 'Hat', price: 100 },
  Symbol() => Product { id: Symbol(), name: 'Boots', price: 100 },
  Symbol() => Product { id: Symbol(), name: 'Hat', price: 75 },
  Symbol() => Product { id: Symbol(), name: 'Boots', price: 125 }
}
       ↑              ↑
       鍵             值
```

小編註 **Symbol 的特性與其他用途**

Symbol值的另一個用途是替物件加入某種意義上的私有屬性, 實現弱封裝 (weak encapsulation) 的效果。以往物件只能使用字串作為鍵, 但從 ES6 起也可以用 Symbol 值為鍵 (當成屬性名稱)：

Next

```
obj = {}
obj.data = "open data"  // 用字串當屬性名
obj[Symbol()] = "secret data"  // 用 Symbol 值當屬性名

console.log(obj);  // 印出物件
console.log(JSON.stringify(obj));  // 轉成 JSON 格式
console.log(Object.keys(obj));  // 印出物件的鍵
console.log(Object.getOwnPropertySymbols(obj)); // 印出物件的 Symbol 鍵
```

執行結果如下：

執行結果

```
{ data: 'open data', [Symbol()]: 'secret data' }
{"data":"open data"}
[ 'data' ]
[ Symbol() ]
```

可以看到 JSON.stringify() 和Object.keys() 都會忽略名稱是 Symbol 值的鍵。你必須直接印出物件, 或使用 Object.getOwnPropertySymbols() 才能看到它們。

使用 Symbol 值當屬性名稱, 也能避免物件之間的屬性重複、以致你替它加入其他物件的屬性時將資料覆蓋掉。

▌ 4-5-4 使用 Set 存放資料

我們在第 3 章示範過如何以陣列存放資料, 而 JavaScript 亦提供了可依據索引存放資料的 Set 物件。Set 物件的效能不僅更佳, 而且它最有用處的地方在於, 它只會存放不重複的值, 可以想像成只有鍵的 Map。

\primer2\index16.js

```
class Product {
    constructor(name, price) {
        this.id = Symbol();
        this.name = name;
        this.price = price;
    }
```

Next

```
};

let product = new Product("Hat", 100);
let productArray = [];
let productSet = new Set();

for (let i = 0; i < 5; i++) {
    productArray.push(product);  // 在陣列加入 product
    productSet.add(product);  // 在 Set 加入 product
}

console.log(`Array length: ${productArray.length}`);
console.log(`Set size: ${productSet.size}`);
```

☆ for 迴圈

此處範例使用了個正規的 for 迴圈, 其語法如下:

語法

```
for (let 變數 = 起始值; 條件; 運算式) {
    // 程式碼
}
```

通常 for 迴圈會用定義中的運算式來加或減一個變數值 (相當於計數器), 若條件仍滿足時就繼續重複迴圈。和 while 迴圈一樣, for 會在每次重複之前檢查條件。

範例中的 for 迴圈定義了變數 i, 每次重複時會累加 1 (i++ 相當於 i += 1 或 i = i + 1)。等到 i 的值大於或等於 5 時, 迴圈便會停止:

語法

```
for (let i = 0; i < 5; i++) {
    // i 從 0 累加到 4
}
```

這種特性使得我們可以用 for 迴圈控制迴圈的執行次數, 或者用計數器當成索引, 來走訪陣列等集合的一部分內容。

這段範例把相同的 Product 物件連續五次新增到一個陣列與一個 Set 物件，然後列印出它們各自擁有多少元素。由於 Set 只容許不重複的值 (相同的新值會覆蓋舊的)，故陣列會有 5 筆資料，Set 卻只有 1 筆：

執行結果

```
Array length: 5
Set size: 1
```

你的專案究竟該選擇一般陣列還是 Set 物件來存放資料，就取決於你是否禁止出現重複的值。Set 物件亦提供了與陣列相似的許多操作方法：

▼ **Set 物件的常用方法**

方法	說明
add(value)	將指定的值加入 Set 物件。
has(key)	傳回一個布林值，代表 Set 是否包含指定的鍵。
delete(value)	在 Set 物件刪除指定的值。
keys()	傳回一個走訪器物件，其內包含 Set 物件中的所有項目，且依插入順序排列。
values()	功能同 keys() (Set 的鍵與值相同)。
has(value)	檢查 Set 物件中是否存在指定的值，若有則傳回 true。
forEach(callback)	將 Set 中的每個值傳入回呼函式執行。

4-6 撰寫與匯入 JavaScript 模組

大多數應用程式的複雜度較高，故開發者不會將程式碼全部集中寫在單獨一個檔案內。JavaScript 支援**模組 (module)** 功能，可將應用程式切割成多個更容易管理的區塊。以下我們便來看如何在專案中運用 JavaScript 模組。第 5 章將會談到 TypeScript 模組是如何運用的。

模組的定義與匯入方式，目前主要分為 CommonJS 與 ECMAScript Modules (或稱 ES6 Modules) 兩大類。CommonJS 是較早期的產物，也是

Node.js 一開始的支援方向。不過 ECMAScript Modules 的支援已經日益普及,如今也獲得 Node.js 的支援,故本書都會以它為主來介紹 JavaScript 模組操作。

> 小編註 你需要 Node.js v13 或更新的版本才能直接使用 ECMAScript Modules。

4-6-1 建立一個 JavaScript 模組

以下我們將使用一個新範例專案 primer_modules。建立專案目錄後,於命令提示字元或終端機來初始化它:

```
\primer_modules> npm init --yes
```

接著在剛產生的 package.json 中新增以下選項:

```
{
    "name": "primer_modules",
    "version": "1.0.0",
    "description": "",
    "main": "index.js",
    "scripts": {
        "test": "echo \"Error: no test specified\" && exit 1"
    },
    "keywords": [],
    "author": "",
    "license": "ISC",   ◀── JSON 檔非最末行的結尾都得加逗號
    "type": "module"
}
```

每個 JavaScript 模組會是一個獨立的 JavaScript 檔案。這裡我們要在 primer_modlue 專案內新增一個名叫 **tax.js** 的檔案 (即 tax 模組),並在該檔案寫入下列程式:

\primer_module\tax.js

```
export default function (price) {  // 函式沒有名稱
    return Number(price) * 1.2;
}
```

tax.js 裡定義了一個函式，它負責接收一個 price 的值然後乘上 20% 的稅率。這函式本身很簡單，重點在它的 **export** 與 **default** 關鍵字：

- export 關鍵字代表函式是要**匯出**給外部檔案引用的內容。JavaScript 檔案的內容預設是私有的，必須使用 export 關鍵字宣告，才能用在執行環境的其他地方。

- default 關鍵字則只能用在模組中的一個函式，作為匯入時的預設功能，讓我們能用任意名稱匯入它。這個函式可以不寫名稱。

▌ 4-6-2 使用 JavaScript 模組

現在我們要在 JavaScript 程式中匯入前面定義的 tax.js 模組。新增 index.js 檔案和加入以下程式碼：

\primer_module\index.js

```
// 從 tax.js 匯入預設函式, 取名為 calcTax
import calcTax from "./tax.js";

class Product {
    constructor(name, price) {
        this.id = Symbol();
        this.name = name;
        this.price = price;
    }
};

let product = new Product("Hat", 100);
let taxedPrice = calcTax(product.price);  // 呼叫匯入的函式
console.log(`Name: ${product.name}, Taxed Price: ${taxedPrice}`);
```

在 JavaScript 中，使用模組的另一個必要關鍵字是 **import**，用來宣告程式檔對於模組的相依性。import 有幾種不同的用法，而上面示範的就是你在匯入自己的模組時最常用的寫法。

import 正如其字面意義，是**匯入**的意思，後面則是匯入功能的名稱（在此例取名為 calcTax，因為模組中的函式沒有名稱）。**from** 關鍵字則告訴 JavaScript 要從哪個地方匯入模組，後面是模組的路徑與檔案名稱。要特別注意，匯入路徑的不同寫法將導致不同的行為，詳情請參照下面的額外說明。

於是 JavaScript 執行環境在解讀程式碼的過程中，會到指定的路徑位置載入 tax.js，並將模組內的預設函式指派給識別名稱 calcTax：

```
import calcTax from "./tax.js";
```

接著你便可使用 calcTax 來呼叫匯入的函式，就像在自身檔案中定義的任何函式一樣：

```
let taxedPrice = calcTax(product.price);
```

當這段程式執行後，從 tax.js 檔案匯入的 calcTax 函式會傳回計算稅額後的金額，讓主程式印出如下結果：

執行結果

```
Name: Hat, Taxed Price: 120
```

匯入模組時, 你需要告知 JavaScript 執行環境該去哪裡尋找模組的原始檔。若是使用路徑, 可用『相對路徑』或『絕對路徑』的寫法:

```
./startup.js    // 相對路徑 (在呼叫者所在資料夾尋找)
../config.js    // 相對路徑 (在呼叫者所在處的上一層資料夾尋找)
file://opt/nodejs/config.js   // 絕對路徑
```

以上方式都**必須**寫出模組的副檔名, 比如 .js、.mjs 等。

但如果只有模組的名稱 (沒有副檔名) 也沒有路徑, 這表示欲匯入的模組並非來自本機檔案, 而是安裝在某處的 JavaScript 模組或套件。這時取決於你使用的環境, 搜尋模組的方式可能會不同; 以 Node.js 來說, 它通常會到系統及專案內的 node_modules 尋找, 因為那是下載套件到專案時的預設安裝位置。

本書第二篇的第 14 章以及第三篇會看到更多匯入第三方套件的範例。下面我們先摘錄第 19 章 React 開發中的一句程式來示範:

```
import React, { Component } from "react";
```

這行 import 指令沒有指定模組 react 的所在位置, 代表要匯入的 react 模組是位在專案的 node_modules 子目錄裡。

4-6-3　從模組匯出有名稱的功能

我們可以為模組中匯出的函式取一個辨識名稱, 這種方式稱之為**具名匯出 (named export)**。具名匯出是本書偏好的方式, 譬如下面我們就幫 tax 模組匯出的函式取了一個名字:

修改 \primer_module\tax.js

```
export function calculateTax (price) {
    return Number(price) * 1.2;
}
```

函式的作用不變，但不再以 default 作為預設匯出功能，改成以
calculateTax 的名稱匯出。相對的，我們也得在 index.js 使用這個新名稱來
匯入它：

修改 \primer_module\index.js

```javascript
import { calculateTax } from "./tax.js";

class Product {
    constructor(name, price) {
        this.id = Symbol();
        this.name = name;
        this.price = price;
    }
};

let product = new Product("Hat", 100);
let taxedPrice = calculateTax(product.price);
console.log(`Name: ${product.name}, Taxed Price: ${taxedPrice}`);
```

要匯入的函式名稱寫在 { } 大括號裡，接著便可在程式碼中以這個名稱
來呼叫之。

此外，一個模組也能同時做預設匯出與命名匯出，如底下的範例：

修改 \primer_module\tax.js

```javascript
export function calculateTax(price) {
    return Number(price) * 1.2;
}

export default function (...prices) {
    return prices.reduce((total, p) => total += calculateTax(p), 0);
}
```

現在我們給新的函式加上 default 關鍵字來匯出。下面我們以 index.js
為基礎撰寫 index2.js 檔案，並將新函式以預設方式自模組匯入，給它一個
名稱 calcTaxAndSum：

```
import calcTaxAndSum, { calculateTax } from "./tax.js";
              ↑──── 用 default 匯出的功能


class Product {
    constructor(name, price) {
        this.id = Symbol();
        this.name = name;
        this.price = price;
    }
};

let product = new Product("Hat", 100);
let taxedPrice = calculateTax(product.price);
console.log(`Name: ${product.name}, Taxed Price: ${taxedPrice}`);

let products = [new Product("Gloves", 23), new Product("Boots", 100)];
let totalPrice = calcTaxAndSum(...products.map(p => p.price));
console.log(`Total Price: ${totalPrice.toFixed(2)}`);
```

這也是 React 等網頁應用框架常用的方式，核心功能由模組以預設方式匯出，其他次要功能則採用具名匯出。範例 index2.js 會產生以下的結果：

執行結果

```
Name: Hat, Taxed Price: 120
Total Price: 147.60
```

▌4-6-4 宣告多個具名匯出

模組亦可將多個函式或值以具名方式匯出，這在將相關的功能分門別類時格外有用。為了示範，我們要在 primer_module 目錄新增一個名為 utils.js 的模組檔，並寫入下列程式碼：

\primer_module\utils.js

```
import { calculateTax } from "./tax.js";  // 這裡也會入 tax 模組

export function printDetails(product) {
    let taxedPrice = calculateTax(product.price);
    console.log(`Name: ${product.name}, Taxed Price: ${taxedPrice}`);
}

export function applyDiscount(product, discount = 5) {
    product.price = product.price - 5;
}
```

新增的 utils.js 定義了兩個函式，並使用 export 關鍵字匯出。與 tax.js 不同的是，這次並不使用 default 關鍵字，每個函式都有自己的名稱。

而我們匯入一個擁有多個具名函式的模組時，得在 { } 大括號內用逗號隔開不同名稱。請參照以下範例：

\primer_module\index3.js

```
import calcTaxAndSum, { calculateTax } from "./tax.js";
import { printDetails, applyDiscount } from "./utils.js";

class Product {
    constructor(name, price) {
        this.id = Symbol();
        this.name = name;
        this.price = price;
    }
};

let product = new Product("Hat", 100);
applyDiscount(product, 10);

let taxedPrice = calculateTax(product.price);
printDetails(product);

let products = [new Product("Gloves", 23), new Product("Boots", 100)];
let totalPrice = calcTaxAndSum(...products.map(p => p.price));
console.log(`Total Price: ${totalPrice.toFixed(2)}`);
```

範例 index3.js 會產生如下的結果：

```
Name: Hat, Taxed Price: 114
Total Price: 147.60
```

4-7 本章總結

本章我們介紹了 JavaScript 的物件、類別、走訪器和產生器、集合，以及如何使用 JavaScript 模組。

這些雖然都仍屬於 JavaScript 的功能，而且不見得都很好理解，但讀者很快就會體會到，有了本章與前一章立下的基礎，你才能更清楚理解 TypeScript 的運作邏輯、進而能更有效地利用 TypeScript 來開發。從下一章開始，我們便要來介紹 TypeScript 編譯器，它在 TypeScript 提供給開發者的功能中扮演了至關重要的角色。

使用 TypeScript
編譯器

本章會開始介紹 TypeScript 編譯器的使用方式,畢竟我們需要透
過編譯器將 TypeScript 程式碼轉成 JavaScript,才能被瀏覽器與
Node.js 等環境執行。本章亦會介紹編譯器有哪些設定選項對
TypeScript 開發最有幫助,以及哪些設定會影響到第三篇的網頁
開發框架應用。

5-1 本章行前準備

▌ 5-1-1 建立 tools 專案

在你想要建置專案的環境新增一個名為 tools 的目錄，然後打開命令提示字元，切換到該目錄執行以下指令來進行初始化：

```
\tools> npm init --yes
```

小編註 如果不加 --yes (或者寫成 -y), Node.js 會詢問你一些建立 package.json 的選項。

完成後，繼續在 tools 目錄下的命令提示字元執行底下這兩道指令，安裝本章需要的套件：

```
\tools> npm install --save-dev typescript@4.3.5
\tools> npm install --save-dev tsc-watch@4.4.0
```

『--save-dev』參數用來告訴 npm 工具，這些是開發時要用的套件、不是要隨著應用程式發布的東西。你也可以在套件名稱後面使用 @latest、或者去掉 @ 及版本號來下載最新版本。

接著我們要建立 TypeScript 編譯器的組態設定檔。在 tools 目錄下新增一個 tsconfig.json 檔案，寫入以下內容：

\tools\tsconfig.json

```json
{
    "compilerOptions": {
        "target": "es2020",
        "outDir": "./dist",
        "rootDir": "./src"
    }
}
```

> ### 🔧 讓 TypeScript 替你產生 tsconfig.json
>
> 你也可使用以下指令來產生 tsconfig.json (注意專案目錄內不能有同名檔案存在):
>
> ```
> \tools> tsc --init
> ```
>
> tsc 會自行產生一個 tsconfig.json, 並包含許多寫成程式碼註解形式的設定選項; 你得自行將需要的部分拿掉註解。

接著, 請在 tools 目錄底下再新增一個 src 目錄, 然後在裡頭建立一個 index.ts 檔案, 寫入以下內容:

`tools\src\index.ts`

```
function printMessage(msg: string): void {
    console.log(`Message: ${ msg }`);
}
printMessage("Hello, TypeScript");
```

回到命令提示字元, 於 tools 目錄位置執行以下指令, 以便編譯 TypeScript 程式碼:

```
\tools> tsc
```

你會發現專案下多出一個 dist 子目錄, 並有一個編譯好的 JavaScript 檔案 index.js。這時你便可用 Node.js 來執行它, 程式也會在命令列顯示一段訊息:

```
\tools> node dist/index.js
Message: Hello, TypeScript
```

5-1-2 了解專案的結構

tools 範例專案的檔案與結構，其實就是絕大多數的 JavaScript 與 TypeScript 開發專案的樣貌。當然，如果使用 React 或 Angular 等開發框架，會有一些細部的不同，這我們留到第三篇再來看。底下便是 tools 目錄的內容：

```
\tools
    \dist
        index.js
    \node_modules
        ...(在此不列出內容)
    \src
        indes.ts
    package-lock.json
    package.json
    tsconfig.json
```

讀者可以對照參考下表的解說，我們也會在後續的小節進行更深入的解釋：

▼ tools 專案內容

名稱	說明
dist (distribution)	存放 TypeScript 編譯器的輸出結果。
node_modules	存放應用程式與開發工具所需的套件, 在『NPM 的使用』一節會繼續深入解說。
src (source)	存放準備要進行編譯的 TypeScript 原始碼檔案。
package-lock.json	這個檔案包含專案套件的完整相依性列表。
package.json	這個檔案包含專案頂層套件的相依性設定, 在『NPM 的使用』章節會繼續深入解說。
tsconfig.json	這個檔案包含 TypeScript 編譯器的設定資料。

小編註 提供給讀者下載的範例專案中不會包含 node_modules 目錄, 因為這些套件會占去額外容量, 請讀者按前面的方式或專案中提供的說明來重新下載套件。不過, 由於 package.json 及 package-lock.json 保留了所有套件資訊, 你也可以直接用 『npm install』 來下載所有東西。

5-2 套件管理與 package.json

■ 5-2-1 使用 NPM 安裝套件

TypeScript 與 JavaScript 專案的開發必須仰賴許多套件,而這些套件已經發展成豐富的生態系。其中不少 TypeScript 套件會仰賴 TypeScript 編譯器,比如應用程式框架 (如果有用到),以及用來將編譯好的程式碼打包、以利分享與執行的工具。

Node.js 的 **NPM** 工具可協助下載這些套件,並將它們加到專案的 node_modules 目錄底下。每個套件都會宣告它對其他套件的相依性 (dependency),並指明這些套件能夠配合它的版本。NPM 會根據它們的相依鏈找出每個套件需要的版本,並下載必須的額外檔案。若要滿足所有相依性需求,套件規模可能會相當大,譬如光是我們在以上簡單的範例專案 tools 中,就在其 node_modules 目錄裡就增加了約 20 個相依套件。

package.json 的版本號記錄

專案根目錄下的 **package.json** 檔案,便是用來記錄使用者以 npm install 指令加入的套件。在你安裝過 typescript 及 tsc-watch 套件後,tools 專案的 package.json 會變成如下:

\tools\package.json

```
{
    "name": "tools",
    "version": "1.0.0",
    "description": "",
    "main": "index.js",
    "scripts": {
        "test": "echo \"Error: no test specified\" && exit 1"
    },
    "keywords": [],
```
Next

```
    "author": "",
    "license": "ISC",
    "devDependencies": {
        "tsc-watch": "^4.4.0",
        "typescript": "^4.3.5"
    }
}
```

套件可以分成兩大類:一種是開發專案時使用的工具,另一種則是當成正式發布應用程式的一部分。專案開發時使用的套件要透過 **--save-dev** 參數安裝,這使它們會被記錄在 package.json 中的 **devDependencies** 區塊下。而正式發行的應用程式所需的套件則不會使用 --save-dev 參數,好讓這些套件記錄在 **dependencies** 區塊內。(我們稍後會講解 NPM 的命令列參數。)

由於我們的 tools 範例目前只安裝了開發用的工具套件,所以全部的套件都只列在 devDependencies 底下。

下表總結了 tools 專案使用的開發套件:

名稱	說明
tsc-watch	用來監看原始碼目錄,並且在偵測到變動時自動啟動編譯器、執行編譯出來的 JavaScript 程式碼,相當於 TypeScript 版本的 nodemon 套件 (見第 3 章)。
typescript	包含 TypeScript 編譯器以及相關工具。

而在 package.json 檔案中,每個套件也會記載它們可接受的版本,遵循下表的標註格式:

▼ **版本號格式**

格式	描述
4.3.5	直接寫出版本編號, 表示只接受這個版本, 例如 4.3.5 版。
*	* 星號表示接受任何版本。

格式	描述
>4.3.5 >=4.3.5	任何大於、或大於等於此版本的套件均可使用。
<4.3.5 <=4.3.5	任何小於、或小於等於此版本的套件均可使用。
~4.3.5	加上 ~ 表示修訂版本號 (revision version number, 版本編號三個數字中的最後一個) 以外的版本編號相同即可。舉個例, ~4.3.5 表示 4.3.3 或 4.3.4 可以接受, 但是 4.4.0 版不行 (表示這是新的小型更新)。
^4.3.5	加上 ^, 表示只要主版本號 (major version number) 相同, 次版本號 (minor version number) 或修訂版本號不同也可接受。舉例來說, ^4.3.5 表示 4.1.0 版與 4.4.0 版皆可接受, 但是 3.0.0 版就不行。

NPM 的套件安裝參數

　　NPM 是個複雜而強大的工具，若要開發 JavaScript 與 TypeScript 應用程式，就務必了解 NPM 的用法。下表摘錄了幾個開發階段最常用到的 NPM 指令；要特別注意的是，這些指令都得在專案的根目錄底下（也就是 package.json 所屬的目錄）執行才能發揮應有的功效。

> ### ⚙ 了解何謂全域安裝與本地安裝
>
> NPM 可以只安裝套件給單一專案使用 (稱之為本地安裝, local install), 也可以安裝到系統中給所有專案使用 (稱之為全域安裝, global install)。第 1 章安裝的 typescript 套件用的就是全域安裝, 允許你在命令列中從電腦的任何位置使用 tsc 指令來編譯; 但在前面的 tools 範例, 我們把同樣的 typescript 套件又在本地安裝了一次, 這是為了讓同一個專案中的 tsc-watch 套件也能正確存取 TypeScript 編譯器所提供的功能。
>
> 你可以在命令列的任何位置使用全域安裝, 但本地安裝必須在專案目錄位置執行。

▼ 常用的 npm 指令

指令	說明
npm install	在本地安裝 package.json 設定檔內已記錄的所有套件 (NPM 會試著尋找符合條件的最新版本)。
npm install 套件@版本	在本地安裝此套件的指定版本 (@latest 代表最新版),並更新 package.json 檔案裡的 dependencies 記錄。
npm install 套件	同上, 但安裝此套件登錄的最新版本。
npm install --save-dev 套件@版本 npm install --D 套件@版本	在本地安裝此套件的指定版本, 並更新 package.json 檔案裡的 devDependencies 記錄。此套件會成為開發所需的套件, 而非應用程式的一部分。
npm install --global 套件@版本 npm install --g 套件@版本	在全域安裝此套件的指定版本 (不會更新專案的 package.json)。
npm list	列出所有本地安裝的套件。
npm list --global npm list --g	列出所有全域安裝的套件。
npm run	執行 package.json 檔案中『scripts』區塊定義的程式碼。
npx 套件	執行一個套件工具。NPX (Node Package Execute) 是附加在 NPM 內的套件執行工具。

通常我們在做版本控制時, 會把 node_modules 目錄排除在外, 因為它包含的檔案數量很多, 而且套件內可能包含針對特定平台的元件。若你從版本控管系統取出 (check out) 專案和把它放到不同平台的新機器上, 原有的套件就無法作用。因此, 我們會在新機器上用 npm install 指令來建立新的 node_modules 目錄、並安裝必要的套件。

但這種方式有可能導致你每次執行 npm install 指令時都會下載不一致的套件, 因為如前面所示, 套件的相依套件通常能容許一定範圍內的版本。為了確保一致性, NPM 也會建立一個 **package-lock.json** 檔案, 完整記錄安裝在 node_module 目錄下的所有套件以及其版本。每當你更新了專案內的套件時，NPM 就會修改 package-lock.json 的內容，這麼一來將來只要使用 npm install 指令，就會根據它登錄的套件版本號來進行安裝。

 千萬別修改 dist 目錄下的檔案, 因為下次執行編譯器時它們就會被覆寫。在 TypeScript 開發流程中, 我們是在 .ts 檔案進行撰寫與修改, 然後再編譯成 .js 的 JavaScript 檔案(會存在 dist 目錄下)。

▌5-2-2 了解 TypeScript 編譯器的組態設定檔 tsconfig.json

TypeScript 的許多功能，譬如靜態型別系統，是透過 TypeScript 編譯器 **tsc** (即 TypeScript Compiler) 來實現的。TypeScript 程式碼經過它編譯之後，其專屬的關鍵字和表達方式會被 tsc 去掉，生成純 JavaScript 程式碼。

tsc 有許多設定選項，能調整編譯過程的行為，我們會在本章及後續章節逐步解說。每個 TypeScript 專案都應該建立自己的組態設定檔 (即我們在本章開頭建立的 **tsconfig.json**)，好蓋過預設值、並確保每個開發者本機上的專案能有一致的設定。

\tools\tsconfig.json

```
{
    "compilerOptions": {
        "target": "es2020",
        "outDir": "./dist",
        "rootDir": "./src"
    }
}
```

tsconfig.json 可以有好幾種最上層級的組態選項 (如下表)，但我們的範例專案 tools 只使用了 compilerOptions 屬性。關於其他屬性的細節，我們會在本章末的『常用編譯器設定』說明。

名稱	說明
compilerOptions	這部分集結了 TypeScript 編譯器自身要使用的設定。
target	指定編譯 JavaScript 程式碼時要採用的目標版本。
outDir	指定編譯出來的 JavaScript 檔的存放位置。
rootDir	指定要編譯的 TypeScript 檔的存放位置。
files	指定要編譯的檔案。這會蓋過編譯器預設的行為 (讓編譯器自行搜尋檔案來編譯)。
include	以檔名規則指定編譯時要包含哪些檔案。若無特別指定,預設會選擇 .tx, .tsx, 與 .d.ts 副檔名的檔案 (本書會在下面以及第 14 和 15 章分別說明 .d.ts 及 .tsx 副檔名的意義)。
exclude	指定編譯時要排除哪些檔案。
compileOnSave	若設為 true, 這是在告訴程式編輯器說檔案每次儲存後都要執行 tsc 編譯器。不是每個開發環境都支援此功能, 更何況我們稍後要介紹的 watch 功能反而更實用。

假如你的專案結構比較特殊,譬如需要把 TypeScript 整合到其他專案、但會跟其他框架或工具產生衝突時,那麼 files, include 與 exclude 等設定的重要性就會突顯出來。

檢查編譯器能存取的檔案

如果想確認編譯器在進行編譯時找到了那些檔案,可在 tsconfig.json 檔案中的 compilerOptions 屬性底下加入一行 **"listFiles": true** (啟用 listFiles 設定),或是直接在命令列執行以下指令:

```
\tools> tsc --listFiles
```

這指令會列出一大串長長的列表,都是編譯器找到的檔案。摘錄一部分如下 (在此我們省略了一部分路徑, 這實際上取決於您的系統):

```
...
.../npm/node_modules/typescript/lib/lib.es2020.asyncgenerator.d.ts
.../npm/node_modules/typescript/lib/lib.es2020.asynciterable.d.ts
.../npm/node_modules/typescript/lib/lib.es2020.intl.d.ts
.../npm/node_modules/typescript/lib/lib.es2020.promise.d.ts
.../npm/node_modules/typescript/lib/lib.es2020.regexp.d.ts
.../npm/node_modules/typescript/lib/lib.es2020.full.d.ts
.../ch.05/tools/src/index.ts
```

以上列出的 .d.ts 是編譯器找到的型別宣告檔，它們定義了 JavaScript
程式能使用的資料型別。TypeScript 沒辦法阻止你使用 JavaScript，也很難
對 JavaScript 的使用提供協助，這是因為它不曉得你在 JavaScript 使用的
是什麼樣的型別、以及你對該型別的操作是否安全。為了讓 TypeScript 的
靜態型別系統能夠了解 JavaScript 程式的型別內容，你有兩個辦法：自己
手動描述之，或者沿用別人提供的型別宣告。以上你看到列出來的檔案，就
包含了不同版本 JavaScript 的型別宣告。

想自己描述 JavaScript 型別並不難，但需要一點時間跟對程式碼的理
解才能做得好。本書會在第 14 章更詳細說明型別宣告的操作，然後這些檔
案也會在這一章的『設定要輸出的 JavaScript 版本』進一步說明。

注意 仔細看這些型別宣告檔的路徑，你會發現它們都在我們的專案目錄外面，這是
因為執行 tsc 指令時使用的是安裝於全域範圍的 TypeScript 編譯器。但在
tools 專案中，相同的套件已經安裝在專案的 node_modules 目錄下；若你想執行專案
本地端的編譯器，你可以改用 npx 指令：

```
\tools> npx tsc --listFiles
```

執行效果跟直接使用 tsc 是一樣的，只不過這回執行的是你安裝在專案中的
TypeScript 編譯器，因此搜尋到的都是本地安裝的檔案。

此外注意 --listFile 列出的最後一個檔案應該是 index.ts：

```
.../ch.05/tools/src/index.ts
```

這是因為編譯器在查找所有套件時，也會根據 tsconfig.json 中透過 rootDir 所指定的目錄去尋找 TypeScript 檔案。於是編譯器會檢查 tools\src 目錄，並找到 index.ts。

5-3 編譯 TypeScript 程式

■ 5-3-1 將 TypeScript 編譯為 JavaScript

TypeScript 編譯器在編譯專案時，會檢查 TypeScript 程式碼檔案、套用靜態型別等等的檢查，並且刪去 TypeScript 語法，以便生成純 JavaScript 程式碼。

我們的 tools 範例專案只有一個 TypeScript 檔案 (tools\src\index.ts)：

\tools\src\index.ts

```
function printMessage(msg: string): void {
    console.log(`Message: ${msg}`);
}
printMessage("Hello, TypeScript");
```

前面我們已經執行過編譯器，而 tsconfig.json 告訴編譯器說它產出的 JavaScript 檔案要放在 tools\dist 目錄下。所以這時檢查 dist 子目錄的內容，會看到它有個叫做 index.js 的檔案：

\tools\dist\index.js

```
function printMessage(msg) {
    console.log(`Message: ${msg}`);
}
printMessage("Hello, TypeScript");
```

index.js 的內容是由 src 目錄的 index.ts 編譯而來，但是去掉了 printMessage 函式的額外型別資訊 (string 和 void)。請注意，TypeScript 原始碼與編譯器產出的 JavaScript 程式碼之間的關係不見得會像我們的範例那麼相似或直接，尤其是當我們指定編譯器以更舊版本的 JavaScript 為編譯目標時，轉變就可能會更大。相關細節請參照『設定要輸出的 JavaScript 版本』一節。

▊ 5-3-2 編譯器的錯誤訊息

TypeScript 編譯器會檢查它要編譯的程式碼，確保它符合 JavaScript 語言的規範，並套用靜態型別檢查與存取控制關鍵字等功能，假如遇到錯誤便會在主控台丟出訊息。

為了簡單示範編譯器如何提出錯誤訊息，我們要刻意在 tools 範例的 index.ts 檔加入一行敘述，使用錯誤的資料型別來呼叫 printMessage() 函式：

修改 \tools\src\index.ts

```
function printMessage(msg: string): void {
    console.log(`Message: ${msg}`);
}
printMessage("Hello, TypeScript");
printMessage(100);   // 傳入型別不正確的引數（要求字串卻得到數值）
```

範例中的 printMessage() 函式對 msg 參數加上了型別註記，限制它的參數 msg 只能接受 string（字串）資料型別，本書第 7 章對此會有更詳細的說明。此刻各位只需先知道，若將一個數值引數傳給 msg 參數，就會讓 TypeScript 編譯器跳出錯誤訊息。

在 tools 目錄底下以 tsc 指令執行編譯器，你也會看到編譯器指出你欲傳入的引數是 number 型別，而非 printMessage() 函式所要求的 string 型別，還標出錯誤發生的程式碼位置：

```
\tools> tsc
src/index.ts:5:14 - error TS2345: Argument of type 'number' is not ─┐
assignable to parameter of type 'string'. ─────────────────────────────┘
5 printMessage(100); ◄── 錯誤發生位置                          錯誤訊息
               ~~~
Found 1 error.
```

從許多方面來說，TypeScript 編譯器的運作跟其他語言的編譯器沒有兩樣，但有一點要特別注意：在預設狀況下，即使 TypeScript 編譯器遇到錯誤，它仍會繼續生成 JavaScript 程式碼。這時我們查看 dist 目錄下的 index.js 檔案，就會見到下列的內容：

```
function printMessage(msg) {
    console.log(`Message: ${msg}`);
}
printMessage("Hello, TypeScript");
printMessage(100);
```

要是生成的 JavaScript 程式碼還要交給一連串其他工具執行或處理，這種有問題的編譯結果確實有可能會引發問題。還好我們可以在 tsconfig.json 檔案中將 **noEmitOnError** 設定為 true, 即可關閉這個行為：

修改 \tools\tsconfig.json

```
{
    "compilerOptions": {
        "target": "es2020",
        "outDir": "./dist",
        "rootDir": "./src",   ◄── 注意新增下一行後，前一行結尾要加逗號
        "noEmitOnError": true
    }
}
```

如此一來，TypeScript 編譯器就只有在完全沒有偵測到錯誤時，才會生成 JavaScript 程式碼。

■ 5-3-3　使用 watch 模式自動監看並編譯程式碼

如果每次改寫程式碼，都得手動執行一次編譯器，你應該很快就會感到厭倦。這就是為何 TypeScript 編譯器支援所謂的 watch 模式，它會監看專案的變化，並且在偵測到檔案變更時自動編譯之。

在 tools 根目錄執行以下指令，好開啟編譯器的 watch 模式：

```
\tools> tsc --watch
```

編譯器啟動後，它會回報先前我們在前一小節刻意犯下的同一個錯誤，並開始監看專案程式碼的變動：

```
[下午2:43:18] Starting compilation in watch mode...
src/index.ts:5:14 - error TS2345: Argument of type 'number' is not
assignable to parameter of type 'string'.
5 printMessage(100);
               ~~~
[下午2:43:19] Found 1 error. Watching for file changes.◄──開始監看檔案變動
```

為了觸發它重新進行編譯，請把 index.ts 檔案中有問題的那行指令改成註解（在前面加入 //）並存檔：

修改 \tools\src\index.ts

```
function printMessage(msg: string): void {
    console.log(`Message: ${msg}`);
}
printMessage("Hello, TypeScript");
// printMessage(100);
```

儲存變更後，編譯器便會自動再次執行。由於程式碼已經沒有錯誤，編譯器會產生如下的結果：

```
[下午2:44:19] File change detected. Starting incremental compilation...
[下午2:44:19] Found 0 errors. Watching for file changes.
```

接著，我們要執行編譯好的 JavaScript 程式。打開第二個命令提示字元或終端機（或者先按 Ctrl + C 打斷監看模式），切換到 tools 資料夾下並執行下列指令。Node.js 引擎會執行新的 dist\index.js 檔案並印出訊息：

```
\tools> node dist/index.js
Message: Hello, TypeScript
```

▋ 5-3-4　在編譯後自動執行

tsc 編譯器的 watch 模式並不會自動執行編譯完成的程式。你一定會很想找個工具結合 watch 模式，好在偵測到檔案內容有變化後就能自動執行 node 指令。但這麼做並不簡單，因為你不會在同一時間內修改所有的 JavaScript 檔案，而你也很難衡量編譯究竟什麼時候完成。

如果你使用的是 Angular、React 或 Vue.js 等框架來開發專案，TypeScript 編譯器會被整合到更大規模的工具鏈當中，也能夠自動執行編譯完成後的程式碼（本書第三篇會示範這部分）。至於獨立專案，你則可仰賴一些開源套件來給編譯器加上額外功能，譬如我們在本章開頭所安裝的 **tsc-watch** 套件。tsc-watch 套件會以 watch 模式啟動編譯器，並根據 tsc 的編譯結果來自動執行專案。

請在 tools 目錄下執行以下指令，好用 npx 啟動安裝於專案內的 tsc-watch 套件，這也會進行第一次的編譯及執行：

```
\tools> npx tsc-watch --onsuccess "node dist/index.js"
下午3:38:25 - Starting compilation in watch mode...
下午3:38:27 - Found 0 errors. Watching for file changes.
Message: Hello, TypeScript
```

tsc-watch 會使用安裝在專案內的 TypeScript 編譯器來編譯。--onsuccess 參數的意思是若編譯過程沒有錯誤時，就執行後面雙引號間的命令 (node dist/index.js)。

🔔 若對 tsc-watch 的其他控制選項有興趣, 請參閱 https://github.com/gilamran/tsc-watch。

現在修改 index.ts 的內容，好觸發重新編譯，並在編譯成功後自動執行結果：

修改 \tools\src\index.ts

```
function printMessage(msg: string): void {
    console.log(`Message: ${msg}`);
}
printMessage("Hello, TypeScript");
printMessage("It is sunny today");
```

儲存變更後，處於監看模式的 TypeScript 編譯器會偵測到檔案內容有變，並編譯出新的 JavaScript 檔案。tsc-watch 套件確認 tsc 沒有拋出任何錯誤訊息後，就會要 Node.js 執行編譯過的程式碼，產生下列成果：

```
下午3:43:28 - File change detected. Starting incremental compilation...
下午3:43:28 - Found 0 errors. Watching for file changes.
Message: Hello, TypeScript
Message: It is sunny today
```

 TypeScript 編譯器亦有提供一套 API 可用來創造自訂編譯器。微軟雖然沒有對這套 API 提供完整說明文件, 但你能在以下網址找到一些步驟與範例：

https://github.com/Microsoft/TypeScript/wiki/Using-the-Compiler-API。

▌5-3-5 以 NPM 啟動自動編譯器

前面這種做法的問題在於 tsc-watch 的指令有點長，而若你有需要修改 tsconfig.json 檔案，自動監看也不見得會偵測到變更，所以必須手動停止和重新啟動。這時我們可以把這道指令放進 package.json 檔案中的『scripts』項目，就能大幅簡化指令了：

\tools\package.json

```
{
    "name": "tools",
    "version": "1.0.0",
    "description": "",
    "main": "index.js",                          前一行結尾要加逗號
    "scripts": {
        "test": "echo \"Error: no test specified\" && exit 1",
        "start": "tsc-watch --onsuccess \"node dist/index.js\""
    },
    "keywords": [],
    "author": "",
    "license": "ISC",
    "devDependencies": {
        "tsc-watch": "^4.4.0",
        "typescript": "^4.3.5"
    }
}
```

package.json 的 scripts 區可用來撰寫一些指令碼，好簡化執行工具的過程。在此我們新增一個指令碼名稱 **start**。注意在冒號後面的指令必須放在字串中，因此參數 --onsuccess 之後的原始雙引號前面得加上反斜線 \ 作為跳脫字元，好讓這些雙引號被視為字串的一部分。

儲存 package.json 檔的變更後，在 tools 目錄裡執行下方指令：

```
\tool> npm start
上午11:08:37 - Starting compilation in watch mode...
上午11:08:38 - Found 0 errors. Watching for file changes.
Message: Hello, TypeScript
Message: It is sunny today
```

5-18

效果跟在命令列執行 tsc-watch ... 是完全一樣的，但現在用短得多的指令就能辦到了。在本書接下來的範例中，我們也會大量運用這個方式來自動編譯與執行專案。

5-4 設定編譯輸出版本

▌ 5-4-1 指定要輸出的 JavaScript 版本

> **注意** 在下面的範例,各位可直接修改前面的 tools 專案,但為了對應到可下載的範例程式,我們會使用 **tools2** 專案。若要自行建立此專案,請照本章開頭的方式初始化它。

一般來說，TypeScript 得倚賴較新版本的 JavaScript 才能發揮完整功能，因為這些 JavaScript 版本加入了類別等新特色。但為了讓 TypeScript 更容易被大眾接納，它的編譯器也可針對舊版的 JavaScript 輸出程式。這意味著我們在開發階段得以運用較新的 TypeScript 功能，又能讓編譯出來的程式在較舊的 JavaScript 環境執行 (如舊版瀏覽器)。

tsconfig.json 編譯選項中的 **target** 可用來指定編譯器輸出的 JavaScript 版本。我們先替 tools2 專案建立組態設定檔如下：

\tools2\tsconfig.json

```
{
    "compilerOptions": {
        "target": "es2020",
        "outDir": "./dist",
        "rootDir": "./src",
        "noEmitOnError": true
    }
}
```

es2020 便代表編譯目標為 ES2020 版的 JavaScript。

> **注意** ES 是 ECMAScript 的縮寫，這個規範定義了 JavaScript 語言實作的功能。
> JavaScript 與 ECMAScript 的開發史相當曲折冗長，而且也不怎麼有趣。單純以
> TypeScript 開發的角度來說，我們可以把 JavaScript 與 ECMAScript 視為同一樣東西，這
> 也是本書採取的角度。讀者若對相關細節有興趣，可參閱維基百科上的條目：https://
> en.wikipedia.org/wiki/ECMAScript。
>
> 早期的 ECMAScript 標準還在使用版本編號，但近期已改用釋出年份來稱呼。這個改
> 變發生在定義 ES6 的時候，所以你可以稱它 ES 6 或 ES2015，這也是 JavaScript 改革最
> 大的一次，被視為是 JavaScript 『現代化』的開端。JavaScript 從 ES6 之後改成每年更
> 新一次規範，這也是為何後續的版本變動再也沒有過去那麼大的主因。

下表列出了你可選擇的版本：

名稱	說明
es3	輸出符合第 3 版規範的程式碼 (制定於 1999 年)，也被視為 JavaScript 的最基礎版本。若沒有設定 target 屬性，編譯器的預設值就是 es3。(第 4 版被廢棄，沒有推出。)
es5	輸出符合第 5 版規範的程式碼 (制定於 2009 年)，主要重點在於改進一致性、提供嚴格模式、let 關鍵字等。
es6 es2015	輸出 ES2015/ES6 版程式碼 (制定於 2015 年)。這版提出許多新語法，包括類別、模組、箭頭函式與 Promise 物件的支援，若要用 JavaScript 開發複雜的應用程式就至少得使用此版本。
es2016	輸出 ES2016 程式碼。這個版本替陣列新增 includes 方法，並支援 ** 指數算符。
es2017	輸出 ES2017 程式碼。新功能包括檢視物件與非同步運算的新關鍵字。
es2018	輸出 ES2018 程式碼。新功能包括展開與其餘運算子，字串處理，以及非同步運算的優化。
es2019	輸出 ES2019 程式碼。新功能包括陣列和 Object 提供的一些新方法。
es2020	輸出 ES2020 程式碼。新功能包括 BigInt 型別、零值合併算符和 globalThis 關鍵字。
es2021	輸出 ES2021 程式碼。新功能包括 replaceAll() 函式、邏輯指派算符並改良 ES2020 的一些功能。
esNext	採用預定於未來規範版本加入、而你安裝的 TypeScript 也支援的新功能。注意 TypeScript 編譯器支援的新功能將隨編譯器版本而有所更動，所以得謹慎使用。

下面我們就來做個實驗，將編譯目標改為 ES5：

tools2\tsconfig.json

```
{
    "compilerOptions": {
        "target": "es5",
        "outDir": "./dist",
        "rootDir": "./src",
    }
}
```

這代表在編譯出來的 JavaScript 程式碼中，let 關鍵字與胖箭頭函式等較新功能都無法支援。為了更清楚展示編譯器如何應付這種問題，我們在 tools2\src 子目錄下撰寫下面這個 index.ts 檔案：

tools2\src\index.ts

```
let printMessage = (msg: string): void => console.log(`Message: ${msg}`);
let message = ("Hello, TypeScript");
printMessage(message);
```

可見在此我們還是用了 let 來宣告變數。儲存後，在命令列於 tools2 目錄下執行 tsc 來編譯它：

```
\tools2> tsc
```

接著檢視 tools2\dist 子目錄下由編譯器所產生的 JavaScript 程式碼：

tools2\dist\index.js

```
var printMessage = function (msg) { return console.log("Message: " + msg); };
var message = ("Hello, TypeScript");
printMessage(message);
```

兩相比較可發現，let 關鍵字被換成了舊關鍵字 var，而胖箭頭函式也被改回了傳統語法的函式，使得它能在採用 ES5 規範的環境下執行。但以上程式碼的執行結果，和你撰寫 TypeScript 欲得到的結果仍是一樣的：

```
\tools2> node dist/index.js
Message: Hello, TypeScript
```

5-4-2　設定編譯時要加入的函式庫

如我們在 5-2-2 小節提過的，tsc --listFiles 指令會列出編譯器找到的檔案清單，其中包含不少型別宣告檔。這些檔案提供編譯器所需的資訊，包括不同版本的 JavaScript 所擁有的功能，以及應用程式在瀏覽器環境執行時能夠擁有的功能，這樣程式就得以透過 DOM (Document Object Model，文件物件模型) 的 API 來生成與管理 HTML 網頁內容。

TypeScript 編譯器會根據 target 屬性的設定內容，去尋找它需要的型別資訊，因此當我們使用比指定版本還新的功能時就會產生錯誤 (編譯器會找不到辦法在舊版 JavaScript 產生對應版本)。下面我們就來試試看，在 index.ts 中加入以下程式碼：

tools2\src\index.ts

```
let printMessage = (msg: string): void => console.log(`Message: ${msg}`);
let message = ("Hello, TypeScript");
printMessage(message);

let data = new Map();
data.set("Bob", "London");
data.set("Alice", "Paris");
data.forEach((val, key) => console.log(`${key} lives in ${val}`));
```

Map 是 ES2015 才加入 JavaScript 的功能，它並不存在於我們在組態檔中指定的 ES5 版本。因此當我們儲存這段變更和重新編譯時，編譯器會跳出以下警告訊息，建議你將編譯目標改成 ES2015 或更晚的版本：

```
\tools2> tsc
src/index.ts:5:16 - error TS2583: Cannot find name 'Map'. Do you need to
change your target library? Try changing the 'lib' compiler option to
'es2015' or later.
5 let data = new Map();
                ~~~
Found 1 error.
```

我們可用兩種方式解決這個問題。一是把編譯目標改成較新版本的 JavaScript (比如錯誤訊息中建議的 es2015), 或是在 compilerOptions 中透過 lib 屬性來改變編譯器要使用的型別宣告檔。lib 屬性的值是個陣列 , 可包含的項目如下表 :

▼ **compilerOptions 中 lib 屬性的選項**

名稱	說明
es5, es2015, es2016, es2017...	引入這幾個值所對應之版本的定義。舊的命名法同樣可用 , 所以 es6 亦可寫成 es2015。
esnext	引用 JavaScript 預定新增、但尚未正式採用的新功能 , 其實際內容將隨時間而改變。
dom	引入 DOM 文件物件模型的相關定義 , console 物件也是定義在這裡。網頁應用程式需要依賴它們來操作瀏覽器內的 HTML 元素內容。這個設定同樣可用於 Node.js 應用程式。
dom.iterable	引入 DOM API 的額外相關定義 , 讓應用程式能走訪 HTML 元素。
scriphHost	引入 Windows Script Host 的相關定義 , 以便在 Windows 系統自動執行程式。
webworker	引入 web worker 的相關定義 , 讓網頁應用程式得以執行背景工作。

我們也可以透過 lib 屬性選擇性地加入特定 JavaScript 版本的部分功能。下面列出了最常用的部分 :

▼ compilerOptions 中 lib 屬性常用的個別版本功能

名稱	說明
es2015.core	加入 ES2015 新增到 JavaScript 的主要功能的定義。
es2015.collection	加入 Map 與 Set 集合的定義 (參閱第 4 與第 13 章)。
es2015.generator es2015.iterable	加入走訪器與產生器的定義 (參閱第 4 與第 13 章)。
es2015.promise	加入 promise 非同步處理機制的定義。
es2015.reflect	加入 reflection 功能的定義, 可讓我們存取物件屬性和原型 (參閱第 16 章)。
es2015.symbol es2015.symbol.wellknown	加入 symbol 相關的定義 (參閱第 4 章)。
es2016.array.include	加入 ES2016 陣列的 include() 方法。

小編註 這些其實就是型別宣告檔的檔名。你可以在官方 Github 儲存庫找到完整的型別宣告檔列表：https://github.com/microsoft/TypeScript/tree/main/lib。將列表中檔案開頭的 lib. 和副檔名 .d.ts 去掉, 就是要寫在 lib 中的名稱。

　　使用 lib 自訂編譯選項時務必三思, 因為這樣只是單純告訴 TypeScript 編譯器, 你很篤定應用程式要執行的環境會支援某個功能 (例如 Map) 。編譯器能因應你的要求調整其輸出的 JavaScript 程式碼, 但這也意味著實際環境必須支援這種非正規的功能組合。你有責任確保執行環境真的符合你的 lib 設定：你若不是比編譯器更了解執行環境的狀況, 就是 JavaScript 應用程式會使用 core-js 之類的 polyfill 函式庫。

小編註 polyfill 函式庫的用途是在較舊的執行環境 (比如舊版瀏覽器)『模擬』新功能。core-js (https://github.com/zloirock/core-js) 是最受歡迎的 JavaScript polyfill 函式庫之一, 不僅支援未來的新功能, 也能根據需要只引用特定的語言功能。

　　我們在本書安裝的 Node.js 環境已經支援絕大多數的最新 JavaScript 功能, 當中當然包含對 Map 的支援。這表示我們可以安全的在 tsconfig. json 把 lib 設定成以下內容：

\tools2\tsconfig.json

```
{
    "compilerOptions": {
        "target": "es5",
        "outDir": "./dist",
        "rootDir": "./src",
        "noEmitOnError": true,
        "lib": ["es5", "dom", "es2015.collection"]
    }
}              匯入 es5, dom 和 es2015.collection 型別宣告檔
```

我們在此手動設定引入的設定檔包括：target 屬性指定的 es5 版標準定義、dom (以便存取 console.log()), 以及前面提到的 ES2015 集合定義 (當中包含 Map)。

現在重新編譯和執行專案。既然我們修改的 lib 設定告訴編譯器說執行環境會支援 Map, 所以 tsc 這次不會回報任何錯誤，程式碼執行後也會顯示正確的訊息：

```
\tools2> tsc
\tools2> node dist/index.js
Message: Hello, TypeScript
Bob lives in London
Alice lives in Paris
```

 注意 假如你要執行專案的環境只支援到 ES5, 那我們就得在該環境提供含有 Map 物件的 polyfill 函式庫, 比如透過 core-js 套件。

5-4-3　指定模組規範

我們在第 4 章說明了如何用 ECMAScript 模組將 JavaScript 分割成多個不同的檔案，讓專案更容易維護。ECMAScript 模組在 ES2015 定義中才標準化，在此之前則有多種不同的方式來定義使用模組 (比如 CommonJs)。TypeScript 編譯器會根據你指定的輸出目標，來決定要用什麼方式來匯入模組。

以 ES5 為編譯目標

在此我們建立一個新專案 tools3, 其 tsconfig.json 內容撰寫如下：

\tools3\tsconfig.json

```
{
    "compilerOptions": {
        "target": "es5",
        "outDir": "./dist",
        "rootDir": "./src",
        "noEmitOnError": true
    }
}
```

接著在 src 子目錄下新增兩個 .ts 檔案, 一個是模組 calc.ts：

\tools3\src\calc.ts

```
export function sum(...vals: number[]): number {
    return vals.reduce((total, val) => total += val);
}
```

這個新檔案使用 export 關鍵字撰寫一個名為 sum() 的函式, 它會累加陣列中的數字值, 算出一個加總值。接著我們要在主程式 index.ts 引用它：

\tools3\src\index.ts

```
import { sum } from "./calc.js";

let printMessage = (msg: string): void => console.log(`Message: ${msg}`);
let message = ("Hello, TypeScript");
printMessage(message);
let total = sum(100, 200, 300);
console.log(`Total: ${total}`);
```

注意到在 index.ts 中, calc 模組是以 .js 副檔名來匯入的, 以便對應到編譯結果。儲存檔案後和編譯、執行程式, 就會看到顯示正確結果：

```
\tools3> tsc
\tools3> node dist/index.js
Message: Hello, TypeScript
Total: 600
```

這時回頭去檢查 dist 子目錄下產生的 index.js 檔案，你會發現 TypeScript 編譯器新增了一小段程式碼來處理模組：

\tools3\dist\index.js

```
"use strict";
Object.defineProperty(exports, "__esModule", { value: true });
var calc_js_1 = require("./calc.js");
var printMessage = function (msg) { return console.log("Message: " +
msg); };
var message = ("Hello, TypeScript");
printMessage(message);
var total = calc_js_1.sum(100, 200, 300);
console.log("Total: " + total);
```

如果 tsconfig.json 內的 target 設為 es5，那麼 TypeScript 會使用 **commonJS** 來處理模組。由於 Node.js 執行環境本身預設就是使用 commonJS, 因此 TypeScript 編譯器生成的程式碼仍能正確無誤的執行。

使用 ES2015/ES6 以上版本為編譯目標

若把 target 指定輸出的目標換成較新版的 JavaScript, TypeScript 編譯器就會切換成 ES2015/ES6 版的 ECMAScript 模組規範。這表示原始程式碼中的 import 和 export 關鍵字不必做額外的改寫，便可套用到新版 JavaScript 程式碼當中。不過，由於 Node.js 預設是使用 commonJS, 直接編譯和執行仍會出現錯誤。

下面我們來試試看，將 tsconfig.json 的 target 改成 es2015：

```json
{
    "compilerOptions": {
        "target": "es2015",
        "outDir": "./dist",
        "rootDir": "./src",
        "noEmitOnError": true
    }
}
```

在 tools3 專案目錄下使用 tsc 指令來重新編譯專案，接著檢視新產生的 dist\index.js 的內容。你會發現這回 TypeScript 並沒有用舊版 JavaScript 語法來改寫：

```javascript
import { sum } from "./calc.js";
let printMessage = (msg) => console.log(`Message: ${msg}`);
let message = ("Hello, TypeScript");
printMessage(message);
let total = sum(100, 200, 300);
console.log(`Total: ${total}`);
```

然而，若我們執行專案 (使用指令 node dist/index.js), Node.js 會警告你它無法匯入 calc.js 模組：

```
\tools3> node dist/index.js
(node:20640) Warning: To load an ES module, set "type": "module" in the
package.json or use the .mjs extension.
(Use `node --trace-warnings ...` to show where the warning was created)
\tools3\dist\index.js:1
import { sum } from "./calc.js";
^^^^^^
SyntaxError: Cannot use import statement outside a module
    at wrapSafe (internal/modules/cjs/loader.js:1001:16)
    at Module._compile (internal/modules/cjs/loader.js:1049:27)
```
Next

```
    at Object.Module._extensions..js (internal/modules/cjs/loader.js:1114:10)
    at Module.load (internal/modules/cjs/loader.js:950:32)
    at Function.Module._load (internal/modules/cjs/loader.js:790:14)
    at Function.executeUserEntryPoint [as runMain] (internal/modules/
run_main.js:76:12)
    at internal/main/run_main_module.js:17:47
```

注意到在錯誤訊息中,編譯器建議你選擇兩種修正方式的其中一種:在 package.json 加入 "type": "module", 或者將模組副檔名改名為 .mjs。但由於我們是要從 TypeScript 編譯成 JavaScript, 而不是撰寫純 JavaScript 模組,因此第二種方法在此不介紹。

要求 TypeScript 編譯器沿用 CommonJS 規範

對於以上問題,解法之一是要求 TypeScript 沿用 CommonJS 的規範來編譯 JavaScript 模組:

\tools3\tsconfig.json

```json
{
    "compilerOptions": {
        "target": "es2015",
        "outDir": "./dist",
        "rootDir": "./src",
        "noEmitOnError": true,
        "module": "commonjs"
    }
}
```

module 參數可指定的值如下表:

名稱	說明
none	關閉模組功能。
commonjs	指定使用 CommonJS 模組格式, 在 target 設為 es3 或 es5 時會預設啟用。這也是 Node.js 環境預設支援的規範。
amd	指定使用 AMD (Asynchronous Module Definition, 非同步模組), 是 RequireJS 模組載入工具支援的規範。

名稱	說明
system	指定使用 SystemJS 模組載入工具支援的模組規範。
umd	指定使用 UMD (Universal Module Definition, 通用模組定義) 規範。
es2015 es6	指定使用 ES2015 的 ECMAScript 模組規範。
es2020	指定使用 ES2020 的 ECMAScript 模組規範。
esnext	指定使用下一版 JavaScript 的模組規範。

該選用何種模組規範，取決於應用程式要執行的環境。為了讓程式能在 Node.js 上執行，我們在此便為編譯器指定使用 CommonJS 規範。

若是使用 Angular、React 或 Vue.js 等框架製作的網頁應用程式，其模組規範會由框架自身的工具鏈獨佔，這些工具若不是在部署時用一個打包工具 (bundler) 將所有模組包裝成單一 JavaScript 檔案，就是會有個能向網頁伺服器提出 HTTP 請求、以便取得必要 JavaScript 檔案的模組載入器 (module loader)。我們會在之後的第三篇看到更多使用 TypeScript 編譯器與這些框架的範例。

修改好 tsconfig.json 後，重新編譯和執行專案，可以發現這回輸出了正確的結果：

```
\tools3> tsc
\tools3> node dist/index.js
Message: Hello, TypeScript
Total: 600
```

要求 Node.js 啟用 ECMAScript 模組

另一個解法是要求 Node.js 環境改用 ECMAScript 模組功能，以便正確地解讀 TypeScript 以 ECMAScript 模組規範編譯。第 4 章談到模組時，使用的就是這個方式，也就是在 package.json 加入 "type": "module"：

```
{
    "name": "tools3",
    "version": "1.0.0",
    "description": "",
    "main": "index.js",
    "scripts": {
        "test": "echo \"Error: no test specified\" && exit 1"
    },
    "keywords": [],
    "author": "",
    "license": "ISC",
    "type": "module"
}
```

同時記得移除 tsconfig.json 內的 "module": "commonjs"，或者將它改成 "module": "es2015" 或 "module": "es2020"。

現在再次編譯和執行專案，同樣得到正確的結果：

```
\tools3> tsc
\tools3> node dist/index.js
Message: Hello, TypeScript
Total: 600
```

5-5 常用的編譯器設定

TypeScript 支援的編譯選項 (tsconfig.json 中的 compilerOptions 底下的項目) 非常多，因此為了方便讀者查詢，下面我們列出了本書會用到的所有編譯器選項。你可以在 tsconfig.json 中設定它們，或者在執行 tsc 指令時以 --< 選項 > 的參數形式設定之。有許多功能我們現在還沒有正式介紹，但你不用擔心，我們稍後講到時都會先詳細解釋它們的意義。

注意 若要查詢完整的 TypeScript 編譯選項，請參考以下網址： https://www.
typescriptlang.org/docs/handbook/compiler-options.html

編譯設定	說明
allowJs	是否允許原始碼中包括 JavaScript 檔 (.js)。
alwaysStrict	在 JavaScript 啟用嚴格模式。
allowSyntheticDefaultImports	當模組沒有宣告預設匯出的功能，或者遵循 commonJs 規範時，允許你使用 import ... from ... 的語法。這個設定是用來提高對舊版模組的相容性。
baseUrl	設定根目錄位置，以便用相對性的路徑尋找模組。
checkJs	需搭配 allowJs 選項，在編譯 JavaScript 原始檔時檢查其中的錯誤。
declaration	對你專案中的所有 TypeScript 或 JavaScript 原始檔產生 .d.ts 型別宣告檔。
downlevelIteration	若程式中有使用 Symbol.iterator 走訪器，啟用此選項可更精確地針對 ES5 環境模擬出適當的 ES2015 走訪器。
emitDecoratorMetadata	需搭配 experimentalDecorators 選項 在輸出的 JavaScript 中包含裝飾器元數據 (decorator metadata)。
esModuleInterop	需搭配 allowSyntheticDefaultImports 選項，若 CommonJS/AMD/UMD 模組沒有宣告預設匯出的功能，就加入額外的輔助程式碼來使之符合 ES2015 模組。
experimentalDecorators	允許使用函式裝飾器 (decorator)。
forceConsistentCasingInFileNames	要求匯入的模組名稱必須和實際檔案名稱有一致的大小寫。
importHelpers	在針對舊版 JavaScript 編譯時，TypeScript 會插入輔助程式碼好模擬 ES2015 的功能。啟用此選項可減少輔助程式碼的重複量。
isolatedModules	將每個檔案視為單獨的模組，以利 Babel 工具一次編譯一個檔案時不會發生問題。

編譯設定	說明
jsx	決定 JSX/TSX 檔案中對 HTML 元素的轉譯方式。
jsxFactory	指定工廠函式 (factory function), 用它來轉譯 JSX/TSX 檔案中的 HTML 元素。
lib	指定編譯器要選用的定義檔。
module	指定用哪種模組規範來編譯。
moduleResolution	指定模組的解析方式 (可設為相容於 TypeScript 舊版的 "classic" 或新版的 "node")。
noEmit	要求編譯器不要輸出 JavaScript 程式碼, 等於是只檢查程式碼是否有錯。
noImplicitAny	若資料沒有型別註記, 禁止 TypeScript 隱性推論其型別為 any 型別。
noImplicitReturns	要求函式中的任何執行途徑都必須用 return 傳回結果。
noUnusedParameters	要求函式中所有參數都必須有用到。
outDir	指定編譯生成的 JavaScript 檔的輸出目錄。
paths	若模組位於 baseUrl 以外的位置, 可用 path 定義其路徑。
resolveJsonModule	允許匯入有 .json 副檔名的檔案為模組。
rootDir	若要編譯的 TypeScript 檔案位於多個目錄內, 可用 rootDir 將它們組織成單一一個虛擬根目錄。
skipLibCheck	跳過宣告定義檔的檢查, 以加快編譯速度。
sourceMap	決定編譯器是否要生成除錯用的 source map 檔案。
strict	啟用 TypeScript 的所有相關嚴格模式。
strictNullChecks	把 null 和 undefined 視為獨立型別, 並禁止你將它們賦值給其他型別的變數。
suppressExcessPropertyErrors	在試圖使用不存在的物件屬性時不回報錯誤。用來與舊版 TypeScript 相容。
target	指定要以哪個 JavaScript 版本為編譯目標。
traceResolution	印出編譯器解析模組的詳細過程。
typeRoots	限制編譯器尋找宣告檔的位置。
types	指定編譯時要加入的宣告檔。

5-6 本章總結

TypeScript 編譯器負責將 TypeScript 程式碼轉譯為純 JavaScript 程式碼，因此本章介紹了如何透過編譯器的不同設定，來控制輸出的 JavaScript 版本、甚至加入特定的定義檔，並決定要採用哪種模組規範，以便配合應用程式的執行環境。最後我們則列出了這本書會用到的所有編譯器設定項目。雖然有些設定現在仍未派上用場，但隨著後續章節與範例的講解，它們的用途就會越來越明朗。

在下一章，主題將繼續圍繞著 TypeScript 的開發工具，解釋如何對 TypeScript 程式碼進行除錯和做單元測試。

TypeScript 程式
的測試與除錯

在上一章介紹了 TypeScript 編譯器的使用與設定後, 本章延續開發工具的主題, 說明 TypeScript 程式碼的不同除錯方式、示範程式碼風格工具 linter 的使用, 以及解釋如何為 TypeScript 程式進行單元測試。

6-1 本章行前準備

你在本章完全可以沿用第 5 章的 tools3 專案，但在這一章中，我們會新建專案 tools4。建立 tools4 資料夾後，在命令列於該位置初始化它：

\tools4\tsconfig.json

```
\tools4> npm init --yes
```

修改剛產生的 package.json 來啟用 ECMAScript 模組：

tools4\tsconfig.json

```
{
    "name": "tools4",
    "version": "1.0.0",
    "description": "",
    "main": "index.js",
    "scripts": {
        "test": "echo \"Error: no test specified\" && exit 1"
    },
    "keywords": [],
    "author": "",
    "license": "ISC",
    "type": "module"
}
```

接著在 tools4 目錄下建立 tsconfig.json 組態設定檔：

tools4\tsconfig.json

```
{
    "compilerOptions": {
        "target": "es2020",
        "outDir": "./dist",
        "rootDir": "./src"
    }
}
```

由於本章的專案性質特殊，故我們只會手動進行編譯與執行，不會用到 tsc-watch 套件。

最後建立子目錄 src，並新增兩個檔案，calc.ts 及 index.ts：

\tools4\src\calc.ts

```
export function sum(...vals: number[]): number {
    return vals.reduce((total, val) => total += val);
}
```

\tools4\src\index.ts

```
import { sum } from "./calc.js";

let printMessage = (msg: string): void => console.log(`Message: ${msg}`);
let message = ("Hello, TypeScript");
printMessage(message);

let total = sum(100, 200, 300);
console.log(`Total: ${total}`);
```

6-2 TypeScript 程式碼的除錯

TypeScript 編譯器在回報語法錯誤或是資料型別錯誤這方面，表現其實很不錯，但有時就算程式通過編譯，執行的結果卻還是跟預期有出入。為了找出問題癥結點，你可以使用**除錯器 (debugger)** 來幫你查看應用程式執行時的狀態。下面我們會介紹如何針對在 Node.js 執行的 TypeScript 程式除錯，而第三篇則會介紹更進階的 TypeScript 應用程式除錯方法。

▌ 6-2-1 除錯的準備

對 TypeScript 應用程式進行除錯的困難之處在於，最後實際執行的是編譯器輸出的 JavaScript 程式碼。為了讓除錯器能連結編譯前的

TypeScript 程式碼與編譯後的 JavaScript 程式碼的關係 我們需要修改
tsconfig.json 設定，讓編譯器生成所謂的**原始碼對照表 (source map)**。

下面我們修改專案 tools4 的 tsconfig.json, 增加以下編譯選項：

修改 \tools4\tsconfig.json

```
{
    "compilerOptions": {
        "target": "es2020",
        "outDir": "./dist",
        "rootDir": "./src",
        "sourceMap": true
    }
}
```

當你重新執行 TypeScript 編譯器時，dist 子目錄下除了 JavaScript 檔
之外，也會出現它們對應的 .map 檔案。稍後我們就會來看看這些檔案的用
處。

6-2-2　設定中斷點

諸如 VS Code 這類對 TypeScript 有良好支援的編輯器，都允許你在程
式檔中加入**中斷點 (breakpoint)**。這樣雖然方便，有時卻不見得可靠，所以
更推薦的做法是使用 JavaScript 的 **debugger** 關鍵字。

當 JavaScript 程式執行到一半、碰到 debugger 關鍵字時，就會停在
那個位置，並把控制權還給開發者。這個方法的優點是它十分可靠，適用於
所有情境，但缺點是你要記得在部署程式之前把 debugger 關鍵字拿掉。儘
管多數執行環境在正常情況下會忽略 debugger 關鍵字，但你無法百分之百
保證如此 (稍後介紹的 linter 工具即可協助清理原始碼當中的 debugger 關
鍵字)。

下面我們來示範如何在 index.ts 檔案加入 debugger 關鍵字：

\tools4\src\index.ts

```
import { sum } from "./calc.js";

let printMessage = (msg: string): void => console.log(`Message: ${msg}`);
let message = ("Hello, TypeScript");
printMessage(message);

debugger;

let total = sum(100, 200, 300);
console.log(`Total: ${total}`);
```

但若重新編譯和執行程式，輸出的結果並無改變，這是因為 Node.js 的預設行為就是忽略 debugger 關鍵字：

```
\tools4> tsc
\tools4> node dist/index.js
Message: Hello, TypeScript
Total: 600
```

🔧 用 VS Code 除錯

透過 VS Code 除錯其實很簡單，它內建有 Node.js 來搭配 JavaScript 及 TypeScript。點選**執行→啟動偵錯**→點選 **Node.js** →看到跳出『找不到工作 "tsc: build -tsconfig. json"』(Could not find the task...) 警告就按『仍要偵錯』，這會使 VS Code 進入除錯模式，並在左側顯示程式內的變數內容：

Next

你也可以在程式碼的行號左邊啟用紅色的中斷點,效果和 debugger 關鍵字一樣。例如,下面是在第 5 行設立中斷點,重新偵錯時就會停在那裡:

若想進一步了解如何設定 VS Code 的除錯,可參考以下網址:

https://code.visualstudio.com/docs/typescript/typescript-debugging

6-2-3 使用 Node.js 的內建除錯工具

Node.js 本身內建了基本的除錯工具，我們現在就來看如何啟用它。請在命令列中專案目錄位置下輸入指令：

```
\tools4> node inspect dist/index.js
```

除錯工具啟動後會讀取指定的 index.js 檔案，然後直接中斷執行，並顯示 Node.js 的除錯器命令列介面：

```
< Debugger listening on ws://127.0
< .0.1:9229/50d1c22c-c8b3-4cee-a583-2650045f167b
< For help, see: https://nodejs.org/en/docs/inspector
< Debugger attached.
Break on start in dist\calc.js:1  ◄── 除錯器停在準備執行的第一行程式，
> 1 export function sum(...vals) {        也就是讀取 calc 套件 sum() 函式
  2     return vals.reduce((total, val) => total += val);
  3 }
debug>
```

接著請輸入指令 **c**（即 continue, 繼續執行）然後按 [Enter]：

```
debug > c
< Message: Hello, TypeScript
break in dist\index.js:5
  3 let message = ("Hello, TypeScript");
  4 printMessage(message);
> 5 debugger;       ◄── 停在中斷點
  6 let total = sum(100, 200, 300);
  7 console.log(`Total: ${total}`);
debug >
```

這時我們可以使用 exec 指令來執行運算式，監看變數或物件在這個當下的狀態，只是輸入指令時必須把運算式像字串一樣用雙引號括住。例如，下面我們檢查了變數 message 的值：

```
debug> exec("message")
'Hello, TypeScript'
```

若你想查詢 Node.js 除錯器介面可用的指令列表，可輸入 **help** 指令。若要結束除錯模式和返回原本的命令列介面，連續按兩次 Ctrl + C 即可。

■ 6-2-5 使用 Node.js 的遠端除錯功能

Node.js 的內建除錯工具雖然功能完備，但介面仍較不友善。幸好，你可以透過 Google Chrome 瀏覽器的開發者工具 (DevTools) 來遠端操作它。

首先請在專案的 tools4 目錄下輸入這個指令：

```
\tools4> node --inspect-brk dist/index.js
```

--inspect 指令 (前面有雙短折線) 和 inspect 的差異在於，前者會進入除錯模式**並且**啟動一個伺服器。至於 **-brk** 結尾則表示它會在啟動除錯工具後**立刻**暫停程式執行，因為我們的範例程式很短，而且執行完就結束了。要是你的程式執行後會進入無窮迴圈 (例如網頁伺服器)，那麼單純使用 node inspect 指令即可。

執行上述指令後，它會顯示類似如下的訊息：

```
Debugger listening on ws://127.0.0.1:9229/2ab2df5f-a4ec-4470-a081-53e39af4d9f8
For help, see: https://nodejs.org/en/docs/inspector
```

小編註 你看到的實際網址取決於你的執行結果。

此處顯示的 URL 位址可讓我們拿來連接除錯工具，並接管程式的執行控制權，但我們得透過 Google Chrome 的開發工具來這麼做。打開一個新的 Chrome 瀏覽器視窗，在網址列輸入 **chrome://inspect** 進入開發工具，然後點選 Configure 按鈕：

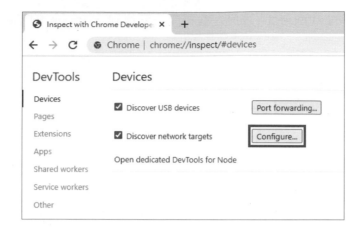

輸入訊息中的 IP 位址與 port 通訊埠 (127.0.0.1:9229), 或者直接點選畫面上的 localhost:9229：

點選 Done 按鈕, 然後稍等片刻, 讓 Chrome 找到 Node.js 的執行環境。找到之後, 它就會像下圖顯示在 Remote Target 底下：

點選底下的『inspect』連結，會打開一個連到 Node.js 的 DevTools 新視窗：

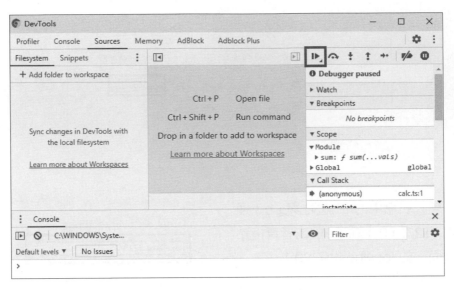

執行權現在已經轉移到 Chrome 開發者工具，而且程式碼已經暫停執行，所以一開始看不到任何東西。你可按下右上角的箭頭 (Resume script execution) 使它恢復執行，直到抵達下一個 debugger 中斷點為止：

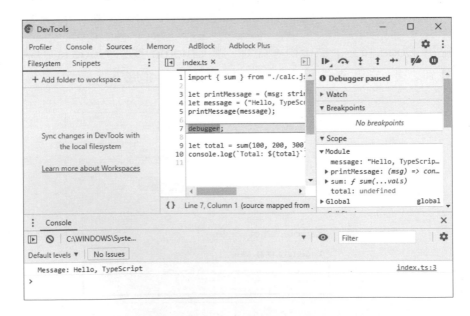

注意到右上角同樣有控制程式流程的按鈕，右邊則可查看變數與物件的值，底下也有命令列視窗可執行 JavaScript。若要結束除錯，只要關閉視窗即可。

6-3 使用 ESLint 錯誤檢查工具

> **注意** **本書的套件版本**
>
> 以下使用範例專案 tools5，其內容延續自 tools4 (src\index.ts 和 src\calc.ts 程式碼相同，package.json 加入 "type": "module")，但拿掉 tsconfig.json 的 sourceMap 編譯選項：
>
> ```
> {
>     "compilerOptions": {
>         "target": "es2020",
>         "outDir": "./dist",
>         "rootDir": "./src"
>     }
> }
> ```

所謂 **linter** 是一種靜態錯誤檢查工具，藉由預先設置好的規則，找出容易引起混淆的語法、會產生非預期結果的錯誤，或是不容易維護的地方等等，好增進程式碼的品質。它也能統一團隊中各個成員的程式撰寫與排版風格，好促進共同開發效率。

對於 TypeScript，我們可使用一個廣受歡迎的 JavaScript linter 工具 **ESLint**，它透過 typescript-eslint 外掛套件來提供對 TypeScript 的支援。

> **注意** 在過去，TypeScript 官方認可的標準 linter 工具為 TSLint，但其開發者決定於 2019 年廢止之、將其功能併入 ESLint，好讓一般 JavaScript 使用者更容易轉換到 TypeScript。因此這裡我們只會介紹 typescript-eslint 的用法。

6-3-1 下載和設定 ESLint

在 tools5 目錄下執行以下指令，好在專案內安裝 typescript 及 eslint 套件：

```
\tools5> npm install --save-dev typescript@4.3.5 eslint@7.31.0 ◄─────
                                                    用同一行指令安裝多重套件
```

接著用以下指令來初始化 ESLint：

```
\tools5> npx eslint --init
```

ESLint 會詢問你一連串問題 (用上、下方向鍵選擇想要的項目並按 Enter)，以便產生所需的組態設定檔：

選項	意義	要使用的選擇
? How would you like to use ESLint? ...	ESLint 的用途？	**To check syntax and find problems** (檢查並找出語法問題)
? What type of modules does your project use? ...	專案模組規範為何？	**JavaScript modules** (即 ECMAScript 模組)
? Which framework does your project use? ...	專案使用哪種框架？	**None of these** (無)
? Does your project use TypeScript? » No / Yes	專案是否使用 TypeScript？	**Yes** (是)
? Where does your code run? ...	應用程式要在何種環境執行？(複選)	按 **a** 勾選全部
? What format do you want your config file to be in? ...	ESLint 組態設定檔的格式？	**JavaScript**
@typescript-eslint/eslint-plugin@latest @typescript-eslint/parser@latest ? Would you like to install them now with npm? » No / Yes	是否用 NPM 安裝這兩個工具 (eslint-plugin 和 parser)？	**Yes** (是)

設定完畢後，ESLint 會在專案根目錄產生 **.eslintrc.cjs**, 其內容如下：

\tools5\eslintrc.cjs

```
module.exports = {
    "env": {
        "browser": true,
        "es2021": true,
        "node": true
    },
    "extends": [
        "eslint:recommended",
        "plugin:@typescript-eslint/recommended"
    ],
    "parser": "@typescript-eslint/parser",
    "parserOptions": {
        "ecmaVersion": 12,
        "sourceType": "module"
    },
    "plugins": [
        "@typescript-eslint"
    ],
    "rules": {
    }
};
```

小編註 你也可以自行建立 .eslintrc.js 或 .eslintrc.cjs 並輸入上述內容。注意若專案有使用 ECMAScript 模組 (package.json 內有設定 "type": "module"), 附檔名就必須是 .cjs。

對於這個組態檔中的設定，簡單說明如下：

項目	說明
parser: '@typescript-eslint/parser'	要 ESLint 使用 typescript-eslint 語法解析器, 以便能理解 TypeScript 語法。
plugins: ['@typescript-eslint']	要 ESLint 載入 typescript-eslint 外掛套件, 以便將檢查規則套用在你的專案中。
extends: ['eslint:recommended', 'plugin:@typescript-eslint/recommended',]	要 ESLint 和 typescript-eslint 使用建議的檢查規則。你可以將第一個設定換成 eslint:all 來啟用所有的檢查, 但這樣會大幅增加 ESPlint 列出的錯誤數量。

項目	說明
"env": {...}	讓 ESLint 知道有哪些可用的環境變數, 例如 browser (瀏覽器) 和 node (Node.js)。你可以在以下網址檢視可設定的環境變數：https://eslint.org/docs/user-guide/configuring/language-options#specifying-environments
"parserOptions": {...}	typescript-eslint 語法解析器的額外設定。其中 "ecmaVersion" 屬性代表 ECMAScript 版本 (12 版為 ES2021), 你可以改成跟專案一致的版本。

接著在 tools5 目錄下新增另一個檔案 **.eslintignore** (沒有副檔名), 這是用來要 ESLint 忽略某些資料夾, 不對它們做檢查：

\tools\.eslintignore

```
dist
node_modules
```

完成以上步驟後, 在 tools5 目錄下執行以下指令, 好讓 ESLint 對專案的 JavaScript 及 TypeScript 檔案進行檢查：

```
\tools5> npx eslint . --ext .js,.jsx,.ts,.tsx

\tools5\src\index.ts
  3:5  error   'printMessage' is never reassigned. Use 'const' instead
prefer-const
  4:5  error   'message' is never reassigned. Use 'const' instead
prefer-const
  7:1  error   Unexpected 'debugger' statement
no-debugger
  9:5  error   'total' is never reassigned. Use 'const' instead
prefer-const

 4 problems (4 errors, 0 warnings)
  3 errors and 0 warnings potentially fixable with the `--fix` option.
```

ESLint 根據建議的檢查規則，在 src\index.ts 找到四項不合格之處：其中三個是 printMessage、message 與 total 變數在建立之後沒有再次賦值，因此建議你用 const 關鍵字將它們宣告為常數。另一個問題則是你不該（在正式程式中）使用 debugger 關鍵字。而正如以上輸出結果指出，你能在 npx eslint . 後面加上 **--fix** 參數，好讓 ESLint 自動修正它能自己解決的問題。

你也可以把 ESLint 指令包裝成更簡潔的 NPM 指令：

\tools5\package.json

```
{
    "name": "tools5",
    "version": "1.0.0",
    "description": "",
    "main": "index.js",
    "scripts": {
        "test": "echo \"Error: no test specified\" && exit 1",
        "lint": "npx eslint . --ext .js,.jsx,.ts,.tsx",
        "lint-fix": "npx eslint . --ext .js,.jsx,.ts,.tsx --fix"
    },
    "keywords": [],
    "author": "",
    "license": "ISC",
    "type": "module",
    "devDependencies": {
        "@typescript-eslint/eslint-plugin": "^4.28.0",
        "@typescript-eslint/parser": "^4.28.0",
        "eslint": "^7.29.0",
        "typescript": "^4.3.4"
    }
}
```

這麼一來，你就能直接用 **npm run lint** 來進行風格與錯誤檢查，或用 **npm run lint-fix** 來順便修正問題。

VS Code 的使用者也可以安裝 ESLint 延伸模組, 只要你有提供 .eslintrc.cjs 組態設定檔, 編輯器就能自動對你的程式碼標示出問題:

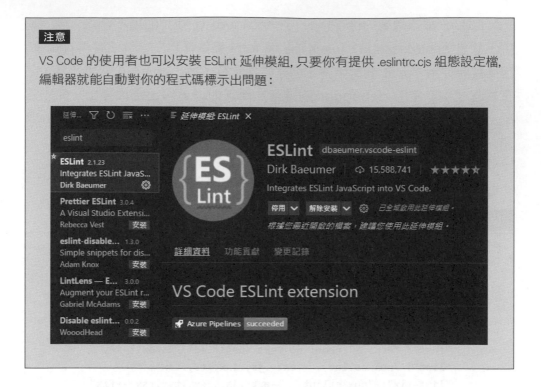

▌ 6-3-2　修改或停用特定的 linter 規則

儘管 linter 工具很方便, 要使用哪些規則往往取決於個人偏好。此外就算某條規則在當下很有幫助, 換個情境可能就失去意義了。最完美的狀況是 linter 只回報你想處理的問題;要是你收到許多你根本不在意的問題, 你反而有可能漏掉真正重要的錯誤。

舉例來說, ESLint 在前面指出專案 tools5 的 index.ts 有四項缺失, 但當中三個是出自 prefer-const 規則, 也就是僅讀取不修改的值應該宣告為常數。這確實揭露了作者我開發風格的弊病, 我很清楚我應該用 const 來取代 let, 但有些問題並不值得硬改, 尤其我可能會進一步擴充主程式和修改這些變數。在這個階段就將它們改為常數, 反而會破壞我構思整個程式碼的流暢度。

　　總而言之，我希望 linter 目前先跳過對 prefer-const 規則的檢查。同時，我也不認為 debugger 關鍵字該被視為錯誤，因為當前尚有除錯的必要，但稍後我確實得移除它，所以我希望 ESLint 能對它提出警告 (warning) 而非錯誤 (error)。

修改 ESlint 組態設定檔

　　對此我們可以調整 ESlint 的組態設定檔，把特定的規則關掉或是改變回報層級：

修改 \tools5\.eslintrc.cjs

```
module.exports = {
...
    "rules": {
        "prefer-const": "off",    ← 關閉 prefer-const 規則
        "no-debugger": "warn"     ← 將 no-debugger 規則設為提出警告
    }
};
```

　　在 rules 底下的項目，前面的名稱是 ESLint 的規則名稱 (你可以在 https://eslint.org/docs/rules/ 檢視完整的規則清單)，後面是你要指定的檢查層級：

▼ ESLint 規則檢查層級

值	意義
"off" 或 0	關閉 (不檢查)
"warn" 或 1	提出警告
"error" 或 2	提出錯誤

儲存 .eslintrc.cjs 後重新執行 ESLint 工具，就會看到這次只得到一個警告 (不是錯誤)：

```
\tools5> npx eslint . --ext .js,.jsx,.ts,.tsx

\tools5\src\index.ts
  7:1  warning  Unexpected 'debugger' statement  no-debugger

1 problem (0 errors, 1 warning)
```

使用內嵌註解

有時候，在 linter 工具的組態設定檔改變整個專案的規則不見得適當，例如我們會想以個案的方式暫時關閉某些檔案的 debugger 關鍵字檢查。通常來說，程式碼最後確實不該留下任何的 debugger 關鍵字，以免在執行時造成問題。不過這兒仍然可以示範，你能用更有彈性的方式控制 ESLint 的檢查範圍。

現在請清除 .eslintrc.cjs 內 rules 底下的所有規則，然後將專案內的 \src\index.ts 修改如下：

修改 \tools5\src\index.ts

```
/* eslint-disable prefer-const */
import { sum } from "./calc.js";

let printMessage = (msg: string): void => console.log(`Message: ${msg}`);
let message = ("Hello, TypeScript");
printMessage(message);

// eslint-disable-next-line no-debugger
debugger;

let total = sum(100, 200, 300);
console.log(`Total: ${total}`);
```

這兒我們使用了 ESLint 的兩種**內嵌註解 (inline comments)**：

▼ ESLint 的內嵌註解

/* eslint-disable <規則名稱> */	寫在檔案第一行，要 ESLint 別對整個檔案做這項檢查
// eslint-disable-next-line <規則名稱>	要 ESLint 別對下一行程式做這項檢查

假如內嵌註解中沒有標明規則，那麼它就不會檢查任何規則。

🔧 linter 工具是兩面刃

幾乎每種程式語言都有 linter，它們是強大的程式碼品質維護工具，特別是團隊各成員的技術與經驗有落差的時候。它可以挖出不易察覺的錯誤，維持程式碼的一致性，因而減少專案的長期維護成本。

然而，這也有可能是引發分裂與衝突的火種。linter 工具除了偵測錯誤，也常用來規定各式各樣的程式碼風格，例如縮排的深度、大括號的放置位置、分號與空格的寫法等等。linter 工具使得那些對格式統一有強烈潔癖的人，得以把他們的意見強行加諸在別人身上，這些人的邏輯是：程式設計師們已經浪費太多時間爭辯哪種撰寫風格比較好，與其搞成這樣，不如早早就規定大家都採用同一種寫法。但就我個人的經驗，程式設計師永遠找得到理由吵架，而要求團隊採納特定程式碼風格，往往也只是強迫大家接受少數人習慣的藉口。

由於我經常協助讀者解決範例程式碼的問題，我見過各式各樣的程式撰寫風格。雖然我私下不苟同我不喜歡的寫法，我也不會強迫讀者接受我的意見。大部分編輯器都有重新整理格式的功能，所以當我需要閱讀其他人的程式碼，我就會用編輯器來重調格式，讓自己看得舒服一點。

小編註 VS Code 的 TypeScript 延伸模組就包含了程式碼格式化功能。你可以點一下程式碼的任何位置並按鍵盤的 `Alt` + `Shift` + `F`，或者在程式碼視窗上按滑鼠右鍵、選擇『Format Document』。

所以，我的建議是不必過於頻繁使用 linter 工具，只用它來解決真正會造成問題的地方。把程式碼撰寫風格的問題留給每個人自己決定；若有需要閱讀其他不同偏好的人所寫的程式碼，就用編輯器來替你做格式化即可。

6-4 對 TypeScript 進行單元測試

 注意 以下使用範例專案 tools6, 其內容同樣延續自 tools5。

　　單元測試的原理是執行一小段測試程式碼，來驗證應用程式的特定部位是否正常運作。有些**單元測試 (unit testing)** 框架雖然支援 TypeScript, 但是實質用處並沒有想像的大。因為若要對 TypeScript 支援單元測試，就代表你得允許它們在 TypeScript 檔案中定義測試程式碼，而且得在測試之前就先自動編譯 TypeScript 程式碼。

　　但問題來了：這使得你只能測試 JavaScript 程式碼，因為 JavaScript 執行環境並不曉得 TypeScript 是什麼，而 TypeScript 的許多功能完全是靠著其編譯器加上去的。這使得單元測試往往無法直接檢查跟 TypeScript 相關的特色。

⌘ 你需要做單元測試嗎？

這一節存在的目的, 只是假設各位想做單元測試, 我也會解説你該如何設定工具和把它們套用到 TypeScript, 但用意不是要帶各位認識完整的單元測試。想對單元測試有更進一步認識的讀者, 不妨參考維基百科的介紹：https://en.wikipedia.org/wiki/Unit_testing。

事實上, 單元測試是個有爭議性的主題。我自己喜歡對我的專案做單元測試, 但不會每次都用、做法也都不盡然相同。我習慣針對最難寫、最容易在部署時出錯的功能撰寫單元測試。在這些情況下先思考如何做測試, 反而有助於整頓我的思緒, 讓我想到更好的實作方式、以及如何提早解決潛在問題。

不過話説回來, 單元測試終究只是一種工具而非信仰, 而且只有你自己最清楚到底需要做多少測試。要是你覺得沒有必要用上單元測試、或是已有其他更適合的方法, 那麼你不必單純為了跟上風潮而這麼做。但若你沒有更好的方法、或者壓根沒做任何測試, 那麼下場就是等著使用者幫你抓臭蟲了。

▌ 6-4-1 安裝 Jest 測試框架

我在這本書要使用 **Jest** 測試框架，它支援 TypeScript 測試、而且簡單易用。若安裝額外的套件，它還能確保專案中的 TypeScript 檔案在開測前就先編譯成 JavaScript。

下面我們按照本章開頭 tools4 的內容建立專案 tools6。接著請在專案目錄底下執行下列指令，好將進行測試所需的套件安裝起來：

```
\tools6> npm install --save-dev typescript@4.3.5 jest@27.0.6 @types/jest 空格
ts-jest@27.0.4
```

以上指令安裝了 TypeScript 套件，接著是 Jest 測試框架以及它的型別宣告檔，最後則安裝 Jest 框架的一個 plugin 叫做 ts-jest, 負責在測試開始前先編譯 TypeScript 檔案。

▌ 6-4-2 設定 Jest 測試框架

在專案根目錄下建立一個檔案 jest.config.js, 其內容如下：

```
module.exports = {
    "roots": ["src"],
    "transform": { "^.+\\.tsx?$": "ts-jest" }
}
```

roots 項目指定了指定原始碼和單元測試檔的位置 (src 子目錄)，而 transform 屬性則是用來告訴 Jest, 副檔名為 .ts 與 .tsx 的檔案得用 ts-jest 套件來處理 (TSX 檔案會在第 19 章介紹)。後者是為了確保程式碼的變更能反映在測試中，而不必手動執行編譯器。

> **小編註** jest.config.js 其實也可用指令 **npx jest --init** 來產生, 它會用提問的方式讓使用者選擇要產生哪些內容。

6-4-3 建立單元測試

測試程式會寫在副檔名為 **.test.ts** 的檔案中，慣例上會跟它們要測試的原始檔放在一起，並採用相同的主檔名。以下我們要來對範例專案 tools6 的 calc 模組寫個簡單的單元測試。請在 src 目錄底下新增一個名為 **calc. test.ts** 的檔案，然後寫入以下程式碼：

\tools6\src\calc.test.ts

```
import { sum } from "./calc";

test("check result value", () => {
    let result = sum(10, 20, 30);
    expect(result).toBe(60);
});
```

我們會使用 Jest 提供的 test() 函式來定義一個單元測試。test() 函式得傳入兩個引數，第一個為單元測試的名稱 (『check result value』)，第二個則是一個箭頭函式，其內容為我們要進行的測試。

這個箭頭函式會以三個既定的引數呼叫 calc 套件的 sum() 函式，然後檢查其結果是否符合預期 (10 + 20 + 30 = 60)。expect() 函式同樣由 Jest 提供，在此它會接收 sum() 的傳回值 result，然後呼叫一個匹配器函式 (matcher function) 並傳入要比較的值。我們使用的是 **toBe()** 匹配器，作用是告訴 Jest 說 expect() 的接收值應該要跟 toBe() 的引數相等，如果不是就代表測試未通過。

下表介紹了 Jest 最常用的幾種匹配器 (如要查閱完整的列表，請參考此處：https://jestjs.io/docs/en/expect)：

▼ 常用的 Jest 匹配器函式

名稱	說明
toBe(值)	判斷傳回值是否符合此值 (但不必是相同物件)。
toEqual(物件)	判斷傳回值是否和此值為相同物件。

名稱	說明
toMatch(正規表達式)	判斷傳回值是否符合此正規表達式的規則。
toBeDefined()	判斷傳回值是否不為 undefined。
toBeUndefined()	判斷傳回值是否為 undefined。
toBeNull()	判斷傳回值是否為 null。
toBeTruthy()	判斷傳回值是否為 true。
toBeFalsy()	判斷傳回值是否為 false。
toContain(子字串)	判斷傳回值是否包含這個子字串 (substring)。
toBeLessThan(值)	判斷傳回值是否小於此值。
toBeGreaterThan(值)	判斷傳回值是否大於此值。

6-4-4 使用 Jest 測試框架

單元測試可以是一次性的工作，也可以利用監看模式在每次偵測到改變時就自動進行測試。我個人的經驗是監看模式比較好用，所以我經常會打開兩個命令列介面，一個用來看編譯器的輸出結果，一個用來跑單元測試。

執行 Jest 套件

要執行測試，請打開新的命令提示字元或終端機，切到 tools6 目錄底下，然後用 npx 執行 Jest 套件：

```
\tools6> npx jest
```

如果你希望 Jest 進入監看模式，則要加上 **--watchAll** 參數：

```
\tools6> npx jest --watchAll
```

小編註 你可在 VS Code 中新增終端機，但必須手動切換。或者你可另外啟動一個系統命令列介面，並切到專案目錄下。

Jest 會找出專案中的測試檔案和執行之，然後輸出類似如下的測試報告：

```
PASS  src/calc.test.ts
  √ check result value (2 ms)


Test Suites: 1 passed, 1 total
Tests:       1 passed, 1 total
Snapshots:   0 total
Time:        1.966 s, estimated 3 s
Ran all test suites.
```

報告內容顯示 Jest 找到一個測試檔並成功執行了它，而測試結果是通過 (pass) 的。只要你新增了其他測試檔、或是專案的原始碼有任何更動，Jest 就會重新編譯專案和跑一遍測試，然後輸出新的報告。

小編註

在執行以上結果時，你可能會看到 ts-jest 拋出以下警告：

```
ts-jest[config] (WARN) message TS151001: If you have issues related
to imports, you should consider
setting `esModuleInterop` to `true` in your TypeScript configuration
file (usually `tsconfig.json`). See https://blogs.msdn.microsoft.
com/typescript/2018/01/31/announcing-typescript-2-7/#easier-
ecmascript-module-interoperability for more information.
```

這只是在建議你，如果匯入模組遇到問題，可在 tsconfig.json 的 compilerOptions 底下加入 **"esModuleInterop": true**，這使得 TypeScript 能夠以 .cjs 副檔名匯入採用 commonJs 規範的 JavaScript 模組。換言之，這是個用來與舊版 JavaScript 相容的機制，在此可以不必理會。

測試失敗時的輸出

接著我們來試驗看看測試失敗會發生什麼狀況。請如下修改 calc 套件的 sum() 函式，讓它的傳回值比正確值多加了 10：

修改 \tools6\src\calc.ts

```typescript
export function sum(...vals: number[]): number {
    return vals.reduce((total, val) => total += val) + 10;
}
```

　　既然這時 sum() 函式的傳回值已經不再符合單元測試中所期望的值，於是再次進行單元測試時 toBe() 檢查失敗，令 Jest 產生以下的警告訊息：

```
FAIL  src/calc.test.ts
  ✕ check result value (4 ms)

  ● check result value

    expect(received).toBe(expected) // Object.is equality

    Expected: 60 ◀—— 預期傳回值
    Received: 70 ◀—— 實際收到的值

      2 | test("check result value", () => {
      3 |     let result = sum(10, 20, 30);
    > 4 |     expect(result).toBe(60);
        |                          ^
      5 | });
      6 |

      at Object.<anonymous> (src/calc.test.ts:4:20)

Test Suites: 1 failed, 1 total
Tests:       1 failed, 1 total
Snapshots:   0 total
Time:        1.901 s, estimated 3 s
Ran all test suites.
```

　　測試報告清楚指出，我們給定的預期值是 60, 但單元測試收到的傳回值卻是 70。我們可據此修正原始碼讓它符合測試的預期行為 (把 +10 砍掉)，或是更新測試的內容以反映程式新的行為 (把 toBe(60) 改成 toBe(70))。

6-5 本章總結

本章介紹了三種經常用來支援 TypeScript 開發的工具：Node.js 的除錯工具搭配 JavaScript 中斷點 (使用 debugger 關鍵字) 能用來檢查變數與物件在執行期間的狀態，ESLint 可協助找出編譯器沒有發現的程式碼錯誤和程式風格，而 Jest 單元測試框架則能確認程式碼的執行結果是否和預期相符。

下一章我們將進入第二篇，逐步深入探索 TypeScript 的各種功能，從它的靜態型別檢查開始說起。

CHAPTER

07

了解 TypeScript 的靜態型別

本章要介紹 TypeScript 的資料型別核心功能。這些是使用 TypeScript 時不可不知的重要基礎,而且對後續章節的進階功能 來說,也是務必打下的基本功。

首先，我們要認識 TypeScript 的型別與 JavaScript 的型別有何不同，以及靜態型別與動態型別的差異。我會示範 TypeScript 編譯器怎樣能在不改動程式碼的前提下導入新功能，以便讓我們更精確地控制資料型別，辦法是告訴 TypeScript 編譯器說某段程式碼應該要有哪些預期行為，或者修改編譯器管理型別的行為。

7-1 本章行前準備

在你想要建置練習專案的位置新增一個名為 types 的目錄，然後在命令提示字元或終端機切換到該目錄底下，執行下列指令來初始化它、並下載 typescript 和 tsc-watch 套件到專案內：

```
\types> npm init --yes
\types> npm install --save-dev typescript@4.3.5 tsc-watch@4.4.0
```

接著修改 package.json 來加入以下內容：

`\types\package.json`

```
{
    "name": "types",
    "version": "1.0.0",
    "description": "",
    "main": "index.js",
    "scripts": {
        "test": "echo \"Error: no test specified\" && exit 1",
        "start": "tsc-watch --onsuccess \"node dist/index.js\""
    },
    "keywords": [],
    "author": "",
    "license": "ISC",
    "devDependencies": {
        "tsc-watch": "^4.4.0",
        "typescript": "^4.3.5"
    }
}
```

　　然後還要建立 TypeScript 編譯器的設定檔。在專案目錄新增一個 tsconfig.json 檔，寫入以下內容：

types\tsconfig.json

```
{
    "compilerOptions": {
        "target": "es2020",
        "outDir": "./dist",
        "rootDir": "./src"
    }
}
```

　　最後，我們需要替專案新增一個 TypeScript 原始檔，當作本章練習的起點。請在 types\src 目錄裡新增一個名為 index.ts 的檔案，寫入下面這行簡單的敘述：

types\src\index.ts

```
console.log("Hello, TypeScript");
```

　　完成之後，在命令列於 types 目錄下執行 npm start。tsc-watch 會首次編譯並執行專案，並監看 src 目錄的任何變動：

```
\types> npm start
上午11:32:23 - Starting compilation in watch mode...
上午11:32:25 - Found 0 errors. Watching for file changes.
Hello, TypeScript
```

 注意 從本章開始到第 13 章，你都可以沿用這個專案，但我們會切割各個範例，以便讀者下載和對照。此外，我們也預設你會使用 npm start 來監看專案並自動編譯執行（見第 5 章），或者你可自行手動用 tsc 編譯再用 node 執行之。

7-2 了解靜態型別

▌ 7-2-1　JavaScript 動態型別的問題

　　我們在第 4 章解釋過，JavaScript 是一種動態型別語言。熟悉其他語言的程式設計師轉用 JavaScript 時所面臨的最大挑戰，就是擁有型別的是**值本身**而不是變數，使得變數型別可以隨意改變。為了快速複習這些概念，請把 index.ts 檔案的內容換成如下：

修改 \types\src\index.ts

```
let myVar;
console.log(`${myVar} = ${typeof myVar}`);
myVar = 12;
console.log(`${myVar} = ${typeof myVar}`);
myVar = "Hello";
console.log(`${myVar} = ${typeof myVar}`);
myVar = true;
console.log(`${myVar} = ${typeof myVar}`);
```

　　變數 myVar 的型別會根據它被指派的值而定，我們也使用 JavaScript 的 typeof 關鍵字來檢查其型別。儲存檔案變更，編譯好的程式執行後便會顯示下列訊息：

```
undefined = undefined
12 = number
Hello = string
true = boolean
```

　　範例的第一行宣告了一個 myVar 變數，卻沒有指派任何的值，因此它的型別就是 undefined。而型別為 undefined 的變數，其值就永遠會是 undefined。第二個值 12 是一個數值，當它被指派給 myVar 變數之後，typeof 傳回的型別也就變成 number。第三個值 Hello 是字串，第四個值 true 則是布林值。

我們可以很清楚看出，myVar 變數的資料型別確實會隨著每次被指派的值而改變。也就是說，你不需要告訴 JavaScript 變數是什麼型別，它會自動根據其值來推論。

 你可以在第三章複習 JavaScript 內建的基本型別。

動態型別具有高度彈性，但也很容易造成問題。現在請把 index.ts 的內容換成下列的程式碼，也就是定義一個 calculateTax() 函式，以及三行呼叫它的敘述：

修改 \types\src\index.ts

```
function calculateTax(amount) {
    return amount * 1.2;
}


console.log(`${12} = ${calculateTax(12)}`);
console.log(`${"Hello"} = ${calculateTax("Hello")}`);
console.log(`${true} = ${calculateTax(true)}`);
```

由於函式參數的型別也是動態的，所以 calculateTax() 函式的 amount 參數可能會被賦予任何型別的值。函式後面的三行 console.log 分別以 number、string 和 boolean 值呼叫同一個函式，產生下列的結果：

```
12 = 14.399999999999999
Hello = NaN
true = 1.2
```

從 JavaScript 的角度來看，這些執行結果完全正常。既然函式參數可被賦予任何型別的值，JavaScript 以它的方式處理了這三種型別。然而我們撰寫 calculateTax() 的用意是它應該只能處理數值，所以只有第一個計算結果是有意義的。第二個結果 NaN 代表值為非數字 (not a number)，而第三個則因為布林值 true 被強制轉型為數值 1，進而計算出 1.2 (JavaScript 強制轉型機制的說明請見第 4 章)。

在這個簡單範例中,你可以清楚看到 calculateTax() 函式的內容,呼叫它的敘述也就寫在底下,所以你很容易猜到它的參數是要預期哪種型別。但若這函式是別人寫的,又埋在複雜的專案或套件當中,想搞懂的難度就會大幅提高了。

■ 7-2-2 以型別註記 (type annotation) 使用靜態型別

多數開發者都習慣使用靜態型別,而 TypeScript 提供了靜態型別功能,讓我們能明確地指定變數的預期型別,並允許編譯器在偵測到使用不同型別時主動拋出錯誤。我們可透過**型別註記**來定義靜態型別:

修改 \types\src\index.ts

```
function calculateTax(amount: number): number {
    return amount * 1.2;
}

console.log(`${12} = ${calculateTax(12)}`);
console.log(`${"Hello"} = ${calculateTax("Hello")}`);
console.log(`${true} = ${calculateTax(true)}`);
```

以上修改過的 index.ts 加入了兩個型別註記,語法是在:冒號後面寫靜態型別:

function calculateTax(amount: number): number {

參數型別註記　傳回值型別註記

對 amount 參數施加的型別註記告訴編譯器,這個參數只接受 number 型別值。而在函式特徵 (function signature, 即函式定義) 結尾的註記則告訴編譯器,這個函式只能傳回 number 型別值。

於是在以上範例存檔和編譯時,TypeScript 編譯器會分析傳給 calculateTax() 函式的引數的型別,發現部分的值不符合型別註記,進而顯示下面兩個錯誤訊息,分別指出字串和布林值不允許指派給 number 型別的參數:

```
src/index.ts(6,42): error TS2345: Argument of type 'string' is not
assignable to parameter of type 'number'.
src/index.ts(7,39): error TS2345: Argument of type 'boolean' is not
assignable to parameter of type
'number'.
```

 VS Code 在安裝了 TypeScript 延伸模組後，它也會自動在程式編輯視窗中標出型別操作錯誤的地方。

型別註記也能用在一般的變數與常數，例如底下這段範例：

修改 \types\src\index.ts

```
function calculateTax(amount: number): number {
    return amount * 1.2;
}

let price: number = 100;
let taxAmount: number = calculateTax(price);
let halfShare: number = taxAmount / 2;
console.log(`Full amount in tax: ${taxAmount}`);
console.log(`Half share: ${halfShare}`);
```

給變數加上型別註記的語法，就跟函式參數一樣，在變數名稱後面接上冒號與要註記的型別。我們為上面新加的三個變數都給了型別註記，告訴編譯器它們要使用 number 型別的值，因此執行後會產生如下結果：

```
Full amount in tax: 120
Half share: 60
```

7-2-3 隱性推論的靜態型別

除了上面介紹的方式，TypeScript 編譯器其實也會進行**型別推論 (type inference)**，所以就算你沒有提供註記，也能自動獲得靜態型別的好處。我們用以下例子來示範：

```
function calculateTax(amount: number): number {
    return amount * 1.2;
}


// 變數不寫型別註記
let price = 100;
let taxAmount = calculateTax(price);
let halfShare = taxAmount / 2;
console.log(`Full amount in tax: ${taxAmount}`);
console.log(`Half share: ${halfShare}`);
```

TypeScript 編譯器能夠根據變數宣告時被指派的值推論它的型別。對於 price 變數,編譯器知道指派給它的 100 是個數值,因此會視為 price 變數已經獲得 number 型別註記。這也是為何 price 變數能當作 calculateTax() 函式的引數。

出於同理,由於 calculateTax() 傳回值的型別被註記為 number,因此 taxAmount 變數、以及拿它來運算的 halfShare 變數也會被推論為 number 型別。這使得修改程式後仍然能得到以下執行結果:

```
Full amount in tax: 120
Half share: 60
```

如果你在程式中都正確地使用型別,那麼 TypeScript 編譯器就不會吭聲,使你很容易忘記它其實一直在默默進行檢查。下面我們就來試驗,如果推論的型別彼此不相符會發生什麼狀況。請如下改寫 index.ts 檔案裡的函式:

修改 \types\src\index.ts

```
function calculateTax(amount: number) {   // 拿掉傳回值的型別註記
    return (amount * 1.2).toFixed(2);
}

let price = 100;
```

```
let taxAmount = calculateTax(price);
let halfShare = taxAmount / 2;
console.log(`Full amount in tax: ${taxAmount}`);
console.log(`Half share: ${halfShare}`);
```

現在 calculateTax 函式沒有指定傳回值的型別，而函式內在將數值 amount 乘上 1.2 後，會先對該結果呼叫 toFixed() 方法。這個方法會將數值四捨五入到指定小數位數的數字，然後傳回**字串**，因此它改變了 calculateTax() 函式的傳回值型別，導致 taxAmount 變數被推論為 string 型別。

於是 TypeScript 編譯器一路推論這些變數的型別，結果發現你居然嘗試拿字串去除數值：

```
let halfShare = taxAmount / 2;   ←—— taxAmount 是 string 型別
```

對 JavaScript 而言，這樣的操作是合法的，它會以第 3 章提過的強制轉型機制來處理它——string 值會被強制轉成 number 值，最後產生兩種可能的結果：要是字串內容可以轉成數值，計算結果就是數值，或者若字串無法轉換，就會傳回 NaN。

然而在 TypeScript 中，自動強制轉型會受到限制，所以編譯器會回報以下的錯誤訊息：

```
src/index.ts(7,17): error TS2362: The left-hand side of an arithmetic
operation must be of type 'any', 'number', 'bigint' or an enum type.
```

其實 TypeScript 編譯器並不禁止你使用 JavaScript 提供的型別功能，但它會針對可能出錯的敘述提出警告。

當你剛開始學習 TypeScript 時，很容易因為編譯器推論型別的方式跟你的預期有出入，進而收到錯誤訊息。編譯器在大多情況下都是對的；不過它也提供了一項便利功能，讓你能檢視程式碼中用到的型別。請參考底下範例，在 tsconfig.json 加入一條 "declaration": true 的設定：

```json
{
    "compilerOptions": {
        "target": "es2020",
        "outDir": "./dist",
        "rootDir": "./src",
        "declaration": true
    }
}
```

declaration 設定告訴編譯器說，除了輸出程式碼之外，還要輸出包含型別宣告資訊的 .d.ts 定義檔。我們會在第 14 章更深入講解這種檔案；各位此刻只需知道，它們能協助你檢視編譯器推論的型別，雖然這並非它們存在的主要目的。

這項設定的變更會在編譯器下次執行時生效。請在 index.ts 新增一行敘述，然後存檔並重新編譯：

修改 \types\src\index.ts

```typescript
function calculateTax(amount: number) {
    return (amount * 1.2).toFixed(2);
}

let price = 100;
let taxAmount = calculateTax(price);
let halfShare = taxAmount / 2;
console.log(`Price: ${price}`);
console.log(`Full amount in tax: ${taxAmount}`);
console.log(`Half share: ${halfShare}`);
```

編譯器會在 dist 目錄建立一個名為 **index.d.ts** 的檔案，其內容如下：

\types\dist\index.d.ts

```typescript
declare function calculateTax(amount: number): string;
declare let price: number;
declare let taxAmount: string;
declare let halfShare: number;
```

我們會等到第 14 章再解釋 declare 關鍵字的用意；目前你只需要知道，我們可以從這邊看出 calculateTax() 的傳回值和 taxAmount 變數都被推論為 string 型別。所以當編譯器回報型別錯誤、你卻遲遲找不出原因時，不妨嘗試在 tsconfig.json 將 declaration 設為 true，然後利用型別宣告檔來驗證程式中的資料型別。

■ 7-2-4 使用 any 型別

如前面所說，TypeScript 並不會阻止你使用彈性較高的 JavaScript 型別系統，但會試圖阻止你誤用它們。若你還是希望允許各種型別的值能用於函式參數／傳回值以及變數和常數，TypeScript 亦提供了 **any** 型別來滿足這種需求：

修改 \types\src\index.ts

```
function calculateTax(amount: any): any {
    return (amount * 1.2).toFixed(2);
}

let price = 100;
let taxAmount = calculateTax(price);
let halfShare = taxAmount / 2;
console.log(`Price: ${price}`);
console.log(`Full amount in tax: ${taxAmount}`);
console.log(`Half share: ${halfShare}`);
```

新的 any 註記告訴編譯器，amount 參數可接受任何型別的值，而 calculateTax() 函式的傳回值亦可是任何型別。這下編譯器就不會回報前面的錯誤訊息，因為它不再驗證 calculateTax() 函式的傳回值是否可用於除法運算。這段程式碼也能成功執行，因為 JavaScript 的除法算符會自動把 calculateTax() 傳回的 string 值轉成 number 值，然後輸出下列結果：

```
Price: 100
Full amount in tax: 120.00
Half share: 60
```

但是你使用 any 型別時，就得像撰寫純 JavaScript 程式碼那樣，自行承擔起程式不會誤用型別的責任。為了清楚示範這點，我們要在 calculateTax() 函式傳回的值前面故意多加一個『$』符號：

修改 \types\src\index.ts

```
function calculateTax(amount: any): any {
    return `$${(amount * 1.2).toFixed(2)}`;  // 在開頭多加一個 `$`
}

let price = 100;
let taxAmount = calculateTax(price);
let halfShare = taxAmount / 2;
console.log(`Price: ${price}`);
console.log(`Full amount in tax: ${taxAmount}`);
console.log(`Half share: ${halfShare}`);
```

這回 calculateTax() 函式傳回的值無法被解析為數值（因為包含非數值），以致執行後變成如下的結果：

```
Price: 100
Full amount in tax: $120.00
Half share: NaN        ◀── 字串無法自動轉數值, 變成 NaN
```

使用 any 型別的值還有一個問題，就是這種值可以指派給任何型別的值，卻不會觸發編譯器的警告。下面來看另一個例子：

修改 \types\src\index.ts

```
function calculateTax(amount: any): any {
    return `$${(amount * 1.2).toFixed(2)}`;
}

let price = 100;
let taxAmount = calculateTax(price);
let halfShare = taxAmount / 2;
console.log(`Price: ${price}`);
console.log(`Full amount in tax: ${taxAmount}`);
console.log(`Half share: ${halfShare}`);
```

```
let newResult: any = calculateTax(200);
let myNumber: number = newResult;
console.log(`Number value: ${myNumber.toFixed(2)}`);
```

在以上新的三行敘述中，我們先將 calculateTax() 的傳回值指派給變數 newResult (any 型別)，然後又把 newResult 的值指派給數值變數 myNumber (number)。但由於 newResult 被註記為 any 型別，所以 newResult 與 myNumber 被指派值時都不會回報錯誤。

但既然指派給 myNumber 的值並非真正的數值，第三句敘述呼叫它的 toFixed() 方法時就會產生以下錯誤訊息：

```
console.log(`Number value: ${myNumber.toFixed(2)}`);
                                      ^
TypeError: myNumber.toFixed is not a function
    at Object.<anonymous> (\types\dist\index.js:12:39)
    at Module._compile (internal/modules/cjs/loader.js:1085:14)
    at Object.Module._extensions..js (internal/modules/cjs/loader.
js:1114:10)
    at Module.load (internal/modules/cjs/loader.js:950:32)
    at Function.Module._load (internal/modules/cjs/loader.js:790:14)
    at Function.executeUserEntryPoint [as runMain] (internal/modules/
run_main.js:76:12)
    at internal/main/run_main_module.js:17:47
```

以上顯示 JavaScript 程式碼在執行時，找不到 myNumber 的 toFixed() 方法。這是由於 TypeScript 編譯器允許把 any 值視為 number 值，導致型別不符的問題等到實際執行才爆發出來。

可見 any 型別雖能使你自由運用 JavaScript 型別功能，但也可能在實際執行中因為自動強制轉型而產生預期之外的結果。

提示　TypeScript 還提供了 **unknown** 型別，允許你刻意操作動態型別的功能、但又能避免你誤用之。這稍後會在『使用 unknown 型別』一節做更深入的剖析。

▋7-2-5 使用隱性推論的 any 型別

當 TypeScript 編譯器進行型別推論、可是又無法明確判定該用哪一種型別時，它就會採用 any 型別。這使得你可以更輕鬆地對既有的 JavaScript 專案選擇性地套用 TypeScript，在使用第三方 JavaScript 套件時也比較簡單。我們就來試驗一下，照底下的範例故意拿掉 calculateTax() 參數的型別註記：

修改 \types\src\index.ts

```typescript
function calculateTax(amount): any {   // 拿掉 amount 參數的型別註記
    return `$$${(amount * 1.2).toFixed(2)}`;
}

let price = 100;
let taxAmount = calculateTax(price);
let halfShare = taxAmount / 2;
let personVal = calculateTax("Bob");

console.log(`Price: ${price}`);
console.log(`Full amount in tax: ${taxAmount}`);
console.log(`Half share: ${halfShare}`);
console.log(`Name: ${personVal}`);

// 移除以下三行：
// let newResult: any = calculateTax(200);
// let myNumber: number = newResult;
// console.log(`Number value: ${myNumber.toFixed(2)}`);
```

這回由於我們先後用了數值及字串引數來呼叫 calculateTax()，編譯器無法判別 amount 參數該用哪種型別，於是退而求其次，將之隱性推論為 any 型別。這使得程式用字串引數呼叫 calculateTax() 後產生錯誤結果，卻沒有讓編譯器拋出任何錯誤：

```
Price: 100
Full amount in tax: $120.00
Half share: NaN
Name: $NaN
```

如要進一步確認，打開 dist 目錄下的 index.d.ts 檔案，就可看到 TypeScript 確實將 calculateTax() 函式的參數隱性推論為 any 型別：

types\dist\index.d.ts

```
declare function calculateTax(amount: any): any;
```

▍ 7-2-6　禁止隱性推論 any 型別

在程式碼中使用明確的 any 型別註記來繞過型別檢查，儘管有其風險，但只要小心起見，還是有它的便利之處。只是若開發者也允許編譯器隱性推論 any 型別，就等於是在型別檢查系統中打開一道難以察覺的後門，甚至會破壞了使用 TypeScript 的美意。

為了安全起見，讀者應該養成習慣盡量使用非 any 的型別註記，或者啟用編譯器的 **noImplicityAny** 設定，來禁止編譯器隱性推論 any 型別：

修改 \types\tsconfig.json

```
{
    "compilerOptions": {
        "target": "es2020",
        "outDir": "./dist",
        "rootDir": "./src",
        "declaration": true,
        "noImplicitAny": true
    }
}
```

儲存變更後，程式碼會重新進行編譯並產生下列錯誤訊息：

```
src/index.ts(1,23): error TS7006: Parameter 'amount' implicitly has an
'any' type.
```

現在只要編譯器無法自行推論 amount 參數為 any 型別，於是會丟出錯誤訊息提醒使用者。注意這樣並不會阻止你**明確地**使用 any 型別註記，只是禁止隱性推論而已。

7-3 TypeScript 的其它型別功能

▌ 7-3-1 使用型別聯集 (type union)

　　若把 TypeScript 的型別保護機制想像成一道光譜，其中一端就是絕對
自由的 any 型別，而另一端則是只准使用單一型別的嚴格型別註記。不過在
這兩個極端之間，TypeScript 提供了所謂的**型別聯集**，允許你用一個型別來
接納多種型別。底下的範例便定義了一個可傳回不同資料型別的函式，並使
用型別聯集為其進行註記：

 注意 以下我們使用 types2 範例專案來解說, 其內容延續專案 types。

\types2\src\index.ts

```
function calculateTax(amount: number, format: boolean): string | number {
    const calcAmount = amount * 1.2;
    // 若 format 為 true, 傳回格式化的字串, 否則傳回數值
    return format ? `$${calcAmount.toFixed(2)}` : calcAmount;
}

let taxNumber = calculateTax(100, false);
let taxString = calculateTax(100, true);
```

calculateTax() 函式的傳回值是 string 與 number 這兩種型別的聯集，代表它可以是 string 或者 number，而定義聯集的語法是用豎線符號隔開不同型別的名稱：

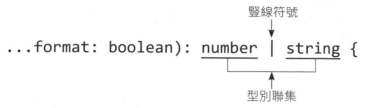

以上範例的聯集只用了 number 與 string 兩種型別，但你可以視需要合併更多種類的型別來使用，每種型別之間都得用 | 豎線符號隔開。

要特別注意的是，TypeScript 會將型別聯集視為一個獨立的型別，而它可以呼叫的方法就是其中所有型別的交集（意即，只有每個型別都共同具備的方法，才能在型別聯集使用）。這代表即使 calculateTax() 傳回 number，函式的傳回值以及 taxNumber 變數的推論型別都是『string | number』而非只是 number。

> **提示** 型別聯集不免會有點讓人困惑，因為這名稱真正的意思其實是**值的聯集**。例如，number | string 可以指派 number 或 string 值。但為了能兼容這些值，number | string 的值只能呼叫 number 和 string 的共通方法，從功能來看反而成了交集。
>
> 第 10 章將談到 TypeScript 型別交集，其效果與型別聯集正好相反。

為了更清楚了解這是怎麼回事，我們來明確註記變數的型別：

修改 \types2\src\index.ts

```
function calculateTax(amount: number, format: boolean): string | number {
    const calcAmount = amount * 1.2;
    return format ? `$$${calcAmount.toFixed(2)}` : calcAmount;
}

let taxNumber: string | number = calculateTax(100, false);
let taxString: string | number = calculateTax(100, true);
console.log(`Number Value: ${taxNumber.toFixed(2)}`);
console.log(`String Value: ${taxString.charAt(0)}`);
```

存檔後，編譯器回報以下兩個錯誤：

```
src/index.ts(8,40): error TS2339: Property 'toFixed' does not exist on
type 'string | number'.
  Property 'toFixed' does not exist on type 'string'.
src/index.ts(9,40): error TS2339: Property 'charAt' does not exist on
type 'string | number'.
  Property 'charAt' does not exist on type 'number'.
```

這是因為對於型別聯集來說，你只能使用當中**所有型別都有定義**的屬性與方法。對於後面第 10 章要介紹的複合型別而言，這是一種相當便利的做法，但由於基本型別提供的功能本來就有限，最後能呼叫的功能就不多了。如下圖所示，number 與 string 型別唯一共有的就只有 toString() 方法而已，因此嘗試對 string | number 型別呼叫 toFixed() 或 charAt() 就會產生錯誤。

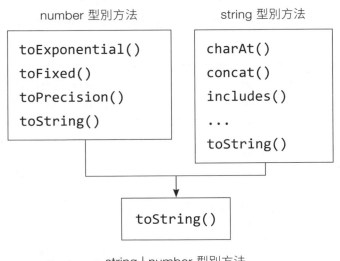

string | number 型別方法

▍ 7-3-2 使用型別斷言 (type assertion)

如上所見，型別聯集的問題之一是值原有的許多方法會無法使用。對於這種問題，我們可以使用**型別斷言**來要編譯器將它限縮 (narrowing) 為聯集中的其中一種型別。請見以下示範：

修改 \types2\src\index.ts

```
function calculateTax(amount: number, format: boolean): string | number {
    const calcAmount = amount * 1.2;
    return format ? `$${calcAmount.toFixed(2)}` : calcAmount;
}

let taxNumber = calculateTax(100, false) as number;
let taxString = calculateTax(100, true) as string;
console.log(`Number Value: ${taxNumber.toFixed(2)}`);
console.log(`String Value: ${taxString.charAt(0)}`);
```

型別斷言的語法是使用 as 關鍵字, 後面接上指定的目標型別 :

$$\texttt{let taxNumber: number = ... \underline{as} \underline{number};}$$

關鍵字　　目標型別

以上程式告訴 TypeScript 編譯器, 指派給 taxNumber 變數的值是 number, 而指派給 taxString 變數的值則是一個 string。

注意型別斷言**不是型別轉換** (比如使用 Number() 或 String()), 只是告訴編譯器該為某個值套用何種型別 ; 編譯器會假設你知道你在做什麼, 並把你指定的型別用於後續的型別檢查 (型別斷言會在編譯後被移除)。因此前面的粗體字程式碼就相當於以下的寫法 :

```
let taxNumber: number = calculateTax(100, false) as number;
let taxString: string = calculateTax(100, true) as string;
```

既然型別斷言已經選定了聯集當中的某個明確基本型別, 你就能使用該型別的功能了。儲存檔案後, 這回編譯器沒有報錯, 並輸出下列結果 :

```
Number Value: 120.00
String Value: $
```

7-3-3 在斷言時使用錯誤的型別

在做型別斷言時，編譯器會檢查指定的目標型別是否符合預期，也就是說你只能使用存在於聯集中的型別。我們接著就來試驗看看，如果斷言的型別不在型別聯集裡會發生什麼事：

修改 \types2\src\index.ts

```
function calculateTax(amount: number, format: boolean): string | number {
    const calcAmount = amount * 1.2;
    return format ? `$$${calcAmount.toFixed(2)}` : calcAmount;
}

let taxNumber = calculateTax(100, false) as number;
let taxString = calculateTax(100, true) as string;
let taxBoolean = calculateTax(100, false) as boolean;
console.log(`Number Value: ${taxNumber.toFixed(2)}`);
console.log(`String Value: ${taxString.charAt(0)}`);
console.log(`Boolean Value: ${taxBoolean}`);
```

在此我們宣告第三個變數 taxBoolean，並用型別斷言要求編譯器對它套用 boolean 型別。但這型別並不存在於 string | number 型別中，以致編譯時產生下列錯誤訊息：

```
src/index.ts(8,18): error TS2352: Conversion of type 'string | number'
to type 'boolean' may be a mistake because neither type sufficiently
overlaps with the other. If this was intentional, convert the expression
to 'unknown' first.
  Type 'number' is not comparable to type 'boolean'.
```

> 提示　編譯器的錯誤訊息中提到，如果你是刻意要套用聯集中沒有的型別，可以將值先轉換成 unknown 型別，然後再轉成 boolean；這會在稍後的『使用 Unknown 型別』解說。

　　通常來說,你應該重新檢查資料的型別與它們的型別斷言、然後修正問題,像是擴大型別聯集的內容、或是將其斷言為不同的型別。但你其實也能用點小手段繞過編譯器的警告:先把值斷言為 any 型別,然後再將之指定成你要的型別:

修改 \types2\src\index.ts

```
function calculateTax(amount: number, format: boolean): string | number {
    const calcAmount = amount * 1.2;
    return format ? `$${calcAmount.toFixed(2)}` : calcAmount;
}

let taxNumber = calculateTax(100, false) as number;
let taxString = calculateTax(100, true) as string;
let taxBoolean = calculateTax(100, false) as any as boolean;
console.log(`Number Value: ${taxNumber.toFixed(2)}`);
console.log(`String Value: ${taxString.charAt(0)}`);
console.log(`Boolean Value: ${taxBoolean}`);
```

　　加入這個額外步驟之後,編譯器便不再提出警告,而是會依照斷言將 calculateTax() 函式的傳回值視為 boolean 值。但如同我們先前所說,斷言只影響型別的檢查,而不會真的進行任何強制轉型。因此這支程式被編譯執行後會輸出如下的結果,因為函式實際產生與印出的依然是 number 值:

```
Number Value: 120.00
String Value: $
Boolean Value: 120   ◀── 仍是數字
```

型別斷言亦可用 <> 角括號語法來寫成。所以這行使用 as string 的敘述：

```
let taxString = calculateTax(100, true) as string;
```

和底下這行使用 <string> 的效果是相同的：

```
let taxString = <string> calculateTax(100, true);
```

但是請注意，『<型別> 值』這種語法不能用在 TSX 檔案中 (這是 React 套件會用到的檔案, 結合 HTML 元素與 TypeScript 程式碼, 第 19 章會有更詳細的解說)。出於這個原因, 建議還是使用 as 關鍵字進行型別斷言。

▌7-3-4　使用型別防衛敘述 (type guard)

 注意　以下我們使用 types3 範例專案來解說,其內容延續專案 types2。

　　型別斷言固然方便，但無法確保值本身的型別符合斷言指定的型別。為了確保操作上的安全，我們可利用條件敘述結合 **typeof** 關鍵字來檢測一個值是否為特定基本型別，並藉此將之**限縮**到該型別。這種機制稱為**型別防衛敘述**：

\types3\src\index.ts

```
function calculateTax(amount: number, format: boolean): string | number {
    const calcAmount = amount * 1.2;
    return format ? `$${calcAmount.toFixed(2)}` : calcAmount;
}

let taxValue = calculateTax(100, false);
if (typeof taxValue === "number") {
    console.log(`Number Value: ${taxValue.toFixed(2)}`);      ← 型別防衛敘述
} else if (typeof taxValue === "string") {
    console.log(`String Value: ${taxValue.charAt(0)}`);
}
```

當你對一個值套用 typeof 關鍵字時，它會傳回一個含有 JavaScript 基本型別名稱的字串（比如『number』或『boolean』），可以拿來跟已知型別名稱做比較。

 typeof 關鍵字只適用於 JavaScript 基本型別；如果檢測的目標是物件，那麼就得採取其他做法，因為它對任何物件都只會傳回『object』（參考第 3 章與第 10 章）。

typeof 本來就是 JavaScript 關鍵字，所以 TypeScript 編譯器直接沿用了它，而且它會知道 if 條件敘述裡的區塊只有在型別檢測通過時才會真正被執行。換言之，在以上的 if 區塊中，編譯器就能夠將 taxValue 值視為 number 型別：

```
if (typeof taxValue === "number") {
    console.log(`Number Value: ${taxValue.toFixed(2)}`);
                                    taxValue 在此為 number 型別
}
```

TypeScript 編譯器知道 if 條件敘述裡的程式碼區塊，只有當 taxValue 為 number 型別時才能夠執行，所以即使不透過型別斷言，它也允許你呼叫 number 型別的 toFixed() 方法。換言之，typeof 關鍵字和 if 構成能夠保護型別的操作安全性。既然 calculateTax() 傳回的 taxValue 確實是數值，這支程式編譯執行後會毫無錯誤地產生如下結果：

```
Number Value: 120.00
```

型別防衛敘述也不是只能搭配 if...else if...else, 用 switch...case 也有一樣的作用。下面的範例會產生跟前面完全相同的結果，只不過改用了 switch 語法來當作型別防衛敘述。在個別的 case 區塊內，TypeScript 編譯器會將 taxValue 視為該 case 條件所選擇的型別：

```ts
function calculateTax(amount: number, format: boolean): string | number {
    const calcAmount = amount * 1.2;
    return format ? `$${calcAmount.toFixed(2)}` : calcAmount;
}

let taxValue = calculateTax(100, false);
switch (typeof taxValue) {  // 判斷 taxValue 型別
    case "number":  // 若 taxValue 型別為 number
        console.log(`Number Value: ${taxValue.toFixed(2)}`);
        break;
    case "string":  // 若 taxValue 型別為 string
        console.log(`String Value: ${taxValue.charAt(0)}`);
        break;
}
```

switch...case 條件敘述

switch 是 JavaScript 內建功能, 本質上很類似 if...else if...else, 但只能用來比對一個值。當你需要根據一個值的多種結果來執行程式時, 使用 switch 語法就會比 if 更簡潔。

```
switch (<值或運算式>) {
    case <結果 1>:
        // 值 == 結果 1 時執行的程式碼
        break;
    case <結果 2>:
        // 值 == 結果 2 時執行的程式碼
        break;
...
    default:
        // 以上結果都不符時執行的程式碼
}
```

switch 會找到第一個條件符合的 case, 並執行底下的程式碼。default 的作用則類似 if 敘述的 else, 最多只能寫一個。若所有的 case 條件都不符, 而且有 default 區塊的話, 那麼就會執行後者。

特別注意 case 區塊結尾通常會加上 **break;**, 好讓該 case 的程式執行完畢後就結束。否則 switch 會繼續執行下一個 case 的內容。

▍ 7-3-5 了解 never 型別

如果你想要在型別防衛敘述進一步防堵漏網之魚（攔截不該出現的型別），TypeScript 對此提供一種特殊的 **never** 型別。never 用來代表**不可能存在的值**，而 never 值可以指派給任何型別。我們用以下的範例來說明：

修改 \types3\src\index.ts

```
...
switch (typeof taxValue) {
    case "number":
        console.log(`Number Value: ${taxValue.toFixed(2)}`);
        break;
    case "string":
        console.log(`String Value: ${taxValue.charAt(0)}`);
        break;
    default:  // 若不是 number 也不是 string
        let value: never = taxValue;  // 取得 never 型別的值
        console.log(`Unexpected type for value: ${value}`);
}
```

當程式檢查值是否為 number 及 string 型別時，等於在一一排除這些可能性。要是執行到 switch 敘述中 default 的部分，就代表發生了預期之外的狀況；既然此時型別聯集中的所有可能性都檢查過了，taxValue 變數在 default 區塊內就只能是 never 型別。換言之，我們可以用 never 型別當成型別防衛的最後一道防線。

注意 如果你沒有在以上的 case 區塊中檢查完型別聯集內的所有可能性，default 區塊內的值就有可能不是 never 型別。而其他型別的值（包括 any 型別在內）不能指派給 never 型別變數，這於是會引發錯誤。

7-4 **TypeScript 的特殊型別**

7-4-1 使用 unknown 型別

先前我們在『使用 any 型別』小節談過，一個 any 型別的值可以指派給任何其他型別，但這形同在編譯器的型別檢查中製造一個後門。有鑑於此，TypeScript 支援所謂的 **unknown** 型別，這也是比 any 更安全的替代方案。

如果不使用型別斷言或型別防衛敘述，unknown 型別的值就只能指派給 unknown 或 any 型別變數。在以下範例中，我們把先前使用 any 型別的敘述改成 unknown 的版本：

修改 \types3\src\index.ts

```
function calculateTax(amount: number, format: boolean): string | number {
    const calcAmount = amount * 1.2;
    return format ? `$${calcAmount.toFixed(2)}` : calcAmount;
}

let taxValue = calculateTax(100, false);
switch (typeof taxValue) {
    case "number":
        console.log(`Number Value: ${taxValue.toFixed(2)}`);
        break;
    case "string":
        console.log(`String Value: ${taxValue.charAt(0)}`);
        break;
    default:
        let value: never = taxValue;
        console.log(`Unexpected type for value: ${value}`);
}

let newResult: unknown = calculateTax(200, false);
let myNumber: number = newResult;
console.log(`Number value: ${myNumber.toFixed(2)}`);
```

問題就在於，除非使用型別斷言，否則你無法將 unknown 值指派給其他型別 (因此你不能將 newResult 的值指派給 myNumber)。所以儲存以上結果後，編譯器會產生以下錯誤訊息：

```
src/index.ts(27,5): error TS2322: Type 'unknown' is not assignable to
type 'number'.
```

因此，下面我們來使用型別斷言蓋過警告，命令編譯器將 unknown 型別值視為 number 型別：

```
...
let newResult: unknown = calculateTax(200, false);
let myNumber: number = newResult as number;
console.log(`Number value: ${myNumber.toFixed(2)}`);
```

由於這裡的 unknown 型別值實際上是個數字，因此程式不會發生執行錯誤、可正確獲得下列的結果：

```
Number Value: 120.00
Number value: 240.00
```

■ 7-4-2　使用可為 null (nullable) 的型別

然而，TypeScript 的靜態型別系統中還是存在一個漏洞，那就是 JavaScript 原有的 null 與 undefined 型別。null 型別只可以使用『null』值，代表不存在或無效的值。undefined 型別的值亦只能是『undefined』，當一個變數已經宣告但尚未指派任何值時，就會以 undefined 為值。

問題就在於，TypeScript 在預設狀況下會把 null 與 undefined 視為可指派給任何型別的值．而這是出於相容性的妥協；應用程式可能會需要整合很多既有的 JavaScript 程式與模組，而這些程式都會倚賴這兩種值。而 null 和 undefined 會造成不一致的型別檢查結果，請看底下的示範：

```typescript
function calculateTax(amount: number, format: boolean): string | number {
    if (amount === 0) {
        return null;  // amount 為 0 時傳回 null
    }
    const calcAmount = amount * 1.2;
    return format ? `$${calcAmount.toFixed(2)}` : calcAmount;
}

let taxValue: string | number = calculateTax(0, false);  // amount 傳入 0

switch (typeof taxValue) {
    case "number":
        console.log(`Number Value: ${taxValue.toFixed(2)}`);
        break;
    case "string":
        console.log(`String Value: ${taxValue.charAt(0)}`);
        break;
    default:
        let value: never = taxValue;
        console.log(`Unexpected type for value: ${value}`);
}

let newResult: unknown = calculateTax(200, false);
let myNumber: number = newResult as number;
console.log(`Number value: ${myNumber.toFixed(2)}`);
```

上面我們對 calculateTax() 函式所做的修改，是真實世界很常見的 null 用法，在參數為 0 時傳回 null，好表示呼叫者傳入了無效的引數。函式傳回值與 taxValue 變數的型別都是 string | number 聯集；然而在 JavaScript 中，改變指派給變數的值就等同改變其型別，而這正是此範例程式所發生的狀況。

現在第一次呼叫 calculateTax() 函式的傳回值是 null，使得 taxValue 變數的型別也就變成了 null。於是後面型別防衛敘述在檢查 taxValue 的型別時，無法將其限縮到 string | number 的聯集成員（進而執行了 switch 中的 default 區塊），便產生下列結果：

```
Unexpected type for value: null
Number value: 240.00
```

正常情況下，如果某一型別的值被指派到不同型別的變數，編譯器會回報錯誤。但它在這個範例中卻毫無動靜，因為 TypeScript 預設允許 null 與 undefined 被指派給所有型別的值。

> **注意** 可為 null 的值，除了造成型別不一致的問題之外，也容易在執行期間產生錯誤，而且還是在開發階段難以察覺、導致實際使用者經常會碰上的錯誤。舉例而言，上個範例 calculateTax() 函式的呼叫者可能根本不曉得它竟然會傳回 null 值、也無法預知這種狀況何時會發生。在本書的範例當然很容易看到 null 值的存在與用意，可是在真正的專案或是第三方套件裡可就難察覺多了。

7-4-3 限制 null 值的使用

若想解決 null 與 undefined 造成的潛在問題，我們可在編譯器的組態檔啟用 **strictNullChecks** 設定來限制這兩種值的使用（啟用 **strict** 選項亦有相同效果）：

修改 \types3\tsconfig.json

```
{
    "compilerOptions": {
        "target": "es2020",
        "outDir": "./dist",
        "rootDir": "./src",
        "declaration": true,
        "noImplicitAny": true,
        "strictNullChecks": true
    }
}
```

『"strictNullChecks": true』要求編譯器禁止將 null 與 undefined 值指派給其他的型別。儲存設定檔的變更，讓編譯器重新編譯 index.ts 檔後，它這次會回報下列錯誤：

```
src/index.ts(3,9): error TS2322: Type 'null' is not assignable to type
'string | number'.
```

　　改變設定之後，每當編譯器偵測到 null 或 undefined 值被指派給它們**之外**的其他型別，就會回報錯誤。在我們的範例當中，因為 calculateTax() 函式傳回的 null 值並不在 string | number 聯集之內，因此便產生了錯誤。

　　若要解決這個錯誤，就得改寫函式不要使用 null，或者把 null 納入型別聯集，如同底下這樣：

修改 \types3\src\index.ts

```
function calculateTax(amount: number, format: boolean): string | number 接下行
| null {
    if (amount === 0) {
        return null;
    }
    const calcAmount = amount * 1.2;
    return format ? `$$${calcAmount.toFixed(2)}` : calcAmount;
}

let taxValue: string | number | null = calculateTax(0, false);

switch (typeof taxValue) {
    case "number":
        console.log(`Number Value: ${taxValue.toFixed(2)}`);
        break;
    case "string":
        console.log(`String Value: ${taxValue.charAt(0)}`);
        break;
    default:
        if (taxValue === null) {  // 如果是 null
            console.log("Value is null");
        } else {  // 如果是 null 以外的型別
            let value: never = taxValue;
```

Next

```
            console.log(`Unexpected type for value: ${value}`);
        }
}

let newResult: unknown = calculateTax(200, false);
let myNumber: number = newResult as number;
console.log(`Number value: ${myNumber.toFixed(2)}`);
```

　　擴大型別聯集範圍是最容易理解的解法，因為此舉允許 null 值也能被函式回傳，進而確保使用此函式的程式知道要傳回值可能會有 string、number 與 null 值。那麼為何不在 switch 型別防衛敘述中用 case 來檢查 null 型別呢？如我們在第 3 章解釋過，對 null 值使用 typeof 會回傳『object』，所以必須以明確的檢查方式 (if...else) 來防止 null 的使用、讓 TypeScript 編譯器對其進行型別檢測。

　　以上程式範例會產生以下結果：

```
Value is null
Number value: 240.00
```

7-4-4　用斷言從型別聯集中移除 null

　　現在，還記得型別聯集讓我們只能存取所有型別共有的屬性與方法嗎？但 null 與 undefined 跟其他型別並沒有共同的屬性與方法。換句話說，包含 null 的型別聯集值是無法直接使用的。所以我們得透過斷言的方式告訴編譯器，這個值不是 null、並把 null 從型別聯集中移除，才能讓我們存取剩餘型別共有的屬性與方法。請看以下範例：

修改 \types3\src\index.ts

```
function calculateTax(amount: number, format: boolean): string | number | 接下行
null {
    if (amount === 0) {
        return null;
    }
                                                                          Next
```

```
    const calcAmount = amount * 1.2;
    return format ? `$${calcAmount.toFixed(2)}` : calcAmount;
}

let taxValue: string | number = calculateTax(100, false)!;  // 加！驚嘆號

switch (typeof taxValue) {
    case "number":
        console.log(`Number Value: ${taxValue.toFixed(2)}`);
        break;
    case "string":
        console.log(`String Value: ${taxValue.charAt(0)}`);
        break;
    default:
        if (taxValue === null) {
            console.log("Value is null");
        } else {
            let value: never = taxValue;
            console.log(`Unexpected type for value: ${value}`);
        }
}

let newResult: unknown = calculateTax(200, false);
let myNumber: number = newResult as number;
console.log(`Number value: ${myNumber.toFixed(2)}`);
```

> **注意** 這個做法叫做 **非 null 值斷言 (non-null assertion)**，只有在你確知 null 值絕不會產生時才可使用。如果用了這樣的斷言，但 null 值還是產生了，執行時就會發生錯誤。更安全的做法還是使用型別防衛敘述，下一節會介紹。

非 null 值斷言的語法是在值的後方加上！驚嘆號：

```
let ... = calculateTax(100, false)!;
```

非 null 值斷言 (驚嘆號)

這會告訴編譯器，calculateTax() 函式傳回的值不會是 null（而以 calculateTax() 的內容來看，這暗示 amount 參數不應該是 0)，進而允許將它把值指派給 string | number 型別的 taxValue 變數。以上範例編譯與執行後的結果如下：

```
Number Value: 120.00
Number value: 240.00
```

▌ 7-4-5　用型別防衛敘述從聯集中排除 null

 注意 以下使用 types4 範例專案, 其內容延續自專案 types3。

我們再來試著改寫範例，改用型別防衛敘述來排除 null 與 undefined 值。這種做法的優點是在執行階段也能確保值屬於特定的型別。

\types4\src\index.ts

```
function calculateTax(amount: number, format: boolean): string | number 接下行
| null {
    if (amount === 0) {
        return null;
    }
    const calcAmount = amount * 1.2;
    return format ? `$${calcAmount.toFixed(2)}` : calcAmount;
}

let taxValue: string | number | null = calculateTax(100, false)!;

// 檢查 taxValue 不為 null 的型別防衛敘述
if (taxValue !== null) {
    let nonNullTaxValue: string | number = taxValue;
    // nonNullTaxValue 在此不可能為 null, 檢查其餘型別
    switch (typeof nonNullTaxValue) {
        case "number":
            console.log(`Number Value: ${nonNullTaxValue.toFixed(2)}`);
            break;
```

```
        case "string":
            console.log(`String Value: ${nonNullTaxValue.charAt(0)}`);
            break;
    }
} else {
    console.log("Value is not a string or a number");
}

// types3 專案的最後三行刪掉
```

由於有型別防衛敘述對 null 值進行檢查，編譯器知道 taxValue 在 if 程式碼區塊的值不可能是 null，因此會變成 string | number 聯集型別。(出於同理，taxValue 只有在 else 區塊中才會是 null。) 重新編譯執行後，產生的結果應該和之前一樣：

```
Number Value: 120.00
```

▍7-4-6 使用明確賦值斷言
(definitive assignment assertion)

啟用 strictNullChecks 設定之後，如果有變數還沒賦值 (為 undefined) 就拿來使用，編譯器便會回報錯誤。這個功能非常有幫助，但要特別注意的是某些變數的賦值方式會逃過編譯器的法眼。我們用以下範例來說明：

注意　以下我們使用了 JavaScript 內建的 **eval()** 函式, 把要執行的程式敘述以字串形式傳給它。這是為了方便說明之故, 但在實際專案中使用 eval() 函式是很危險的作法, 請勿隨意濫用。

修改 \types4\src\index.ts

```
function calculateTax(amount: number, format: boolean): string | number 接下行
| null {
    if (amount === 0) {
        return null;
    }
    const calcAmount = amount * 1.2;
    return format ? `$${calcAmount.toFixed(2)}` : calcAmount;
}

let taxValue: string | number | null;
eval("taxValue = calculateTax(100, false)");

if (taxValue !== null) {
    let nonNullTaxValue: string | number = taxValue;
    switch (typeof taxValue) {
        case "number":
            console.log(`Number Value: ${taxValue.toFixed(2)}`);
            break;
        case "string":
            console.log(`String Value: ${taxValue.charAt(0)}`);
            break;
    }
} else {
    console.log("Value is not a string or a number");
}
```

　　eval() 函式會將傳入的字串當成程式碼敘述並執行之，以便評估 (evaluate) 其執行結果。然而 TypeScript 編譯器無法判斷 eval() 函式的執行效果，當然更無法得知它指派了一個值給 taxValue。這使得程式碼被編譯後，編譯器會回報下列錯誤訊息：

```
src/index.ts(12,5): error TS2454: Variable 'taxValue' is used before being assigned.
src/index.ts(13,9): error TS2322: Type 'string | number | null' is not assignable to
type 'string |
number'.
  Type 'null' is not assignable to type 'string | number'.
src/index.ts(13,44): error TS2454: Variable 'taxValue' is used before being
assigned.
```

在這種情況下，就可使用**明確賦值斷言**，告訴編譯器說變數將會在使用之前獲得賦值、不要因此而急著報錯：

```
let taxValue!: string | number | null;
```

明確賦值斷言

明確賦值斷言的語法，和非 null 值斷言一樣是！驚嘆號，但必須寫在定義的變數名稱後面（非 null 值斷言則是寫在值的型別註記後面）。當然正如其他的斷言宣告，你必須確保該變數真的會在使用前被指派值。假如用了斷言但卻沒有給予任何值，可能就會造成執行時錯誤。

範例中加上斷言之後，編譯器就不再報錯，產生以下的正確結果：

```
Number Value: 120.00
```

7-5 本章總結

本章介紹了如何利用 TypeScript 的型別檢查功能來限制 JavaScript 動態彈性型別系統，以便減少執行時期的問題；我們示範了怎樣使用型別註記，以及編譯器如何從程式敘述中進行型別推論。另外我們還解釋了 any、unknown 與 never 等特殊型別的用法，以及如何透過型別聯集與型別防衛敘述來限縮型別的範圍。

下表為本章的內容概要：

▼ **本章概要**

問題	解決辦法	本章小節
指定型別	使用型別註記 (type annotation) 或允許編譯器推論型別	7-2-2
檢查編譯器推論的型別	啟用編譯器選項 declaration, 檢查編譯後的程式碼	7-2-3
允許使用 any 型別	指名型別為 any 或 unknown	7-2-5
禁止編譯器推論型別為 any	啟用編譯器選項 noImplicityAny	7-2-6
合併型別	使用型別聯集 (type union)	7-3-1
覆寫編譯器預期的型別	使用型別斷言 (type assertion)	7-3-2
查驗一個值的基本型別	使用 typeof 算符寫出型別防衛敘述 (type guard)	7-3-4
禁止將 null 和 undefined 賦值給其他型別的變數	啟用編譯器選項 strictNullChecks	7-4-3
強制編譯器將 null 值從型別聯集中移除	使用非 null 值斷言或是型別防衛敘述	7-4-4, 7-4-5
允許變數在尚未被賦值時被使用	使用明確賦值斷言 (definite assignment assertion)	7-4-6

在下一章, 我們將深入剖析 TypeScript 處理函式的方式。

MEMO

在 TypeScript
使用函式

本章將解說如何把 TypeScript 應用在 JavaScript 函式, 並且示範 TypeScript 在定義函式、處理參數與產生傳回值時如何預防常見的錯誤。

8-1 本章行前準備

你能在本章繼續沿用第 7 章建立的專案 types，但以下我們會從專案 types5 開始。你得初始化此專案並安裝以下套件：

```
\types5> npm init --yes
\types5> npm install --save-dev typescript@4.3.5 tsc-watch@4.4.0
```

此專案的 package.json 設定如下：

\types5\package.json

```json
{
    "name": "types5",
    "version": "1.0.0",
    "description": "",
    "main": "index.js",
    "scripts": {
        "test": "echo \"Error: no test specified\" && exit 1",
        "start": "tsc-watch --onsuccess \"node dist/index.js\""
    },
    "keywords": [],
    "author": "",
    "license": "ISC",
    "devDependencies": {
        "tsc-watch": "^4.4.0",
        "typescript": "^4.3.5"
    }
}
```

編譯器設定檔 tsconfig.json 內容則如下。注意若你要沿用前一章的專案，請把 noImplicitAny 和 strictNullChecks 項目註解掉，這兩個設定原本的作用分別是禁止使用隱性推論 any 型別，以及禁止將 null 與 undefined 賦值給其他型別，但在本章我們用不到這些：

\types5\tsconfig.json

```
{
    "compilerOptions": {
        "target": "es2020",
        "outDir": "./dist",
        "rootDir": "./src",
        "declaration": true,
        // "noImplicitAny": true,
        // "strictNullChecks": true
    }
}
```

src 目錄下的 index.ts 檔案內容則請輸入以下程式碼：

\types5\src\index.ts

```
function calculateTax(amount) {
    return amount * 1.2;
}

let taxValue = calculateTax(100);
console.log(`Total Amount: ${taxValue}`);
```

最後在命令提示字元或終端機切換到專案目錄底下，啟動 TypeScript 編譯器，並讓程式碼在每次存檔後都能自動編譯和執行：

```
\types5> npm start
下午5:32:08 - Starting compilation in watch mode...
下午5:32:10 - Found 0 errors. Watching for file changes.
Total Amount: 120
```

8-2 定義函式

TypeScript 編譯器會轉換 JavaScript 函式,提高它們的可靠度並讓資料型別更明確,以利編譯器對其進行檢查。我們已在第 7 章示範過,如何對函式套用 TypeScript 的型別註記;我們下面會先回顧這些功能,接著則探討 TypeScript 還能用其他什麼樣的方式來強化函式。

■ 8-2-1 重複定義函式

TypeScript 所帶來的其中一項最重大的改變,就是會在函式被重複定義時提出警告。因為在 JavaScript 中,函式可以多次重覆定義,且新的會蓋過舊的。這使得從其他語言轉換過來學習 JavaScript 的開發者,很容易遇到以下問題:

修改 \types5\src\index.ts

```
function calculateTax(amount) {
    return amount * 1.2;  // 計算稅後金額(金額 * 1.2)
}


// 定義函式第二次,參數和功能不同
function calculateTax(amount, discount) {
    return calculateTax(amount) - discount;  // 計算稅後金額減折扣額
}

let taxValue = calculateTax(100);
console.log(`Total Amount: ${taxValue}`);
```

許多程式語言都支持**函式多載 (function overloading)**,也就是允許用同一個名稱定義多個不同的函式,只要這些函式的參數數量不同、或者參數型別不同,你就能用多種不同方式呼叫函式、達到不同的目的。若你用習慣了這種語言特性,應該會覺得上面的程式碼毫無問題,並認定第二個 calculateTax() 函式會以第一個 calculateTax() 為基礎來計算折扣。

　　但事實上 JavaScript 並不支援函式多載。當你定義兩個同名函式時，無論函式有哪些參數，後面的函式定義都會直接**覆蓋掉**前面的。此外對 JavaScript 而言，呼叫函式時傳入的引數數量並不重要——假如引數比函式參數少，未被指派值的參數就是 undefined。反過來說，如果引數多於參數，函式會忽略它們、或者你可用『其餘參數』接收所有傳入該函式的引數、還有用選擇性參數來允許使用者別傳入某些引數。

　　因此，若你直接以 JavaScript 執行上述範例，第一個 calculateTax() 函式定義等於會被無視、實際呼叫的是第二次的定義，導致 calculateTax() 會不斷呼叫自己 (而且也沒有提供第二個參數 discount 的值)，直到呼叫堆疊 (call stack) 爆滿而產生錯誤。

　　為了預防這類問題，TypeScript 編譯器只要發現有多個函式共用相同的名稱，就會拋出錯誤警告。以下為 TypeScript 編譯器對前面範例所產生的錯誤訊息：

```
src/index.ts(1,10): error TS2393: Duplicate function implementation.
src/index.ts(5,10): error TS2393: Duplicate function implementation.
```

　　無法使用函式多載，實務上的影響就是每個函式都得使用不同名稱 (例如將範例中的兩個函式分別稱為 calculateTax() 與 calculateTaxWithDiscount())，或者乾脆將兩者合併，改寫為一個會依據參數來決定行為的函式。對於比較複雜的專案，筆者傾向採用第一種做法，讓每個函式擁有自己的名稱，但如果只是簡單的工作，我就會採用第二種做法。

　　以下示範第二種方式，把原本的兩個功能合併到一個函式中：

修改 \types5\src\index.ts

```typescript
function calculateTax(amount, discount) {
    return (amount * 1.2) - discount;
}

let taxValue = calculateTax(100, 0);
console.log(`Total Amount: ${taxValue}`);
```

編譯執行後會產生下列結果：

```
Total Amount: 120
```

8-2-2　了解 TypeScript 函式參數

　　在前面的範例中，我們得修改兩個地方才能使程式碼通過編譯。首先當然是把 calculateTax() 函式的重複定義刪除，然後將它們的功能合併成單獨一個函式。第二個改變是在呼叫函式的敘述加入第二個引數：

```
let taxValue = calculateTax(100, 0);
```

　　TypeScript 比 JavaScript 嚴格，它要求傳給函式的引數數量必須配合其對應的參數。請依據以下範例修改 index.ts 檔案，試驗用不同數量的引數呼叫函式，看看編譯器會有什麼反應：

修改 \types5\src\index.ts

```
function calculateTax(amount, discount) {
    return (amount * 1.2) - discount;
}

let taxValue = calculateTax(100, 0);
console.log(`2 args: ${taxValue}`);
taxValue = calculateTax(100);   // 引數太少
console.log(`1 arg: ${taxValue}`);
taxValue = calculateTax(100, 10, 20);   // 引數太多
console.log(`3 args: ${taxValue}`);
```

　　這回第二個呼叫敘述沒有提供足夠的引數 (只給了一個 100)，而第三個則給了過多的引數 (100, 10, 20)。進行編譯時，編譯器會跳出提醒：

```
src/index.ts(7,12): error TS2554: Expected 2 arguments, but got 1.
src/index.ts(8,12): error TS2554: Expected 2 arguments, but got 3.
```

　　編譯器堅持引數與參數的數量必須一致，好用更明確清楚的方式表達函式預期的呼叫行為。因為當你檢視一道呼叫指令內的引數時，要是其中某些參數沒有獲得值，你就很難判斷函式會出現何種行為，也將很難判斷這究竟是刻意的還是單純寫錯。

 若在 tsconfig.json 啟用 noUnusedParameters 選項, 函式中有定義但未使用的參數,將會令編譯器回報錯誤。

8-2-3 　使用選擇性參數

　　預設上函式參數都是必填的，但你可以透過**選擇性參數**來改變這個限制。請參考以下示範 (我們同時也把擁有過多引數的那兩行敘述先註解掉，稍後會再回過頭來說明)：

修改 \types5\src\index.ts

```
function calculateTax(amount, discount?) {
    return (amount * 1.2) - (discount || 0);
}

let taxValue = calculateTax(100, 0);
console.log(`2 args: ${taxValue}`);
taxValue = calculateTax(100);
console.log(`1 arg: ${taxValue}`);
//taxValue = calculateTax(100, 10, 20);
//console.log(`3 args: ${taxValue}`);
```

　　選擇性參數的語法是將 ? 問號置於參數名稱的後方,請參考下圖：

既然 discount 參數變成可填可不填, 呼叫 calculateTax() 函式時便可以省略給 discount 的引數, 它會自動傳遞一個 undefined 值給函式。但是要特別注意, 你得確保函式即使沒有獲得某些值, 依然可運算出正確結果。在上面的範例中, 我們對 discount 參數使用了 OR 邏輯算符 (||), 這樣若它的值為 undefined 就會被強制轉為 0:

```
...
return (amount * 1.2) - (discount || 0);
...
```

　　選擇性參數用起來跟正常的必填參數並無兩樣, 差別只在於函式必須有辦法應對應付 undefined 值的可能性。以上範例的程式碼會產生以下執行結果:

```
2 args: 120  ◄── 有傳值給 discount 但值為 0
1 arg: 120   ◄── 沒有傳值給 discount
```

▎ 8-2-3 使用帶有預設值的參數

　　當使用者沒有傳值給選擇性參數時, 與其使用 OR 邏輯算符來把 undefined 轉成預設值, 你其實可以在定義參數時就附上預設值。請看以下範例:

修改 \types5\src\index.ts

```
function calculateTax(amount, discount = 0) {
    return (amount * 1.2) - discount;
}

let taxValue = calculateTax(100, 0);
```
Next

```
console.log(`2 args: ${taxValue}`);
taxValue = calculateTax(100);
console.log(`1 arg: ${taxValue}`);
//taxValue = calculateTax(100, 10, 20);
//console.log(`3 args: ${taxValue}`);
```

直接定義好初始值的參數，又稱為**以預設值初始化的參數 (default-initialized parameter)**，寫法是在參數名稱後加上指派算符 (一個 = 等號) 與預設值：

有預設值的參數在本質上依然是選擇性參數, 但是不會用？問號來定義。儘管如此, 其定義順序還是必須放在必填參數後面。

有了預設值，代表函式中的程式碼不必再預防 undefined 值出現，同時也表示你只需在一個地方改變預設值，就能讓它應用在整個函式中。

因此，以上範例編譯執行後會輸出以下結果：

```
2 args: 120
1 arg: 120
```

▌8-2-4 使用其餘參數 (rest parameter)

我們曾在第 3 章介紹過**其餘參數**，它允許函式接收數量不定的引數，並將它們放進一個陣列，但一道函式只能擁有一個其餘參數，而且必須列為最末的參數。請看底下範例：

```
function calculateTax(amount, discount = 0, ...extraFees) {
    return (amount * 1.2) - discount
        + extraFees.reduce((total, val) => total + val, 0);
        // 若 extraFees 有任何值，從 0 累加它們
}

let taxValue = calculateTax(100, 0);
console.log(`2 args: ${taxValue}`);
taxValue = calculateTax(100);
console.log(`1 arg: ${taxValue}`);
taxValue = calculateTax(100, 10, 20);    // 拿掉註解
console.log(`3 args: ${taxValue}`);      // 拿掉註解
```

其餘參數使用三個句點 (...) 當開頭，後接參數名稱：

```
...calculateTax(amount, discount = 0, ...extraFees) {
```

必填參數　　以預設值初始化的參數　其餘算符　其餘參數

在呼叫函式時，任何沒有對應參數的引數都會被歸入其餘參數（在函式中會轉成一個陣列）。如果沒有任何額外引數，該參數就只是一個空陣列。

現在 calculateTax() 函式有一個選擇性參數和一個其餘參數，這表示我們呼叫它時可以用一個以上的引數；第一個引數會指派給 amount 參數，第二個引數（如果有）則會被指派給 discount 參數，而任何其他引數（傳入時以逗號隔開）則會被加入 extraFees 參數陣列。

下面我們給範例加入第四個函式呼叫敘述，一口氣給它六個值：

```
...
let taxValue = calculateTax(100, 0);
console.log(`2 args: ${taxValue}`);
taxValue = calculateTax(100);
```

Next

```
console.log(`1 arg: ${taxValue}`);
taxValue = calculateTax(100, 10, 20);
console.log(`3 args: ${taxValue}`);
taxValue = calculateTax(100, 10, 20, 1, 30, 7);
console.log(`6 args: ${taxValue}`);
```

這在編譯和執行後會輸出以下結果：

```
2 args: 120
1 arg: 120
3 args: 130  ◀── (100 * 1.2) - 10 + (20)
6 args: 168  ◀── (100 * 1.2) - 10 + (20 + 1 + 30 + 7)
```

8-2-5 對函式參數套用型別註記

　　TypeScript 編譯器預設會將所有函式參數設為 any 型別，但我們可透過型別註記來把它們宣告成特定型別。以下範例即為 calculateTax() 套用型別註記，確保它的參數只接受 number 值：

修改 \types5\src\index.ts

```
function calculateTax(amount: number, discount: number = 0,
    ...extraFees: number[]) {
    return (amount * 1.2) - discount
        + extraFees.reduce((total, val) => total + val, 0);
}

let taxValue = calculateTax(100, 0);
console.log(`2 args: ${taxValue}`);
taxValue = calculateTax(100);
console.log(`1 arg: ${taxValue}`);
taxValue = calculateTax(100, 10, 20);
console.log(`3 args: ${taxValue}`);
taxValue = calculateTax(100, 10, 20, 1, 30, 7);
console.log(`6 args: ${taxValue}`);
```

對於有預設值的參數，型別註記寫在參數後面、但必須在預設值**前面**。至於其餘參數，其型別必然是陣列（型別陣列會在第 9 章討論），而 extraFees 參數的註記則告訴編譯器它會是個數值陣列。這段程式會輸出以下結果：

```
2 args: 120
1 arg: 120
3 args: 130
6 args: 168
```

 提示　對於沒有預設值的選擇性參數，型別註記則得寫在 ? 問號之後，例如這樣：**discount?: number**。

8-2-6 控制 null 參數值

我們在第 7 章解釋過，TypeScript 在預設情況下允許將 null 與 undefined 值指派給所有型別，換言之函式所有參數都可以是 null 值。請看以下示範：

修改 \types5\src\index.ts

```
function calculateTax(amount: number, discount: number = 0,
    ...extraFees: number[]) {
    return (amount * 1.2) - discount
        + extraFees.reduce((total, val) => total + val, 0);
}

let taxValue = calculateTax(100, 0);
console.log(`2 args: ${taxValue}`);
taxValue = calculateTax(100);
console.log(`1 arg: ${taxValue}`);
taxValue = calculateTax(100, 10, 20);
console.log(`3 args: ${taxValue}`);
taxValue = calculateTax(100, 10, 20, 1, 30, 7);
console.log(`6 args: ${taxValue}`);
taxValue = calculateTax(null, 0);
console.log(`null arg: ${taxValue}`);
```

　　要是 null 值被傳給有預設值的參數，那麼它**還是**會採用預設值，就好像你沒有傳值給參數一樣。但若獲得 null 值的是函式的必填參數，往往會導致預期外的結果。在以上範例的新敘述中，calculateTax() 函式的 amount 參數被傳入了 null 值，因而產生以下的計算結果：

```
...
null arg: 0
```

　　這是因為 null 值被乘法算符強制轉型為數值 0，導致最後計算結果也變成 0。對某些專案而言，這樣或許是合理的，但正是這種默默吞掉 null 值的執行結果才是最難除錯的。

　　若想避免這種含糊處境，只要像第 7 章提過的啟用編譯器的 **strictNullChecks** 設定，就可禁止將 null 與 undefined 值指派給所有型別 (參閱第 7 章)：

\types5\tsconfig.json

```
{
    "compilerOptions": {
        "target": "es2020",
        "outDir": "./dist",
        "rootDir": "./src",
        "declaration": true,
        // "noImplicitAny": true,
        "strictNullChecks": true ←── 取消註解使之生效
    }
}
```

　　儲存設定檔，使編譯器重新執行後，它就會回報使用 null 引數的錯誤訊息：

```
src/index.ts(15,25): error TS2345: Argument of type 'null' is not
assignable to parameter of type 'number'.
```

這時如果你還是需要讓參數接受 null 值，就只能參考底下範例的做法，用型別聯集來定義參數：

```
function calculateTax(amount: number | null, discount: number = 0,
    ...extraFees: number[]) {
    if (amount != null) {   // 型別防衛敘述
        return (amount * 1.2) - discount
            + extraFees.reduce((total, val) => total + val, 0);
    }
}

let taxValue = calculateTax(100, 0);
console.log(`2 args: ${taxValue}`);
taxValue = calculateTax(100);
console.log(`1 arg: ${taxValue}`);
taxValue = calculateTax(100, 10, 20);
console.log(`3 args: ${taxValue}`);
taxValue = calculateTax(100, 10, 20, 1, 30, 7);
console.log(`6 args: ${taxValue}`);
taxValue = calculateTax(null, 0);
console.log(`null arg: ${taxValue}`);
```

請注意這邊還是需要型別防衛敘述，以免 null 值被拿去做乘法運算。各位初學 TypeScript 時可能會覺得以上流程非常繁瑣，但限制參數接受 null 值確實能防堵許多問題、大幅降低產生非預期執行結果的機會。以上範例會產生下列結果：

```
2 args: 120
1 arg: 120
3 args: 130
6 args: 168
null arg: undefined
```
⌐──由於 amount 是 null，故沒有計算，只傳回 undefined

我們稍後就會解釋為何上面會傳回 undefined。

8-3 了解函式的傳回值

8-3-1 自動推論的傳回值型別

若函式沒有註記傳回值型別，TypeScript 編譯器會依據函式中的程式碼來推論之。而要是函式有可能傳回多種型別，它就會自動替函式套用型別聯集。

若想確切知道編譯器將函式的傳回值推論為何種型別，最簡單的方法是啟用 declaration 設定（只要讀者一路照著前章和本章的操作過程，應當已被啟用了）來讓編譯器生成型別宣告檔。這些檔案的主要用途是提供型別資訊，以供其他套件或其他 TypeScript 專案使用（第 14 章會有更詳細的說明）。

進入 dist 目錄打開 index.d.ts 檔案，即可查閱編譯器透過推論或註記而獲得的型別宣告：

\types5\dist\index.d.ts

```
declare function calculateTax(amount: number | null, discount?: number,
...extraFees: number[]): number | undefined;
declare let taxValue: number | undefined; ←── taxValue 被推論一樣的型別
```

以上即可見 calculateTax() 函式的傳回值型別，這清楚顯示編譯器為它推論的型別是 number | undefined 聯集。

8-3-2 禁止隱性傳回

JavaScript 對函式傳回值的要求異常寬鬆，要是函式執行完畢時沒有用 return 傳回一個值，它就會傳回 undefined 值。這種特性我們稱之為**隱性傳回 (implicit return)**。

在前面的範例中，我們會先檢查 amount 參數是否為 null、然後才會傳回計算結果。這代表在 amount 為 null 的場合下，calculateTax() 函式並沒有提供 return 敘述，於是 JavaScript 就讓函式『隱性』傳回了 undefined。有鑑於此，編譯器推論函式傳回值的型別應該為 number | undefined 聯集。

若要更進一步禁止隱性傳回、免得函式傳回意料之外的 undefined 值，請參考如下在 tsconfig.json 再多啟用一個 **noImplicitReturns** 設定：

`\types5\tsconfig.json`

```json
{
    "compilerOptions": {
        "target": "es2020",
        "outDir": "./dist",
        "rootDir": "./src",
        "declaration": true,
        // "noImplicitAny": true,
        "strictNullChecks": true,
        "noImplicitReturns": true
    }
}
```

noImplicitReturns 設定為 true 後，只要函式在某個執行途徑下沒有使用 return 關鍵字明確傳回一個值，編譯器就會主動報錯。儲存 tsconfig.json 檔的變更後，編譯器就會回報下列訊息：

```
src/index.ts(1,10): error TS7030: Not all code paths return a value.
```

現在函式的所有執行途徑都必須要有 return 敘述。你還是可以在函式傳回 undefined 值，只是必須明確地使用 return 敘述。請參考以下範例：

修改 `\types5\src\index.ts`

```
function calculateTax(amount: number | null, discount: number = 0,
    ...extraFees: number[]) {
    if (amount != null) {
        return (amount * 1.2) - discount
            + extraFees.reduce((total, val) => total + val, 0);
```

NEXT

```
    }
    return undefined;
}

let taxValue = calculateTax(100, 0);
console.log(`2 args: ${taxValue}`);
taxValue = calculateTax(100);
console.log(`1 arg: ${taxValue}`);
taxValue = calculateTax(100, 10, 20);
console.log(`3 args: ${taxValue}`);
taxValue = calculateTax(100, 10, 20, 1, 30, 7);
console.log(`6 args: ${taxValue}`);
taxValue = calculateTax(null, 0);
console.log(`null arg: ${taxValue}`);
```

 提示 由於函式執行 return 敘述後就會將控制權交還給呼叫者和結束,因此 return undefined; 並不須寫在 else 區塊內,畢竟它只有在前面的 if 檢查失敗後才會執行。

修正後的範例避開了隱性傳回問題,產生如下的結果:

```
2 args: 120
1 arg: 120
3 args: 130
6 args: 168
null arg: undefined
```

▌ 8-3-3 對函式傳回值使用型別註記

注意 以下使用範例專案 types6,內容延續自專案 types5。

雖然編譯器會分析函式內的程式執行途徑、推論傳回值的型別並生成對應的型別聯集，筆者仍偏好用型別註記來明確指定傳回值的型別，因為與其被動接受程式傳回的結果，我寧可主動宣告我對函式傳回值的要求，並確保我不會意外用錯型別。

函式傳回值的註記要接在函式定義的尾端，如同底下的範例：

\types6\src\index.ts

```
function calculateTax(amount: number, discount: number = 0,
    ...extraFees: number[]): number {
    return (amount * 1.2) - discount
        + extraFees.reduce((total, val) => total + val, 0);
}

let taxValue = calculateTax(100, 0);
console.log(`Tax value: ${taxValue}`);
```

這次我們把函式的傳回值註記為 number 型別，並且移除 amount 參數型別聯集的 null 型別。此外明確宣告傳回值型別，也代表若你意外讓函式回傳了一個不同的型別，編輯器也會回報錯誤。以上範例執行後會輸出以下正確結果：

```
Tax value: 120
```

▌ 8-3-4 定義 void 傳回值

假設函式不會傳回任何的值，我們可以把傳回值型別宣告為 **void**。請看以下的操作示範：

```
function calculateTax(amount: number, discount: number = 0,
    ...extraFees: number[]): number {
    return (amount * 1.2) - discount
        + extraFees.reduce((total, val) => total + val, 0);
}
```
Next

```
function writeValue(label: string, value: number): void {
    console.log(`${label}: ${value}`);
}

let taxValue = calculateTax(100, 0);

writeValue("Tax value", calculateTax(100, 0)); // 呼叫 writeValue() 來印出值
```

這段範例中的 writeValue() 函式不會產生傳回值，因此被我們註記為 void 型別 (其意義是型別不存在)。為這類函式加上 void 註記可確保當它們用了 return 關鍵字、或者被用來賦值給其他變數時，編譯器能適時提出警告。以上範例的執行結果如下：

```
Tax value: 120
```

如果是不會正常結束的函式, 例如永遠會拋出例外 (exception) 或被無窮迴圈卡住, 你可以用 never 當成它的傳回值型別, 因為這些傳回值是不可能發生的。例如：

```
function error(message: string): never {
    throw new Error(message);
}
```

8-4 函式的型別多載 (type overloading)

以下使用範例專案 types7, 內容延續自專案 types6

儘管你能用型別聯集為函式的參數與傳回值定義一系列可用的型別，卻不見得能精確表達出它們彼此之間的關係。請看以下這段示範：

```
\types7\src\index.ts
```

```typescript
function calculateTax(amount: number | null): number | null {
    if (amount != null) {
        return amount * 1.2;
    }
    return null;
}

function writeValue(label: string, value: number): void {
    console.log(`${label}: ${value}`);
}

let taxAmount: number | null = calculateTax(100);
if (typeof taxAmount === "number") {
    writeValue("Tax value", taxAmount);
}
```

　　以上我們用型別註記定義了 calculateTax() 函式可接受的型別，告訴使用者它可接受 number 或 null，而其傳回值亦可為 number 或 null。型別聯集能正確提供這些資訊，卻未能完整描述狀況，也就是當 amount 參數是 number 時，函式的傳回值必定是 number，若是 null 則必定傳回 null。既然函式型別缺少這個關鍵細節，函式使用者不曉得傳入數值 100 就一定得到數值 120，便照樣得使用型別防護敘述來提防 null 值。

　　為解決這問題，TypeScript 支援型別多載，以更清楚描述函式的各個型別彼此之間的關係。操作方式請參考以下範例。

> 注意　這裡的多載和 C# 與 Java 等語言支援的**函式多載**並不一樣；型別多載只會加入型別資訊，以利編譯器進行型別檢查。如以下範例所示，這個函式依然只有一個實作，編譯器在呼叫函式時會試圖用多載的型別取代原有宣告型別。

修改 \types7\src\index.ts

```typescript
function calculateTax(amount: number): number;  // 型別多載
function calculateTax(amount: null): null;  // 型別多載
function calculateTax(amount: number | null): number | null {  // 函式定義
    if (amount != null) {
        return amount * 1.2;
    }
    return null;
}

function writeValue(label: string, value: number): void {
    console.log(`${label}: ${value}`);
}

let taxAmount: number = calculateTax(100);  // 接收 number 型別傳回值
/*         ┌── 將型別防護敘述註解掉
           ▼
if (typeof taxAmount === "number") {
    writeValue("Tax value", taxAmount);
}
*/
writeValue("Tax value", taxAmount);
```

　　每個型別多載都定義了一組該函式支援的型別組合，清楚標明其參數與產生結果的對應關係，如下所示：

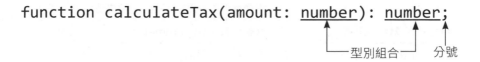

　　型別多載取代了 TypeScript 編譯器參考的函式型別定義，將可用的型別限定在指定的組合。而當函式被呼叫時，編譯器即能根據引數的型別來判定函式傳回值的型別，比如若使用者傳入數值，便允許 taxAmount 變數被定義為 number 型別，而且無需型別防護敘述就能確定傳回值也是 number 型別。

以上範例編譯執行後會輸出以下結果：

```
Tax value: 120
```

 函式參數與其傳回值的關係, 亦可使用條件型別 (conditional type) 來表達, 第 13 章會有更詳盡的說明。

8-5 本章總結

本章介紹了 TypeScript 為函式提供的種種功能。我們解釋了 JavaScript 為何不允許重複的函式定義，示範描述函式參數與傳回值的不同宣告方式，以及如何用型別多型來覆蓋函式型別，以更精確地描述參數與傳回值之間的對應關係。在下一章，我們將解說 TypeScript 對簡單資料結構的處理方式。

下表是本章內容的概要整理：

問題	解決辦法	本章小節
要求函式中所有參數都必須有用到	啟用編譯器的 noUnusedParameters 設定	8-2-2
用比參數少的引數呼叫函式	定義選擇性參數, 或為參數指定預設值	8-2-2, 8-2-3
用比參數多的引數呼叫函式	使用其餘參數 (rest parameter)	8-2-4
限制參數值與傳回值的型別	在函式定義中使用型別註記	8-2-5
防止 null 值被當成函式引數	啟用編譯器的 strictNullChecks 設定	8-2-6
確保函式中的所有執行途徑都有用 return 傳回值	啟用編譯器的 noImplicitReturns 設定	8-3-2
描述函式參數的型別與函式傳回值之間的關係	對函式提供型別多載	8-4

在 TypeScript 使用陣列、tuple 與列舉

截至目前為止，我們講解的範例多半著重在基本型別，介紹的也
是比較基礎的 TypeScript 功能。不過在真實世界的專案中，往
往會把相關的資料屬性擺在一起做成物件。本章的主題就是
TypeScript 對簡單資料結構的支援：我們會先從陣列開始講起，
然後逐步介紹更進階的功能。

9-1 本章行前準備

本章將從範例專案 types8 開始，其初始化和安裝必要套件的方式如下：

```
\types8> npm init --yes
\types8> npm install --save-dev typescript@4.3.5 tsc-watch@4.4.0
```

專案的 package.json 設定如下：

\types8\package.json

```
{
    "name": "types8",
    "version": "1.0.0",
    "description": "",
    "main": "index.js",
    "scripts": {
        "test": "echo \"Error: no test specified\" && exit 1",
        "start": "tsc-watch --onsuccess \"node dist/index.js\""
    },
    "keywords": [],
    "author": "",
    "license": "ISC",
    "devDependencies": {
        "tsc-watch": "^4.4.0",
        "typescript": "^4.3.5"
    }
}
```

tsconfig.json 內容則如下：

\types8\tsconfig.json

```
{
    "compilerOptions": {
        "target": "es2020",
        "outDir": "./dist",
        "rootDir": "./src",
```

Next

```
            "declaration": true,
        }
}
```

最後在專案下建立 src 子目錄，並在其中創建 index.ts 檔案：

\types8\src\index.ts

```
function calculateTax(amount: number): number {
    return amount * 1.2;
}

function writePrice(product: string, price: number): void {
    console.log(`Price for ${product}: $${price.toFixed(2)}`);
}

let hatPrice = 100;
let glovesPrice = 75;
let umbrellaPrice = 42;
writePrice("Hat", calculateTax(hatPrice));
writePrice("Gloves", calculateTax(glovesPrice));
writePrice("Umbrella", calculateTax(umbrellaPrice));
```

完成以上步驟後，在命令提示字元或終端機切換到 types8 目錄底下和執行以下指令，以便啟動 TypeScript 編譯器、並讓程式碼在變更後都能自動編譯並執行：

```
\types8> npm start
上午9:44:17 - Found 0 errors. Watching for file changes.
Price for Hat: $120.00
Price for Gloves: $90.00
Price for Umbrella: $50.40
```

9-2 陣列的運用

▊ 9-2-1　有指定型別的陣列

我們前面在第 8 章解釋過，JavaScript 陣列的元素可以是任何型別的組合、也沒有長度的限制，所以它可以動態地新增或移除值，而不必明確改變陣列的大小。TypeScript 並沒有改變 JavaScript 陣列的這種彈性，但它可以透過型別註記來限制陣列元素的型別。請看以下範例：

```
修改 \types8\src\index.ts
```

```
function calculateTax(amount: number): number {
    return amount * 1.2;
}

function writePrice(product: string, price: number): void {
    console.log(`Price for ${product}: $$${price.toFixed(2)}`);
}

let prices: number[] = [100, 75, 42];
let names: string[] = ["Hat", "Gloves", "Umbrella"];
writePrice(names[0], calculateTax(prices[0]));
writePrice(names[1], calculateTax(prices[1]));
writePrice(names[2], calculateTax(prices[2]));
```

我們按照在第 3 章曾提過的方式，將原本分離的價格與商品名稱整理成一個陣列，差別在於這回我們加上了 TypeScript 型別註記，語法是在陣列型別名稱後面加上 [] 中括號：

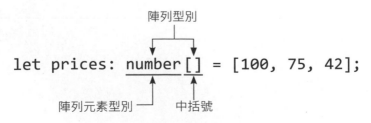

TypeScript 會根據註記的型別來限制陣列的操作方式；也就是說，上面範例中的 prices 陣列經過註記後就只能接收數值，而另一個 names 陣列的內容只能是字串值。以上範例的執行結果如下：

```
Price for Hat: $120.00
Price for Gloves: $90.00
Price for Umbrella: $50.40
```

 我們可定義包含多種型別的陣列, 效果就像第 8 章的型別聯集, 或是之後第 10 章要介紹的型別交集 (type intersection)。舉例而言, 若一陣列的元素可為 number 或 string 值, 那麼它的註記就可寫成 **(number | string)[]**。

我在底下的範例進一步對 prices 陣列使用 JavaScript 的 forEach() 方法，以便走訪當中的每個元素和呼叫 writePrice() 函式：

修改 \types8\src\index.ts

```
function calculateTax(amount: number): number {
    return amount * 1.2;
}

function writePrice(product: string, price: number): void {
    console.log(`Price for ${product}: $${price.toFixed(2)}`);
}

let prices: number[] = [100, 75, 42];
let names: string[] = ["Hat", "Gloves", "Umbrella"];
prices.forEach((price: number, index: number) => {
    writePrice(names[index], calculateTax(price));
});
```

第 3 章的範例都只有用到 forEach() 方法的第一個參數，也就是陣列中的各個元素。但 forEach() 其實還有第二和第三個選擇性參數：

```
forEach(function callback(currentValue[, index[, array]]))
```

index 即為傳入 currentValue 參數的元素之索引 (數值), array 則是陣列物件本身。這裡我們只用到索引。注意到參數也加上了適當的 TypeScript 型別註記, 好對應到 prices 的元素值及索引值, 確保函式只能進行合乎數值的操作 :

```
prices.forEach((price: number, index: number) => {
    writePrice(names[index], calculateTax(price));
                        ┗━━ 用 price 的索引取出 names 的字串值
});
```

編譯執行後會產生跟之前一樣的結果 :

```
Price for Hat: $120.00
Price for Gloves: $90.00
Price for Umbrella: $50.40
```

☆ 另一種陣列型別語法

陣列型別亦可用 <> 角括號語法來寫, 所以這行敘述 :

```
let prices: number[] = [100, 75, 42];
```

和底下這行的效果是相同的 :

```
let prices: Array<number> = [100, 75, 42];
```

這其實是借用了陣列泛型的寫法 (參閱第 13-14 章)。注意這種語法不能用在結合了 HTML 元素與 TypeScript 程式碼的 TSX 檔案中 (參閱第 15 章), 因此一般還是建議讀者使用中括號語法來註記陣列的型別。

9-2-2 陣列的型別推論

我們在前面的範例中明確註記了陣列元素是什麼型別, 不過就算沒有註記, TypeScript 編譯器也有辦法自動推論陣列的型別。請看以下範例的改寫 :

修改 \types8\src\index.ts

```
function calculateTax(amount: number): number {
    return amount * 1.2;
}

function writePrice(product: string, price: number): void {
    console.log(`Price for ${product}: $${price.toFixed(2)}`);
}

let prices = [100, 75, 42];  // 拿掉型別註記
let names = ["Hat", "Gloves", "Umbrella"];  // 拿掉型別註記
prices.forEach((price, index) => {
    writePrice(names[index], calculateTax(price));
});
```

　　編譯器會根據陣列宣告時被指派的初始值來推論陣列的型別，然後把這個型別用於 forEach() 方法的操作。

　　在一般狀況下，編譯器應該能正確無誤推論出型別，但若你得到的結果不符預期，你可以檢視編譯器在啟用 declaration 設定後生成的 .d.ts 型別宣告檔。這些檔案的主要用途是提供型別資訊，以利 TypeScript 專案在使用外部套件時能夠正確運作 (第 14 章會更詳細說明)。

　　進入 dist 目錄打開 index.d.ts 檔案，可以看到編譯器為兩個陣列所推論的型別：

\types8\dist\index.d.ts

```
declare function calculateTax(amount: number): number;
declare function writePrice(product: string, price: number): void;
declare let prices: number[];
declare let names: string[];
```

　　由上可以看出，編譯器確實從初始值正確推論出 prices 及 names 陣列的型別。

9-2-3 預防陣列型別推論錯誤的問題

編譯器在推論陣列的型別時，主要是根據陣列的初始元素值來判定。但如果陣列像接下來這個範例一樣，混雜了多種型別的值，就可能會導致型別錯誤：

```
function calculateTax(amount: number): number {
    return amount * 1.2;
}

function writePrice(product: string, price: number): void {
    console.log(`Price for ${product}: $$${price.toFixed(2)}`);
}

let prices = [100, 75, 42, "20"];   // 加入字串值元素
let names = ["Hat", "Gloves", "Umbrella", "Sunglasses"];
prices.forEach((price, index) => {
    writePrice(names[index], calculateTax(price));
});
```

程式在走訪 prices 陣列時，用 calculateTax() 函式逐一處理其元素，可是它只能接受 number 型別參數。prices 陣列新增的第四個初始值 "20" 於是令編譯器回報錯誤：

```
src/index.ts(12,43): error TS2345: Argument of type 'string | number' is
not assignable to parameter of type 'number'.
  Type 'string' is not assignable to type 'number'
```

檢查 dist 目錄中的 index.d.ts 檔，也可以看到 TypeScript 編譯器為 prices 陣列推論的型別變成了 string | number 型別聯集：

\types8\dist\index.d.ts

```
...
declare let prices: (string | number)[];
...
```

在這個簡單範例中要看出問題並不難，可是當陣列的初始值來自應用程式的其他地方時，除錯的難度就會大幅提高。所以建議各位還是養成良好習慣，積極為陣列做明確的型別註記，如此才能有效避免上述問題，並讓編譯器在你為 number 陣列填入 string 值時就提出預警。

▍9-2-4 預防空陣列的問題

積極註記陣列型別還有另一個好處，因為如果你不這麼做，編譯器就會把空陣列推論為 any 型別、進而衍生出潛在問題。請看以下示範：

```typescript
function calculateTax(amount: number): number {
    return amount * 1.2;
}

function writePrice(product: string, price: number): void {
    console.log(`Price for ${product}: $${price.toFixed(2)}`);
}

let prices = [];  // 建立空陣列
prices.push(...[100, 75, 42, "20"])  // 在空陣列放入元素
let names = ["Hat", "Gloves", "Umbrella", "Sunglasses"];
prices.forEach((price, index) => {
    writePrice(names[index], calculateTax(price));
});
```

由於 prices 陣列一開始沒有初始值可供編譯器參考，因此編譯器只好將它推論為可接受任何值的 any 型別。我們同樣可以檢視 dist 目錄下的 index.d.ts 檔來驗證這一點：

\types8\dist\index.d.ts

```
...
declare let prices: any[];
...
```

所以即使後來填入 prices 陣列的值混雜著數值與字串，這段範例還是
沒有報錯、得以產生下列執行結果：

```
Price for Hat: $120.00
Price for Gloves: $90.00
Price for Umbrella: $50.40
Price for Sunglasses: $24.00
```

換言之，允許編譯器把空陣列推論為 any 型別，就等於是在型別檢查流
程中打開一道後門。上面範例程式之所以能產生『貌似』正常的計算結果，
是因為乘法算符自動將 string 強制轉型為 number 之故。程式最終的運算
結果符合預期，但嚴格說起來這只是碰巧罷了。所以還是該養成好習慣，為
空陣列進行明確的註記。

9-2-5　了解陣列 never 型別的陷阱

空陣列的型別推論還有另一個陷阱。若你啟用 strictNullChecks 選項，
那麼 TypeScript 在推論空陣列的型別時的結果也會隨之改變。為了方便理
解差異，請先照以下方式修改編譯器的組態設定檔：

\types8\tsconfig.json

```
{
    "compilerOptions": {
        "target": "es2020",
        "outDir": "./dist",
        "rootDir": "./src",
        "declaration": true,
        "strictNullChecks": true,
    }
}
```

啟用 strictNullChecks 設定後，編譯器將嚴格限制 null 與 undefined
值的使用，並禁止編譯器將空陣列推論為 any 型別。於是，編譯器只好將
prices 陣列推論為 never 型別 (見第 7 章)：

\types8\dist\index.d.ts

```
...
declare let prices: never[];
...
```

這也代表你無法將任何東西填入這個陣列, 使得程式重新編譯執行後會產生下列錯誤訊息:

```
src/index.ts(10,13): error TS2345: Argument of type 'string | number' is
not assignable to parameter of type 'never'.
  Type 'string' is not assignable to type 'never'.
```

但這也並非一無是處, 讓陣列被推論為 never 型別可確保它仍在編譯器的型別監督機制內。等到你對陣列使用型別斷言、或是提供可供編譯器推論一般型別的初始值, 它就可以正常操作與使用。

下面我們對 prices 空陣列加上型別斷言, 讓傳入陣列的值統一為 number 型別:

修改 \types8\src\index.ts

```
function calculateTax(amount: number): number {
    return amount * 1.2;
}

function writePrice(product: string, price: number): void {
    console.log(`Price for ${product}: $${price.toFixed(2)}`);
}

let prices = [] as number[];
prices.push(...[100, 75, 42, 20])
let names = ["Hat", "Gloves", "Umbrella", "Sunglasses"];
prices.forEach((price, index) => {
    writePrice(names[index], calculateTax(price));
});
```

程式編譯和執行後得到了正確的結果：

```
Price for Hat: $120.00
Price for Gloves: $90.00
Price for Umbrella: $50.40
Price for Sunglasses: $24.00
```

檢視 index.d.ts 的內容，可發現原本 never[] 型別的 prices 陣列變成了 number[] 型別：

```
...
declare let prices: number[];
...
```

9-3 tuple 的運用

▍9-3-1 認識 tuple

元組 (tuple) 是長度固定的陣列，其中每個元素都可以是不同的型別。tuple 是 TypeScript 編譯器提供的一種資料結構，它會在編譯完成後被轉換為 JavaScript 的一般陣列。我們用以下這段程式碼來示範 tuple 的定義與使用：

 以下將使用範例專案 types9，內容延續自專案 types8。

\types9\src\indes.ts

```
function calculateTax(amount: number): number {
    return amount * 1.2;
}

function writePrice(product: string, price: number): void {
    console.log(`Price for ${product}: $${price.toFixed(2)}`);
}

let hat: [string, number] = ["Hat", 100];
let gloves: [string, number] = ["Gloves", 75];
writePrice(hat[0], hat[1]);
writePrice(gloves[0], gloves[1]);
```

tuple 的定義語法是使用 [] 中括號把各個元素的型別框在裡面，彼此再用逗號隔開：

$$
let\ hat:\ \underline{[string,\ number]}\ =\ \underline{["Hat",\ 100]};
$$

元素型別　　　　　　　　　　　元素值

hat 的型別就是 [string, number]，它定義了一個有兩個元素的 tuple，第一個元素是 string 型別，第二個則是 number 型別。tuple 的元素可透過陣列索引語法來存取，譬如 hat[0] 即為 hat 元組中的第一個元素 "Hat"。

以上範例執行後會產生以下結果：

```
Price for Hat: $100.00
Price for Gloves: $75.00
```

tuple 必須以上述的型別註記來定義，否則編譯器會認定它只是個普通陣列、並且推論它的型別是陣列初始值構成的型別聯集。如果 hat 少了 [string, number] 型別註記，編譯器會逕自推論 hat 是個 string | number 型別的陣列，而該陣列的每個元素都能接受 string 或 number 值。

9-3-2 處理 tuple 物件

當然，tuple 對於其元素之數量和型別的限制，完全是由 TypeScript 編譯器附加的功能；tuple 在執行環境中會被實作成一般的 JavaScript 陣列，這表示 tuple 亦可呼叫 JavaScript 陣列的標準方法。請參考以下這個範例：

修改 \types9\src\indes.ts

```
function calculateTax(amount: number): number {
    return amount * 1.2;
}

function writePrice(product: string, price: number): void {
    console.log(`Price for ${product}: $${price.toFixed(2)}`);
}

let hat: [string, number] = ["Hat", 100];
let gloves: [string, number] = ["Gloves", 75];

hat.forEach((h: string | number) => {
    if (typeof h === "string") {   // 型別防衛敘述
        console.log(`String: ${h}`);
    } else {
        console.log(`Number: ${h.toFixed(2)}`);
    }
});
```

為了處理 tuple 中所有的值，forEach() 方法使用的箭頭函式會收到 string | number 型別的值，然後再透過型別防衛敘述進一步限縮。為了幫助讀者理解，我們還是為箭頭函式的參數加了型別註記，但編譯器其實仍能根據 tuple 的元素型別組合而推論出它的型別聯集。

以上範例執行後會輸出以下結果：

```
String: Hat
Number: 100.00
```

9-3-3　tuple 型別的使用

　　每個 tuple 都有其獨一無二的型別，意思是你可以宣告以 tuple 做為元素的陣列、在型別聯集中加入 tuple 型別，以及透過型別防衛敘述把值限縮至特定的 tuple 型別。我們用以下這個範例來說明：

修改 \types9\src\indes.ts

```typescript
function calculateTax(amount: number): number {
    return amount * 1.2;
}

function writePrice(product: string, price: number): void {
    console.log(`Price for ${product}: $${price.toFixed(2)}`);
}

let hat: [string, number] = ["Hat", 100];
let gloves: [string, number] = ["Gloves", 75];

hat.forEach((h: string | number) => {
    if (typeof h === "string") {
        console.log(`String: ${h}`);
    } else {
        console.log(`Number: ${h.toFixed(2)}`);
    }
});

// 以 tuple 為元素的陣列
let products: [string, number][] = [["Hat", 100], ["Gloves", 75]];
// 以型別聯集（包含 tuple 型別）為元素的陣列
let tupleUnion: ([string, number] | boolean)[] = [true, false, hat, 接下行
...products];

// 走訪 tupleUnion 的元素並將之限縮成 string, number 或 boolean
tupleUnion.forEach((elem: [string, number] | boolean) => {
    if (elem instanceof Array) {
        elem.forEach((tupleElem: string | number) => {
            if (typeof tupleElem === "string") {
                console.log(`String Value: ${tupleElem}`);
            } else {
```
Next

```
                console.log(`Number Value: ${tupleElem}`);
            }
        });
    } else if (typeof elem === "boolean") {
        console.log(`Boolean Value: ${elem}`);
    }
});
```

　　這個範例有很多層級，可能要多花點功夫才能搞清楚型別聯集當中各型別的關係。但總結來說，這段程式的用意主要還是在展示，tuple 型別用起來就跟其他任何型別一樣。唯一要特別注意的是，我們無法使用 typeof 關鍵字判定某個值是否為 tuple 型別，因為 tuple 在編譯後會被轉換成標準的 JavaScript 陣列。而若要檢測陣列的型別（即 Array 型別）就得用第 4 章介紹過的 instanceof 關鍵字來進行。

　　以上範例執行後會輸出以下結果：

```
Number: 100.00
Boolean Value: true
Boolean Value: false
String Value: Hat
Number Value: 100
String Value: Hat
Number Value: 100
String Value: Gloves
Number Value: 75
```

🔷 元素帶有標籤的 tuple

TypeScript 4.0 起允許你給 tuple 型別加入標籤 (label)：

```
let hat: [product: string, price: number] = ["Hat", 100];
```

這麼做並不影響 tuple 的運作，你也不能把標籤當成屬性來取值，這純粹只是協助開發者能更了解 tuple 元素的用意。如果你要把函式參數宣告為 tuple 型別，加上標籤就能提高程式碼的可讀性。

9-4 列舉值 (enum) 的使用

9-4-1 認識列舉

 注意 以下使用範例專案 types10，內容延續自的 types9 專案。

列舉讓你能透過一個名稱來存取一系列有特定名稱的常數值，此舉能提高程式碼的可讀性、並確保這組值有一致的使用方式。列舉跟 tuple 一樣都並非 JavaScript 的基本型別，而是 TypeScript 編譯器提供的衍生功能。我們用個實例來示範列舉的宣告與使用方式：

\types10\src\index.ts

```
function calculateTax(amount: number): number {
    return amount * 1.2;
}

function writePrice(product: string, price: number): void {
    console.log(`Price for ${product}: $${price.toFixed(2)}`);
}

enum Product { Hat, Gloves, Umbrella }

let products: [Product, number][] = [[Product.Hat, 100], 接下行
[Product.Gloves, 75]];

products.forEach((prod: [Product, number]) => {
    switch (prod[0]) {
        case Product.Hat:
            writePrice("Hat", calculateTax(prod[1]));
            break;
        case Product.Gloves:
            writePrice("Gloves", calculateTax(prod[1]));
            break;
```

Next

```
        case Product.Umbrella:
            writePrice("Umbrella", calculateTax(prod[1]));
            break;
    }
});
```

列舉使用 **enum** 關鍵字進行宣告，後面接著列舉的名稱 (即列舉型別)，再用 {} 大括號把列舉的成員框在裡面：

enum <u>Product</u> { <u>Hat, Gloves, Umbrella</u> }

列舉名稱　　　　　　　　　　　列舉值

而要存取列舉的值則需使用『**列舉名稱 . 值**』的語法，所以若要存取 Product 列舉中 Hat 的值，寫法就像下面這樣：

```
Product.Hat
```

列舉在使用上跟其他型別／值並無不同，譬如上面的範例便將 Product 列舉型別放在一個 tuple 中，然後用 switch 敘述來判斷其值。這個範例編譯執行後會輸出以下結果：

```
Price for Hat: $120.00
Price for Gloves: $90.00
```

▌ 9-4-2　了解列舉值的運作機制

 以下使用範例專案 types11, 延續專案 types10 的內容。

　　列舉是 TypeScript 提供的功能，它的實作需仰賴編譯過程中的型別檢查，以及 JavaScript 在執行階段時可用的標準功能。那麼，列舉的值是什麼呢？其實每個列舉成員會自動對應到一個數值，編譯器會預設從 0 開始指派。也就是說，前面 Product 列舉中的 Hat、Gloves 與 Umbrella，事實上就是常數數值 0、1 與 2。請看下面的驗證：

\types11\src\index.ts

```
...

enum Product { Hat, Gloves, Umbrella }

let products: [Product, number][] = [[Product.Hat, 100], 接下行
[Product.Gloves, 75]];

[Product.Hat, Product.Gloves, Product.Umbrella].forEach(val => {
    console.log(`Number value: ${val}, type ${typeof val}`);
});
```

　　粗體標示的新部分會把 Product 列舉中的每個值依序傳給 console.log()，印出其值和型別。我發現它們果然都是數值：

```
Number value: 0, type number   ◄── Product.Hat
Number value: 1, type number   ◄── Product.Gloves
Number value: 2, type number   ◄── Product.Umbrella
```

　　既然列舉在本質上是 JavaScript 的 number，你就可以用列舉型別來宣告變數、並給它一個初始數值，這樣一來這些變數還是會被視為 number 型別。請見以下示範：

修改 \types11\src\index.ts

```
function calculateTax(amount: number): number {
    return amount * 1.2;
}

function writePrice(product: string, price: number): void {
    console.log(`Price for ${product}: $${price.toFixed(2)}`);
```

Next

```
}

enum Product { Hat, Gloves, Umbrella }
let products: [Product, number][] = [[Product.Hat, 100], 接下行
[Product.Gloves, 75]];

[Product.Hat, Product.Gloves, Product.Umbrella].forEach(val => {
    console.log(`Number value: ${val}, type ${typeof val}`);
});

let productValue: Product = 0;   // 將 Product 當成 number 型別用
let productName: string = Product[productValue];
console.log(`Value: ${productValue}, Name: ${productName}`)
```

　　要注意的是編譯器也會對列舉進行型別檢查, 所以即使列舉的內容都是數值, 若你嘗試比較來自不同列舉的值, 編譯器還是會回報錯誤。

　　列舉也提供了類似陣列索引的語法, 可用索引來取得列舉中一個元素的名稱:

```
// productValue 值為 0, 因此傳回第一個元素的名稱 "Hat"
let productName: string = Product[productValue];
```

　　這個範例會輸出以下結果:

```
Number value: 0, type number
Number value: 1, type number
Number value: 2, type number
Value: 0, Name: Hat
```

■ 9-4-3　使用自訂列舉值

　　TypeScript 編譯器預設會為列舉元素賦予從 0 開始遞增的數值。以前面範例為例, 編譯器會將 0 指派給 Hat, 把 1 指派給 Gloves, 然後把 2 指派給 Umbrella。

若想確認編譯器指派給列舉成員怎樣的值，你可以將編譯器的
declarations 設定為 true, 然後檢查編譯後生成的 .d.ts 型別宣告檔。打開
dist 目錄下的 index.d.ts, 就會見到編譯器為 Product 列舉所分派的值：

\types11\dist\index.d.ts

```
...
declare enum Product {
    Hat = 0,
    Gloves = 1,
    Umbrella = 2
}
...
```

我們亦可用字面值來自訂列舉元素的對應值。當列舉的值本身對開發者
而言會有實際意義時，這麼做就尤其顯得便利。請參考下列範例：

修改 \types11\src\index.ts

```
...
enum Product { Hat, Gloves = 20, Umbrella }
...
```

值得注意的是，雖然我們只有明確指派 20 這個值給 Gloves, 編譯器還
是會自動產生其他列舉成員的值。打開 index.d.ts 檔案, 即可看到編譯器為
Hat 與 Umbrella 所指派的值：

```
...
declare enum Product {
    Hat = 0,
    Gloves = 20,
    Umbrella = 21
}
...
```

列舉元素的值若是自動產生，會拿前一個成員的值來遞增 1。在這段操
作示範中, Hat 的值依然從預設的 0 開始, Gloves 則是人為指派的 20, 而
Umbrella 便是拿 Gloves 的值加 1 (21)。這個範例於是會輸出以下結果：

```
Number value: 0, type number
Number value: 20, type number
Number value: 21, type number
Value: 0, Name: Hat
```

> **注意** 編譯器在產生列舉值時, 雖然會參考前一個成員的值, 但並不會檢查它是否已
> 經被用過了, 所以可能會導致列舉中出現重複的值, 導致 switch case 敘述將它
> 誤判成其他列舉元素。

　　此外, 你也可以用簡單的運算式替列舉元素指派值, 而運算式可以使用
字面值、其他列舉的值, 甚至是同一個列舉中已經有值的成員。請參考以下
示範:

修改 \types11\src\index.ts

```typescript
function calculateTax(amount: number): number {
    return amount * 1.2;
}

function writePrice(product: string, price: number): void {
    console.log(`Price for ${product}: $${price.toFixed(2)}`);
}

enum OtherEnum { First = 10, Two = 20 }
enum Product { Hat = OtherEnum.First + 1, Gloves = 20, Umbrella = Hat + Gloves };

let products: [Product, number][] = [[Product.Hat, 100], [Product.
Gloves, 75]];

[Product.Hat, Product.Gloves, Product.Umbrella].forEach(val => {
    console.log(`Number value: ${val}, type ${typeof val}`);
});

let productValue: Product = 0;
let productName: string = Product[productValue];
console.log(`Value: ${productValue}, Name: ${productName}`)
```

在這個版本中，Product 列舉的 Hat 的值是另一個列舉 OtherEnum 的 First 值 (10) 加 1，而 Umbrella 的值則來自前兩個列舉成員 Hat (11) 與 Gloves (20) 的加總。程式編譯和執行後的結果如下：

```
Number value: 11, type number
Number value: 20, type number
Number value: 31, type number
Value: 0, Name: undefined
          ┗━━ 值 0 在 Product 列舉中已經不存在，故傳回 undefined
```

儘管以上功能很便利，使用列舉時一定要特別注意，避免讓它產生重複的對應值，免得導致預期之外的結果。所以建議各位還是別把列舉弄得太複雜，盡可能讓編譯器去產生值就好。

▌ 9-4-4　使用字串列舉

雖說列舉會預設使用從 0 往上遞增的數字作為值，但編譯器也允許你使用字串指派值。請參考以下範例，在結尾新增以下的程式碼：

修改 \types11\src\index.ts

```
...

enum City { London = "London", Paris = "Paris", NY = "New York" }
console.log(`City: ${City.London}`)
console.log(`City: ${City["Paris"]}`)
```

在使用字串列舉時，你必須明確為**每一個**列舉成員都提供一個值。但相對而言，字串列舉的優點是能提高程式可讀性，在除錯或判讀日誌檔時會比較容易一些。

以上範例的執行結果如下：

```
...
City: London
City: Paris
```

 注意 其實列舉成員能同時包含數值與字串值,只是很少人會這樣用。

9-4-5　了解列舉的侷限

列舉雖然方便,但仍要注意其侷限,畢竟它完全是由 TypeScript 編譯器實作、再轉譯為純 JavaScript 程式碼。

編譯器無法檢查合法的列舉值

儘管在正常情況下,我們可以將列舉型別當成 number 型別使用、編譯器也能有效推論和檢查列舉的型別,它卻無法阻止你指派列舉中不存在的數值給變數。舉個例,我們在前面範例中為 Product 列舉的某些成員指派了特定的對應值,但這導致後面的幾行敘述產生了問題：

```
enum OtherEnum { First = 10, Two = 20 }
enum Product { Hat = OtherEnum.First + 1, Gloves = 20, Umbrella = Hat +
Gloves };
// Product 的元素對應值變成 11, 20, 31
...
let productValue: Product = 0;
let productName: string = Product[productValue];
console.log(`Value: ${productValue}, Name: ${productName}`);
// 上面會印出 Value: 0, Name: undefined
```

由於編譯器允許你將任何 number 值指派給列舉型別變數，這可能會在檢查時造成問題。上面的 productValue 變數被指派 0，可是 Product 列舉已經沒有值為 0 的成員，於是 Product[productValue] 只傳回了 undefined。假如你拿列舉型別來註記函式的傳回值，那麼同樣的問題也有可能發生。

 提示　字串列舉就不會有這個問題，因為它幕後的實作方法不一樣，因此只能被指派列舉中存在的值。舉個例，下面的程式就會產生編譯錯誤：

```
enum City { London = "London", Paris = "Paris", NY = "New York" }
let MyCity: City = "Berlin"  // 指派 City 內不存在的字串值，會產生錯誤
console.log(`City: ${MyCity}`)
```

對列舉使用型別防衛敘述的問題

 注意　以下使用範例專案 types12，其內容延續自 types11。

若對列舉型別的值使用型別防衛敘述，也會浮現一個相關問題。在型別防衛敘述中，我們需要用 JavaScript 的 typeof 關鍵字來檢測型別，但由於列舉是透過 JavaScript 的數值實作而成的，所以 typeof 其實無法區分列舉與數值的差別。請參考以下範例：

\types12\src\index.ts

```
function calculateTax(amount: number): number {
    return amount * 1.2;
}

function writePrice(product: string, price: number): void {
    console.log(`Price for ${product}: $${price.toFixed(2)}`);
}
```

Next

```
enum OtherEnum { First = 10, Two = 20 }
enum Product { Hat = OtherEnum.First + 1, Gloves = 20, Umbrella = Hat + Gloves };

let productValue: Product = Product.Hat;
if (typeof productValue === "number") {
    console.log("Value is a number");
}

let unionValue: number | Product = Product.Hat;
if (typeof unionValue === "number") {
    console.log("Value is a number");
}
```

以上範例的執行結果如下：

```
Value is a number
Value is a number ◄── 雖是 number | Product 但仍被判定成 number
```

可以發現我們試著檢查列舉型別（以及包含列舉的聯集型別）的值是否為數值型別，結果居然都通過了。

▍9-4-6 使用列舉常數

 以下使用範例專案 types13，內容延續自 types12。

其實 TypeScript 編譯器是用物件來實作列舉，但對某些應用程式而言，使用物件可能會影響執行效率，這時就可考慮將列舉宣告為常數。這是比較進階的功能，在大多數專案其實不需要用到。

為了示範編譯器如何用 JavaScript 物件來實作列舉，下面我們給 src\index.ts 寫入以下內容：

types13\src\index.ts

```typescript
function calculateTax(amount: number): number {
    return amount * 1.2;
}

function writePrice(product: string, price: number): void {
    console.log(`Price for ${product}: $${price.toFixed(2)}`);
}

enum Product { Hat, Gloves, Umbrella };
let productValue: Product = Product.Hat;
console.log(productValue);
```

編譯程式後，我們可以檢視 dist 目錄下產生的 index.js，看看上面的粗體字部分在 JavaScript 程式碼是什麼模樣：

types13\dist\index.js

```javascript
...

var Product;
(function (Product) {
    Product[Product["Hat"] = 0] = "Hat";
    Product[Product["Gloves"] = 1] = "Gloves";
    Product[Product["Umbrella"] = 2] = "Umbrella";
})(Product || (Product = {}));
;
let productValue = Product.Hat;

let productValue: Product = Product.Hat;
console.log(productValue);

productValue = Product.Gloves;
console.log(productValue);
```

看不懂這段複雜的物件定義也無所謂，重點是在此 JavaScript 建立了一個 Product 物件，並在後面將這個物件的屬性指派給 productValue 變數。但若想避免編譯器用複雜的物件來實作列舉型別，我們可以在 TypeScript 檔內宣告列舉時加上 **const** 關鍵字：

```typescript
function calculateTax(amount: number): number {
    return amount * 1.2;
}

function writePrice(product: string, price: number): void {
    console.log(`Price for ${product}: $${price.toFixed(2)}`);
}

const enum Product { Hat, Gloves, Umbrella }; //常數列舉

let productValue: Product = Product.Hat;
console.log(productValue);

productValue = Product["Gloves"];
console.log(productValue);
```

在進行編譯時，編譯器會找出每個列舉成員的對應值，然後在 JavaScript 直接使用該值來指派給變數。於是重新編譯完成後，檢視 dist/index.js 檔案即可發現程式已被大幅簡化：

```javascript
let productValue = 0 /* Hat */;
console.log(productValue);
productValue = 1 /* "Gloves" */;
console.log(productValue);
```

編譯器加上註解來表示 TypeScript 原始檔中列舉成員與其對應值的關係，但原本用來定義整個列舉內容的物件徹底消失、不再需要了。

雖然列舉常數能稍微提高程式碼的執行效率，但既然 JavaScript 物件不復存在，這就等於停用了利用列舉值逆向查詢列舉成員名稱的功能。請看以下示範：

修改 \types13\src\index.ts

```
const enum Product { Hat, Gloves, Umbrella };

let productValue: Product = Product.Hat;
console.log(productValue);

productValue = Product["Gloves"];
console.log(productValue);

let productName: string = Product[2];  // 試圖用值反向取得 "Umbrella" 名稱
console.log(productName);
```

編譯器只會產生下列錯誤訊息：

```
src/index.ts(18,35): error TS2476: A const enum member can only be
accessed using a string literal.
```

 列舉常數比一般的列舉要來得嚴格，所有的列舉成員都需要用常數賦值。你要嘛親自指派每一個成員的值，不然就是交給編譯器自動指派。

除此之外，你也可以在編譯器啟用 preserveConstEnums 設定，可強制編譯器在你使用 const 宣告列舉時照樣建立 JavaScript 物件。但這個設定的作用只是協助你除錯，它還是無法恢復反向查找名稱的能力。

9-5 字面值型別 (literal value type) 的使用

9-5-1 用字面值型別定義變數

 以下使用範例專案 types14，其內容延續自 types13。

字面值型別 (literal value type) 顧名思義，就是拿一組特定的值定義成一種獨特的型別，藉此限制變數只能使用當中的某個值。這是個很好用的功能，但可能不太好理解，因為它模糊了型別與值的界線。下面我們還是用實際的範例來解說：

```ts
function calculateTax(amount: number): number {
    return amount * 1.2;
}

function writePrice(product: string, price: number): void {
    console.log(`Price for ${product}: $${price.toFixed(2)}`);
}

let restrictedValue: 1 | 2 | 3 = 3;
console.log(`Value: ${restrictedValue}`);
```

字面值型別看起來有點像型別聯集，不同之處在於它用的是明確的字面值、而非資料型別：

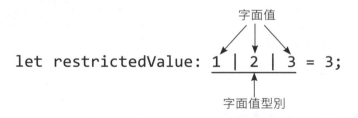

以上的字面值型別告訴編譯器，restrictedValue 變數的值只能是數值 1、2 或者 3。只要變數被指派了任何其他的值，編譯器都會回報錯誤，即使是同為 number 型別的其他數值也不行：

```ts
let restrictedValue: 1 | 2 | 3 = 100;
console.log(`Value: ${restrictedValue}`);
```

編譯器判定 100 不在允許的值之內，於是回報以下錯誤訊息：

```
src/index.ts(9,5): error TS2322: Type '100' is not assignable to type '1 | 2 | 3'.
```

字面值型別把一組特定的字面值視為一種獨立型別，所以不同字面值的組合就相當於不同的型別。不過，若一個字面值型別的變數擁有其他字面值型別的變數可接受的值，就能拿來相互指派。請看以下的操作示範：

\types14\src\index.ts

```
let restrictedValue: 1 | 2 | 3 = 3;
console.log(`Value: ${restrictedValue}`);

let secondValue: 1 | 10 | 100 = 1;
restrictedValue = secondValue;
console.log(`Value: ${restrictedValue}`);
```

以上把 secondValue 指派給 restrictedValue 的敘述並不會產生問題，因為 secondValue 的值是 1，這也在 restrictedValue 的字面值型別定義之內。但若你將 secondValue 的初始值改成 100、使之不在 restrictedVale 允許的範圍，就會產生編譯錯誤了。

▌ 9-5-2 在函式中使用字面值型別

字面值型別最大的便利之處在於拿來跟函式搭配，因為它可限制函式參數與傳回值的值。請看以下示範，在 src\index.ts 結尾加入以下程式碼：

修改 \types14\src\index.ts

```
...

function calculatePrice(quantity: 1 | 2, price: number): number {
    return quantity * price;
}

let total = calculatePrice(2, 19.99);
console.log(`Price: ${total}`);
```

這個新函式 calculatePrice() 的 quantity 參數只能接受數值 1 或 2, 任何其他的值 (即使同樣是 number 型別的值) 都會造成編譯錯誤。此範例執行後會輸出以下結果:

```
...
Price: 39.98
```

9-5-3 在字面值型別中混用不同型別的值

 注意 以下使用範例專案 types15, 延續專案 types14。

字面值型別不僅能用數值構成, 更可由不同型別的字面值任意組成, 甚至包括列舉型別。以下便示範了混合多種值的字面值型別:

\types15\src\index.ts

```
function getRandomValue(): 1 | 2 | 3 | 4 {
                    Math 套件函式傳回 number, 故用型別斷言轉成字面值型別
    return Math.floor(Math.random() * 4) + 1 as 1 | 2 | 3 | 4;
}

enum City { London = "LON", Paris = "PAR", Chicago = "CHI" }
function getMixedValue(): 1 | "Hello" | true | City.London {
    switch (getRandomValue()) {
        case 1:
            return 1;
        case 2:
            return "Hello";
        case 3:
            return true;
        case 4:
            return City.London;
    }
}

console.log(`Value: ${getMixedValue()}`);
```

小編註 這裡 switch 的每個 case 不寫 break, 因為執行 return 傳回值後函式就結束了。

　　getRandomValue() 函式會隨機傳回介於 1 到 4 的數值，然後 getMixedValue() 函式會根據該值來產生另一個值。後者的傳回值示範了字面值型別的包容性，組合多種不同型別的值，包括一個 number 值 (1)、一個 string 值 ("Hello")、一個 boolean 值 (true)，以及一個列舉型別的值 (City. London)。

 小編註 Math.random() 產生介於 0 到 1 之間的浮點亂數，乘上 4、用 Math.floor() 去掉小數位後再加 1，便會是整數 1~4。

　　由於這段範例每次執行的結果是隨機的，各位看到的顯示值便取決於程式的執行狀況：

```
Value: LON
```

> **提示** 字面值型別亦可和一般型別合併用在型別聯集中，形成一種特殊的組合：舉個例, **string | true | 3** 聯集型別可被指派任何字串值、布林值的 true, 或者數值的 3。

▌ 9-5-4 函式字面值型別的多載

　　我們在第 8 章介紹過，你可用型別多載的方式更明確地描述函式參數與其傳回值的型別關係，好避開使用型別聯集時帶來的副作用。型別多載亦可套用於字面值型別，因為它本質上就是由多個值所組成的聯集。請參考以下示範，加入新的程式碼：

修改 \types15\src\index.ts

```
...

function getMixedValue2(input: 1): 1;
function getMixedValue2(input: 2 | 3): "Hello" | true;
function getMixedValue2(input: 4): City.London;
function getMixedValue2(input: number): number | string | boolean | City
{
                                                                    Next
```

```
    switch (input) {
        case 1:
            return 1;
        case 2:
            return "Hello";
        case 3:
            return true;
        case 4:
        default:  // 得到 1~4 以外的值，和 4 一樣傳回 City.London
            return City.London;
    }
}

let first = getMixedValue2(1);
let second = getMixedValue2(2);
let third = getMixedValue2(4);
console.log(`${first}, ${second}, ${third}`);
```

這裡定義了 getMixedValue2() 函式，它接收一個 number 型別的參數，並傳回 number | string | boolean | City 聯集型別的值。此函式也加入了三行型別多載，用字面值型別來指出特定的引數會傳回那些值。

TypeScript 編譯器也會以此推論出 first、second 與 third 變數的型別。我們可打開 dist 目錄下的 index.d.ts 檔驗證這點：

\types15\src\index.d.ts

```
declare let first: 1;
declare let second: true | "Hello";
declare let third: City.London;
```

其實這功能不是每個專案都會派上用場，此處的示範只是要告訴讀者，字面值型別的使用與其他型別並無不同，並藉此讓大家多了解 TypeScript 編譯器的運作方式。以上範例的程式碼會輸出以下的結果：

```
Value: LON   ◀──── 這是隨機的
1, Hello, LON
```

9-6 使用型別別名 (type alias)

如果不想每次有需要時都得重複宣告 tuple 或字面值型別，TypeScript 也提供了**型別別名**，可為特定的型別組合取一個名字以供重複使用。請看下面的示範：

```
...

type comboType = 1 | 2 | 3 | City.London;
type comboTupleType = [string, number | boolean, comboType];

let result: comboTupleType[] = [["Apples", 100, 2], ["Oranges", true, 接下行
City.London]];
result.forEach((item: comboTupleType) => {
    console.log(`Result: ${item}`);  // 印出陣列的每個 tuple 元素
})
```

這段範例建立一個 result 陣列變數，其型別有點複雜，是一個 tuple 陣列，裡頭的第一個元素是字串，第二個元素是數值或布林值，最後一個則是字面值型別 (1、2、3 或 City 列舉的成員 London)。我們首先將 tuple 第三個元素的型別定義成別名 comboType，然後將這個 tuple 型別定義為別名 comboArrayType。

型別化名需使用 type 關鍵字進行宣告，後面是別名的名稱，接著用 = 將某個型別賦予給它：

type comboType = 1 | 2 | 3 | City.London;

關鍵字　　型別別名　　　　　　　　型別

型別別名不影響 TypeScript 編譯器對型別的處理，也可以像一般型別那樣用在型別註記與斷言。但既然能將繁複的型別組合簡化成一個名稱，用起來就沒那麼麻煩、不容易出錯，也不必每次使用時都得檢查型別組合是否正確。

以上程式碼編譯執行後會輸出以下結果：

```
...
Result: Apples,100,2
Result: Oranges,true,LON
```

9-7 本章總結

本章解釋了 TypeScript 對陣列的處理方式，並且介紹了 tuple 與列舉這兩個由 TypeScript 編譯器實作而成的功能。我們還示範如何定義字面值型別，以及如何透過型別別名來簡化某個型別的重複利用。在下一章，我們將深入解說 TypeScript 處理物件的相關功能。

下表是本章內容的概要整理：

問題	解決辦法	本章小節
限制陣列包含的型別	使用型別註記，或允許編譯器根據初始化陣列的值來推論型別	9-2
定義固定長度的陣列，且每個元素都有指定的型別	使用 tuple 型別	9-3
用同一名稱參照一組相關的值	使用列舉型別	9-4
宣告一個只接受特定值的型別	使用字面值型別	9-5
避免重複定義同一個複雜的型別組合	使用型別別名	9-6

在 TypeScript
運用物件

本章將深入剖析 TypeScript 對物件的處理方式。先前我們在第
3、4 章解釋過，JavaScript 使用了具備高度彈性的動態物件，而
TypeScript 也希望盡可能保留這些便利的特色、但又預防最常
犯的一些錯誤，在這兩者之間取得良好的平衡。本章的主題也會
延續到第 11 章，屆時我們會探討 TypeScript 對於類別 (class) 的
支援。

10-1 本章行前準備

本章將從範例專案 types16 開始，其初始化和安裝必要套件的方式如下：

```
\types16> npm init --yes
\types16> npm install --save-dev typescript@4.3.5 tsc-watch@4.4.0
```

專案的 package.json 設定如下：

\types16\package.json

```json
{
    "name": "types16",
    "version": "1.0.0",
    "description": "",
    "main": "index.js",
    "scripts": {
        "test": "echo \"Error: no test specified\" && exit 1",
        "start": "tsc-watch --onsuccess \"node dist/index.js\""
    },
    "keywords": [],
    "author": "",
    "license": "ISC",
    "devDependencies": {
        "tsc-watch": "^4.4.0",
        "typescript": "^4.3.5"
    }
}
```

tsconfig.json 內容則如下：

\types16\tsconfig.json

```json
{
    "compilerOptions": {
        "target": "es2020",
        "outDir": "./dist",
```

Next

```
        "rootDir": "./src",
        "declaration": true,
    }
}
```

最後在專案下建立 src 子目錄，並在其中創建 index.ts 檔案：

\types16\src\index.ts

```
let hat = { name: "Hat", price: 100 };
let gloves = { name: "Gloves", price: 75 };
let products = [hat, gloves];

products.forEach(prod => console.log(`${prod.name}: ${prod.price}`));
```

完成以上步驟後，在命令提示字元或終端機切換到 types16 目錄底下，並且執行以下指令，以便啟動 TypeScript 編譯器、並讓程式碼在變更後都能自動編譯並執行：

```
\types16> npm start
上午9:44:57 - Starting compilation in watch mode...
上午9:44:59 - Found 0 errors. Watching for file changes.
Hat: 100
Gloves: 75
```

10-2 在 TypeScript 運用物件

▌ 10-2-1　物件形狀型別

JavaScript 物件是一群屬性的集合 (每個屬性有各自的名稱與值)，並可透過物件字面表示法 (見第 3 章)、函式建構子 (見第 4 章) 或類別 (第 11 章) 等方式建立。但不論物件是如何建立的，物件只要建立之後就能任意改變其內容、新增或移除屬性，變數物件也能被指派不同型別的值。

為了對物件提供和型別有關的功能，TypeScript 會檢視物件的『形狀』(shape)，意即物件屬性名稱與屬性型別的組合，將其推論為物件的型別，好確保你能用一致的方式操作多重物件。而若想了解物件型別的幕後運作機制，最簡單的辦法就是啟用 declarations 設定，然後在編譯後檢視生成的型別宣告檔。

打開 dist 目錄中的 index.d.ts 檔，可以清楚看到編譯器如何將 src\index.ts 中每個物件的形狀當成型別。即使物件被置於陣列內，編譯器也能根據物件的形狀推論陣列的對應型別：

\types16\dist\index.d.ts

```
declare let hat: {
    name: string;
    price: number;
};
declare let gloves: {
    name: string;
    price: number;
};
declare let products: {
    name: string;
    price: number;
}[];
```

這乍看之下或許沒什麼，但物件型別的存在其實能擋下許多常見的錯誤。我們接著就來試試看，在 src\index.ts 新增一個不同形狀的物件會有什麼結果：

修改 \types16\src\index.ts

```
let hat = { name: "Hat", price: 100 };
let gloves = { name: "Gloves", price: 75 };
let umbrella = { name: "Umbrella" };  // 只有 name 屬性
let products = [hat, gloves, umbrella];


products.forEach(prod => console.log(`${prod.name}: ${prod.price}`));
```

即使以上範例的物件都是用字面表示法定義的，TypeScript 編譯器還是有辦法在物件的操作方式不一致時提出警告。程式最後一行 forEach() 方法的箭頭函式會嘗試讀取 products 陣列中每個物件的 price 屬性，但編譯器發現 umbrella 物件缺少這個屬性，於是產生下列錯誤訊息：

```
src/index.ts(6,60): error TS2339: Property 'price' does not exist on
type '{ name: string; }'.
```

我們也可以打開 dist\index.d.ts 檔來驗證 umbrella 物件的型別：

\types16\dist\index.d.ts

```
declare let hat: {
    name: string;
    price: number;
};
declare let gloves: {
    name: string;
    price: number;
};
declare let umbrella: {
    name: string;
};
declare let products: {
    name: string;
}[];
```

特別注意 products 陣列的型別已經變了，因為當不同形狀的物件被一起運用時（譬如放進本範例的陣列），編譯器只會用**所有物件共有的屬性**來推論陣列型別，因為它們是唯一可以安全存取的屬性。在以上範例中，由於物件的共通屬性只有 string 型別的 name 屬性，所以嘗試讀取 price 屬性時編譯器就會報錯。

10-2-2 以物件形狀加上型別註記

除了讓 TypeScript 編譯器根據物件屬性來推論型別，我們也可以用型別註記來明確地指定之，如同底下的範例：

修改 \types16\src\index.ts

```
let hat = { name: "Hat", price: 100 };
let gloves = { name: "Gloves", price: 75 };
let umbrella = { name: "Umbrella" };
let products: { name: string, price: number }[] = [hat, gloves,
umbrella];

products.forEach(prod => console.log(`${prod.name}: ${prod.price}`));
```

型別註記告訴編譯器，products 陣列只接受擁有 name 與 price 屬性的物件，而且這兩者分別得是 string 與 number 型別：

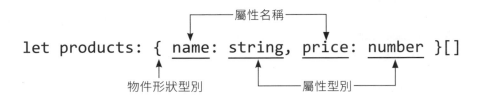

編譯器還是會對以上程式碼回報錯誤，但訊息已經變成 umbrella 物件不符 products 陣列註記的物件形狀型別，讓我們得以更清楚掌握問題的根源：

```
src/index.ts(4,65): error TS2741: Property 'price' is missing in type '{
name: string; }' but required in type '{ name: string; price: number;
}'.
```

此外，注意到我們並沒有為陣列內的每個物件本身加上型別註記，因為 TypeScript 編譯器會自動檢查物件的形狀，並判定它是否符合陣列的元素型別。

■ 10-2-3 不規則的物件形狀型別及選擇性屬性

話說回來，若陣列中有物件符合陣列的型別註記、但又擁有其他額外屬性，編譯器仍會認定它符合型別註記。請看以下的範例：

修改 \types16\src\index.ts

```
let hat = { name: "Hat", price: 100 };
let gloves = { name: "Gloves", price: 75 };
let umbrella = { name: "Umbrella", price: 30, waterproof: true };
let products: { name: string, price: number }[] = [hat, gloves, 接下行
umbrella];

products.forEach(prod => console.log(`${prod.name}: ${prod.price}`));
```

我們為 umbrella 物件新增了 price 屬性，讓它得以符合 products 陣列所要求的物件型別。我們也給它加入第三個屬性 waterproof (產品是否防水)，只是此屬性在陣列中會被忽略，因為這並不在陣列指定的物件形狀之中。以上範例編譯執行後會輸出以下結果：

```
Hat: 100
Gloves: 75
Umbrella: 30
```

然而，若你也希望在陣列中使用 waterproof 屬性，又不想讓缺少此屬性的物件不至於產生錯誤呢？你可以將 waterproof 定義為**選擇性屬性 (optional property)**。這能讓物件形狀型別變得更有彈性，允許你操作不規則形狀的物件，而某些物件即使缺少特定屬性也照樣能符合定義。請見以下範例：

修改 \types16\src\index.ts

```
let hat = { name: "Hat", price: 100 };
let gloves = { name: "Gloves", price: 75 };
let umbrella = { name: "Umbrella", price: 30, waterproof: true };
let products: { name: string, price: number, waterproof?: boolean }[]
    = [hat, gloves, umbrella];
```
Next

```
products.forEach(prod =>
    console.log(`${prod.name}: ${prod.price}, waterproof: ${prod. 接下行
waterproof}`));
```

選擇性屬性的定義語法，和函式的選擇性參數相同，就是在屬性名稱後面加上？問號：

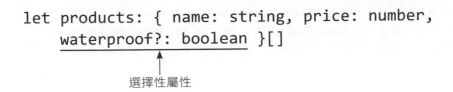

let products: { name: string, price: number,
       waterproof?: boolean }[]

選擇性屬性

一個物件只要能滿足型別註記中的所有必要屬性，就會被視為符合該形狀型別。而當你存取選擇性屬性時，有定義該屬性的物件就會傳回屬性值，沒有的話則會得到 undefined。上面的範例會輸出以下結果：

```
Hat: 100, waterproof: undefined
Gloves: 75, waterproof: undefined
Umbrella: 30, waterproof: true
```

hat 與 gloves 物件都沒有定義 waterproof 屬性，因此在 forEach() 中印出的值就是 undefined。而 umbrella 物件有定義這個選擇性屬性，它的值 true 便被顯示出來。

▊ 10-2-4　在物件形狀型別中加入物件方法

 以下使用範例專案 types17，內容延續自專案 types16。

物件形狀型別除了物件屬性之外，也能放入物件方法，讓使用者能進一步決定物件的行為。請看下面的示範：

\types17\src\index.ts

```typescript
// 定義列舉
enum Feature { Waterproof, Insulated, None }

// 在物件中對屬性指派列舉值
let hat = { name: "Hat", price: 100, feature: Feature.None };
let gloves = { name: "Gloves", price: 75, feature: Feature.Insulated };
let umbrella = {
    name: "Umbrella",
    price: 30,
    feature: Feature.Waterproof,
    hasFeature: function (checkFeature) {   // 加入物件方法
        return this.feature === checkFeature;
    }
};

// 替陣列加上物件形狀型別
let products: {
    name: string,
    price: number,
    feature: Feature,
    hasFeature?( f: Feature): boolean   // 物件方法形狀
}[] = [hat, gloves, umbrella];

products.forEach(prod => console.log(
    `${prod.name}: ${prod.price} `    // 呼叫物件方法
    + `, waterproof: ${prod.hasFeature(Feature.Waterproof)}`));
```

這回所有物件都多了一個共通的必要屬性 feature, 其值來自列舉 Feature 的成員。除此之外, umbrella 物件多了個方法 hasFeature(), 這在 products 陣列的型別註記中被標為選擇性, 所以 hat 和 gloves 物件可以沒有這個方法。

物件方法其實也是個屬性, 其值是個函式物件。物件方法的型別註記語法與一般的屬性相似, 但多了定義參數型別的 () 小括號, 並列出參數與傳回值的型別:

hasFeature ?(f: Feature): boolean

方法名稱　　　　　　　　　　參數型別

方法為選擇性　　　　　傳回值型別

　　hasFeature() 方法只有一個參數,其型別為 Feature 列舉,而傳回值則是 boolean 型別。從 umbrella 物件本身的實作,我們可以看出該方法的用途乃是檢查物件的 feature 屬性是否符合某個值:

```
hasFeature: function (checkFeature) {
    return this.feature === checkFeature;
}
```

　　而在後面用 forEach() 走訪 product 陣列時,則會呼叫 hasFeature() 方法,好檢查物件的 feature 屬性是否等於 Feature.Waterproof (檢查產品是否防水):

```
prod.hasFeature(Feature.Waterproof)
```

　　然而,儘管 umbrella 物件正確地定義了 hasFeature() 方法,這個方法仍是選擇性的,所以對於 hat 與 gloves 物件來說,在 forEach() 迴圈內的箭頭函式呼叫 prod.hasFeature() 就會失敗 (prod.hasFeature 會傳回 undefined 而非函式)。因此以上範例編譯執行後,將產生下列錯誤訊息,指出你沒辦法把 prod.hasFeature 當成函式呼叫,因為某些物件並沒有定義它:

```
\types17\dist\index.js:19

    + `, waterproof: ${prod.hasFeature(Feature.Waterproof)}`));
                      ^
TypeError: prod.hasFeature is not a function
    at \types17\dist\index.js:19:29
    at Array.forEach (<anonymous>)
    at Object.<anonymous> (\types17\dist\index.js:18:10)
```
Next

```
    at Module._compile (internal/modules/cjs/loader.js:1085:14)
    at Object.Module._extensions..js (internal/modules/cjs/loader.
js:1114:10)
    at Module.load (internal/modules/cjs/loader.js:950:32)
    at Function.Module._load (internal/modules/cjs/loader.js:790:14)
    at Function.executeUserEntryPoint [as runMain] (internal/modules/
run_main.js:76:12)
    at internal/main/run_main_module.js:17:47
```

我們緊接著就來看如何解決這種問題。

▌ 10-2-5　為選擇性的物件屬性／方法啟用嚴格檢查

前面範例之所以會發生錯誤，是因為選擇性的物件屬性或方法可能會傳回 undefined，但你沒有事先做檢查。為了減少這種問題，我們可以像前幾章一樣啟用編譯器的 strictNullChecks 設定：

修改 \types17\tsconfig.json

```
{
    "compilerOptions": {
        "target": "es2020",
        "outDir": "./dist",
        "rootDir": "./src",
        "declaration": true,
        "strictNullChecks": true
    }
}
```

如第 7 章所講過的，strictNullChecks 設定會禁止將 null 及 undefined 值指派給其他變數，事實上它禁止把 null 及 undefined 當成一般值使用。因此儲存組態設定檔的變更後，編譯器會重新編譯專案，並改而提出下列錯誤：

```
src/index.ts(19,24): error TS2722: Cannot invoke an object which is
possibly 'undefined'.
```

這個錯誤訊息更加明確，指出 prod.hasFeature 有可能傳回 undefined。這麼一來我們就知道要在呼叫 prod.hasFeature() 之前做必要的檢查，如下面的示範：

修改 \types17\src\index.ts

```
...
products.forEach(prod => console.log(
    `${prod.name}: ${prod.price} `
    + `, waterproof: ${prod.hasFeature
        ? prod.hasFeature(Feature.Waterproof) : false}`));
```

修改之後，程式會用三元算符判斷 prod.hasFeature 是否存在（若是 undefined 便等同於 false)，有的話才會呼叫它，否則直接傳回 false。修改過的範例編譯執行後會輸出以下結果：

```
Hat: 100 , waterproof: false
Gloves: 75 , waterproof: false
Umbrella: 30 , waterproof: true
```

▌ 10-2-6　替物件形狀型別取別名

第 9 章曾介紹過型別別名。在此我們同樣可為特定的物件形狀賦予一個別名，方便我們在程式碼中重複利用、並增進程式碼的可讀性。請看以下範例：

修改 \types17\src\index.ts

```
...
// 定義物件形狀別名
type Product = {
    name: string,
    price: number,
    feature: Feature,
    hasFeature?(f: Feature): boolean
```

Next

```
};

...

// 使用別名來註記型別
let products: Product[] = [hat, gloves, umbrella];
...
```

在以上範例中，我們先定義一個名為 Product 的物件形狀別名，然後用它來註記陣列的型別。使用別名讓陣列的定義變得更簡潔好讀，而且這不會改變程式編譯與執行的結果：

```
Hat: 100 , waterproof: false
Gloves: 75 , waterproof: false
Umbrella: 30 , waterproof: true
```

■ 10-2-7　容許額外的屬性

由於 TypeScript 編譯器有很強的型別推論能力，所以對各別物件本身來說，型別註記通常是可以省略的。然而若你替物件註記型別，而物件又包含額外的屬性，就會改變編譯器的行為。請看下面的範例：

修改 \types17\src\index.ts

```
...
// 新增一個物件，多一個屬性 finish
let shades = {
    name: "Sunglasses", price: 54,
    feature: Feature.None, finish: "mirrored"
};

// 在陣列加入新物件
let products: Product[] = [hat, gloves, umbrella, shades];
...
```

以上程式碼編譯執行後，會產生正常的執行結果：

```
Hat: 100 , waterproof: false
Gloves: 75 , waterproof: false
Umbrella: 30 , waterproof: true
Sunglasses: 54 , waterproof: false
```

現在來試試看替 shades 物件加上型別註記 (前面我們建立的型別別名 Product)：

修改 \types17\src\index.ts

```
...
let shades: Product = {
    name: "Sunglasses", price: 54,
    feature: Feature.None, finish: "mirrored"
};

let products: Product[] = [hat, gloves, umbrella, shades];
...
```

這回編譯執行後反而回報了錯誤：

```
src/index.ts(23,28): error TS2322: Type '{ name: string; price: number;
feature: Feature.None; finish: string; }' is not assignable to type
'Product'.
  Object literal may only specify known properties, and 'finish' does
not exist in type 'Product'.
```

shades 物件本身前後並沒有改變，但為何編譯器對待它們的行為不一樣？這是因為當物件字面表示法內定義了額外的屬性，註記的型別內又找不到時，就會被編譯器當成錯誤。

若要解決這個問題，我們可以移除額外屬性、或是拿掉型別註記，但本書更推薦的做法是乾脆停用編輯器的額外屬性檢查，因為這種檢查其實還挺違反直覺的。請如下修改編譯器的設定檔：

修改 \types17\tsconfig.json

```
{
    "compilerOptions": {
        "target": "es2020",
        "outDir": "./dist",
        "rootDir": "./src",
        "declaration": true,
        "strictNullChecks": true,
        "suppressExcessPropertyErrors": true
    }
}
```

把 suppressExcessPropertyErrors 設定為 true 後，即使用物件字面表示法定義的物件具有不在型別註記宣告中的屬性，編譯器也不會回報錯誤。儲存組態設定檔之後，程式便可正常編譯執行、輸出下列結果：

```
Hat: 100 , waterproof: false
Gloves: 75 , waterproof: false
Umbrella: 30 , waterproof: true
Sunglasses: 54 , waterproof: false
```

10-3 物件形狀型別的聯集與型別防衛敘述 (type guard)

10-3-1 使用物件型別聯集

 注意 以下使用範例專案 types18，內容延續自 types17。

我們在第 7 章介紹過型別聯集，可將多種型別組合在一起，藉此允許陣列元素或函式參數接受多種型別的值，而這樣的聯集亦可視為一種獨立型別，其屬性和方法會是全部型別成員共有的功能。

由基本型別組成的型別聯集，其實用性並不高，因為它們的共通屬性和方法非常有限。但若是由物件形狀組成的型別聯集，實用性就會大幅提高。請看底下的範例：

```
type Product = {
    id: number,
    name: string,
    price?: number   // 選擇性屬性
};
type Person = {
    id: string,
    name: string,
    city: string
};

let hat = { id: 1, name: "Hat", price: 100 };
let gloves = { id: 2, name: "Gloves", price: 75 };
let umbrella = { id: 3, name: "Umbrella", price: 30 };
let bob = { id: "bsmith", name: "Bob", city: "London" };

let dataItems: (Product | Person)[] = [hat, gloves, umbrella, bob];

dataItems.forEach(item => console.log(`ID: ${item.id}, Name: ${item.name}`));
```

範例中的 dataItems 陣列所註記的型別，是由 Product 與 Person 這兩種物件形狀構成的聯集，而它們共同擁有 id 與 name 屬性，所以在走訪陣列時兩者都可以使用，不必像基本型別那樣得限縮到其中一種型別。不過反過來說，你也只能存取 id 與 name 這兩個屬性；若你嘗試存取 Product 型別定義的 price 屬性、或是 Persona 型別的 city 屬性，編譯器都會回報錯誤，因為這些屬性並不在 Product | Person 聯集的定義範圍內。

以上範例程式碼會輸出以下的結果：

```
ID: 1, Name: Hat
ID: 2, Name: Gloves
ID: 3, Name: Umbrella
ID: bsmith, Name: Bob
```

▍ 10-3-2　物件屬性的型別聯集

　　當物件形狀型別的聯集被建立時，其中每個共同屬性的型別同樣會以聯集的型態被組合起來。為了讓各位更好理解，以下範例刻意定義了一個內容相同的聯集別名：

修改 \types18\src\index.ts

```typescript
type Product = {
    id: number,
    name: string,
    price?: number
};
type Person = {
    id: string,
    name: string,
    city: string
};
type UnionType = {
    id: number | string,
    name: string
};

let hat = { id: 1, name: "Hat", price: 100 };
let gloves = { id: 2, name: "Gloves", price: 75 };
let umbrella = { id: 3, name: "Umbrella", price: 30 };
let bob = { id: "bsmith", name: "Bob", city: "London" };

let dataItems: UnionType[] = [hat, gloves, umbrella, bob];

dataItems.forEach(item => console.log(`ID: ${item.id}, Name: ${item.name}`));
```

　　新定義的 UnionType 其實跟 Product | Person 型別聯集是一樣的。其中 id 屬性的型別為 number | string 聯集，因為 Product 型別中的 id 屬性是 number 型別，Person 型別中的 id 屬性卻是 string 型別。至於兩者的 name 屬性都是 string 型別，所以 UnionType 聯集中 name 屬性的型別也是如此。

此範例編譯執行後，應會輸出與上一個範例相同的結果：

```
ID: 1, Name: Hat
ID: 2, Name: Gloves
ID: 3, Name: Umbrella
ID: bsmith, Name: Bob
```

10-3-3　為物件使用型別防衛敍述的問題

前面我們示範了物件形狀的聯集與使用，但若要讓某個物件能安全存取它自身型別定義的所有功能，就還是有必要動用型別防衛敍述。

第 7 章曾示範過如何以 typeof 關鍵字進行型別防衛敍述，然而 typeof 關鍵字無法用於物件，因為它在 JavaScript 對任何物件都會傳回『object』。請看以下的示範：

修改 \types18\src\index.ts

```typescript
type Product = {
    id: number,
    name: string,
    price?: number
};
type Person = {
    id: string,
    name: string,
    city: string
};

let hat = { id: 1, name: "Hat", price: 100 };
let gloves = { id: 2, name: "Gloves", price: 75 };
let umbrella = { id: 3, name: "Umbrella", price: 30 };
let bob = { id: "bsmith", name: "Bob", city: "London" };

let dataItems: (Product | Person)[] = [hat, gloves, umbrella, bob];

dataItems.forEach(item =>
    console.log(`ID: ${item.id}, Name: ${item.name}, Type: ${typeof item}`));
```

我這回又把 dataItems 陣列的型別改回 Product | Person 聯集,然後透過 forEach() 方法在箭頭函式中使用 typeof 關鍵字,好查驗陣列中每個項目的型別。範例編譯執行會輸出以下結果:

```
ID: 1, Name: Hat, Type: object
ID: 2, Name: Gloves, Type: object
ID: 3, Name: Umbrella, Type: object
ID: bsmith, Name: Bob, Type: object
```

物件形狀型別完全是由 TypeScript 提供的功能,所以從 JavaScript 自身的角度來看,所有的物件當然都是一視同仁的 object 型別。這就是為什麼我們無法單純透過 typeof 關鍵字來做型別防衛敘述。

■ 10-3-4　用檢查特有屬性的方式撰寫型別防衛敘述

要區分不同物件形狀型別的最簡單做法,其實是使用 JavaScript 的 **in** 關鍵字來檢查物件中某個屬性是否存在。請參考以下範例,加入新的程式碼:

\types18\src\index.ts

```
...

dataItems.forEach(item => {
    if ("city" in item) {  // 若 city 屬性存在就會傳回 true
        // 物件是 Person 型別
        console.log(`Person: ${item.name}, ${item.city}`);
    } else {
        // 物件是 Product 型別
        console.log(`Product: ${item.name}, ${item.price}`);
    }
});
```

這段新程式碼也是型別防衛敘述,判斷陣列中的物件到底符合 Product 型別、還是 Person 型別,辦法是在 if 敘述用 in 關鍵字尋找其中一個型別獨有、但另一個型別完全沒有的屬性。既然只有 Person 型別擁有 city 屬性,TypeScript 編譯器會發現這是型別防衛敘述,並能因此將 if 和 else 區塊中的物件限縮到其中一種型別。

以上範例編譯執行後會產生以下結果：

```
...
Product: Hat, 100
Product: Gloves, 75
Product: Umbrella, 30
Person: Bob, London
```

☆ 避免常犯的型別防衛敘述錯誤

型別防衛敘述最常犯的錯誤有兩種，首先是檢測條件不夠精確，導致無法有效區分型別。例如底下這個範例：

```
dataItems.forEach(item => {
    if ("id" in item && "name" in item) {
        console.log(`Person: ${item.name}: ${item.city}`);
    } else {
        console.log(`Product: ${item.name}: ${item.price}`);
    }
});
```

這項測試檢查了 id 與 name 屬性，可是 Person 與 Product 型別都有定義這兩個屬性，所以 if 區塊內推論出的型別還是 Product | Person 聯集，導致存取 city 屬性會產生錯誤。至於 else 區塊推論出的型別則是 never，因為所有可能的型別都已經被 if 區塊用掉了。這時嘗試在 else 區塊存取 name 與 price 屬性，一樣會讓編輯器提出錯誤。

第二種常見問題是拿選擇性屬性來進行檢測，就像下面這樣：

```
dataItems.forEach(item => {
    if ("price" in item) {
        console.log(`Product: ${item.name}: ${item.price}`);
    } else {
        console.log(`Person: ${item.name}: ${item.city}`);
    }
});
```

這道檢測會篩選出有定義 price 屬性的物件。問題是，price 屬性是選擇性的，所以若檢測的物件符合 Product 型別、卻沒有 price 屬性，就會落到 else 區塊。這使得 else 區塊推論的型別仍是 Product | Person 聯集。

如何撰寫有效的型別防衛敘述，需要縝密的思考與完整的測試。不過隨著經驗的累積，各位將發現這會變得越來越容易。

10-3-5 使用『型別謂詞函式』 (Type Predicate Function) 的型別防衛敘述

使用 in 關鍵字可以有效檢查一個物件是否符合某個形狀，只是每次需要檢查型別的時候都得把相同的檢查步驟重複寫一遍。為了解決這問題，TypeScript 也支援透過函式來檢測物件的型別。請參考以下的操作範例：

修改 \types18\src\index.ts)

```
...

function isPerson(testObj: any): testObj is Person {
    return testObj.city !== undefined;
}

dataItems.forEach(item => {
    if (isPerson(item)) {
        console.log(`Person: ${item.name}: ${item.city}`);
    } else {
        console.log(`Product: ${item.name}: ${item.price}`);
    }
});
```

在此物件的型別防衛敘述改成呼叫一個函式來判斷，該函式的傳回值使用了 is 關鍵字：

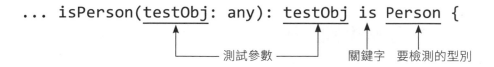

... isPerson(testObj: any): testObj is Person {

測試參數 ── 關鍵字 要檢測的型別

這個函式的傳回值就叫做**型別謂詞**，用來告訴編譯器我們在查驗的是該函式的哪個參數，以及要查驗它是否屬於某個型別。在這個範例中，isPerson() 函式藉由查驗其 testObj 參數是否有定義 city 參數（不傳回 undefined)，來判斷它是否為 Person 型別。倘若 isPerson() 傳回 true, 那麼 TypeScript 編譯器就會在 if 區塊把該物件視為 Person 型別。

在型別防衛敘述中使用型別謂詞函式，具有更大的操作彈性，因為函式的參數是 any 型別，所以可直接對物件的屬性進行查驗，而無需像 in 關鍵字那樣只能使用字串。

 型別防衛敘述函式的名稱並沒有任何限制，但習慣上會用 **is + 要檢測的型別名稱**。譬如要檢測的是 Person 型別，那個這個檢測函式就會取名為 isPerson；檢測 Product 的函式則會取名為 isProduct。

以上範例執行後會輸出下列的結果，顯示使用檢測函式的效果與 in 關鍵字是一樣的，但以後你就能重複呼叫同一個函式了：

```
Product: Hat: 100
Product: Gloves: 75
Product: Umbrella: 30
Person: Bob: London
```

10-4 使用型別交集 (type intersections)

 以下使用範例專案 types19，內容延續自 types18。

■ 10-4-1 了解型別交集

型別交集是把多個不同的型別合併在一起。它和型別聯集的差異在於，型別聯集只能使用成員間共有的屬性與方法，而型別交集則允許你使用**所有**型別成員的內容。

 型別交集指的是**值**的交集，也就是把多個值合併成一個。因此型別交集的值會合併所有型別的屬性與方法。

我們直接用個實例來看型別交集的宣告與使用方式：

\types19\src\index.ts

```ts
type Person = {
    id: string,
    name: string,
    city: string
};
type Employee = {
    company: string,
    dept: string
};

let bob = {
    id: "bsmith", name: "Bob", city: "London",
    company: "Acme Co", dept: "Sales"
};

let dataItems: (Person & Employee)[] = [bob];

dataItems.forEach(item => {
    console.log(`Person: ${item.id}, ${item.name}, ${item.city}`);
    console.log(`Employee: ${item.id}, ${item.company}, ${item.dept}`);
});
```

範例中我們定義了個物件 bob，它同時滿足 Person 與 Employee 物件的形狀，然後將 bob 存入陣列 dataItems。dataItems 的型別被註記為 Person 與 Employee 的交集型別，也就是用 & 將兩個型別名稱連起來：

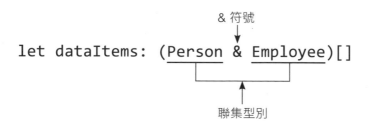

&符號

```
let dataItems: (Person & Employee)[]
```

聯集型別

這意味著 dataItems 的元素必須符合 Person & Employee 型別，也就是合併這兩個物件形狀的結果：

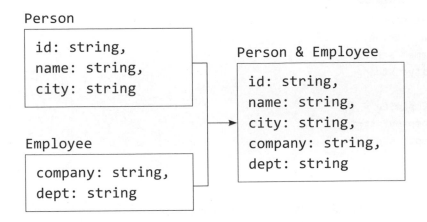

由於 Person & Employee 型別總結了兩個物件形狀的內容，這表示在它的 forEach() 方法中，就可以存取上面的全部五個屬性。而物件 Bob 也確實具備這些屬性，因此放進 dataItems 時不會產生問題。

這支程式編譯執行後會產生以下結果：

```
Person: bsmith, Bob, London
Employee: bsmith, Acme Co, Sales
```

▍ 10-4-2 以型別交集合併相關資料

最常用到型別交集的狀況，是你需要為既有的物件加入新功能，好把它們用在程式的其他地方，或者需要合併兩組資料。JavaScript 可以很輕易地將一個物件的內容加入另一個物件，然後用型別交集來對 TypeScript 清楚表示合併後的型別。以下範例便示範如何以一個函式來合併兩組陣列的元素：

修改 \types19\src\index.ts

```typescript
type Person = {
    id: string,
    name: string,
    city: string
};
type Employee = {
    id: string,
    company: string,
    dept: string
};

// 型別交集別名
type EmployedPerson = Person & Employee;

function correlateData(peopleData: Person[], staff: Employee[]):
    EmployedPerson[] {
    // 要傳回的陣列
    let result: EmployedPerson[] = []
    // 走訪 peopleData 陣列的每個 Person 物件
    peopleData.forEach(
        p => {
            // 用物件字面表示法在 result 加入新物件，其組成為：
            // 1. 此 Person 物件的所有屬性
            // 2. 若 staff 陣列有 Employee 物件的 id 跟此物件相同，
            // 將其屬性也併入；但若沒有 (find() 傳回 undefined)，則
            // 改併入一個後備 Employee 物件的屬性
            result.push(
                {
                    ...p, ...staff.find(e => e.id === p.id)
                    || { company: "None", dept: "None", id: p.id }
                }
            )
        }
    )
    return result  // 傳回含有合併物件的陣列
}

// 兩個物件陣列
let people: Person[] =
    [{ id: "bsmith", name: "Bob Smith", city: "London" },
```

Next

```
    { id: "ajones", name: "Alice Jones", city: "Paris" },
    { id: "dpeters", name: "Dora Peters", city: "New York" }];
let employees: Employee[] =
    [{ id: "bsmith", company: "Acme Co", dept: "Sales" },
    { id: "dpeters", company: "Acme Co", dept: "Development" }];

// 取得含有合併物件的陣列
let dataItems: EmployedPerson[] = correlateData(people, employees);

dataItems.forEach(item => {
    console.log(`Person: ${item.id}, ${item.name}, ${item.city}`);
    console.log(`Employee: ${item.id}, ${item.company}, ${item.dept}`);
});
```

在這個範例中，correlateData() 函式接收 Person 物件的陣列以及 Employee 物件的陣列，然後使用它們共有的 id 屬性來生成合併兩者屬性的新物件。這裡會用 Person 物件的 id 去搜尋對應的 Employee 物件，如果找不到，就透過 || 來取得後備值，也就是一個符合 Employee 形狀的物件 { company: "None", dept: "None", id: p.id }，以便在新物件中填補必要的屬性。

此範例編譯執行後會輸出以下結果：

```
Person: bsmith, Bob Smith, London
Employee: bsmith, Acme Co, Sales
Person: ajones, Alice Jones, Paris
Employee: ajones, None, None
Person: dpeters, Dora Peters, New York
Employee: dpeters, Acme Co, Development
```

10-5 了解型別交集的效果

10-5-1 型別交集的向下相容性

由於型別交集合併了多個型別的內容，所以符合該交集形狀的物件，就**必然**符合交集中的每種型別。舉例來說，符合 Person & Employee 交集定義的物件，就一定符合 Person 型別或 Employee 型別。請看以下範例：

修改 \types19\src\index.ts

```typescript
type Person = {
    id: string,
    name: string,
    city: string
};
type Employee = {
    id: string,
    company: string,
    dept: string
};

type EmployedPerson = Person & Employee;

function correlateData(peopleData: Person[], staff: Employee[]):
EmployedPerson[] {
    let result: EmployedPerson[] = []
    peopleData.forEach(
        p => {
            result.push(
                {
                    ...p, ...staff.find(e => e.id === p.id)
                    || { company: "None", dept: "None", id: p.id }
                }
            )
        }
    )
    return result
}
```

```
let people: Person[] =
    [{ id: "bsmith", name: "Bob Smith", city: "London" },
     { id: "ajones", name: "Alice Jones", city: "Paris" },
     { id: "dpeters", name: "Dora Peters", city: "New York" }];
let employees: Employee[] =
    [{ id: "bsmith", company: "Acme Co", dept: "Sales" },
     { id: "dpeters", company: "Acme Co", dept: "Development" }];

let dataItems: EmployedPerson[] = correlateData(people, employees);

function writePerson(per: Person): void {
    console.log(`Person: ${per.id}, ${per.name}, ${per.city}`);
}

function writeEmployee(emp: Employee): void {
    console.log(`Employee: ${emp.id}, ${emp.company}, ${emp.dept}`);
}

dataItems.forEach(item => {
    writePerson(item);
    writeEmployee(item);
});
```

　　編譯器在比對一個物件是否符合某個形狀時,它只會確認該物件是否定義了形狀中該有的全部屬性,而不會介意物件是否還擁有其他的額外屬性(唯一例外是本章先前看過的,用物件字面表示法建立的物件)。因此,就算 writePerson() 與 writeEmployee() 函式參數限縮了物件型別,這些符合 EmployedPerson 型別的物件照樣能傳入,也不會引發編譯錯誤。

　　這個範例會輸出以下結果:

```
Person: bsmith, Bob Smith, London
Employee: bsmith, Acme Co, Sales
Person: ajones, Alice Jones, Paris
Employee: ajones, None, None
Person: dpeters, Dora Peters, New York
Employee: dpeters, Acme Co, Development
```

型別交集可向下相容的這種特質很好懂，但它還有一個重點：若不同的成員物件擁有名稱相同、但型別不同的屬性，那麼該屬性的型別也會是型別交集。這個概念比較複雜一些，以下我們依不同狀況分成幾個小節來解釋。

▌ 10-5-2　相同型別屬性的合併

先從最簡單的狀況說起：若交集中的屬性名稱跟型別都相同，譬如 Person 與 Employee 型別都定義了 string 型別的 id 屬性，那麼當 Person 和 Employee 被合併成型別交集時，id 屬性的型別並不會有任何改變：

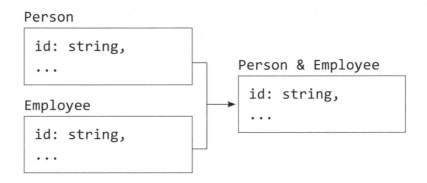

這種狀況無需任何額外處置，反正所有指派給 id 屬性的值都會是 string 型別，完全符合物件與型別交集的要求。

▌ 10-5-3　相異型別屬性的合併

 以下使用範例專案 types20，內容延續自 types19。

當交集中出現名稱相同、型別卻相異的屬性時，編譯器會給屬性套用型別交集，但當交集的型別彼此不相容時，就會被視為 never 型別。為了清楚展示這個過程，以下範例移除了先前的函式，為 Person 與 Employee 型別各自新增一個 contact 屬性：

```
type Person = {
    id: string,
    name: string,
    city: string,
    contact: number
};
type Employee = {
    id: string,
    company: string,
    dept: string,
    contact: string
};

type EmployedPerson = Person & Employee;
// 建立一個型別為 EmployedPerson 的空物件，然後取得 contact 屬性
let typeTest = ({} as EmployedPerson).contact;
```

　　範例最後一行的敘述是個有用的小技巧，可查看編譯器為型別交集屬性指派了何種型別，但你必須記得啟用編譯器組態設定檔的 declaration 設定，編譯器才會在 dist 目錄輸出 .d.ts 型別宣告檔。

　　儲存 index.ts 檔案的變更後，編譯器會重新編譯程式碼並在 dist 目錄生成 index.d.ts 檔。打開後即可見到交集中的 contact 屬性的型別：

\types20\dist\index.d.ts

```
...
declare let typeTest: never;
```

　　以本案例而言，由於根本沒有值可以同時滿足 number & string 這種由兩個基本型別構成的交集，因此被編譯器當成 never 型別：

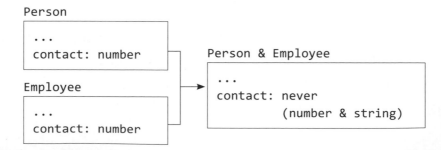

> **小編註** 若使用 TypeScript 3.5 及更早版本, 編譯器確實會將 typeTest 的型別推論成 number &
> string。但既然沒有值能符合這種定義, 實際上就等於 never 型別。

這使得即使我們建立一個物件，滿足型別聯集的要求，也沒辦法指派值
給型別變成 never 的 contact 屬性。我們用以下的這段程式來示範此一問題：

修改 \types20\src\index.ts

```ts
type Person = {
    id: string,
    name: string,
    city: string,
    contact: number
};
type Employee = {
    id: string,
    company: string,
    dept: string,
    contact: string
};

type EmployedPerson = Person & Employee;
let typeTest = ({} as EmployedPerson).contact;

let person1: EmployedPerson = {
    id: "bsmith", name: "Bob Smith", city: "London",
    company: "Acme Co", dept: "Sales", contact: "Alice"
};

let person2: EmployedPerson = {
    id: "dpeters", name: "Dora Peters", city: "New York",
    company: "Acme Co", dept: "Development", contact: 6512346543
};
```

這麼做產生了下列錯誤：

```
src/index.ts(19,40): error TS2322: Type 'string' is not assignable to
type 'never'.
src/index.ts(24,46): error TS2322: Type 'number' is not assignable to
type 'never'.
```

由基礎型別構成的交集一定會是 never，這是無法迴避的問題。唯一解決辦法是調整交集中所用的型別，如以下範例改用兩種物件型別：

修改 \types20\src\index.ts

```
type Person = {
    id: string,
    name: string,
    city: string,
    contact: { phone: number }   // 物件
};
type Employee = {
    id: string,
    company: string,
    dept: string,
    contact: { name: string }   // 物件
};

type EmployedPerson = Person & Employee;
let typeTest = ({} as EmployedPerson).contact;

let person1: EmployedPerson = {
    id: "bsmith", name: "Bob Smith", city: "London",
    company: "Acme Co", dept: "Sales",
    contact: { name: "Alice", phone: 6512346543 }
};

let person2: EmployedPerson = {
    id: "dpeters", name: "Dora Peters", city: "New York",
    company: "Acme Co", dept: "Development",
    contact: { name: "Alice", phone: 6512346543 }
};
```

對編譯器而言，它還是用同樣的方式合併型別，但這回得到的結果是一個同時擁有 name 與 phone 屬性的物件 (你可以在 dist\index.d.ts 查看 typeTest 變數的型別來驗證這一點)：

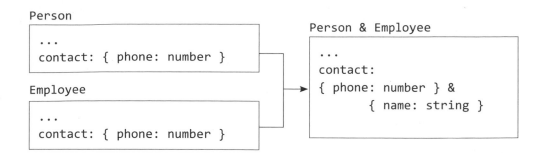

在上面的範例中，兩個 EmployedPerson 物件的 contact 屬性都被指派了個 { phone: number, name: string } 物件，而它能夠同時符合 { phone: number } 及 { name: string } 物件型別。這使得我們得以指派值給該屬性，而不會發生錯誤了。

■ 10-5-4　物件方法的合併

 以下使用範例專案 types21, 內容延續 types20。

　　前面談的是型別交集成員具有同名屬性的狀況，但如果它們定義了同名的物件方法，又會有何結果呢？編譯器會建立一個函式，並為函式加上交集型別的函式特徵。請看底下範例的演練：

\types21\src\index.ts

```
type Person = {
    id: string,
    name: string,
    city: string,
    getContact(field: string): string
};
type Employee = {
    id: string,
    company: string,
    dept: string,
    getContact(field: number): number
};
```
Next

```
type EmployedPerson = Person & Employee;

let person: EmployedPerson = {
    id: "bsmith", name: "Bob Smith", city: "London",
    company: "Acme Co", dept: "Sales",
    getContact(field: string | number): any {
        return typeof field === "string" ? "Alice" : 6512346543;
    }
};

let typeTest = person.getContact;
let stringParamTypeTest = person.getContact("Alice");
let numberParamTypeTest = person.getContact(123);
console.log(`Contact: ${person.getContact("Alice")}`);
console.log(`Contact: ${person.getContact(12)}`);
```

編譯器在合併函式時，會建立它們特徵的交集，不過要注意的是，這有可能會如同上節那樣產生不合理的型別 (因而變成 never 型別)，導致函式的實作上有困難。

要預測合併後的物件方法會變成什麼樣並不容易，但它整體的效果類似第 8 章介紹的型別多載。最可靠的方式還是檢查編譯器輸出的型別宣告檔，以確保產生的交集符合你的預期。

在上面的範例中，我們加了三行敘述來協助理解物件方法的合併：

```
let typeTest = person.getContact;  // 取得 person 的 getContact 方法物件
let stringParamTypeTest = person.getContact("Alice"); // 傳入字串時的傳回值
let numberParamTypeTest = person.getContact(123);  // 傳入數值時的傳回值
```

當 index.ts 檔編譯完成後，打開 dist 目錄下的 index.d.ts 檔來查閱編譯器為每個變數推論的型別：

```
declare let typeTest: ((field: string) => string) & ((field: number) => number);
declare let stringParamTypeTest: string;
declare let numberParamTypeTest: number;
```

第一行敘述顯示了合併的 getContact() 方法會產生怎樣的型別聯集：

```
Person
┌─────────────────────────────────┐
│ getContact(field: string):      │
│ string                          │
└─────────────────────────────────┘

Employee
┌─────────────────────────────────┐
│ getContact(field: number):      │
│ number                          │
└─────────────────────────────────┘
```

```
Person & Employee
┌─────────────────────────────────┐
│ getContact(                     │
│ (field: string) => string) &    │
│ ((field: number) => number)     │
└─────────────────────────────────┘
```

真正的挑戰在於，物件在實作交集的方法時，必須確保它能相容於原本各自物件的方法。參數通常比較好處理，比如上面範例便透過型別聯集建立了一個可接受 string 或 number 值的參數：

```
getContact(field: string | number)
```

傳回值就比較困難了，因為要找到可相容的型別並不容易（如前面已經看到的，number & string 型別絕不可能存在，因此相當於 never 型別）。最可靠的方式是將傳回值註記為 any 型別，然後再靠著型別防衛敘述來限縮到對應的型別：

```
getContact(field: string | number): any {
    return typeof field === "string" ? "Alice" : 6512346543;
}
```

雖然我經常提醒大家盡可能不要使用 any 型別，但在這個範例中也沒有別的型別可允許 getContact() 方法傳回特定型別，進而讓 EmployedPerson 物件能被當成 Person 或 Employee 物件使用。本範例執行後會產生以下結果：

```
Contact: Alice
Contact: 6512346543
```

10-6 本章總結

本章介紹了 TypeScript 如何根據物件的形狀來做型別檢查。我解釋了物件的形狀是如何進行比較、如何給它們取型別別名，以及如何用於型別聯集與交集之中。下一章將更深入解說，物件形狀能如何拿來支援類別 (class) 的型別功能。

下表是本章內容的概要整理：

問題	解決辦法	本章小節
對 TypeScript 編譯器描述共用物件的型別	使用形狀型別	10-2-1, 10-2-2
描述不規則共用物件的型別	在形狀型別使用選擇性屬性	10-2-3
重複使用物件形狀型別	使用型別別名	10-2-6
在物件包含了物件形狀型別沒有的額外屬性時不回報錯誤	啟用編譯器的 suppressExcessPropertyErrors 設定	10-2-7
合併物件形狀型別	使用型別聯集或交集	10-3, 10-4
為物件型別進行型別防衛敘述	使用 in 關鍵字查驗物件所定義的屬性	10-3-4
重複使用一個型別防衛敘述	定義一個謂詞函式	10-3-5

在 TypeScript
使用類別與介面

本章要開始介紹 TypeScript 對類別 (class) 與介面 (interface) 所
提供的功能。相較於我們在第 4 和第 10 章介紹過的物件,介面
是另一種描述物件形狀的方式。

11-1 本章行前準備

你能在本章繼續沿用自第 7 章建立至今的 types 專案，不過我們會使用新專案 types22。在建立專案資料夾後，於命令提示字元或終端機輸入以下指令：

```
\types22> npm init --yes
\types22> npm install --save-dev typescript@4.3.5 tsc-watch@4.4.0
```

接著在 package.json 新增以下內容：

\types22\package.json

```
{
    "name": "types22",
    "version": "1.0.0",
    "description": "",
    "main": "index.js",
    "scripts": {
        "test": "echo \"Error: no test specified\" && exit 1",
        "start": "tsc-watch --onsuccess \"node dist/index.js\""
    },
    "keywords": [],
    "author": "",
    "license": "ISC",
    "devDependencies": {
        "tsc-watch": "^4.4.0",
        "typescript": "^4.3.5"
    }
}
```

再來則建立 tsconfig.json 如下：

\types22\tsconfig.json

```
{
    "compilerOptions": {
        "target": "es2020",
```

Next

```
        "outDir": "./dist",
        "rootDir": "./src",
        "declaration": true
    }
}
```

最後建立一個子目錄 src, 建立 index.ts 如下：

\types22\src\index.ts

```
type Person = {
    id: string,
    name: string,
    city: string
};

let data: Person[] = [
    { id: "bsmith", name: "Bob Smith", city: "London" },
    { id: "ajones", name: "Alice Jones", city: "Paris" },
    { id: "dpeters", name: "Dora Peters", city: "New York" }
];

data.forEach(item => {
    console.log(`${item.id} ${item.name}, ${item.city}`);
});
```

完成以上步驟後，在命令提示字元或終端機切換到 types22 目錄底下，執行以下指令來啟動 TypeScript 編譯器、並讓程式碼自動編譯和執行：

```
\types22> npm start
下午12:09:01 - Starting compilation in watch mode...
下午12:09:03 - Found 0 errors. Watching for file changes.
bsmith Bob Smith, London
ajones Alice Jones, Paris
dpeters Dora Peters, New York
```

11-2 使用函式建構子 (constructor function)

我們在第 4 章介紹過，物件可透過函式建構子來產生，並且連結到 JavaScript 的原型系統。建構子亦可用在 TypeScript 程式碼，只是操作上有點違反直覺、也不若類別那麼優雅 (本章稍後會再詳述)。

下面我們就嘗試新增一個建構子到範例專案 types22 的程式中：

修改 \types22\src\index.ts

```
type Person = {
    id: string,
    name: string,
    city: string
};

// 定義 Employee 物件型別的建構式函式
let Employee = function (id: string, name: string, dept: string, city: 接下行
string) {
    this.id = id;
    this.name = name;
    this.dept = dept;
    this.city = city;
    this.writeDept = function () {   // 定義方法
        console.log(`${this.name} works in ${this.dept}`);
    };
};

let salesEmployee = new Employee("fvega", "Fidel Vega", "Sales", 接下行
"Paris");

// 混合 Person 與 Employee 物件型別的陣列
let data: (Person | Employee)[] = [
    { id: "bsmith", name: "Bob Smith", city: "London" },
    { id: "ajones", name: "Alice Jones", city: "Paris" },
    { id: "dpeters", name: "Dora Peters", city: "New York" },
    salesEmployee
```
Next

```
];

data.forEach(item => {
    if (item instanceof Employee) {  // 型別防衛敘述
        item.writeDept();
    } else {
        console.log(`${item.id} ${item.name}, ${item.city}`);
    }
});
```

這邊用 Employee() 函式建構子來替要傳回的物件加入 id、name、dept 與 city 四個屬性, 以及定義一個名為 writeDept() 的方法。然後我們把 data 陣列改成能同時包含 Person 與 Employee 物件元素, 並在呼叫其 forEach() 方法時使用 **instanceof** 算符來限縮陣列中每個物件的型別。

然而, 以上範例產生了下列的編譯錯誤:

```
src/index.ts(19,21): error TS2749: 'Employee' refers to a value, but is
being used as a type here. Did you mean 'typeof Employee'?
src/index.ts(19,21): error TS4025: Exported variable 'data' has or is
using private name 'Employee'.
src/index.ts(28,14): error TS2339: Property 'writeDept' does not exist
on type '{}'.
```

這是因為 TypeScript 將 Employee() 函式建構子視為一般的普通函式, 而當我們對 Employee 函式使用 new 關鍵字來產生新物件時, 編譯器會將該物件推論為 **any** 型別, 然後指派給 salesEmployee 變數。由於後面的程式找不到 Employee 型別定義, 就令編譯器引發了一連串的錯誤。

要解決這問題最簡單的方法, 就是另外提供 Employee 的形狀型別給編譯器, 讓它得以分辨函式建構子傳回之物件的形狀。以下範例使用型別別名 Employee (這和 Employee() 建構子是兩個不同東西) 來描述一個物件形狀, 與建構子所創建出來的物件相同:

```typescript
type Person = {
    id: string,
    name: string,
    city: string
};
type Employee = {   // Employee 物件形狀別名
    id: string,
    name: string,
    dept: string,
    city: string,
    writeDept: () => void
};

let Employee = function (id: string, name: string, dept: string, city: 接下行
string) {
    this.id = id;
    this.name = name;
    this.dept = dept;
    this.city = city;
    this.writeDept = function () {
        console.log(`${this.name} works in ${this.dept}`);
    };
};

let salesEmployee = new Employee("fvega", "Fidel Vega", "Sales", 接下行
"Paris");

// 在型別聯集使用物件形狀
let data: (Person | Employee)[] = [
    { id: "bsmith", name: "Bob Smith", city: "London" },
    { id: "ajones", name: "Alice Jones", city: "Paris" },
    { id: "dpeters", name: "Dora Peters", city: "New York" },
    salesEmployee
];

data.forEach(item => {
    if ("dept" in item) {   // 型別防衛敘述
        item.writeDept();
    } else {
        console.log(`${item.id} ${item.name}, ${item.city}`);
    }
});
```

在此 new 關鍵字仍然會將傳回的新物件推論為 any 型別，但至少 data 陣列能夠使用 Employee 型別別名容納同形狀的物件，TypeScript 編譯器也就得以在型別防衛敘述中將它限縮為 Employee 型別。

另一個值得注意的是，我們這回也把型別防衛敘述換成了查驗物件屬性的方式。既然函式建構子傳回的物件是 any 型別，TypeScript 編譯器就無法使用 instanceof 來檢查型別，所以我們得改用第 10 章介紹的屬性檢查技巧。經過這兩處調整後，這支範例程式編譯執行並輸出了正確結果：

```
bsmith Bob Smith, London
ajones Alice Jones, Paris
dpeters Dora Peters, New York
Fidel Vega works in Sales
```

11-3 使用類別

▋ 11-3-1 定義 TypeScript 類別

 注意 以下使用範例專案 types23, 延續自專案 types22。

平心而論，TypeScript 對函式建構子的支援並不算好，主因是它把重心擺在擴充 JavaScript 於 ES2015/ES6 起加入的**類別 (class)** 功能，好讓熟悉 C#、Java 等語言的設計師更容易上手。此外，TypeScript 甚至允許你將類別功能編譯到更舊版本的 JavaScript 程式碼中。以下範例使用類別來取代之前的函式建構子：

```typescript
type Person = {
    id: string,
    name: string,
    city: string
};

// Employee 類別
class Employee {
    // 定義屬性與其型別
    id: string;
    name: string;
    dept: string;
    city: string;

    // 類別建構子，在建立物件時替它加入屬性並指派值
    constructor(id: string, name: string, dept: string, city: string) {
        this.id = id;
        this.name = name;
        this.dept = dept;
        this.city = city;
    }

    writeDept() {
        console.log(`${this.name} works in ${this.dept}`);
    }
}

let salesEmployee = new Employee("fvega", "Fidel Vega", "Sales", 接下行
"Paris");

let data: (Person | Employee)[] = [
    { id: "bsmith", name: "Bob Smith", city: "London" },
    { id: "ajones", name: "Alice Jones", city: "Paris" },
    { id: "dpeters", name: "Dora Peters", city: "New York" },
    salesEmployee
];

data.forEach(item => {
    if (item instanceof Employee) {
        item.writeDept();
```

Next

```
        } else {
            console.log(`${item.id} ${item.name}, ${item.city}`);
        }
    });
```

　　TypeScript 的類別語法需要宣告其實例物件的屬性與它們的型別，所以整個寫起來會有點繁瑣（稍後會示範如何改善這問題）。不過它相對的優勢在於，你傳入建構子（類別中的 constructor()）的參數型別可以跟用 this 指派給物件的屬性型別不同。此外，從類別建立物件時用的依然是 new 關鍵字，但這回編譯器會將新物件定型為 Employee 型別，使得我們可以重新用 instanceof 來做型別防衛敘述。

小編註 如之前提過，類別像是物件的藍圖，一個類別可以建立出多個物件。因此物件也被稱為是類別的**實例 (instance)**。

　　從下一節開始，我們就來逐一介紹 TypeScript 對類別提供的強大功能，而且 TypeScript 的類別看起來會跟第 4 章介紹的標準 JavaScript 類別差異甚大。不過有個重點一定要謹記在心，就是編譯器最終輸出與執行的依然是 JavaScript 的建構子與原型系統的功能。我們可以打開 dist 目錄下的 index.js 檔，來檢視以上範例編譯過後的類別程式碼：

\types23\dist\index.js

```
...
class Employee {
    // 只剩下建構子
    constructor(id, name, dept, city) {
        this.id = id;
        this.name = name;
        this.dept = dept;
        this.city = city;
    }
    writeDept() {
        console.log(`${this.name} works in ${this.dept}`);
    }
}
...
```

隨著我們逐步學習更進階的類別功能，讀者不妨隨時檢視編譯器所輸出的 JavaScript 類別，看看 TypeScript 的功能怎樣被轉譯為純 JavaScript 程式碼。以上範例編譯執行後會產生和專案 types22 相同的成果：

```
bsmith Bob Smith, London
ajones Alice Jones, Paris
dpeters Dora Peters, New York
Fidel Vega works in Sales
```

▋ 11-3-2　屬性的存取控制關鍵字

JavaScript 本身並沒有提供物件屬性的**存取控制 (access control)**，這代表一個實例物件的所有屬性都是可被外界看見和存取的，甚至類別（或者以 JavaScript 來說，是用來建立實例物件的原型物件）與其實例物件都可以被隨意增刪功能。

在原生 JavaScript 程式中，我們只能透過命名慣例來對其他人標示哪個屬性不該被使用（名稱以底線 _ 開頭的屬性代表並非有意對外公開）。不過 TypeScript 提供了類別屬性的存取控制關鍵字，讓我們能更有效地管理屬性存取：

關鍵字	意義	說明
public	公開	允許外界自由存取此屬性或方法。若沒有特別指定, 這就是預設的行為。
private	私有	僅限當前類別存取此屬性或方法。
protected	保護	僅限當前類別及其子類別存取此屬性或方法。

若無特別指定，TypeScript 預設會將所有屬性視為 public，但你當然也可以明確使用 public 關鍵字來提高程式碼的可讀性。以下範例便嘗試為 Employee 類別定義的屬性套用不同的存取控制關鍵字：

修改 \types23\dist\index.js

```
...

class Employee {
    public id: string;
    public name: string;
    private dept: string;   // 私有屬性
    public city: string;

    constructor(id: string, name: string, dept: string, city: string) {
        this.id = id;
        this.name = name;
        this.dept = dept;
        this.city = city;
    }

    writeDept() {
        console.log(`${this.name} works in ${this.dept}`);
    }
}

let salesEmployee = new Employee("fvega", "Fidel Vega", "Sales", 接下行
"Paris");
// 嘗試存取物件的私有屬性
console.log(`Dept value: ${salesEmployee.dept}`);

...
```

在上面的範例當中，我們為 dept 屬性套用了 private 關鍵字，其它的屬性則設定為 public。這使得編譯器在我們嘗試從 salesEmployee 物件變數來存取 dept 時回報了錯誤：

```
src/index.ts(26,42): error TS2341: Property 'dept' is private and only
accessible within class 'Employee'.
```

要存取 dept 屬性的唯一途徑只能透過 writeDept() 方法，因為它屬於 Employee 類別、能從類別內部操作該屬性，所以在 private 關鍵字的允許範圍之內。

> **注意** 請注意存取控制是 TypeScript 編譯器附加的功能，並不存在於編譯器生成的 JavaScript 程式碼中。所以不要過度仰賴 private 或 protected 關鍵字來保護敏感資料，因為到了實際執行環境中，程式的其他部分就還是能夠存取它們。
>
> 假如真正想在 JavaScript 隱藏類別中的成員，可考慮使用 TypeScript 3.8 起支援的 ECMAScript 私有屬性寫法 (即在屬性名稱前面加上 #，而且不得搭配 TypeScript 的存取控制關鍵字)：
>
> https://www.typescriptlang.org/docs/handbook/release-notes/typescript-3-8.html#ecmascript-private-fields。

只要移除前面範例中不當存取私有屬性的敘述，就能得到和之前一樣的執行結果：

```
bsmith Bob Smith, London
ajones Alice Jones, Paris
dpeters Dora Peters, New York
Fidel Vega works in Sales ◀── 用 writeDept() 方法印出私有屬性
```

> **☆ 確保你有初始化實例物件的屬性**
>
> 沒有初始化 (在定義時沒有指派值，或者沒有透過類別建構子指派值) 的屬性，可能會無意間造成操作上的錯誤，這時你可將編譯器設定檔的 **strictPropertyInitialization** 設定設為 true (這需要一併啟用 **strictNullChecks** 設定)。當類別定義了屬性卻沒有初始化它，TypeScript 編譯器便會回報錯誤。

▌ 11-3-3 定義唯讀屬性

我們也可用 **readonly** 關鍵字將屬性標註成唯讀狀態，這樣一來實例物件的該屬性被建構子賦值之後，便像常數一樣無法修改或覆寫。請參考以下的操作：

```
...

class Employee {
    public readonly id: string;   // 唯讀
    public name: string;
    private dept: string;
    public city: string;

    constructor(id: string, name: string, dept: string, city: string) {
        this.id = id;
        this.name = name;
        this.dept = dept;
        this.city = city;
    }

    writeDept() {
        console.log(`${this.name} works in ${this.dept}`);
    }
}

let salesEmployee = new Employee("fvega", "Fidel Vega", "Sales", 接下行
"Paris");
salesEmployee.id = "fidel";

...
```

　　和存取控制關鍵字一樣，readonly 關鍵字必須擺在屬性名稱前面。如果要和存取控制關鍵字併用，那麼則得擺在存取控制關鍵字後面。

　　以上範例對 id 屬性加上了 readonly 關鍵字，代表它被建構子賦予值之後就沒有辦法再修改了。所以當最後一行新敘述嘗試指派一個新的值給 id 屬性時，編譯器就會回報下列錯誤：

```
src/index.ts(27,15): error TS2540: Cannot assign to 'id' because it is a
read-only property.
```

 readonly 關鍵字同樣屬於 TypeScript 編譯器附加的功能，不會影響到編譯後的 JavaScript 程式碼。因此不要過度倚靠它來保護敏感的資料或操作。

11-3-4 進一步簡化類別建構子

 注意 以下使用範例專案 types24, 內容延續自專案 types23。

純 JavaScript 類別必須透過建構子，才能在建立實例物件時替它加入屬性，但 TypeScript 也要求你先在類別內明確定義屬性。TypeScript 的這種做法對多數程式設計師來說，是比較熟悉的類別設計模式，但這和 JavaScript 的做法擺在一起就顯得冗長和重複，尤其是建構子的參數通常會和它們指派值的屬性名稱相同。

因此 TypeScript 支援一種更精簡的建構子語法，可以省略這種『定義再給值』(define and assign) 的模式。請看以下的操作示範：

types24\src\index.ts

```typescript
type Person = {
    id: string,
    name: string,
    city: string
};

class Employee {
    constructor(public readonly id: string,
        public name: string,
        private dept: string,
        public city: string) {
        // 建構式 {} 內不需寫任何敘述
    }

    writeDept() {
        console.log(`${this.name} works in ${this.dept}`);
    }
}

let salesEmployee = new Employee("fvega", "Fidel Vega", "Sales",
"Paris");
salesEmployee.writeDept();

// 移除後面的其他程式碼
```

若要簡化建構子，只要如上把存取控制關鍵字加到建構子參數前面（換行並非必要，這只是為了增進程式碼閱讀性）：

```
constructor(public readonly id: string,
    public name: string,
    private dept: string,
    public city: string) {

}
```

對於所有套用了存取控制關鍵字的建構子參數，編譯器會替實例物件建立同名屬性，並將傳入的引數指派給它們。對於套用 readonly 關鍵字的參數，其對應屬性就會是唯讀的。這些關鍵字並不會影響建構子的呼叫方式，而且建構子仍然可以混用普通的參數。

以上範例的程式碼會輸出以下的結果：

```
Fidel Vega works in Sales
```

■ 11-3-5　使用類別繼承 (inheritance)

為了維持一致性與熟悉感，TypeScript 沿用了大多數程式語言的**類別繼承**概念，然後再加入一些額外的便利功能、好滿足必要的日常工作，並限制某些可能會引發問題的 JavaScript 特性。繼承能讓一個類別沿用其他類別的既有定義，減少重複的宣告程式碼，並視需要增加或修改某些功能。以下範例便將原本的 Person 物件形狀別名改寫成類別，並拿它當成 Employee 的父類別：

修改 \types24\src\index.ts

```
class Person {
    constructor(public id: string,
        public name: string,
        public city: string) { }
}
```

Next

```
class Employee extends Person {  // Employee 繼承自 Person 類別
    constructor(public readonly id: string,
        public name: string,
        private dept: string,
        public city: string) {
        super(id, name, city);  // 呼叫父類別的建構子
    }

    writeDept() {
        console.log(`${this.name} works in ${this.dept}`);
    }
}

let data = [
    new Person("bsmith", "Bob Smith", "London"),
    new Employee("fvega", "Fidel Vega", "Sales", "Paris")
];

data.forEach(item => {
    console.log(`Person: ${item.name}, ${item.city}`);
    if (item instanceof Employee) {
        item.writeDept();
    }
});
```

> **注意** 為了方便解說, 本書經常會在同一支範例程式中定義多個類別, 但實務上的習慣還是會將每個類別分割到各自的檔案, 好讓專案更容易理解與維護。等到第三篇開始打造網頁應用程式時, 你就會看到更貼近真實的案例。

　　TypeScript 類別使用 **extends** 關鍵字來繼承父類別時, 你必須在其建構子中使用 **super** 關鍵字呼叫父類別的建構子, 以確保從父類別繼承的屬性也能獲得初始化。這個範例會輸出以下結果:

```
Person: Bob Smith, London
Person: Fidel Vega, Paris
Fidel Vega works in Sales
```

■ 11-3-6 了解子類別的型別推論

要特別注意的是，編譯器不見得有能力正確分辨父類別與子類別的階層關係。如果你放任編譯器自行推論類別子類別型別，很容易會產生預期之外的結果。

在前面的範例當中，data 陣列包含一個 Person 物件與一個 Employee 物件，但如果我們打開 dist 目錄下的 index.d.ts 檔案，會發現編譯器將 data 陣列的型別推論為 Person[]：

\types24\dist\index.d.ts

```
...
declare let data: Person[];
...
```

如果你學過其他程式語言，可能會很自然的認定編譯器已正確辨識出 Employee 乃為 Person 的子類別，而 data 陣列中的所有物件皆可視為 Person 型別。然而實際上，編譯器只是根據陣列內容建立了一個 Person | Employee 型別聯集，並認定它就等同於 Person 型別，因為聯集只能存取它所有成員的共通特性 (Employee 型別比 Person 多了一個屬性和一個方法)。

所以要謹記在心，即使你關注的是類別關係，編譯器關注的重點卻是物件的形狀。這個差別乍看之下或許無關緊要，可是當你使用的多重物件繼承自同一個父類別時，它的後果就會像以下範例這樣爆發出來：

 注意 以下使用範例專案 types25，內容延續自專案 types24。

```typescript
class Person {
    constructor(public id: string,
        public name: string,
        public city: string) { }
}

// Employee 類別繼承自 Person
class Employee extends Person {
    constructor(public readonly id: string,
        public name: string,
        private dept: string,
        public city: string) {
        super(id, name, city);
    }

    writeDept() {
        console.log(`${this.name} works in ${this.dept}`);
    }
}

// Customer 類別繼承自 Person
class Customer extends Person {
    constructor(public readonly id: string,
        public name: string,
        public city: string,
        public creditLimit: number) {
        super(id, name, city);
    }
}

// Supplier 類別繼承自 Person
class Supplier extends Person {
    constructor(public readonly id: string,
        public name: string,
        public city: string,
        public companyName: string) {
        super(id, name, city);
    }
}
```

Next

```
// data 初始化時包含 Employee 及 Customer 物件
let data = [
    new Employee("fvega", "Fidel Vega", "Sales", "Paris"),
    new Customer("ajones", "Alice Jones", "London", 500)
];

// 接著再加入 Supplier 物件
data.push(new Supplier("dpeters", "Dora Peters", "New York", "Acme"));

data.forEach(item => {
    console.log(`Person: ${item.name}, ${item.city}`);
    if (item instanceof Employee) {
        item.writeDept();
    } else if (item instanceof Customer) {
        console.log(`Customer ${item.name} has ${item.creditLimit} 接下行
limit`);
    } else if (item instanceof Supplier) {
        console.log(`Supplier ${item.name} works for ${item. 接下行
companyName}`);
    }
});
```

這支範例程式會被報錯無法編譯：

```
src/index.ts(43,11): error TS2345: Argument of type 'Supplier' is not
assignable to parameter of type 'Employee | Customer'.
  Property 'creditLimit' is missing in type 'Supplier' but required in
type 'Customer'.
src/index.ts(51,16): error TS2358: The left-hand side of an 'instanceof'
expression must be of type
'any', an object type or a type parameter.
src/index.ts(52,38): error TS2339: Property 'name' does not exist on
type 'never'.
src/index.ts(52,61): error TS2339: Property 'companyName' does not exist
on type 'never'.
```

這是因為 TypeScript 編譯器在推論 data 陣列的型別時，只會考慮它一開始建立時所包含之物件的型別，沒有顧及到 Employee 和 Customer 型別都是繼承自 Person 父類別的事實。打開 dist 目錄下的 index.d.ts 檔，即可驗證編譯器所推論的型別：

```
...
declare let data: (Employee | Customer)[];
...
```

這個陣列只能容納 Employee 或 Customer 型別的物件，所以 Supplier 物件要加進去時就產生了錯誤，後面用 forEach() 走訪時自然也無法限縮成 Supplier 型別 (第二個 else if 區塊會得到 never 型別)。

要解決這問題，我們可透過型別註記告訴編譯器 data 陣列接受的是任何 Person 物件：

修改 \types25\src\index.ts

```
...
let data: Person[] = [
    new Employee("fvega", "Fidel Vega", "Sales", "Paris"),
    new Customer("ajones", "Alice Jones", "London", 500)
];
...
```

這樣編譯器就會允許 data 陣列接納 Person 物件以及從它的子類別所建立的物件，編譯執行後會輸出以下的結果：

```
Person: Fidel Vega, Paris
Fidel Vega works in Sales          ◀── 限縮為 Employee 型別
Person: Alice Jones, London
Customer Alice Jones has 500 limit ◀── 限縮為 Customer 型別
Person: Dora Peters, New York
Supplier Dora Peters works for Acme ◀── 限縮為 Supplier 型別
```

11-4 抽象類別 (abstract class) 的使用

▌ 11-4-1 定義抽象類別

 注意 以下使用範例專案 types26, 內容延續專案 types25。

如果你要定義多重類別, 當中會含有相同的屬性和方法、可是實作方式各自會有所不同, 那麼你可以替它們定義一個**抽象類別**, 再讓這些類別繼承並實作它。這麼一來, 你既能強迫子類別遵循特定的規格或物件形狀, 又能依據類別的需求實作其細節。請參考以下範例:

\types26\src\index.ts

```
// 抽象類別
abstract class Person {
    constructor(public id: string,
        public name: string,
        public city: string) { }

    getDetails(): string {   // 已有實作的一般方法
        return `${this.name}, ${this.getSpecificDetails()}`;
    }

    abstract getSpecificDetails(): string;   // 抽象方法
}

class Employee extends Person {
    constructor(public readonly id: string,
        public name: string,
        private dept: string,
        public city: string) {
        super(id, name, city);
    }
```

Next

```
        getSpecificDetails() {  // 實作抽象方法
            return `works in ${this.dept}`;
        }
}

class Customer extends Person {
    constructor(public readonly id: string,
        public name: string,
        public city: string,
        public creditLimit: number) {
            super(id, name, city);
        }

        getSpecificDetails() {  // 實作抽象方法
            return `has ${this.creditLimit} limit`;
        }
}

let data: Person[] = [
    new Employee("fvega", "Fidel Vega", "Sales", "Paris"),
    new Customer("ajones", "Alice Jones", "London", 500),
];

data.forEach(item => console.log(item.getDetails()));
```

　　宣告抽象類別時，得將 **abstract** 關鍵字置於 class 關鍵字之前，而抽象類別內的抽象方法 (沒有函式實作部分的方法) 也得在 function 關鍵字前面加上 abstract。

 你可將抽象類別視為其他類別的基礎樣板；若你試圖使用 new 關鍵字來透過抽象類別建立實例物件, TypeScript 編譯器會提出錯誤。

　　當一個類別繼承了抽象類別時，它必須實作後者所有的抽象方法，也就是實際寫出函式主體 (要執行的程式碼)，否則編譯器會回報錯誤。在這個範例中，抽象類別 Person 定義了一個名為 getSpecificDetails 的抽象方法，而 Employee 與 Customer 類別都必須實作它。

為了示範起見，Person 類別還定義了一個名為 getDetails 的正常方法，Employee 和 Customer 子類別都會繼承這個函式，無須重新定義一次。getDetails() 會呼叫各類別自行實作的 getSpecificDetails() 方法，並取得其傳回值。

由於 Employee、Customer 的實例物件都是源自抽象類別 Person，所以這些物件都可以儲存在 Person[] 型別的陣列中。當然，若子類別定義了 Person 沒有的屬性與方法，你就得先用型別防衛敘述來把它限縮到特定的型別。這個範例會輸出以下的結果：

```
Fidel Vega, works in Sales
Alice Jones, has 500 limit
```

11-4-2 對抽象類別使用型別防衛敘述

如前面我們看過的許多類別功能一樣，抽象類別完全是由 TypeScript 編譯器提供的功能，它背後仍是透過 JavaScript 正規類別來實作的。所以即使 TypeScript 編譯器禁止我們拿抽象類別來建立物件，你在 JavaScript 中還是能這麼做。不過，這點也意味著我們可利用 instanceof 關鍵字來查驗抽象型別。請看下面範例的操作：

修改 \types26\src\index.ts

```typescript
abstract class Person {
    constructor(public id: string,
        public name: string,
        public city: string) { }

    getDetails(): string {
        return `${this.name}, ${this.getSpecificDetails()}`;
    }

    abstract getSpecificDetails(): string;
}

...
```

Next

```typescript
// 把 Supplier 定義成不是繼承自 Person
class Supplier {
    constructor(public readonly id: string,
        public name: string,
        public city: string,
        public companyName: string) { }
}

// 兼容 Person 與 Supplier 類別型別的陣列
let data: (Person | Supplier)[] = [
    new Employee("fvega", "Fidel Vega", "Sales", "Paris"),
    new Customer("ajones", "Alice Jones", "London", 500),
    new Supplier("dpeters", "Dora Peters", "New York", "Acme")
];

// 註解掉這行
// data.forEach(item => console.log(item.getDetails()));

data.forEach(item => {
    if (item instanceof Person) {  // 型別防衛敘述
        console.log(item.getDetails());
    } else {
        console.log(`${item.name} works for ${item.companyName}`);
    }
});
```

在這個範例中，Customer 和 Employee 是繼承自 Person 抽象類別，但 Supplier 不是，而且也沒有定義任何方法。因此 data 陣列必須使用型別聯集來容納它們，而我們也可用 instanceof 關鍵字查驗物件屬於哪種類別，好把它們限縮到正確的型別和操作之。此範例的程式碼會輸出以下的結果：

```
Fidel Vega, works in Sales
Alice Jones, has 500 limit
Dora Peters works for Acme
```

11-5 介面 (Interfaces) 的使用

■ 11-5-1 定義與實作介面

 注意 以下使用範例專案 types27, 內容延續自專案 types26。

除了抽象類別, TypeScript 還提供了介面, 可以用來要求類別必須滿足的規範、實作出特定的方法。介面的用途與第 10 章介紹的物件形狀型別十分相似, 而 TypeScript 的後續更新又進一步模糊了這兩者的界線, 如今兩者幾乎已可交替使用、達到相同的效果, 特別是在處理簡單型別的時候。

不過, 介面還是有一些便利的功能, 且能提供和 C#、Java 等語言更為一致的開發體驗。以下來看個範例:

/types27/src/index.ts

```typescript
// 定義 Person 介面
interface Person {
    name: string;
    getDetails(): string;
}

// Employee 類別實作 Person 介面
class Employee implements Person {
    constructor(public readonly id: string,
        public name: string,
        private dept: string,
        public city: string) { }

    getDetails() {
        return `${this.name} works in ${this.dept}`;
    }
}
```
Next

```
// Customer 類別實作 Person 介面
class Customer implements Person {
    constructor(public readonly id: string,
        public name: string,
        public city: string,
        public creditLimit: number) { }

    getDetails() {
        return `${this.name} has ${this.creditLimit} limit`;
    }
}

let data: Person[] = [
    new Employee("fvega", "Fidel Vega", "Sales", "Paris"),
    new Customer("ajones", "Alice Jones", "London", 500)
];
data.forEach(item => console.log(item.getDetails()));
```

介面使用 **interface** 關鍵字進行宣告，並且定義一些屬性與方法，也就是實作此介面的類別必須具備的成員：

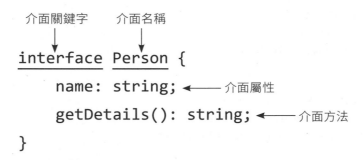

但介面與抽象類別不同之處在於，介面本身不會實作方法或定義建構子，而是只能定義物件形狀。然後其他類別就可用 **implements** 關鍵字來實作介面：

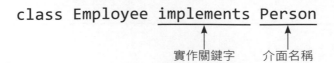

Person 介面定義了一個字串型別的 name 屬性與一個會傳回字串的 getDetails() 方法,因此 Employee 與 Customer 類別為了實作該介面,就必須如範例所示提供這兩個相同的成員。類別可以再自行定義額外的屬性與方法,只要不違反介面要求的規格就好。

介面亦可用來當成型別註記,如同範例中的陣列:

```
...
let data: Person[] = [
    new Employee("fvega", "Fidel Vega", "Sales", "Paris"),
    new Customer("ajones", "Alice Jones", "London", 500)
];
...
```

這表示凡是符合 Person 介面規格的物件 (其類別實作了 Person 介面),皆可存放在 data 陣列中。但是在 forEach() 方法走訪元素時,除非你把元素物件限縮至更特定的型別,否則就只能存取介面有定義的功能。這個範例會輸出以下的結果:

```
Fidel Vega works in Sales
Alice Jones has 500 limit
```

✿ 介面宣告的合併

在 TypeScript 中還有個奇特的功能, 就是可用多重 interface 關鍵字來宣告同一個介面, 編譯器會將它們合併成同一個。這些宣告必須寫在同一個原始檔中, 且若要能被其他檔案使用的話, 也都得加上 export 關鍵字:

```
// 以下介面宣告會合併成一個
interface Person {
    name: string;
}
interface Person {
    getDetails(): string;
}
```

但是坦白說, 我到目前為止還找不到理由在我的專案裡使用這種寫法, 畢竟它和只用一個 interface 定義介面相比沒有什麼特別好處。

▍ 11-5-2 同時實作多個介面

一個類別可以實作一個以上的介面，這時該類別就得定義出**所有**介面要求的屬性與方法。請看以下這段示範：

修改 \types27\src\index.ts

```typescript
interface Person {
    name: string;
    getDetails(): string;
}

interface DogOwner {
    dogName: string;
    getDogDetails(): string;
}

class Employee implements Person {
    constructor(public readonly id: string,
        public name: string,
        private dept: string,
        public city: string) { }

    getDetails() {
        return `${this.name} works in ${this.dept}`;
    }
}

// Customer 同時實作 Person 與 DogOwner
class Customer implements Person, DogOwner {
    constructor(public readonly id: string,
        public name: string,
        public city: string,
        public creditLimit: number,
        public dogName) { }

    getDetails() {
        return `${this.name} has ${this.creditLimit} limit`;
    }
    getDogDetails() {
        return `${this.name} has a dog named ${this.dogName}`;
    }
```

Next

```
    }
}

let alice = new Customer("ajones", "Alice Jones", "London", 500, 接下行
"Fido");
let dogOwners: DogOwner[] = [alice];
dogOwners.forEach(item => console.log(item.getDogDetails()));

let data: Person[] = [
    new Employee("fvega", "Fidel Vega", "Sales", "Paris"),
    alice  // 把 alice 物件也放進 data 陣列
];
data.forEach(item => console.log(item.getDetails()));
```

　　要實作的介面得依序列在 implements 關鍵字之後，彼此用逗號隔開。以上範例的 Customer 類別同時實作了 Person 與 DogOwner 介面，這使得物件 alice (Customer 類別) 同時符合 Person 與 DogOwner 介面。但是同樣的，當 alice 被放在 Person[] 型別的 data 陣列中時，你就只能存取 Person 介面有定義的成員，而 DogOwner 介面有定義的成員則無法使用。

　　此範例的程式碼會輸出以下的結果：

```
Alice Jones has a dog named Fido
Fidel Vega works in Sales
Alice Jones has 500 limit
```

> **注意** 一個類別若要能夠實作多重介面，前提是各介面的同名屬性不能有相斥的型別。舉例來說，要是 Person 介面定義的 id 屬性是 string 型別，而 DogOwner 介面的 id 屬性卻是 number 型別，那麼 Customer 類別將無法同時實作這兩個介面，因為同時能符合這兩種型別的值是不存在的。

11-5-3 介面繼承

注意 以下使用範例專案 types28, 內容延續自專案 types27。

　　介面亦可像類別那樣使用 **extends** 關鍵字進行繼承，從父介面繼承屬性與方法定義、然後再加入自己的新功能。請參考以下示範：

\types28\src\index.ts

```typescript
interface Person {
    name: string;
    getDetails(): string;
}

// DogOwner 介面繼承自 Person 介面
interface DogOwner extends Person {
    dogName: string;
    getDogDetails(): string;
}

class Employee implements Person {
    constructor(public readonly id: string,
        public name: string,
        private dept: string,
        public city: string) { }

    getDetails() {
        return `${this.name} works in ${this.dept}`;
    }
}

class Customer implements DogOwner {
    constructor(public readonly id: string,
        public name: string,
        public city: string,
        public creditLimit: number,
        public dogName) { }
```

Next

```
    getDetails() {
        return `${this.name} has ${this.creditLimit} limit`;
    }
    getDogDetails() {
        return `${this.name} has a dog named ${this.dogName}`;
    }
}

let alice = new Customer("ajones", "Alice Jones", "London", 500, 接下行
"Fido");
let dogOwners: DogOwner[] = [alice];
dogOwners.forEach(item => console.log(item.getDogDetails()));

let data: Person[] = [
    new Employee("fvega", "Fidel Vega", "Sales", "Paris"),
    alice
];
data.forEach(item => console.log(item.getDetails()));
```

　　這回範例中的 DogOwner 介面改成繼承自 Person 介面，意味著 Customer 類別若要實作 DogOwner, 就必須定義這兩個介面要求的屬性與方法。這也使得 Customer 類別的實例物件仍舊符合 DogOwner 或 Person 型別。以上範例會輸出以下的結果：

```
Alice Jones has a dog named Fido
Fidel Vega works in Sales
Alice Jones has 500 limit
```

📦 介面與形狀型別

前面曾提過, 物件形狀型別與介面的作用類似, 經常也可以交換使用。事實上類別可直接對形狀型別使用 implements 關鍵字, 效果和實作介面是一樣的。請看以下這段示範, 修改自前面範例的程式碼：

Next

```
type PersonShape = {
    name: string;
    getDetails(): string;
}

...

// Employee 類別實作 PersonShape
class Employee implements PersonShape {
    ...  ← 內容跟前面一樣
}
```

此外, 介面也可以繼承物件形狀:

```
// 繼承 PersonShape
interface DogOwner extends PersonShape {
    dogName: string;
    getDogDetails(): string;
```

■ 11-5-4 在介面定義選擇性的屬性與方法

若想讓類別實作介面時有更大的彈性, 你可以將某些介面屬性及方法宣告為選擇性。請見以下範例:

修改 \types28\src\index.ts

```
interface Person {
    name: string;
    getDetails(): string;
}

interface DogOwner extends Person {
    dogName?: string;
    getDogDetails?(): string;
}
```

Next

```
class Employee implements Person {
    constructor(public readonly id: string,
        public name: string,
        private dept: string,
        public city: string) { }

    getDetails() {
        return `${this.name} works in ${this.dept}`;
    }
}

class Customer implements DogOwner {
    constructor(public readonly id: string,
        public name: string,
        public city: string,
        public creditLimit: number,
        public dogName) { }

    getDetails() {
        return `${this.name} has ${this.creditLimit} limit`;
    }
    getDogDetails() {
        return `${this.name} has a dog named ${this.dogName}`;
    }
}

let alice = new Customer("ajones", "Alice Jones", "London", 500,
"Fido");
let dogOwners: DogOwner[] = [alice];

dogOwners.forEach(item => {
    if (item.getDogDetails) {   // 檢查物件是否有實作 getDogDetails()
        console.log(item.getDogDetails());
    }
});

let data: Person[] = [new Employee("fvega", "Fidel Vega", "Sales",
"Paris"), alice];
data.forEach(item => console.log(item.getDetails()));
```

在介面中宣告選擇性屬性的語法，就是多加一個？問號在屬型或方法名稱的後面，如上面的程式碼所示。類別可以不實作介面的選擇性成員，但事後操作實例物件時，你就必須檢查這些成員是否會傳回 undefined，以免引起執行階段錯誤。以上範例會輸出以下的結果：

```
Alice Jones has a dog named Fido
Fidel Vega works in Sales
Alice Jones has 500 limit
```

■ 11-5-5　定義一個實作介面的抽象類別

 注意　以下我們使用範例專案 types29，內容延續自專案 types28。

要是會有多個類別要實作同一個介面，某些成員的實作的方式也一模一樣，那麼我們可以先建立一個抽象類別來實作介面內的一部份成員，藉此減少重複的程式碼。請參考下面的範例：

\types29\src\index.ts

```typescript
interface Person {
    name: string;
    getDetails(): string;
    dogName?: string;
    getDogDetails?(): string;
}


// 抽象類別，繼承自介面 Person
abstract class AbstractDogOwner implements Person {
    abstract name: string;
    abstract dogName?: string;
    abstract getDetails();  // 留給子物件實作的方法
    getDogDetails() {  // 實作介面方法
        if (this.dogName) {
            return `${this.name} has a dog called ${this.dogName}`;
        }
```

Next

```
        }
    }

    // 繼承並實作抽象類別
    class DogOwningCustomer extends AbstractDogOwner {
        constructor(public readonly id: string,
            public name: string,
            public city: string,
            public creditLimit: number,
            public dogName) {
            super();
        }

        // 實作抽象方法
        getDetails() {
            return `${this.name} has ${this.creditLimit} limit`;
        }
    }

    let alice = new DogOwningCustomer("ajones", "Alice Jones", "London",
    500, "Fido");
    if (alice.getDogDetails) {
        console.log(alice.getDogDetails());
    }
```

　　AbstractDogOwner 先實作了 Person 介面的部分內容
(getDogDetails() 方法)，這方法在每個類別中的功能會是一樣的。與其讓子
類別重複實作，不如直接讓它們從父類別繼承即可。至於需要由各類別自行
實作的方法，AbstractDogOwner 就用 abstract 關鍵字把它們宣告為抽象
方法，藉此強制要求它的子類別去實作之。此範例的程式碼會輸出以下結
果：

```
Alice Jones has a dog called Fido
```

11-5-6 對介面使用型別防衛敘述

 以下使用範例專案 types30,內容延續自 types29。

既然純 JavaScript 沒有介面相關的功能,而 TypeScript 編譯器產生 JavaScript 程式碼時,也不會保留介面的資訊,這表示若用介面組成型別聯集,我們無法用 instanceof 關鍵字來查驗並限縮介面型別,而是只能檢查某介面獨有的成員是否存在。請看以下的示範:

\types30\src\index.ts

```
interface Person {
    name: string;
    getDetails(): string;
}

interface Product {
    name: string;
    price: number;
}

class Employee implements Person {
    constructor(public name: string,
        public company: string) { }

    getDetails() {
        return `${this.name} works for ${this.company}`;
    }
}

class SportsProduct implements Product {
    constructor(public name: string,
        public category: string,
        public price: number) { }
}

let data: (Person | Product)[] = [
```

Next

```
    new Employee("Bob Smith", "Acme"),
    new SportsProduct("Running Shoes", "Running", 90.50),
    new Employee("Dora Peters", "BigCo")
];

data.forEach(item => {
    if ("getDetails" in item) {  // 檢查是否有 getDetails() 方法
        console.log(`Person: ${item.getDetails()}`);
    } else {
        console.log(`Product: ${item.name}, ${item.price}`);
    }
});
```

這支範例有兩個類別，各自實作了 Person 及 Product 介面，其物件被放在註記為 Person | Product 型別聯集的 data 陣列中。為了能在走訪元素時限縮其型別，我們檢查物件是否擁有 getDetails() 方法，並根據判斷結果做對應的處置。此範例會輸出以下的結果：

```
Person: Bob Smith works for Acme
Product: Running Shoes, 90.5
Person: Dora Peters works for BigCo
```

11-6 動態建立屬性

 注意 以下使用範例專案 types31, 內容延續自 types30。

TypeScript 編譯器只允許你指派值給物件內存在的屬性，這代表你在宣告介面與類別時就得定義好所有需要的屬性。相比之下，若你在純 JavaScript 中對一個不存在的屬性名稱賦值，這個新屬性就會被建立出來。

若想透過 TypeScript 做到一樣的事，特別是你事先不知道使用者要用的屬性名稱、只知道屬性的型別時，就可以使用**索引簽名 (index signature)**，以便動態新增物件屬性、同時又確保該屬性符合某種型別。請看以下的範例：

\types31\src\index.ts

```typescript
interface Product {
    name: string;
    price: number;
}

class SportsProduct implements Product {
    constructor(public name: string,
        public category: string,
        public price: number) { }
}

class ProductGroup {
    [propertyName: string]: Product;
}

let group = new ProductGroup()
group["shoes"] = new SportsProduct("Shoes", "Running", 90.50);
group.hat = new SportsProduct("Hat", "Skiing", 20);

// 印出 group 所有屬性名稱
Object.keys(group).forEach(k => {
    console.log(`Property Name: ${k}`)
});
```

ProductGroup 類別沒有建構子，並且定義了以下的索引簽名：

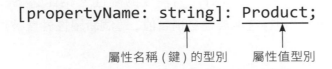

　　屬性名稱 (鍵) 的型別只能是 string 或 number (**propertyName** 這個名稱可以換成隨意名稱)，而屬性的值則可以是任何型別。以上索引簽名要編譯器允許你在執行階段任意新增物件屬性，只是必須用 string 值當作新屬性的名稱、用 Product 值當作新屬性的值：

```
// 用中括號來新增屬性 shoes，值為 SportsProduct 物件
group["shoes"] = new SportsProduct("Shoes", "Running", 90.50);

// 用『物件.屬性』的語法來新增屬性 hat，值為 SportsProduct 物件
group.hat = new SportsProduct("Hat", "Skiing", 20);
```

> **提示** 如果不用索引簽名，你還是能透過『物件〔新屬性名〕』 的語法來動態新增屬性。然而，若編譯檔有啟用 noImplicitAny 設定，就會產生錯誤，因為 TypeScript 會將屬性的索引型別隱性推論為 any (畢竟屬性名稱可以是 string 或 number)，但 noImplicitAny 禁止編譯器這麼做。在這種情況下，你有兩種解決方法：
>
> 1. 給編譯器啟用 suppressImplicitAnyIndexErrors 設定來忽略警告 (不建議)。
> 2. 使用索引簽名 (明確指定屬性的索引型別)。

　　本範例最後的結果如下：

```
Property Name: shoes
Property Name: hat
```

11-7 本章總結

本章解釋了 TypeScript 如何強化 JavaScript 的類別功能，提供更簡練的建構子、抽象類別，以及存取控制關鍵字等功能。我們還介紹了由編譯器實現的介面 (interface)，這是另一種描述物件形狀的方式，可用來規範類別的定義。而下一章，我們要開始介紹 TypeScript 對泛型 (generic type) 的支援。

下表是本章內容的概要整理：

問題	解決辦法	本章小節
建立一致的物件	使用建構子函式或定義一個類別	11-2, 11-3-1
禁止從外部存取屬性與方法	使用 TypeScript 的存取控制關鍵字	11-3-2
禁止修改屬性	使用 readonly 關鍵字	11-3-3
簡化類別用建構子建立屬性的過程	使用簡潔的建構子語法	11-3-4
定義共同類別功能讓子類別繼承	定義一個抽象類別	11-4
定義實作物件該有的形狀	定義一個介面	11-5
動態加入屬性	使用索引簽名	11-6

在 TypeScript
使用泛型

泛用型別 (Generic type)──簡稱**泛型**──讓使用者在定義函式或類別的時候先不預先決定好具體的型別, 等到它們被呼叫的時候再視傳入的資料而定。這使得函式或類別得以應付多種資料型別, 卻又能確保資料操作的安全性。

泛型的概念比較抽象, 用實例來講解會比較好懂, 所以本章會先示範一個以泛型解決的問題, 然後再回過頭解說泛型的基礎用法。第 13 章則會更深入介紹 TypeScript 提供的進階泛型功能。

12-1 本章行前準備

本章會從範例專案 types32 開始，首先在專案目錄下初始化它並下載相關套件：

```
\types32> npm init --yes
\types32> npm install --save-dev typescript@4.3.5 tsc-watch@4.4.0
```

package.json 設定如下：

\types32\package.json

```
{
    "name": "types32",
    "version": "1.0.0",
    "description": "",
    "main": "index.js",
    "scripts": {
        "test": "echo \"Error: no test specified\" && exit 1",
        "start": "tsc-watch --onsuccess \"node dist/index.js\""
    },
    "keywords": [],
    "author": "",
    "license": "ISC",
    "type": "module",
    "devDependencies": {
        "tsc-watch": "^4.4.0",
        "typescript": "^4.3.5"
    }
}
```

編譯器組態 tsconfig.json 的內容如下：

\types32\tsconfig.json

```
{
    "compilerOptions": {
        "target": "es2020",
        "outDir": "./dist",
        "rootDir": "./src",
```

Next

```
            "declaration": true
    }
}
```

接著在專案目錄下新增子目錄 src, 於其下建立兩個檔案 dataType.ts 及 index.ts：

\types32\src\dataType.ts

```typescript
export class Person {
    constructor(public name: string, public city: string) { }
}

export class Product {
    constructor(public name: string, public price: number) { }
}

export class City {
    constructor(public name: string, public population: number) { }
}

export class Employee {
    constructor(public name: string, public role: string) { }
}
```

\types32\src\index.ts

```typescript
import { Person, Product } from "./dataTypes.js";

let people = [
    new Person("Bob Smith", "London"),
    new Person("Dora Peters", "New York")
];

let products = [
    new Product("Running Shoes", 100),
    new Product("Hat", 25)
];

[...people, ...products].forEach(item => console.log(`Item: ${item.name}`));
```

以上程式碼使用 import 指令來從 dataTypes 模組匯入 Person 及 Product 類別，因此前面的 package.json 得啟用 ECMAScript 模組功能 ("type": "module")。

完成後，於命令提示字元或終端機執行以下指令，好自動編譯並執行專案：

```
\types32> npm start
上午10:17:12 - Starting compilation in watch mode...
上午10:17:14 - Found 0 errors. Watching for file changes.
Item: Bob Smith
Item: Dora Peters
Item: Running Shoes
Item: Hat
```

12-2 為什麼需要使用泛型？

▌12-2-1 從處理單一型別說起

若要理解泛型的使用方式與其便利之處，最佳方式就是看個實際範例，這能展示正規型別為何在某些時候會變得難以管理。

在專案 types32 中，我們從 datatype 模組匯入 Person 及 Product 類別，並分別建立兩個物件、用一個陣列來走訪。現在我們想定義一個新類別 DataCollection 來協助我們管理 Person 型別物件：

修改 \types32\src\index.ts

```typescript
import { Person, Product } from "./dataTypes.js";

let people = [
    new Person("Bob Smith", "London"),
    new Person("Dora Peters", "New York")
];
```
Next

```
let products = [
    new Product("Running Shoes", 100),
    new Product("Hat", 25)
];

class DataCollection {
    private items: Person[] = [];

    constructor(initialItems: Person[]) {
        this.items.push(...initialItems);
    }

    getNames(): string[] {
        return this.items.map(item => item.name);
    }

    getItem(index: number): Person {
        return this.items[index];
    }
}

// 建立 DataCollection 物件並將 people 放入其屬性
let data = new DataCollection(people);
// 印出人名陣列, 使用 join() 將之連成字串並以逗號分隔
console.log(`Names: ${data.getNames().join(", ")}`);

// 取得 people 陣列的第一筆並印出其內容
let firstData = data.getItem(0);
console.log(`First data: ${firstData.name}, ${firstData.city}`);
```

　　現在 Person 物件集合會以私有屬性的型式儲存在 PeopleCollection 類別的物件中 (透過建構子加入), 並提供我們兩個查詢介面: getNames() 方法會傳回一個陣列, 裡面包含每個 Person 物件的 name 屬性的值, 而 getItem() 方法則允許 Person 物件透過索引來取值。

　　以上程式碼會產生下列輸出結果:

```
Names: Bob Smith, Dora Peters
First Person: Bob Smith, London
```

12-2-2 讓類別支援第二種資料型別

DataCollection 類別的問題在於，它只能拿來管理 Person 型別的物件。若我也想對 Product 物件套用同樣的操作，顯然就得做出一些妥協。我當然可以複製貼上一個新類別，但若未來還得支援其他的型別，重複的程式碼很快就會膨脹到難以管理的地步。

另外一種方式則是利用 TypeScript 的型別聯集功能，來讓 DataCollection 類別能夠支援多種型別，如以下的範例所示：

修改 \types32\src\index.ts

```typescript
import { Person, Product } from "./dataTypes.js";

let people = [
    new Person("Bob Smith", "London"),
    new Person("Dora Peters", "New York")
];

let products = [
    new Product("Running Shoes", 100),
    new Product("Hat", 25)
];

type dataType = Person | Product;   // 型別聯集

class DataCollection {
    private items: dataType[] = [];   // 將屬性註記為型別聯集

    constructor(initialItems: dataType[]) {
        this.items.push(...initialItems);
    }

    getNames(): string[] {
        return this.items.map(item => item.name);
    }

    getItem(index: number): dataType {   // 傳回型別聯集
        return this.items[index];
    }
```

Next

```
}

let data = new DataCollection(products);  // 改而存入 products 物件陣列

console.log(`Names: ${data.getNames().join(", ")}`);

let firstData = data.getItem(0);
if (firstData instanceof Person) {  // 限縮 DataCollection 傳回的型別
    console.log(`First data: ${firstData.name}, ${firstData.city}`);
} else {
    console.log(`First data: ${firstData.name}, ${firstData.price}`);
}
```

　　這段程式碼透過型別聯集，讓 DataCollection 類別新增了對 Product 型別的支援，同樣的原理可以套用在介面、抽象類別或函式型別多載等等。問題在於，我們從 DataCollection 取得資料時真正需要的是 Person 或 Product 物件，而你必須先用型別防衛敘述來限縮 DataCollection 傳回的型別才行。

　　以上範例會輸出以下結果：

```
Names: Running Shoes, Hat
First data: Running Shoes, 100
```

12-3 泛型類別 (generic class)

▌ 12-3-1　建立泛型類別

　　所謂**泛型類別**，就是一個類別在定義時以**泛型參數** (generic type parameter) 取代明確型別。泛型參數是一個暫時頂替用的型別，等到類別被用來建立新物件時再來明確指定之。這使得就算我們事先不知道類別要使用哪種型別，也可以在類別中針對某種特定型別進行操作。請看以下的示範：

```ts
import { Person, Product } from "./dataTypes.js";

let people = [
    new Person("Bob Smith", "London"),
    new Person("Dora Peters", "New York")
];

let products = [
    new Product("Running Shoes", 100),
    new Product("Hat", 25)
];

class DataCollection<T> {   // 使用泛型 T 的 DataCollection 類別
    private items: T[] = [];   // 用 T 來註記型別

    constructor(initialItems: T[]) {
        this.items.push(...initialItems);
    }

    getNames(): string[] {
        return this.items.map(item => {
            if (item instanceof Person || item instanceof Product) {
                return item.name;
            } else {
                return null;
            }
        });
    }
    getItem(index: number): T {
        return this.items[index];
    }
}

let data = new DataCollection<Person>(people);   // 泛型參數 Person 型別

console.log(`Names: ${data.getNames().join(", ")}`);

let firstData = data.getItem(0);   // firstData 為 Person 型別
console.log(`First data: ${firstData.name}, ${firstData.city}`);
```

我們在宣告 DataCollection 類別時使用了一個 <T> 泛型參數，是用 <>
角括號框住一個指定的名稱：

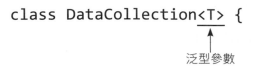

```
class DataCollection<T> {
```
泛型參數

一般命名習慣會從字母 T 開始當作泛型參數的名稱，但叫什麼其實沒有
限制，你可以根據需求自由命名。

這樣的宣告結果就是一個泛型類別 DataCollection，它擁有一個泛型型
別 T，這型別屆時會被某個特定的型別取代。然後我們就能在類別內的任何
地方把 T 當成實際型別使用。舉個例，我們可以像下面這樣讓建構子接受一
個型別是 T 的陣列引數：

```
constructor(initialItems: T[]) {
    this.items.push(...initialItems);
}
```

從這裡可以看出，泛型在泛型類別內亦可當成型別註記，就算我們還不
知道它會被替換成哪個特定的型別也無所謂。

那麼，泛型參數何時才會確定是哪種型別呢？就是在你使用 new 關鍵
字建立一個 DataCollection<T> 類別的實例物件時，由填入的泛型引數來決
定之：

```
New class DataCollection<Person>(people) {
```
泛型參數

這句敘述會根據先前宣告的 DataCollection<T> 類別來建立一個物件，
並使用現在帶入的 Person 引數取代原本的泛型型別 T，使得物件的型別變
成 DataCollection**<Person>**。編譯器每次遇到 T 時就會給它換成 Person，
因此 getItem() 方法的傳回值也會是 Person 型別，不必再做型別斷言或型
別限縮。

以上範例的程式碼會輸出以下的結果:

```
Names: Bob Smith, Dora Peters
First data: Bob Smith, London
```

12-3-2 傳入不同的泛型引數

在用 new 關鍵字建立物件時, 泛型參數只能設為一種型別, 每個物件都只能選一次, 但你每次都可填入不同的泛型引數, 以建立不同型別的 DataCollection<T> 物件。請將前面範例的結尾改成以下程式碼:

修改 \types32\src\index.ts

```
...

let data = new DataCollection<Person>(people);
console.log(`Names: ${data.getNames().join(", ")}`);
console.log(`First data: ${data.getItem(0).name}, ${data.getItem(0). 接下行
city}`);

let data2 = new DataCollection<Product>(products);
console.log(`Names: ${data2.getNames().join(", ")}`);
console.log(`First data: ${data2.getItem(0).name}, ${data2.getItem(0). 接下行
price}`);
```

現在我們會建立兩個物件, 一個是 DataCollection<**Person**> 型別, 另一個是 DataCollection<**Product**> 型別, 並於其建構子傳入不同型別的物件集合。TypeScript 會掌握 data 與 data2 所使用的泛型型別, 並確保只有指定的型別能用在對應類別中。這個範例會輸出以下的結果:

```
Names: Bob Smith, Dora Peters
First data: Bob Smith, London
Names: Running Shoes, Hat
First data: Running Shoes, 100
```

▋ 12-3-3 限制泛型參數的可用型別

　　在前面的兩個範例中，我在 getNames() 方法使用了型別防衛敘述，好確保我能正確地存取 items 陣列中物件的 name 屬性，因為泛型參數並不曉得它到時會是怎樣的型別。這其實有個更有效的做法，就是從源頭限制泛型參數所能使用的型別種類，迫使你只能以限定的型別建立實例物件。請看以下的操作示範：

修改 \types32\src\index.ts

```
...

class DataCollection<T extends (Person | Product)> {
    private items: T[] = [];

    constructor(initialItems: T[]) {
        this.items.push(...initialItems);
    }

    getNames(): string[] {
        return this.items.map(item => item.name);
    }

    getItem(index: number): T {
        return this.items[index];
    }
}

...
```

限制泛型型別的語法，是在泛型參數名稱後方加上 extends 關鍵字，然後指明限制的型別範圍：

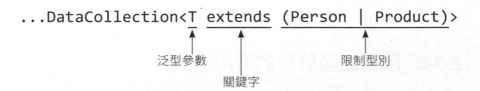

這個改寫可以視為 DataCollection<T> 類別進行了兩種層面的限制。第一層限制是在建立新的 DataCollection<T> 的物件時，你只能指派 Person、Product 或者 Person | Product 聯集型別給 T；第二層限制則是在類別內操作 T 型別的值時，限制它只能使用以上型別才有的功能。

換句話說，extends 關鍵字藉由限制了可指派給型別參數的泛型型別，進一步限縮 getNames() 方法走訪 items 陣列時每個元素的可能型別 (Person | Product)。這下 getNames() 方法不必再做型別限縮，因為 Person 與 Product 一定都有 name 屬性。

以上範例會產生下面的執行結果：

```
Names: Bob Smith, Dora Peters
First data: Bob Smith, London
Names: Running Shoes, Hat
First data: Running Shoes, 100
```

12-3-4 以物件形狀來限制泛型型別

 注意 以下會使用範例專案 types33，內容延續自專案 types32。

　　使用型別聯集來限制泛型參數確實是個蠻實用的做法，但缺點在於，每次需要用到新的型別時，你就得擴大聯集的內容。這時我們可以改用另一種做法，以**物件形狀**來限制泛型型別，確保傳入的型別擁有泛型型別需要的屬性。請參考以下範例：

\types33\src\index.ts

```ts
// 匯入第三種類別
import { Person, Product, City } from "./dataTypes.js";

let people = [
    new Person("Bob Smith", "London"),
    new Person("Dora Peters", "New York")
];

let products = [
    new Product("Running Shoes", 100),
    new Product("Hat", 25)
];

let cities = [
    new City("London", 8136000),
    new City("Paris", 2141000)
];

class DataCollection<T extends { name: string }> {
    private items: T[] = [];

    constructor(initialItems: T[]) {
        this.items.push(...initialItems);
    }

    getNames(): string[] {
        return this.items.map(item => item.name);
    }

    getItem(index: number): T {
        return this.items[index];
    }
}
```

Next

```
let data = new DataCollection<Person>(people);
console.log(`Names: ${data.getNames().join(", ")}`);
console.log(`First data: ${data.getItem(0).name}, ${data.getItem(0).
city}`);

let data2 = new DataCollection<Product>(products);
console.log(`Names: ${data2.getNames().join(", ")}`);
console.log(`First data: ${data2.getItem(0).name}, ${data2.getItem(0).
price}`);

let data3 = new DataCollection<City>(cities);
console.log(`Names: ${data3.getNames().join(", ")}`);
console.log(`First data: ${data3.getItem(0).name}, ${data3.getItem(0).
population}`);
```

這回範例改用一個物件形狀 **{name: string}** 告訴編譯器，DataCollection<T> 類別對於泛型參數 T 可使用任何型別，只要該型別擁有一個 string 型別的 name 屬性即可。這種方式讓 DataCollection 類別物件可以操作 Person、Product 或 City 型別，而不必繁瑣地寫出每一種型別的名稱。

 泛型參數亦可使用物件型別別名與介面來加以限制。

以上範例的程式碼會輸出以下結果：

```
ames: Bob Smith, Dora Peters
First data: Bob Smith, London
Names: Running Shoes, Hat
First data: Running Shoes, 100
Names: London, Paris
First data: London, 8136000
```

12-3-5 在類別定義多個泛型參數

 注意 以下使用範例專案 types34,內容延續自專案 types33。

在宣告類別時,亦可給它定義不只一個泛型參數。以下範例就為 DataCollection<T> 類別加入第二個型別參數 U,準備用它來連結兩組資料的值。(這支範例也移除了類別中的一些方法,因為之後的講解已經用不到。)

\types34\src\index.ts

```typescript
import { City, Person, Product } from "./dataTypes.js";

let people = [
    new Person("Bob Smith", "London"),
    new Person("Dora Peters", "New York")
];

let products = [
    new Product("Running Shoes", 100),
    new Product("Hat", 25)
];

let cities = [
    new City("London", 8136000),
    new City("Paris", 2141000)
];

class DataCollection<T extends { name: string }, U> {
    private items: T[] = [];

    constructor(initialItems: T[]) {
        this.items.push(...initialItems);
    }
```

Next

```
    // 傳入一個新陣列 target 和兩個屬性名稱
    // 拿來和 items 陣列比較
    collate(targetData: U[], itemProp: string, targetProp: string): (T & U)[] {
        let results = [];
        this.items.forEach(item => {
            // 走訪 items, 和 target 比對,
            // 尋找兩者的指定屬性值相等者
            let match = targetData.find(d => d[targetProp] ===
                item[itemProp]);
            // 有找到符合者, 就跟 item 合併 (連結) 成新物件
            if (match !== undefined) {
                results.push({ ...match, ...item });
            }
        });
        // 傳回已連結之物件的陣列 (T 與 U 的型別聯集)
        return results;
    }
}

let peopleData = new DataCollection<Person, City>(people);
let collatedData = peopleData.collate(cities, "city", "name");
collatedData.forEach(c => console.log(`${c.name}, ${c.city}, ${c.[接下行]
population}`));
```

多重泛型參數彼此間得用逗號隔開, 就像一般函式或方法中的參數一樣。這回 **DataCollection<T, U>** 類別一口氣定義了兩個泛型參數, 新的參數 U 是準備傳給 collate() 方法的引數的型別, 我們要用這個方法來比較兩個陣列 (型別分別為 T 和 U) 中物件的兩個屬性, 好找出兩者有交集的元素。

當泛型類別要被實例化時, 你得提供和泛型參數的數量一樣多的引數, 彼此以逗號隔開, 像下面這樣：

```
let peopleData = new DataCollection<Person, City>(people);
```

這行敘述會建立一個 DataCollection<Person, City> 型別的物件，並將 Person[] 型別的 people 陣列傳給建構子。接著我們呼叫 collate() 方法，傳入 city 陣列 (collate() 的 targetData 的型別註記 U[] 已經變成 City[])：

```
let collatedData = peopleData.collate(cities, "city", "name");
```

collate() 方法會比對 People 物件的 city 屬性和 City 物件的 name 屬性，並傳回所有符合的 City 物件。陣列的 find() 方法得傳入一個箭頭函式，它會將陣列的每個元素傳入該箭頭函式、並在後者回報 true 時傳回該元素。若沒有任何元素通過檢查，那麼則傳回 undefined：

```
let match = targetData.find(d => d[targetProp] === item[itemProp]);
```

因此只要 match 不為 undefined，就知道兩個陣列存在屬性有交集者。最後程式會用展開算符將這些 Person 及 City 物件合併，放進新的陣列中：

```
results.push({ ...match, ...item });
```

以上範例會找到一對符合條件的物件 (Person("Bob Smith", "London") 和 City("London", 8136000))，並產生以下的輸出：

```
Bob Smith, London, 8136000
```

▎ 12-3-6　將泛型參數套用至物件方法

前述範例的第二個泛型參數 U，使用彈性其實還是不夠好，因為我們在建立 DataCollection 物件時就指明 collate() 方法要使用的資料型別，此舉便限制了 collate() 方法能使用的物件種類。

假如某個泛型型別就只有某個物件方法會用到它，我們其實可以把該泛型參數改成套用在物件方法上。如此一來，每次呼叫該方法的時候，就可以視情況指定不同的型別。請看以下範例：

```typescript
import { City, Person, Product, Employee } from "./dataTypes.js";

let people = [
    new Person("Bob Smith", "London"),
    new Person("Dora Peters", "New York")
];

let products = [
    new Product("Running Shoes", 100),
    new Product("Hat", 25)
];

let cities = [
    new City("London", 8136000),
    new City("Paris", 2141000)
];

let employees = [
    new Employee("Bob Smith", "Sales"),
    new Employee("Alice Jones", "Sales")
];

class DataCollection<T extends { name: string }> {
    private items: T[] = [];

    constructor(initialItems: T[]) {
        this.items.push(...initialItems);
    }

    // 有自己的泛型參數的方法
    collate<U>(targetData: U[], itemProp: string, targetProp: string):
        (T & U)[] {
        let results = [];
        this.items.forEach(item => {
            let match = targetData.find(d => d[targetProp] ===
                item[itemProp]);
            if (match !== undefined) {
                results.push({ ...match, ...item });
            }
        });
```

Next

```
        return results;
    }
}

let peopleData = new DataCollection<Person>(people);

let collatedData = peopleData.collate<City>(cities, "city", "name");
collatedData.forEach(c => console.log(`${c.name}, ${c.city}, ${c.[接下行]
population}`));

let empData = peopleData.collate<Employee>(employees, "name", "name");
empData.forEach(c => console.log(`${c.name}, ${c.city}, ${c.role}`));
```

這回我們把型別參數 U 直接套用到 collate() 方法，允許在呼叫它時才提供一個型別給它：

```
let collatedData = peopleData.collate<City>(cities, "city", "name");
...
peopleData.collate<Employee>(employees, "name", "name");
```

改用型別參數後，collate() 方法不僅可以使用 City 型別的物件，也可以使用 Employee 型別物件。以上範例的程式碼會輸出以下結果：

```
Bob Smith, London, 8136000
Bob Smith, London, Sales
```

> **小編註** 若要限制方法能使用的泛型參數種類，就和宣告類別時一樣，得用 extends 加上型別名稱。

12-3-7 允許編譯器推論型別參數

其實你也不見得一定要指定泛型引數，TypeScript 編譯器能根據物件的建立方式、或者方法的呼叫方式來推論泛型參數的實際型別。這個功能相當實用，可以讓我們寫出更簡潔的程式碼；但你也必須格外小心，確保實例物件的型別跟你原本想明確指定的型別是一致的。

以下範例嘗試不使用型別參數，來建立 DataCollection<T> 類別的實例物件並呼叫 collate() 方法，讓編譯器來推論型別：

修改 \types34\src\index.ts

```
...

let peopleData = new DataCollection<Person>(people);
let collatedData = peopleData.collate<City>(cities, "city", "name");
collatedData.forEach(c => console.log(`${c.name}, ${c.city}, ${c.
population}`));

// 不給泛型引數，由編譯器推論
let peopleData2 = new DataCollection(people);
let empData = peopleData2.collate(employees, "name", "name");
empData.forEach(c => console.log(`${c.name}, ${c.city}, ${c.role}`));
```

這回我們建立了個新的 DataCollection 物件，並透過它尋找 employees 陣列與 people 陣列的交集。不同於前面的第一個物件，這回我們並沒有傳入泛型引數，而是讓編譯器去自行推論。

若你啟用了編譯器的 declaration 設定，就可以打開 dist 目錄下的 index.d.ts 檔，檢視編譯器實際推論出的型別。不過在檢視之前，你得先替 src\index.ts 的變數加上 export 關鍵字：

修改 \types34\src\index.ts

```
...

export let peopleData = new DataCollection<Person>(people);
export let collatedData = peopleData.collate<City>(cities, "city", "name");
collatedData.forEach(c => console.log(`${c.name}, ${c.city}, ${c.接下行
population}`));

export let peopleData2 = new DataCollection(people);
export let empData = peopleData2.collate(employees, "name", "name");
empData.forEach(c => console.log(`${c.name}, ${c.city}, ${c.role}`));
```

這是因為在有使用模組的專案中，編譯器產生的型別宣告檔只會包含有匯出到模組之外的型別。這便是為何我們為何要刻意加上 export 關鍵字的原因。

重新編譯後，檢視 dist 子目錄下的 index.d.ts, 即可看到編譯器對變數推論的型別：

\types34\dist\index.d.ts

```
export declare let peopleData: DataCollection<Person>;      ← 由使用者指定
export declare let collatedData: (Person & City)[];          ← 由使用者指定
export declare let peopleData2: DataCollection<Person>;      ← 由編譯器推論
export declare let empData: (Person & Employee)[];           ← 由編譯器推論
```

程式碼的輸出結果也與之前的範例相同：

```
Bob Smith, London, 8136000
Bob Smith, London, Sales
```

12-4 泛型類別的繼承

泛型類別同樣可以被繼承，而子類別可透過幾種不同的方式來處理它繼承的泛型參數。下面我們就來逐一介紹這些方法。

> 以下使用範例專案 types35, 內容延續自專案 types34。

▌ 12-4-1　沿用泛型型別

首先是你可直接沿用父類別的泛型參數。請看下面的範例：

```typescript
import { City, Person, Product, Employee } from "./dataTypes.js";

let people = [
    new Person("Bob Smith", "London"),
    new Person("Dora Peters", "New York")
];

let products = [
    new Product("Running Shoes", 100),
    new Product("Hat", 25)
];

let cities = [
    new City("London", 8136000),
    new City("Paris", 2141000)
];

let employees = [
    new Employee("Bob Smith", "Sales"),
    new Employee("Alice Jones", "Sales")
];

class DataCollection<T extends { name: string }> {
    protected items: T[] = [];

    constructor(initialItems: T[]) {
        this.items.push(...initialItems);
    }

    // 刪去 collate() 方法
}

class SearchableCollection<T extends { name: string }> extends
    DataCollection<T> {
    constructor(initialItems: T[]) {
        super(initialItems);
    }

    find(name: string): T {
```

Next

```
        return this.items.find(item => item.name === name);
    }
}

let peopleData = new SearchableCollection<Person>(people);
let foundPerson = peopleData.find("Bob Smith");
if (foundPerson !== undefined) {
    console.log(`Person ${foundPerson.name}, ${foundPerson.city}`);
}
```

範例中的 SearchableCollection<T> 使用 extends 關鍵字繼承自 DataCollection<T>, 後者本身也有泛型型別參數：

```
class SearchableCollection<T extends { name: string }> extends
    DataCollection<T> {
```

子類別的泛型參數必須和父類別的泛型參數相容，所以這裡我們乾脆直接套用相同的物件形狀，指出泛型引數必須包含一個 string 型別的屬性 name。若子類別的泛型型別不能相容於父類別的泛型型別，編譯器會回報錯誤。

 注意在以上範例中, 父類別的 items 屬性的存取控制關鍵字 (參閱第 11 章) 從 private 改成了 **protected**, 以便能被子類別繼承和使用, 但仍然無法被外界存取。

最後將 SearchableCollection<T> 子類別實例化的方式也跟父類別一樣，得提供一個型別給 T (或者允許編譯器自行推論)。此範例會輸出以下的結果：

```
Person Bob Smith, London
```

12-4-2 在子類別鎖定泛型參數

有時子類別定義的功能，只能用來操作父類別泛型參數中的其中一種型別，這時子類別可以乾脆拋棄泛型，在繼承父類別時就指定型別參數。請看下面範例的示範：

修改 \types35\src\index.ts

```
...

// 子類別沒有泛型型別, 指定父類別的泛型參數使用 Person
class SearchableCollection extends DataCollection<Person> {
    constructor(initialItems: Person[]) {
        super(initialItems);
    }

    // 改成比對 city, 這是 Person 類別才有的屬性
    find(city: string): Person {
        return this.items.find(item => item.city === city);
    }
}

let peopleData = new SearchableCollection (people);
let foundPerson = peopleData.find("London");
if (foundPerson !== undefined) {
    console.log(`Person ${foundPerson.name}, ${foundPerson.city}`);
}
```

現在 SearchableCollection 類別繼承的對象是 **DataCollection<Person>**，鎖定了父類別的泛型參數，使得 SearchableCollection 只需考慮 Person 型別的物件 (find() 方法也能安全地存取 Person 類別所定義的屬性)。如此一來，子類別自己也不需要泛型參數了。這範例會輸出以下的結果：

```
Person Bob Smith, London
```

▍12-4-4 限制子類別的泛型參數範圍

 注意 以下會使用範例專案 types36, 內容延續自專案 types35。

第三種處理方式介於前兩者之間, 即從父類別繼承一個泛型參數、同時也限制它的型別範圍。這麼做可以確保類別具備你需要操作的功能, 又不必把型別完全鎖死。

\types36\src\index.ts

```typescript
import { City, Person, Product, Employee } from "./dataTypes.js";

let people = [
    new Person("Bob Smith", "London"),
    new Person("Dora Peters", "New York")
];

let products = [
    new Product("Running Shoes", 100),
    new Product("Hat", 25)
];

let cities = [
    new City("London", 8136000),
    new City("Paris", 2141000)
];

let employees = [
    new Employee("Bob Smith", "Sales"),
    new Employee("Alice Jones", "Sales")
];

class DataCollection<T extends { name: string }> {
    protected items: T[] = [];

    constructor(initialItems: T[]) {
        this.items.push(...initialItems);
    }
```

Next

```
}

class SearchableCollection
    <T extends Employee | Person> extends DataCollection<T> {
    constructor(initialItems: T[]) {
        super(initialItems);
    }

    find(searchTerm: string): T[] {
        return this.items.filter(item => {
        return this.items.filter(item => {
            if (item instanceof Employee) {   // 型別防衛敘述
                return item.name === searchTerm
                    || item.role === searchTerm;
            } else if (item instanceof Person) {
                return item.name === searchTerm
                    || item.city === searchTerm;
            }
        });
    }
}

let employeeData = new SearchableCollection<Employee>(employees);
employeeData.find("Sales").forEach(e =>
    console.log(`Employee ${e.name}, ${e.role}`));
```

子類別從父類別繼承了泛型型別 T (其限制為物件形狀 (name: string))，
同時又自行限制泛型型別為 Employee | Person 的聯集，這兩種型別都符合
(name: string) 的要求。這表示 SearchableCollection 類別在實例化時，可
接受的泛型型別即為 Employee、Person 或 Employee | Person。子類別方
法 find() 也加上了型別防衛敘述，好將泛型型別限縮到特定的型別。

本範例的程式碼會輸出以下的結果：

```
Employee Bob Smith, Sales
Employee Alice Jones, Sales
```

12-5 泛型類別的其他操作

12-5-1 對泛型類別使用型別謂詞函式

 注意 以下會使用範例專案 types37, 內容延續自專案 types36。

前面範例中的 SearchableCollection<T> 類別使用了 instanceof 關鍵
字來辨別 Employee 與 Person 型別物件。這種做法還算可行, 因為子類別
已經將泛型型別限縮到很小的範圍了 (Employee | Person 聯集)。但如果絲
毫沒有對型別參數設下限制, 要把它限縮至某個特定的型別將會非常困難。
請看以下示範:

\types37\src\index.ts

```
import { City, Person, Product, Employee } from "./dataTypes.js";

let people = [
    new Person("Bob Smith", "London"),
    new Person("Dora Peters", "New York")
];

let products = [
    new Product("Running Shoes", 100),
    new Product("Hat", 25)
];

let cities = [
    new City("London", 8136000),
    new City("Paris", 2141000)
];

let employees = [
    new Employee("Bob Smith", "Sales"),
    new Employee("Alice Jones", "Sales")
];
```

Next

```
class DataCollection<T> {
    protected items: T[] = [];

    constructor(initialItems: T[]) {
        this.items.push(...initialItems);
    }

    filter<V extends T>(): V[] {
        return this.items.filter(item => item instanceof V) as V[];
    }
}

let mixedData = new DataCollection<Person | Product>(
    [...people, ...products]);
let filteredProducts = mixedData.filter<Product>();
filteredProducts.forEach(p => console.log(`Product: ${p.name}, ${p.price}`));
```

在範例結尾，我們建立了個 DataCollection<Person | Product> 型別的物件，其 items 陣列的內容混雜著 Person 與 Product 物件。DataCollection 類別也定義了一個 filter() 方法，使用 instanceof 關鍵字從 items 陣列中撈出符合指定型別的物件。

 注意到 filter() 方法使用了泛型參數 V extends T, 這是在告訴編譯器說 V 參數只能接受泛型 T 的傳入型別, 進而防止 V 有可能接受其它型別、進而被編譯器將它視為 any 型別。

但這支範例無法順利執行，我們只會獲得這條錯誤訊息：

```
src/index.ts(31,58): error TS2693: 'V' only refers to a type, but is
being used as a value here.
```

這是因為 JavaScript 並沒有泛型功能，而泛型型別在編譯後就會移除，所以程式在執行階段時根本沒有 V 這個值能配合 instanceof 來檢查物件型別。

　　在需要依據型別來辨識泛型物件的情境中，你必須搭配型別謂詞函式 (參閱第 10 章)。以下在 filter() 方法新增一個參數以接收一個型別謂詞函式，然後用它來辨識特定型別的物件：

修改 \types37\src\index.ts

```typescript
import { City, Person, Product, Employee } from "./dataTypes.js";

let people = [
    new Person("Bob Smith", "London"),
    new Person("Dora Peters", "New York")
];

let products = [
    new Product("Running Shoes", 100),
    new Product("Hat", 25)
];

let cities = [
    new City("London", 8136000),
    new City("Paris", 2141000)
];

let employees = [
    new Employee("Bob Smith", "Sales"),
    new Employee("Alice Jones", "Sales")
];

class DataCollection<T> {
    protected items: T[] = [];

    constructor(initialItems: T[]) {
        this.items.push(...initialItems);
    }

    filter<V extends T>(predicate: (target) => target is V): V[] {
        // 接收一個型別謂詞函式來過濾物件型別，並以 V[] 型別傳回
        return this.items.filter(item => predicate(item)) as V[];
    }
}
```

Next

```
let mixedData = new DataCollection<Person | Product>([...people, 接下行
...products]);

// 定義型別謂詞函式
function isProduct(target): target is Product {
    return target instanceof Product;
}
// 把型別謂詞函式傳入 filter()
let filteredProducts = mixedData.filter<Product>(isProduct);
filteredProducts.forEach(p => console.log(`Product: ${p.name}, ${p.price}`));
```

型別謂詞函式 isProduct() 會被傳給 filter() 的參數 predicate,而且函式的定義(參數與傳回值型別)也吻合要求。這使得 filter() 在被編譯成 JavaScript 後,仍然有能力過濾出使用者指定的物件型別。本範例會輸出以下的結果:

```
Product: Running Shoes, 100
Product: Hat, 25
```

■ 12-5-2　在泛型類別定義一個靜態方法 (static method)

實例物件和其方法能擁有泛型參數,每個物件建立時都可以填入不同型別。但是靜態方法就不行了,因為它只能透過類別本身存取,並不會出現在實例物件內:

修改 \types37\src\index.ts

```
import { City, Person, Product, Employee } from "./dataTypes.js";

let people = [
    new Person("Bob Smith", "London"),
    new Person("Dora Peters", "New York")
];

let products = [
    new Product("Running Shoes", 100),
    new Product("Hat", 25)
```
Next

```
];

let cities = [
    new City("London", 8136000),
    new City("Paris", 2141000)
];

let employees = [
    new Employee("Bob Smith", "Sales"),
    new Employee("Alice Jones", "Sales")
];

class DataCollection<T> {
    protected items: T[] = [];

    constructor(initialItems: T[]) {
        this.items.push(...initialItems);
    }

    filter<V extends T>(predicate: (target) => target is V): V[] {
        return this.items.filter(item => predicate(item)) as V[];
    }

    static reverse(items: any[]) {
        return items.reverse();
    }
}

let mixedData = new DataCollection<Person | Product>(
    [...people, ...products]);

function isProduct(target): target is Product {
    return target instanceof Product;
}
let filteredProducts = mixedData.filter<Product>(isProduct);
filteredProducts.forEach(p => console.log(`Product: ${p.name}, ${p.接下行
price}`));

// 用靜態方法反轉 filteredProducts 的元素順序
let reversedFilteredProducts: Product[] =
    DataCollection.reverse(filteredProducts);
reversedFilteredProducts.forEach(p => console.log(`Product: ${p.name}, 接下行
${p.price}`));
```

用 **static** 關鍵字宣告的 reverse() 方法得直接透過 DataCollection 類別來存取 (也因此它沒有 this 參數指向實例物件)。而在呼叫靜態方法時，類別名稱並不需要加上泛型參數：

```
let reversedCities: City[] = DataCollection.reverse(cities);
```

不過靜態方法本身能定義自己的泛型參數，如同以下範例：

修改 \types37\src\index.ts

```
...

static reverse<ArrayType>(items: ArrayType[]):ArrayType[] {
    return items.reverse();
}

...
```

reverse() 方法定義了一個泛型參數 ArrayType，指定它要處理的陣列型別。如此一來，當我們透過 DataCollection 類別呼叫這個方法時，就得在方法名稱的後方提供它要的型別引數：

```
let reversedFilteredProducts: Product[] =
    DataCollection.reverse<Product>(filteredProducts);
```

靜態方法定義的泛型參數，和類別定義來提供給實例物件的泛型參數，兩者井水不犯河水。以上範例會輸出以下的結果：

```
Product: Running Shoes, 100
Product: Hat, 25
Product: Hat, 25 ◀── 反轉順序的 filteredProducts
Product: Running Shoes, 100 ◀── 反轉順序的 filteredProducts
```

12-6 泛型介面

12-6-1　定義泛型介面

 注意 以下使用範例專案 types38，內容延續範例專案 types37。

我們同樣可以使用泛型參數來定義一個介面，讓介面定義泛型類別的規格，不必明確指定類別要使用的型別。我們首先以泛型參數定義下列範例的介面：

\types38\src\index.ts

```
import { City, Person, Product, Employee } from "./dataTypes.js";

type shapeType = { name: string };   // 物件形狀別名

interface Collection<T extends shapeType> {
    add(...newItems: T[]): void;
    get(name: string): T;
    count: number;
}
```

Collection<T> 介面擁有一個名為 T 的泛型參數，其 <> 語法跟類別用的是一樣的，而且 T 型別必須擁有 string 型別的 name 屬性。接著 T 這個型別參數被用在 add() 與 get() 方法中，實作介面的類別可以沿用 T 泛型參數。

12-6-2　泛型介面的繼承

在開始看泛型介面如何被實作之前，我們先來看它能如何被繼承。繼承方式和第 11 章談過的方式一模一樣，而泛型參數也能像前面介紹的那樣繼承或鎖定、附加範圍限制。下面的範例中定義了一系列繼承自 Collection<T> 的子介面：

```
...

interface Collection<T extends shapeType> {
    add(...newItems: T[]): void;
    get(name: string): T;
    count: number;
}

// 沿用相同的泛型型別
interface SearchableCollection<T extends shapeType> extends Collection<T>
{
    find(name: string): T | undefined;
}

// 鎖定泛型型別為 Product
interface ProductCollection extends Collection<Product> {
    sumPrices(): number;
}

// 限制泛型型別為 Product | Employee
interface PeopleCollection<T extends Product | Employee> extends
    Collection<T> {
    getNames(): string[];
}
```

以上範例只是示範如何進行定義子介面, 不會輸出任何實際結果。後面我們也不再需要這些子介面定義, 故可刪去它們。

▌ 12-6-3 實作一個泛型介面

當一個類別在實作一個泛用介面時, 雖然它得實作介面所有的屬性與方法, 它對於如何處理泛型參數倒是擁有一些彈性空間。當中有些處理方式, 跟先前介紹的繼承泛型類別的方法是極為相似的。以下我們就依序來介紹。

沿用泛型型別

首先，最簡單的處理方式就是讓類別照單接收介面的泛型參數。請參考以下範例：

修改 \types38\src\index.ts

```typescript
import { City, Person, Product, Employee } from "./dataTypes.js";

type shapeType = { name: string };

interface Collection<T extends shapeType> {
    add(...newItems: T[]): void;
    get(name: string): T;
    count: number;
}

// 類別使用和介面完全一樣的泛型參數
class ArrayCollection<T extends shapeType> implements Collection<T> {
    private items: T[] = [];

    add(...newItems: T[]): void {
        this.items.push(...newItems);
    }

    get(name: string): T {
        return this.items.find(item => item.name === name);
    }

    get count(): number {
        return this.items.length;
    }
}

let peopleCollection: Collection<Person> = new ArrayCollection<Person>();
peopleCollection.add(new Person("Bob Smith", "London"),
    new Person("Dora Peters", "New York"));
console.log(`Collection size: ${peopleCollection.count}`); // 印出陣列長度
```

ArrayCollection<T> 類別使用 implements 關鍵字宣告它實作了 Collection 介面。該介面擁有一個泛型參數，其限制為必須符合 shapeType 型別或 { name: string }，而 ArrayCollection 類別沿用了同樣的泛型型別。

接著 ArrayCollection<T> 類別在建立物件時需要提供一個明確的型別，並使該物件符合 Collection<T> 介面，就像這樣：

```
// peopleCollection 是 Collection<Person> 介面型別
let peopleCollection: Collection<Person> = new ArrayCollection<Person>();
```

這裡提供的泛型參數確立了類別與介面的實際型別，讓 ArrayCollection<Person> 型別的物件得以實作 Collection<Person> 介面。上面範例的程式碼會輸出以下的結果：

```
Collection size: 2
```

限制或鎖定泛型參數

類別在實作泛型介面時，也可以直接指定一個明確的泛型引數來鎖定之，只要該型別是介面支援的泛型參數即可。請看底下的範例：

修改 \types38\src\index.ts

```
import { City, Person, Product, Employee } from "./dataTypes.js";

type shapeType = { name: string };

interface Collection<T extends shapeType> {
    add(...newItems: T[]): void;
    get(name: string): T;
    count: number;
}

class PersonCollection implements Collection<Person> {
    private items: Person[] = [];

    add(...newItems: Person[]): void {
```

Next

```
            this.items.push(...newItems);
    }

    get(name: string): Person {
        return this.items.find(item => item.name === name);
    }

    get count(): number {
        return this.items.length;
    }
}

let peopleCollection: Collection<Person> = new PersonCollection();
peopleCollection.add(new Person("Bob Smith", "London"),
    new Person("Dora Peters", "New York"));
console.log(`Collection size: ${peopleCollection.count}`);
```

PersonCollection 類別不再是泛型類別，它實作了 **Collection<Person>**
介面。此範例在編譯執行後會輸出一樣的結果：

```
Collection size: 2
```

用一個抽象類別實作泛型介面

 注意 以下會使用範例專案 types39, 內容延續自專案 types38。

　　就和在前面的章節看過的一樣，抽象類別可以只實作一部分的介面，再
讓其子類別來實作完整的功能。而在處理泛型參數時，抽象類別一樣可以選
擇沿用、鎖定或限制介面的泛型型別。以下便示範一個泛型抽象類別如何實
作泛型介面：

```typescript
import { City, Person, Product, Employee } from "./dataTypes.js";

type shapeType = { name: string };

interface Collection<T extends shapeType> {
    add(...newItems: T[]): void;
    get(name: string): T;
    count: number;
}

abstract class ArrayCollection
    <T extends shapeType> implements Collection<T> {
    protected items: T[] = [];
    add(...newItems: T[]): void {
        this.items.push(...newItems);
    }
    abstract get(searchTerm: string): T;
    get count(): number {
        return this.items.length;
    }
}

class ProductCollection extends ArrayCollection<Product> {
    get(searchTerm: string): Product {
        return this.items.find(item => item.name === searchTerm);
    }
}

class PersonCollection extends ArrayCollection<Person> {
    get(searchTerm: string): Person {
        return this.items.find(
            item => item.name === searchTerm
                || item.city === searchTerm);
    }
}

let peopleCollection: Collection<Person> = new PersonCollection();
peopleCollection.add(new Person("Bob Smith", "London"),
    new Person("Dora Peters", "New York"));
```

Next

12-38

```
let productCollection: Collection<Product> = new ProductCollection();
productCollection.add(new Product("Running Shoes", 100),
    new Product("Hat", 25));

// 印出兩個陣列的長度
[peopleCollection, productCollection].forEach(c =>
    console.log(`Size: ${c.count}`));
```

ArrayCollection<T> 是一個泛型抽象類別,它實作了 Collection<T> 介面的部分內容,子類別 ProductCollection 與 PersonCollection 則實作了各自的 get() 方法,並把泛型參數限縮至特定的型別。此範例會輸出以下的結果:

```
Size: 2
Size: 2
```

12-7 本章總結

本章我們介紹了泛型,以及它們能協助解決的問題。我們接著示範泛型參數與泛型引數之間的關係,以及在繼承類別時處理泛型型別的幾種不同方式。此外,泛型亦可用來搭配一般類別、抽象類別或介面,就連函式與物件方法也可以用泛型定義一個暫時性的型別,等實際使用的時候再決定。

下一章我會以本章的概念為基礎,講解 TypeScript 提供的進階泛型功能。

下表是本章內容的概要整理：

問題	解決辦法	本章小節
定義一個可以安全操作不同型別資料的類別或函式	定義一個泛型參數	12-3
決定泛型參數的實際型別	在初始化類別或呼叫函式時填入泛型引數	12-3
繼承泛型類別	建立一個類別來繼承泛型類別, 並沿用、鎖定或限制從父類別繼承而來的泛型型別	12-4
對泛型使用型別防衛敘述	使用型別謂詞函式	12-5-1
在泛型類別加入獨立函式	定義靜態方法	12-5-2
定義一個泛型功能但不實作之	以泛型參數定義一個介面	12-6

TypeScript 的
進階泛型功能

本章將繼續解說在 TypeScript 使用泛型的技巧, 並介紹更進階的功能。我也會示範如何將泛型應用到集合與走訪器, 索引型別與型別映射, 以及最有使用彈性的『條件型別』(conditional type)。

本章為進階題材, 初學者可先跳過, 這不影響本書第三篇的範例網站實作。

13-1 本章行前準備

本章會從範例專案 types40 開始，沿用自第 12 章的 types39 專案。首先建立專案目錄後，在命令列切換到該目錄下並初始化它、還有安裝必要套件：

```
\types40> npm init --yes
\types40> npm install --save-dev typescript@4.3.5 tsc-watch@4.4.0
```

package.json 的設定如下：

\types40\package.json

```
{
    "name": "types40",
    "version": "1.0.0",
    "description": "",
    "main": "index.js",
    "scripts": {
        "test": "echo \"Error: no test specified\" && exit 1",
        "start": "tsc-watch --onsuccess \"node dist/index.js\""
    },
    "keywords": [],
    "author": "",
    "license": "ISC",
    "type": "module",
    "devDependencies": {
        "tsc-watch": "^4.4.0",
        "typescript": "^4.3.5"
    }
}
```

建立編譯器組態 tsconfig.json 檔如下：

\types40\tsconfig.json

```
{
    "compilerOptions": {
```

Next

```
        "target": "es2020",
        "outDir": "./dist",
        "rootDir": "./src",
        "declaration": true
    }
}
```

接著在專案目錄下新增子目錄 src, 於其下建立兩個檔案 dataType.ts (與第 12 章相同) 及 index.ts：

\types40\src\dataType.ts

```
export class Person {
    constructor(public name: string, public city: string) { }
}

export class Product {
    constructor(public name: string, public price: number) { }
}

export class City {
    constructor(public name: string, public population: number) { }
}

export class Employee {
    constructor(public name: string, public role: string) { }
}
```

\types40\src\index.ts

```
import { City, Person, Product, Employee } from "./dataTypes.js";

let products = [
    new Product("Running Shoes", 100),
    new Product("Hat", 25)
];

type shapeType = { name: string };
```

Next

```
class Collection<T extends shapeType> {
    constructor(private items: T[] = []) { }

    add(...newItems: T[]): void {
        this.items.push(...newItems);
    }

    get(name: string): T {
        return this.items.find(item => item.name === name);
    }

    get count(): number {
        return this.items.length;
    }
}

let productCollection: Collection<Product> = new Collection(products);
console.log(`There are ${productCollection.count} products`);

let p = productCollection.get("Hat");
console.log(`Product: ${p.name}, ${p.price}`);
```

> **提示**　注意到 Collection 類別中的 get count() 函式宣告, 這是所謂的 『**getter** 方法』, 讓我們能控制讀取類別屬性時要怎麼傳回資料。get count() 方法等於是替物件產生一個 count 屬性;當我們嘗試存取該屬性時, 屬性值就會是 get count() 的傳回值。
>
> 同樣的你還可以寫 『**setter** 方法』, 好決定對『屬性』指派值時該做些什麼事:
>
> ```
> set count(value: number) {
>     // 處理 value
> }
> ```
>
> getter 及 setter 必須有一樣的公開程度 (使用相同的存取控制關鍵字, 不寫時預設為 public)。此外從 TypeScript 4.3 起, getter 的傳回值型別和 setter 的參數型別可以不必一致。

完成後，於命令提示字元或終端機執行以下指令，好自動編譯並執行專案：

```
\types32> npm start
上午9:41:35 - Starting compilation in watch mode...
上午9:41:37 - Found 0 errors. Watching for file changes.
There are 2 products
Product: Hat, 25
```

13-2 泛型集合的使用

TypeScript 也支援對 JavaScript 集合使用泛型參數，允許你安全地透過泛型型別操作集合。如果需要複習 JavaScript 的集合，可回頭參閱第 4 章。

▼ 泛型集合

名稱	說明
Map<K, V>	建立一個 Map 集合。鍵的型別為 K，值的型別為 V。
ReadonlyMap<K, V>	同上，但建立一個唯讀的 Map 集合。
Set<T>	建立一個 Set 集合，值的型別為 T。
ReadonlySet<T>	同上，但建立一個唯讀的 Set 集合。

▌ 13-2-1 泛型 Set

我們用以下這段程式碼來示範，如何將泛型功能用於一個 Set 集合：

修改 \types40\src\index.ts

```
import { City, Person, Product, Employee } from "./dataTypes.js";

let products = [new Product("Running Shoes", 100), new Product("Hat", 25)];
```
Next

```
type shapeType = { name: string };

class Collection<T extends shapeType> {
    private items: Set<T>;  // 將陣列換成 Set

    constructor(initialItems: T[] = []) {
        this.items = new Set<T>(initialItems);
    }

    add(...newItems: T[]): void {
        newItems.forEach(newItem => this.items.add(newItem));
    }

    get(name: string): T {
        return [...this.items.values()].find(
            item => item.name === name);
    }

    get count(): number {
        return this.items.size;
    }
}

let productCollection: Collection<Product> = new Collection(products);
console.log(`There are ${productCollection.count} products`);

let p = productCollection.get("Hat");
console.log(`Product: ${p.name}, ${p.price}`);
```

　　我們把 Collection<T> 類別中的泛型陣列換成了 **Set<T>**，意味著 Set
的元素會是 T 型別。由於 TypeScript 編譯器會根據泛型參數阻止其他資料
型別被加入 Set，因此從集合中取出值時也就不必使用型別防衛敘述。此範
例的執行結果如下：

```
There are 2 products
Product: Hat, 25
```

13-2-2 泛型 Map

同樣的泛型操作亦可運用在 Map：

修改 \types40\src\index.ts

```
...

type shapeType = { name: string };

class Collection<T extends shapeType> {
    private items: Map<string, T>;

    constructor(initialItems: T[] = []) {
        this.items = new Map<string, T>();
        this.add(...initialItems);
    }

    add(...newItems: T[]): void {
        newItems.forEach(newItem =>
            this.items.set(newItem.name, newItem));
    }

    get(name: string): T {
        return this.items.get(name);
    }

    get count(): number {
        return this.items.size;
    }
}

let productCollection: Collection<Product> = new Collection(products);
console.log(`There are ${productCollection.count} products`);

let p = productCollection.get("Hat");
console.log(`Product: ${p.name}, ${p.price}`);
```

在此泛型類別拿它的泛型參數 T 當作 Map 元素要用的實際型別。這個範例把 items 屬性改成一個 Map 集合，並且以傳入物件的 name 屬性值當成鍵。由於泛型參數 T 必須符合 shapeType 型別，也就是必須擁有 name 屬性，這種操作自然就是符合型別安全的。這段範例會輸出跟前面一模一樣的執行結果：

```
There are 2 products
Product: Hat, 25
```

13-3 泛型走訪器的使用

▌ 13-3-1 取得泛型集合的走訪器

我們曾在第 4 章介紹過走訪器的用法，它能在每次呼叫時依序傳回值，而 TypeScript 也支援在類別中對泛型集合提供走訪器。下表列出了泛型走訪器的介面與其傳回值：

▼ 泛型走訪器

名稱	說明
Iterator<T>	走訪器介面，其 next() 方法會傳回 IteratorResult<T> 型別物件。
IteratorResult<T>	此物件代表走訪器的傳回結果，具有 done 與 value 屬性。
Iterable<T>	這個介面定義了一個擁有 Symbol.iterator 屬性的物件，支援直接走訪。
IterableIterator<T>	此介面結合了 Iterator<T> 與 Iterable<T> 來定義一個物件，該物件擁有 Symbol.iterator 屬性，並有 next() 方法與 result 屬性。

底下範例的 Collection<T> 類別便以 Iterator<T> 與 IteratorResult<T> 介面來得到 Map<string, T> 的走訪器，以便依序存取其元素：

修改 types40\src\index.ts

```
...

class Collection<T extends shapeType> {
    private items: Map<string, T>;

    constructor(initialItems: T[] = []) {
        this.items = new Map<string, T>();
        this.add(...initialItems);
    }

    add(...newItems: T[]): void {
        newItems.forEach(newItem =>
            this.items.set(newItem.name, newItem));
    }

    get(name: string): T {
        return this.items.get(name);
    }

    get count(): number {
        return this.items.size;
    }

    values(): Iterator<T> {
        return this.items.values();
    }
}

let productCollection: Collection<Product> = new Collection(products);
console.log(`There are ${productCollection.count} products`);

// 註解掉這兩行
// let p = productCollection.get("Hat");
// console.log(`Product: ${p.name}, ${p.price}`);

// 取得泛型走訪器
let iterator: Iterator<Product> = productCollection.values();
// 取得第一筆資料
let result: IteratorResult<Product> = iterator.next();
while (!result.done) {   // 如果還有資料可取:
    console.log(`Product: ${result.value.name}, ${result.value.price}`);
    result = iterator.next();   // 取得下一筆資料
}
```

這回我們在 Collection<T> 類別定義的新方法 values(), 它會呼叫 Map 集合自身的 values() 方法, 其傳回值剛好就是一個符合 Iterator<T> 介面型別的走訪器。

於是我們就能取得這個走訪器物件, 並藉由呼叫其 next() 方法來取得一個 IteratorResult<Product> 型別的物件 (而此物件的 value 屬性會包含 Map 的一個元素, 也就是 Product 型別物件)。

以上範例的程式碼會輸出以下的結果:

```
There are 2 products
Product: Running Shoes, 100    ◀─── 走訪 Map 第一筆資料
Product: Hat, 25               ◀─── 走訪 Map 第二筆資料
```

> ✿ **在 JavaScript ES5 或更早版本中使用走訪器**
>
> 走訪器是 JavaScript ES6/ES2015 標準才加入的功能。假如你的專案要以更早期的 JavaScript 版本為編譯目標、而你又想要使用走訪器的話, 你就得在 TypeScript 編譯器的組態檔將 **downlevelIteration** 選項設定為 true。

▌13-3-2　IterableIterator：
　　　　結合 Iterable 與 Iterator 走訪器

事實上 JavaScript 的陣列、Set 與 Map 的 values() 所傳回的值, 都會符合 TypesScript 的 IterableIterator 介面, 而這使我們其實能用更優雅的方式來一一走訪集合元素:

修改 types40\src\index.ts

```
import { City, Person, Product, Employee } from "./dataTypes.js";

let products = [
    new Product("Running Shoes", 100),
    new Product("Hat", 25)
];
```
Next

```
type shapeType = { name: string };

class Collection<T extends shapeType> {
    private items: Map<string, T>;

    constructor(initialItems: T[] = []) {
        this.items = new Map<string, T>();
        this.add(...initialItems);
    }

    add(...newItems: T[]): void {
        newItems.forEach(newItem => this.items.set(newItem.name,
newItem));
    }

    get(name: string): T {
        return this.items.get(name);
    }

    get count(): number {
        return this.items.size;
    }

    values(): IterableIterator<T> {   // 改成 IterableIterator 介面
        return this.items.values();
    }
}

let productCollection: Collection<Product> = new Collection(products);
console.log(`There are ${productCollection.count} products`);

// 在陣列展開後走訪
[...productCollection.values()].forEach(p =>
    console.log(`Product: ${p.name}, ${p.price}`));
```

　　values() 方法這次會傳回一個 **IterableIterator<T>** 物件，你可以和上一個範例一樣呼叫它的 next() 方法來依次取得內容。不過，IterableIterator 物件也擁有 Symbol.iterator 屬性，這使得我們能用第 4 章介紹過的方式直接用展開算符或 for 迴圈走訪它，省下不少功夫。此範例會輸出以下的結果：

```
There are 2 products
Product: Running Shoes, 100
Product: Hat, 25
```

▌13-3-3　建立一個可走訪泛型類別

 注意　下面使用範例專案 types41，內容延續自專案 types40。

　　若你希望自己的泛型類別也能像前面的 Set 或 Map 那樣變成走訪器、無須呼叫 next() 就可直接走訪，那麼你只要給類別加入 Symbol.iterator 屬性，就可以實作 Iterable<T> 介面。請看以下程式碼的示範：

\types41\src\index.ts

```
import { City, Person, Product, Employee } from "./dataTypes.js";

let products = [
    new Product("Running Shoes", 100),
    new Product("Hat", 25)
];

type shapeType = { name: string };

// 讓類別實作 Iterable<T> 介面
class Collection<T extends shapeType> implements Iterable<T> {
    private items: Map<string, T>;

    constructor(initialItems: T[] = []) {
        this.items = new Map<string, T>();
        this.add(...initialItems);
    }

    add(...newItems: T[]): void {
        newItems.forEach(newItem => this.items.set(newItem.name, newItem));
    }
```

Next

```
    get(name: string): T {
        return this.items.get(name);
    }

    get count(): number {
        return this.items.size;
    }

    // 實作 Iterable<T> 介面所需屬性
    [Symbol.iterator](): Iterator<T> {
        return this.items.values();
    }
}

let productCollection: Collection<Product> = new Collection(products);
console.log(`There are ${productCollection.count} products`);

// 直接走訪 productCollection 物件
[...productCollection].forEach(p =>
    console.log(`Product: ${p.name}, ${p.price}`));
```

　　類別定義了 Symbol.iterator 屬性，它代表了物件預設會傳回的走
訪器，使得它得以符合 JavaScript 走訪器協議。因此這回我們直接走訪
productCollection 物件本身，便能得到和之前一樣的結果：

```
There are 2 products
Product: Running Shoes, 100
Product: Hat, 25
```

13-4 索引型別的使用

在前面所有的範例中，Collection<T> 類別需要用一個物件形狀來約束它能接受的泛型型別，好確保能將物件的 name 屬性當成鍵來存取 Map 中的物件。

TypeScript 其實還提供了一系列相關功能，可將物件定義的任何屬性當成集合的鍵，同時仍能維持型別安全。這些進階功能比較難懂，所以我會先個別解釋，然後再整合起來、展示如何運用它們來改進 Collection<T> 類別。

 下面使用範例專案 types42，內容延續自專案 types41。

▌ 13-4-1　以索引型別限制泛型參數

關鍵字 **keyof** 又稱『索引型別查詢算符』(index type query operator)，它會用第 9 章介紹過的字面值型別，傳回一個型別內所有屬性名稱的聯集。底下就來展示對 Product 型別物件使用 keyof 關鍵字的效果：

\types42\src\index.ts

```
import { City, Person, Product, Employee } from "./dataTypes.js";

let myVar: keyof Product;  // myVar 會是 "name" | "price" 型別
myVar = "name";
myVar = "price";
myVar = "someOtherName";  // 指派不允許的字面值
```

myVar 變數的型別註記是『keyof Product』，效果等同註記一個型別聯集，內容包含 Product 類別之所有屬性的名稱 ("name" | "price")。這表示 myVar 變數只能被指派字串值的 name 與 price，而範例最後一行嘗試指派 "someOtherName" 給 myVar 時，便導致編譯器回報型別錯誤：

```
src/index.ts(6,1): error TS2322: Type '"someOtherName"' is not
assignable to type 'keyof Product'.
```

　　既然如此，我們就能利用 keyof 關鍵字來約束泛型參數，確保不管傳入什麼物件給泛型參數，都只能使用該物件既有的屬性名稱。請看以下的示範：

修改 \types42\src\index.ts

```typescript
import { City, Person, Product, Employee } from "./dataTypes.js";

function getValue<T, K extends keyof T>(item: T, keyname: K) {
    // 用 keyname （型別 K）當鍵傳回物件 item （型別 T）的屬性值
    console.log(`Value: ${item[keyname]}`);
}

let p = new Product("Running Shoes", 100);
getValue(p, "name");
getValue(p, "price");

let e = new Employee("Bob Smith", "Sales");
getValue(e, "name");
getValue(e, "role");
```

　　這個範例定義了一個名為 getValue() 的函式，其型別參數 K 受到『keyof T』的約束，代表無論呼叫函式時 T 的傳入型別是什麼，K 都只能是 T 的屬性名稱。所以當使用 getValue() 函式操作 Product 型別的物件時，keyname 參數就只能是 "name" 或 "price"；而接著我們改而操作 Employee 型別物件時，它的 keyname 參數則只能是 "name" 或者 "role"。

　　由於以上程式碼傳給泛型 K 的值都符合要求，因此能安全地從 Product 或 Employee 的物件中取得值：

```
Value: Running Shoes ◀── Product["name"]
Value: 100           ◀── Product["price"]
Value: Bob Smith     ◀── Employee["name"]
Value: Sales         ◀── Employee["role"]
```

13-4-2 對索引型別明確指定泛型引數

前面範例中的 getValue() 方法在呼叫時並沒有提供泛型引數，而是讓編譯器自行根據函式的引數來推論泛型型別。但如果改成明確提供泛型引數，卻會揭露一個容易令人混淆的現象。請看以下範例的示範：

修改 \types42\src\index.ts

```
...

// 讓編譯器推論泛型參數
let p = new Product("Running Shoes", 100);
getValue(p, "name");
getValue(p, "price");

// 明確提供泛型參數
let e = new Employee("Bob Smith", "Sales");
getValue<Employee, "name">(e, "name");
getValue<Employee, "role">(e, "role");
```

乍看之下，範例程式修改的部分好像把需要的屬性指定了兩次，但前後兩個 "name" 和 "role" 代表的意義其實並不相同：

$$getValue<Employee, \underset{字面值型別}{\underline{"name"}}>(e, \underset{字串值}{\underline{"name"}});$$

第一個 name 是泛型引數，它是一個**字面值型別**，明確指定 keyof Product 聯集中存在的型別，TypeScript 編譯器會拿這個型別做型別檢查。第二個 name 則是 getValue() 函式本身的引數，是個 string 型別的**值**，用途是在程式碼執行時被 JavaScript 環境使用，當作參數 keyname 的值。這個範例會輸出以下結果：

```
Value: Running Shoes
Value: 100
Value: Bob Smith
Value: Sales
```

■ 13-4-3 使用索引存取算符 (indexed access operator)

在前面的範例中，我們並沒有註記 getValue() 函式的傳回值型別，只是讓編譯器來推論它。假如想要明確註記泛型物件的屬性值，該怎麼做呢？

索引存取算符可用來取得一個或多個屬性的索引型別，其語法和從物件取得屬性值的寫法一樣，但在以下場合傳回的是型別而非值：

```
type priceType = Product["price"];  // priceType 為 number 型別
type allTypes = Product[keyof Product];  // allTypes 為 string | number 型別
```

正因如此，索引存取算符經常會和泛型搭配使用，因為就算不知道屆時會用到哪種型別，你依然可以安全地處理屬性的型別（單一或聯集型別）。我們來看以下範例：

修改 \types42\src\index.ts

```
import { City, Person, Product, Employee } from "./dataTypes.js";

// 用索引存取算符搭配泛型指定傳回值型別
function getValue<T, K extends keyof T>(item: T, keyname: K): T[K] {
    return item[keyname];  // 改成傳回值
}

let p = new Product("Running Shoes", 100);
console.log(getValue(p, "name"));
console.log(getValue(p, "price"));

let e = new Employee("Bob Smith", "Sales");
console.log(getValue<Employee, "name">(e, "name"));
console.log(getValue<Employee, "role">(e, "role"));
```

getValue() 的傳回值型別用索引存取算符 **T[K]** 來代表，而 K 會符合 T 所有屬性的型別聯集：

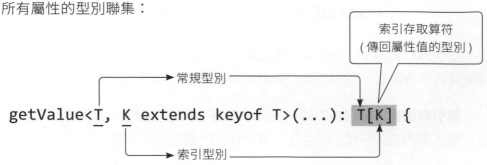

編譯器會根據呼叫函式的泛型引數來決定傳回值 (item 物件的 keyname 屬性值) 的型別。如此一來，不管傳入的物件與屬性名稱為何，只要 keyname 的值是 item 物件內存在的屬性名稱 (此乃 K 的限制)，T[K] 就一定會對應到該屬性的型別。

以上範例會產生以下的執行結果：

```
Running Shoes
100
Bob Smith
Sales
```

▌ 13-4-4 在 Collection<T> 類別使用索引型別

 以下使用範例專案 types43, 內容延續自專案 types42。

看過索引型別以及索引存取算符的功能後，我們就能來改寫 Collection<T> 類別，讓它得以在 Map 中存放任何型別的物件，這些物件不見得必須擁有 name 屬性。正確來說，現在我們可以用物件的**任何**屬性值當作鍵，這些值也可以是不同型別。請看以下的範例：

```
\types43\src\index.ts
```

```typescript
import { City, Person, Product, Employee } from "./dataTypes.js";

let products = [
    new Product("Running Shoes", 100),
    new Product("Hat", 25)
];

class Collection<T, K extends keyof T> implements Iterable<T> {
    private items: Map<T[K], T>;

    constructor(initialItems: T[] = [], private propertyName: K) {
        // items 屬性是以 T[K] 型別為鍵的 Map
        this.items = new Map<T[K], T>();
        this.add(...initialItems);
    }

    add(...newItems: T[]): void {
        newItems.forEach(newItem =>
            this.items.set(newItem[this.propertyName], newItem) );
    }

    get(key: T[K]): T {
        return this.items.get(key);
    }

    get count(): number {
        return this.items.size;
    }

    [Symbol.iterator](): Iterator<T> {   // 實作 Iterable<T> 介面
        return this.items.values();
    }
}

// 使用 Product.name 屬性為 Map 鍵 (值: "Hat", 型別: string)
let productCollection: Collection<Product, "name">
    = new Collection(products, "name");
```

Next

```
let itemByKey = productCollection.get("Hat");
console.log(`Item: ${itemByKey.name}, ${itemByKey.price}`);

// 使用 Product.price 屬性為 Map 鍵 (值: 100, 型別: number)
let productCollection2: Collection<Product, "price">
    = new Collection(products, "price");

itemByKey = productCollection2.get(100);
console.log(`Item: ${itemByKey.name}, ${itemByKey.price}`);
```

現在 Collection<T> 類別改寫後，加入了泛型參數 K 來傳入一個屬性名稱，其限制為必須符合 keyof T，也就是 T 型別屬性的字面值型別聯集。而 Collection<T, K> 的新實例物件會用以下方式被建立出來：

```
let productCollection: Collection<Product, "name">
    = new Collection(products, "name");
...
let productCollection2: Collection<Product, "price">
    = new Collection(products, "price");
```

而在 Collection<T, K> 類別中，只要使用 T[K] 就能取得屬性名稱 K 的對應型別。不管我們在實例化 Collection<T, K> 時傳入哪個屬性名稱 ("name" 或 "price")，都一定能保證資料的操作安全。

> **注意** 在傳入 "price" 時，Collection<T, K> 的內部 Map 就會用數值鍵 (值為 Product 物件的價格) 當成鍵。此舉是為了展示索引型別和索引存取算符的效果，不過實務上這可能不是好主意，因為不同產品可能會有相同的價格，導致存入的資料產生衝突。

上面的範例程式碼會輸出以下的結果：

```
Item: Hat, 25
Item: Running Shoes, 100
```

13-5 使用型別映射 (type mapping)

13-5-1 建立映射型別

 注意 以下使用範例專案 types44, 內容延續自專案 types43。

　　如果你想沿用或修改既有的物件型別來建立新型別, 又不想重複撰寫程式碼, 就可以使用**型別映射**。下面我們直接來看例子, 對 Product 類別建立一個簡單的**映射型別** (mapped type):

\types44\src\index.ts

```
import { City, Person, Product, Employee } from "./dataTypes.js";

// 從 Product 型別建立 MappedProduct 型別
type MappedProduct = {
    [P in keyof Product]: Product[P]
};

let p: MappedProduct = { name: "Kayak", price: 275 };
console.log(`Mapped type: ${p.name}, ${p.price}`);
```

　　型別映射是透過一個表達式來決定, 新的型別中要包含哪些舊型別的屬性名稱, 並指定它們的型別:

```
type MappedProduct = {

    [P in keyof Product]: Product[P]

};
                        ↑                      ↑
                  屬性名稱選擇符           屬性型別選擇符
```

『屬性名稱選擇符』拿型別 P 來建立新屬性,而 P 的型別會用 in 關鍵字來列舉字面值聯集中的型別。以 Product 類別來說,keyof Product 會傳回聯集 "name" | "price"。TypeScript 編譯器會拿聯集中的每個字面值 (比如 "name" 和 "price") 來分別建立該名稱的屬性。

有了屬性名稱後,還要透過『型別選擇符』指定屬性型別。型別選擇符也可以寫成明確的型別,但在此我們是透過索引存取算符 (如 Product[P]) 來取得原屬性值的型別,以便沿用之。

因此講白了,映射型別 MappedProduct 會重建 Product 類別的所有屬性與其型別,就像將 Product 型別複製一份,只是換了型別名稱而已。其結果等同於以下的定義方式:

```
type MappedProduct = {
    name: string;
    price: number;
}
```

以上範例會輸出以下的結果:

```
Mapped type: Kayak, 275
```

■ 13-5-2 在映射型別使用泛型參數

如果讓映射型別搭配泛型參數,就能進一步擴大它的用途、能拿來轉換多種不同型別。請參考以下範例:

修改 \types44\src\index.ts

```
import { City, Person, Product, Employee } from "./dataTypes.js";

// 複製 T 型別的所有屬性
type Mapped<T> = {
    [P in keyof T]: T[P]
};
```

Next

```
let p: Mapped<Product> = { name: "Kayak", price: 275 };
console.log(`Mapped type: ${p.name}, ${p.price}`);

let c: Mapped<City> = { name: "London", population: 8136000 };
console.log(`Mapped type: ${c.name}, ${c.population}`);
```

Mapped<T> 型別定義了一個泛型參數 T, 也就是準備要被轉換的型別。這代表不管 T 填入哪種類別, 其屬性與對應型別都會在 Mapped<T> 被重建出來。

以上範例中, 我們分別建立了 Mapped<Product> 與 Mapped<City> 映射型別, 複製了 Product 及 City 型別的內容, 並產生下列的輸出結果:

```
Mapped type: Kayak, 275
Mapped type: London, 8136000
```

☆ 型別映射不會套用到建構子與物件方法實作

型別映射只會影響屬性; 它在轉換一個型別時, 產生的形狀會包含其屬性, 但會刪去建構子與方法實作 (方法會變成帶有函式型別的屬性)。舉個例:

```
class MyClass {

    constructor(public name: string) { }
    getName(): string {
        return this.name;
    }
}
```

如果使用前面範例的 Mapping<T> 來轉換它, 就會映射成以下的型別:

```
{
    name: string;
    getName: () => string;
}
```

更精確來說, 型別映射會產生一個**物件形狀**, 這可以當成物件字面值, 也可以當成介面來給類別實作、以及被介面繼承, 但是型別映射**無法產生類別**。

▍13-5-3 將映射型別中的屬性指定為選擇性或唯讀

自訂映射型別

映射型別不僅能忠實地複製原始型別，甚至可將屬性指定為選擇性、或是藉由 **readonly** 關鍵字來使之變成唯讀，也可在映射時移除以上選項。請看以下操作，在 index.ts 加入這批新程式碼：

修改 \types44\src\index.ts

```
...

type MakeOptional<T> = {
    [P in keyof T]?: T[P]   // 屬性設為選擇性
};

type MakeRequired<T> = {
    [P in keyof T]-?: T[P]   // 屬性設為必要
};

type MakeReadOnly<T> = {
    readonly [P in keyof T]: T[P]   // 屬性設為唯讀
};

type MakeReadWrite<T> = {
    -readonly [P in keyof T]: T[P]   // 屬性設為可讀寫
};

// 一系列的型別映射
type optionalType = MakeOptional<Product>;
type requiredType = MakeRequired<optionalType>;
type readOnlyType = MakeReadOnly<requiredType>;
type readWriteType = MakeReadWrite<readOnlyType>;

// 用最後一個映射型別建立物件 p2
let p2: readWriteType = { name: "Kayak", price: 275 };
console.log(`Mapped type: ${p2.name}, ${p2.price}`);
```

　　把 **?** 問號放置在名稱選擇符的後方，代表要將映射型別中的屬性標註為
選擇性，而 **-?**（減號與問號）則代表把它們變成必要屬性。此外，在名稱選
擇符的前面註記 **readonly** 或 **-readonly** 則分別代表屬性為唯讀、或是可讀
寫。

　　上面範例中定義的映射型別，都會改變它們要轉換的全部屬性，因此舉
例來說，MakeOptional<T> 所產生的 optionalType 型別其實就等於底下的
寫法：

```
type optionalType = {
    name?: string;
    price?: number;
}
```

　　接著我們拿 optionalType 型別來餵給其他的映射，進行一連串
的轉換：MakeRequired<T> 將它映射為屬性全部必填的版本，接著
MakeReadOnly<T> 將屬性轉為唯讀，MakeReadWrite<T> 則將屬性還原
成可讀寫，到頭來跟最初的 Product 型別沒有兩樣。

　　以上範例的執行結果如下：

```
Mapped type: Kayak, 275
Mapped type: London, 8136000
Mapped type: Kayak, 275   ◄── 物件 p2
```

使用 TypeScript 的內建映射型別

　　TypeScript 其實已經內建有一些泛型映射型別（請參考下表），其中有幾
個和前面範例的功能相似，之後的小節也還會再介紹一些：

名稱	說明
Partial<T>	將所有屬性改為選擇性的
Required<T>	將所有屬性改為必要的
Readonly<T>	為所有屬性加上 readonly 關鍵字
Pick<T, K>	選出指定的一系列屬性來建立新型別。請參閱『在型別映射篩選屬性』小節。
Record<T, K>	不轉換既有的型別而建立一個物件型別。請參閱『藉由型別映射來建立新型別』小節。

> **小編註** TypeScript 詳細的內建泛型映射型別，可在以下官方文件頁面瀏覽：https://www.typescriptlang.org/docs/handbook/utility-types.html。

我們可以用以上的內建映射型別來改寫前述範例。但由於沒有內建的映射型別可以移除 readonly 關鍵字，下面仍會沿用自訂的 MakeReadWrite<T> 型別：

修改 \types44\src\index.ts

```
...

type MakeReadWrite<T> = {
    -readonly [P in keyof T]: T[P]
};

type optionalType = Partial<Product>;    // 使用內建型別
type requiredType = Required<optionalType>;    // 使用內建型別
type readOnlyType = Readonly<requiredType>;    // 使用內建型別
type readWriteType = MakeReadWrite<readOnlyType>;

let p2: readWriteType = { name: "Kayak", price: 275 };
console.log(`Mapped type: ${p2.name}, ${p2.price}`);
```

使用內建的映射型別時，執行效果會和前面完全一樣：

```
...
Mapped type: Kayak, 275
```

13-5-4　在型別映射篩選屬性

 注意 以下使用範例專案 types45，內容延續自專案 types44。

　　在型別映射時，亦可以藉由泛型參數來篩選出指定的屬性，然後只在新物件形狀中產生這些屬性。請看以下範例的示範：

\types45\src\index.ts

```
import { City, Person, Product, Employee } from "./dataTypes.js";

type SelectProperties<T, K extends keyof T> = {
    [P in K]: T[P]
};

let p1: SelectProperties<Product, "name"> = { name: "Kayak" };
console.log(`Custom mapped type: ${p1.name}`);

let p2: SelectProperties<Product, "name" | "price"> = { name: 接下行
"Lifejacket", price: 48.95 };
console.log(`Built-in mapped type: ${p2.name}, ${p2.price}`);
```

　　SelectProperties 映射型別操作除了泛型參數 T 之外，還定義了 K 型別，而 K 受到 keyof 的約束，表示它只能是 T 所定義的屬性字面值。因此只要刻意對 K 傳入有限的屬性名稱 (我們可以把好幾個屬性寫成一個型別聯集)，就只有傳入的屬性會被進行映射：

```
// 只映射 name 屬性
let p1: SelectProperties<Product, "name"> = { name: "Kayak" };
...
// 映射 name 及 price 屬性
let p2: Pick<Product, "name" | "price"> = { name: "Lifejacket", price: 48.95};
```

以上範例的程式碼會輸出以下結果：

```
Custom mapped type: Kayak
Built-in mapped type: Lifejacket, 48.95
```

我們也可以把 SelectProperties 換成 TypeScript 內建的 **Pick** 型別，你會發現作用是完全一樣的：

```
let p1: Pick<Product, "name"> = { name: "Kayak" };
console.log(`Custom mapped type: ${p1.name}`);

let p2: Pick<Product, "name" | "price"> = { name: "Lifejacket", price: 48.95 };
console.log(`Built-in mapped type: ${p2.name}, ${p2.price}`);
```

▌ 13-5-5 在單次映射操作中合併多次轉換

前面示範過怎樣透過一連串的轉換來合併映射型別。但其實我們可以在同一行敘述中套用多層轉換，如同底下的範例：

修改 \types45\src\index.ts

```
import { City, Person, Product, Employee } from "./dataTypes.js";

type SelectProperties<T, K extends keyof T> = {
    [P in K]: T[P]
};

type BuiltInMapped<T, K extends keyof T> = Readonly<Partial<Pick<T, K>>>;

let p1: SelectProperties<Product, "name"> = { name: "Kayak" };
console.log(`Custom mapped type: ${p1.name}`);

let p2: BuiltInMapped<Product, "name" | "price"> =
    { name: "Lifejacket", price: 48.95 };
console.log(`Built-in mapped type: ${p2.name}, ${p2.price}`);
```

藉由層層套用的方式，BuiltInMapped 除了透過 Pick 型別來篩選屬性，也藉由 Partial 與 Readonly 來將屬性映射為選擇性且唯讀的形式：

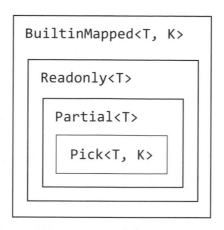

以上範例會輸出以下結果：

```
Custom mapped type: Kayak
Built-in mapped type: Lifejacket, 48.95
```

13-5-6　藉由型別映射來建立新型別

 注意 以下使用範例專案 types46, 內容延續自專案 types45。

最後我還要介紹型別映射的一種功能，就是它不只能轉換特定的型別，也可以直接建立出新型別（新的物件形狀）。其實這是筆者在撰寫專案時最少用到的功能，介紹它的主要用意是要讓讀者明白，映射型別的操作也可以很靈活、很有彈性。

我們以底下的範例來展示這功能的基本操作，建立一個包含 name 與 city 屬性的型別：.

```
import { City, Person, Product, Employee } from "./dataTypes.js";

type CustomMapped<K extends keyof any, T> = {
    [P in K]: T
};

// 使用自訂映射型別
let p1: CustomMapped<"name" | "city", string> = { name: "Bob", city: "London" };
console.log(`Custom mapped type: ${p1.name}, ${p1.city}`);

// 使用內建映射型別
let p2: Record<"name" | "city", string> = { name: "Alice", city: "Paris" };
console.log(`Built-in mapped type: ${p2.name}, ${p2.city}`);
```

CustomMapped 型別的第一個泛型參數 K 使用 **keyof any** 來約束之，意味著你能傳入任意字面值構成的型別聯集，而聯集中每一個成員都會成為新屬性的名稱。第二個泛型參數 T 則是要為以上屬性值指定型別，在範例中全都指定為 string。

而若把 CustomMapped 型別置換成 TypeScript 內建的 **Record** 型別 (宣告 p2 物件時)，效果也是一樣的。以上範例會輸出以下的結果：

```
Custom mapped type: Bob, London
Built-in mapped type: Alice, Paris
```

13-6 使用條件型別 (conditional types)

■ 13-6-1 建立條件型別

 注意 以下使用範例專案 types47, 內容延續自專案 types46。

條件型別是一個包含泛型參數的條件運算式, 根據某種條件來決定該傳回什麼型別:

\types47\src\index.ts

```
import { City, Person, Product, Employee } from "./dataTypes.js";

type resultType<T extends boolean> = T extends true ? string : number;

let firstVal: resultType<true> = "String Value";
let secondVal: resultType<false> = 100;
let mismatchCheck: resultType<false> = "String Value";
```

resultType 型別的宣告語法包含一個泛型參數, 以及一個三元運算式:

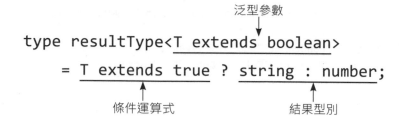

泛型參數

```
type resultType<T extends boolean>
    = T extends true ? string : number;
```

條件運算式　　　　　　　結果型別

條件型別會等到泛型參數被填入了某個型別, 才會決定最終要傳回的型別。在這支範例程式中, resultType<T> 的最終型別會是 string 或者 number; 既然 T 被限制只能接受布林值, 三元運算式會看 T 是否符合字面值型別『true』, 是的話就將 resultType<T> 的型別指派為 string, 反之則指派為 number:

```
let firstVal: resultType<true> = "String Value";  // string 型別
let secondVal: resultType<false> = 100;  // number 型別
```

編譯器能夠解析條件型別，並得知 firstVal 的型別註記會變成為 string,
secondVal 則會化為 number 型別。不過在範例的最後一句敘述中,
mismatchCheck 解析的結果應該是 number 型別, 卻被指派了個字串:

```
let mismatchCheck: resultType<false> = "String Value";
```

編譯器因而回報以下的錯誤:

```
src/index.ts(7,5): error TS2322: Type 'string' is not assignable to type
'number'.
```

13-6-2　巢狀條件型別

當型別的組合較為複雜時, 可改用巢狀的條件型別來描述。你可以在條
件型別中嵌入另一個條件型別, 編譯器會順著這一串判斷運算式往下走, 直
到能得到其中一個結果為止。請看以下的程式範例:

修改 \types48\src\index.ts

```
import { City, Person, Product, Employee } from "./dataTypes.js";

type references = "London" | "Bob" | "Kayak";
// 若是 "London" 傳回 City; 否則若是 "Bob" 傳回 Person;
// 都不是則傳回 Product
type nestedType<T extends references>
    = T extends "London" ? City : T extends "Bob" ? Person : Product;

let firstVal: nestedType<"London"> = new City("London", 8136000);
let secondVal: nestedType<"Bob"> = new Person("Bob", "London");
let thirdVal: nestedType<"Kayak"> = new Product("Kayak", 275);
```

以上範例不會印出任何結果, 但會順利通過編譯。nestedType<T> 是個
巢狀的條件型別, 它會根據泛型參數的值從三個選項挑出對應的傳回型別。

使用條件型別的風險

條件型別是個要謹慎使用的進階功能。撰寫條件型別、特別是巢狀條件型別時可能會很痛苦,這會降低程式碼的可讀性,而且若你得帶領編譯器穿過一連串的表達式才能取得需要的結果,感覺也會像是多此一舉。

畢竟,條件型別寫得越複雜,無法正確捕捉到所有可能性的風險也就越高:條件判斷太過寬鬆,就容易捅出型別檢查的漏洞。若條件過於嚴格,即使看似正確的操作也可能會讓編譯器回報錯誤。

使用條件型別時謹記,你只是在向編譯器描述型別的組合,這些型別資訊在編譯後便會被移除消失,留下最終的型別。當條件型別變得越來越複雜、組合越來越多時,不妨停下來思考一下,有沒有更簡單的替代做法。

13-6-3 在泛型類別中使用條件型別

> **注意** 以下使用範例專案 types48,內容延續自專案 types47。

條件型別亦可拿來表達一個函式或物件方法的參數與傳回值之間的型別關係。跟第 8 章介紹的函式型別多載相比,這種做法可以寫出更簡潔的程式碼,但缺點是更難讓人看懂。請看以下範例:

\types48\src\index.ts

```typescript
import { City, Person, Product, Employee } from "./dataTypes.js";

// 根據 true/false 傳回 string 或 number 型別
type resultType<T extends boolean> = T extends true ? string : number;

class Collection<T> {
    private items: T[];

    constructor(...initialItems: T[]) {
        this.items = initialItems || [];
    }
```

Next

```
    // 計算 items 的指定屬性的值總和，並根據 format 參數
    // 決定傳回字串或數值
    total<P extends keyof T, U extends boolean>(propName: P, format: U)
        : resultType<U> {
        let totalValue = this.items.reduce((t, item) =>
            t += Number(item[propName]), 0);
        return (format ? `$${totalValue.toFixed()}` : totalValue) as any
    }
}

let data = new Collection<Product>(
    new Product("Kayak", 275), new Product("Lifejacket", 48.95));

let firstVal: string = data.total("price", true);   // 傳回字串
console.log(`Formatted value: ${firstVal}`);

let secondVal: number = data.total("price", false);  // 傳回數值
console.log(`Unformatted value: ${secondVal}`);
```

　　Collection<T> 類別有一個陣列屬性來存放物件，其元素型別是由泛型
參數 T 來指定。它的 total() 方法也定義了兩個泛型參數，其中 P 決定了要
用陣列中各物件的哪個屬性值來加總，而 U (約束為 boolean 型別) 則決定
是否該將計算結果格式化為字串：

```
total<P extends keyof T, U extends boolean>(propName: P, format: U)
    : resultType<U> {
```

　　於是 total() 的傳回值會透過條件型別和泛型參數 U，來決定是 string 還
是 number 型別。這使得 total() 方法可以用以下方式來呼叫：

```
let firstVal: string = data.total("price", true);
...
let secondVal: number = data.total("price", false);
```

　　當提供給 format 參數的引數為 true 時，條件型別就會將 total() 方法
的傳回值設為 string 型別並傳回 `$${totalValue.toFixed()}` 的值，反之則是
number 型別，傳回 totalValue：

```
return (format ? `$${totalValue.toFixed()}` : totalValue) as any;
```

　　但由於 TypeScript 編譯器還無法針對條件型別推論出傳回值型別，因此範例中得刻意對傳回值使用型別斷言，告訴編譯器將其傳回值視為 any 型別，否則會產生錯誤。這個範例會輸出以下的結果：

```
Formatted value: $324
Unformatted value: 323.95
```

▋ 13-6-4　在型別聯集中使用條件型別

 以下使用範例專案 types49, 內容延續自專案 types48。

　　條件型別還可用來對型別聯集的值進行篩選，讓我們輕易從中撈出或排除某些型別。請看底下範例的程式碼：

\types49\src\index.ts

```
import { City, Person, Product, Employee } from "./dataTypes.js";

type Filter<T, U> = T extends U ? T : never;

// 用來過濾陣列元素的函式，接收一個陣列及一個型別謂詞函式
function FilterArray<T, U>(data: T[], predicate: (item) => item is U)
    : Filter<T, U>[] {
    return data.filter(item => predicate(item)) as any;
}

function isPerson(item: any): item is Person {   // 型別謂詞函式
    return item instanceof Person;
}

let dataArray = [   // 陣列是 (Product | Person)[] 型別聯集
    new Product("Kayak", 275),
    new Person("Bob", "London"),
    new Product("Lifejacket", 27.50)
```

Next

```
];

// 從 dataArray 中過濾出 Person 型別物件
let filteredData: Person[] = FilterArray(dataArray, isPerson);
filteredData.forEach(item => console.log(`Person: ${item.name}`));
```

分配條件型別

　　若將一個型別聯集提供給條件型別，TypeScript 編譯器會對聯集中的每一個型別個別判斷，形成所謂的『分配條件型別』(distributive conditional type)。我們用下面這個例子來說明：

```
type filteredUnion = Filter<Product | Person, Person>
```

　　在這個例子中，條件型別 Filter 的 T 參數是 Product | Person 聯集，U 參數則是 Person, 而 Filter 會判斷 T 型別是否可指派給 U (是的話傳回 T, 否則傳回 never)。TypeScript 編譯器會將條件型別分別套用至聯集中的每一個型別，然後傳回每種結果型別所組成的聯集，效果等同於下面這樣：

```
type filteredUnion = Filter<Product, Person> | Filter<Person, Person>
```

　　在聯集的第一個條件型別中，Product 型別不能指派給 Person 型別，因此傳回 never, 而第二個條件型別由於前後型別相符，所以傳回 Person。這會使得它傳回以下的以聯集型別：

```
type filteredUnion = never | Person
```

　　但因為聯集內不可能擁有 never 型別，編譯器便自動把它從聯集中移除，於是最後的結果就只留下 Person 型別：

```
type filteredUnion = Person
```

回到範例

回到本小節一開始的範例，FilterArray<T, U>() 函式會接收一個型別謂詞函式 (注意到範例中並未提供泛型引數，而是由 TypeScript 編譯器自行推論)，並拿它傳入 data 陣列的 **filter()** 方法。filter() 方法會走訪每個元素，只有函式傳回 true 時才保留之；換言之，不是 Person 型別的元素通通會被過濾掉。

此範例的程式碼會輸出下列的結果：

```
Person: Bob
```

13-6-5　使用內建的分配條件型別

事實上 TypeScript 也內建了一些條件型別，讓你能拿來篩選型別聯集、而不必自行定義：

名稱	說明
Exclude<T, U>	從 T 聯集當中剔除可指派給 U 的型別。
Extract<T, U>	從 T 聯集當中選出可指派給 U 的型別, 相當於前面範例的 Filter<T, U>。
NonNullable<T>	從 T 聯集當中剔除 null 與 undefined 型別。

13-6-6　在型別映射中使用條件型別

 注意 以下使用範例專案 types50, 內容延續自專案 types49。

條件型別也可以和型別映射結合，在產生屬性時視情況轉換將之成不同型別，發揮一加一大於二的操作彈性。底下範例的程式便是了使用條件型別的型別映射：

```
\types50\src\index.ts
```

```typescript
import { City, Person, Product, Employee } from "./dataTypes.js";

type changeProps<T, U, V> = {
    [P in keyof T]: T[P] extends U ? V : T[P]
};

type modifiedProduct = changeProps<Product, number, string>;

function convertProduct(p: Product): modifiedProduct {
    return { name: p.name, price: `$$${p.price.toFixed(2)}` };
}

let kayak = convertProduct(new Product("Kayak", 275));
console.log(`Product: ${kayak.name}, ${kayak.price}`);
```

　　changeProps<T, U, V> 映射型別會逐一檢視 T 型別中的屬性名稱 P,
並用索引存取算符來取得該屬性的型別。如果這個型別符合 U 型別, 那麼
就將它們轉換為 V 型別, 否則維持不變。

　　因此, 下面這行敘述對 Product 類別套用映射操作, 明確指定將所有
number 型別屬性轉為 string 型別:

```typescript
type modifiedProduct = changeProp<Product, number, string>;
```

　　接著範例使用 convertProduct() 函式將一個 Product 型別物件轉成
modifiedProduct 型別的新物件, 該有的屬性都有, 只不過 price 屬性值從
數值變成了格式化的字串, 使得它得以符合 modifiedProduct 型別。這個範
例會輸出以下的結果:

```
Product: Kayak, $275.00
```

13-6-7　限制特定型別的屬性

 注意 以下使用範例專案 types51, 內容延續自專案 types50。

　　我們經常需要對泛型參數設下限制, 好透過它存取一個有特定型別的特定屬性。譬如, 前面 13-6-3 小節的範例中, Collection<T> 類別定義的 total() 方法會接收一個屬性的名稱, 但我們無從規定該屬性必須是哪種型別。要是使用者傳入 name 屬性, total() 在嘗試將其值轉為數值時就會產生錯誤。

　　現在我們可以合併使用前面幾個小節介紹的功能, 來自動實現這種型別約束的目的。請看以下的操作示範:

\types51\src\index.ts

```
import { City, Person, Product, Employee } from "./dataTypes.js";

type unionOfTypeNames<T, U> = {
    [P in keyof T]: T[P] extends U ? P : never;
};

type propertiesOfType<T, U> = unionOfTypeNames<T, U>[keyof T];

function total<T, P extends propertiesOfType<T, number>>(
    data: T[], propName: P): number {
    return data.reduce((t, item) => t += Number(item[propName]), 0);
}

let products = [
    new Product("Kayak", 275),
    new Product("Lifejacket", 48.95)
];
console.log(`Total: ${total(products, "price")}`);
```

這邊為了辨識屬性而採用的方法比較特殊，所以我把它拆成兩行敘述以利講解。第一步是使用具有條件敘述的型別映射：

```
type unionOfTypeNames<T, U> = {
    [P in keyof T] : T[P] extends U ? P : never;
};
```

這邊的條件敘述會檢查 T 型別中每一個屬性的型別，若某屬性不符合 U 型別，那麼產生的屬性型別就會被改成 never。反之，若該屬性符合 U，那麼它的型別會被改成字面值、也就是該屬性的名稱。

所以對於 Product 型別，unionOfTypeNames<Product, number> (保留 number 型別屬性，其他設為 never) 會產生下列的映射型別：

```
{
    name: never,  // never 型別
    price: "price"  // "price" 字面值型別
}
```

這個特殊的物件形狀，接著會以索引存取算符取得其屬性的型別聯集，該型別聯集會成為 propertiesOfType 的型別：

```
type propertiesOfType<T, U> = unionOfTypeNames<T, U>[keyof T];
```

[keyof T] 索引存取算符會產生以下的聯集：

```
never | "price"
```

如同先前的解釋，型別聯集內的 never 會被編譯器自動移除，於是聯集裡就只剩下字面值型別 "price"。然後，這個名稱可以再拿來約束 total() 的泛型參數：

```
function total<T, P extends propertiesOfType<T, number>>(
    data: T[], propName: P): number {
    return data.reduce((t, item) => t += Number(item[propName]), 0);
}
```

這個版本的 total() 的泛型參數 P 必須符合 propertiesOfType 型別,在此就只有一個字面值選項 "price":

```
console.log(`Total: ${total(products, "price")}`);
```

price 屬性一定是數值,所以用 Number() 轉換時就不可能產生錯誤,進而保證能計算出正確結果。

這個範例有點複雜,主旨還是展示 TypeScript 泛型功能的強大彈性,以及你為了達成特定目的而能採取的特殊操作方法。此範例會輸出以下的結果:

```
Total: 323.95
```

▋ 13-6-8 在條件型別中推論額外型別

 注意 以下使用範例專案 types52,內容延續自專案 types51。

我們寫程式時有時候會陷入兩難:需要透過泛型參數接收更大範圍的型別,或是需要清楚知道傳入型別的細節。我們就以底下的程式碼為例,這個函式可以接收一個陣列或單一物件:

```
import { City, Person, Product, Employee } from "./dataTypes.js";

function getValue<T, P extends keyof T>(data: T, propName: P): T[P] {
    if (Array.isArray(data)) {   // 如果 data 是陣列
        return data[0][propName];
    } else {
        return data[propName];
    }
}

let products = [
    new Product("Kayak", 275),
    new Product("Lifejacket", 48.95)
];

console.log(`Array Value: ${getValue(products, "price")}`);
console.log(`Single Total: ${getValue(products[0], "price")}`);
```

　　getValue() 函式的 data 參數若收到一個陣列，它會用 propName 參數指定的屬性名稱從陣列中第一個元素取得值。若 data 傳入的是個單獨物件，那就傳回該物件 propName 名稱之屬性的值。

　　但這支程式會無法正常編譯與執行，因為它的泛型參數未能捕捉到不同型別之間的關聯。由於 propName 參數是以 keyof 來進行約束，當 T 型別是陣列型別時就會造成問題，因為這時 keyof 傳回的聯集裡並不會包含物件的屬性名稱，而是陣列型別的屬性。於是編譯器會產生下列的錯誤訊息：

```
src/index.ts(12,48): error TS2345: Argument of type '"price"' is not
assignable to parameter of type 'number | keyof Product[]'.
```

小編註 為什麼錯誤訊息會說泛型型別 P 是 number | keyof Product[] 聯集呢？也許是因為陣列元素是用數值索引 (0, 1…) 為鍵來識別，而索引鍵其實就是陣列的一個數值屬性。keyof Product[] 則會包含陣列剩下的屬性，如 "length"、"toString" 等等。

為了解決這問題，我們可利用 TypeScript 的 **infer** 關鍵字來**推論**條件型別中並未明確表達的參數。以此例來說，我們可以要求編譯器嘗試推論陣列中的物件型別。請看下面的程式範例：

修改 \types52\src\index.ts

```typescript
import { City, Person, Product, Employee } from "./dataTypes.js";

type targetKeys<T> = T extends (infer U)[] ? keyof U: keyof T;

function getValue<T, P extends targetKeys<T>>(
    data: T, propName: P): T[P] {
    if (Array.isArray(data)) {
        return data[0][propName];
    } else {
        return data[propName];
    }
}

let products = [
    new Product("Kayak", 275),
    new Product("Lifejacket", 48.95)
];

console.log(`Array Value: ${getValue(products, "price")}`);
console.log(`Single Total: ${getValue(products[0], "price")}`);
```

使用 infer 關鍵字要編譯器推論型別時，就會加入一個新的泛型參數：

```typescript
type targetKeys<T> = T extends (infer U)[] ? keyof U: keyof T;
```

在上面這行程式碼中，條件型別會判斷 T 是否可指派給一個陣列型別，同時嘗試將該陣列的**元素**型別推論為 U。若 T 確實是個陣列，那麼 targetKeys<T> 型別就會是 keyof **U**（元素型別的屬性名稱聯集），反之不是的話則會是 keyof **T**。

如此一來，不管 T 是否為陣列，條件型別都能取得正確的型別、讓 getValue<T, P>() 函式能一致地操作 products 或 products[0]。這個範例會輸出以下結果：

```
Array Value: 275
Single Total: 275
```

13-6-9 推論函式的型別

 以下使用範例專案 types53，內容延續自專案 types52。

以條件型別推論函式型別

若泛型參數接收的是函式型別，編譯器也能對它進行型別推論，如同以下範例：

\types53\src\index.ts

```typescript
import { City, Person, Product, Employee } from "./dataTypes.js";

type Result<T> = T extends (...args: any) => infer R ? R : never;

function processArray<U, Func extends (U) => any>
    (data: U[], func: Func): Result<Func>[] {
    // 呼叫 func 來處理 data 並傳回新陣列
    return data.map(item => func(item));
}

let products = [
    new Product("Kayak", 275),
    new Product("Lifejacket", 48.95)
];
let selectName = (p: Product) => p.name

let names: string[] = processArray(products, selectName);
names.forEach(name => console.log(`Name: ${name}`));
```

Result<T> 是個函式型別，該函式的參數接受一系列型別 T 的物件 (其型別限制為 any)，而其傳回值則會嘗試用條件型別與 infer 推論為 R 型別。若 TypeScript 無法將傳回值推論為任何型別，傳回值就會變成 never 型別。

再來看 processArray() 函式，它會接收兩個泛型參數：元素為 U 型別的 data 陣列，以及函式 Func。processArray() 會以 Func 函式來處理 data 陣列，並傳回它產生的新陣列。這個傳回的陣列的元素型別會以 Result<Func> 來推論。

於是在以上範例中，當我們呼叫 processArray() 時，我們傳給它 products 陣列以及 (p: Product) => p.name 函式，然後用陣列的 map() 方法搭配該函式，一一抽出每個 Product 物件的 name 值。而 Result<Func> 的推論結果如下：

```
Result(...args: Product) => string
```

因此 processArray() 的傳回值型別會成為 string[]、符合 data.map() 所產生的結果。程式碼會輸出以下的結果：

```
Name: Kayak
Name: Lifejacket
```

可處理函式的 TypeScript 的內建條件型別

在條件型別中使用型別推論，算是比較困難的操作，TypeScript 也因此提供了幾種內建條件型別來協助處理函式。請參考下表的整理：

名稱	說明
Parameters<T>	取出函式 T 中的每個參數的型別，將它們合併成一個 tuple。
ReturnType<T>	取出函式 T 傳回值的型別，其作用相當於前面範例中的 Result<T>。
ConstructorParameters<T>	取出建構子函式 T 中每個參數的型別，將它們合併成一個 tuple。
InstanceType<T>	傳回建構子函式 T 的傳回值的型別。

若你要用函式來建立物件、而該物件的型別是透過泛型參數來指定時，ConstructorParameters<T> 與 InstanceType<T> 這兩個條件型別就格外有用。請看下面的操作，在 index.ts 結尾加入新的程式碼：

```
...

function makeObject<T extends new (...args: any) => any>
    (consType: T, ...args: ConstructorParameters<T>): InstanceType<T> {
    // 呼叫 classType 建構子，傳回新物件
    return new consType(...args as ConstructorParameters<T>[]);
}

let prod: Product = makeObject(Product, "Kayak", 275);
let city: City = makeObject(City, "London", 8136000);
[prod, city].forEach(item => console.log(`Name: ${item.name}`));
```

範例中的 makeObject() 函式能夠根據指定的類別型別來產生新物件，但它要等到使用者呼叫時，才會知道它要使用哪一個類別。它的泛型參數 T 不是類別型別，而是類別的建構子函式型別。

ConstructorParameters<T> 會根據建構子 T 的參數推論 args 型別，確保我們能用 args 的各個參數正確傳入 T。至於 InstanceType<T> 則能取得 T 的傳回值 (新實例物件) 的型別。

由上可見 makeObject() 能用來建立各種不同型別的物件，並仍能維持型別操作安全。這段範例會輸出以下結果：

```
...
Name: Kayak
Name: London
```

13-7 本章總結

　　本章介紹了 TypeScript 的泛型進階應用。不見得每個專案都會用上這些功能，但是當基本功能無法滿足專案的型別描述需求時，本篇的價值就會顯現出來。

　　下一章要介紹的是 TypeScript 如何處理純 JavaScript 程式碼，包括專案內有共存的 JavaScript 程式碼、以及應用程式得倚賴第三方 JavaScript 套件的時候。

　　下表是本章內容的概要整理：

問題	解決辦法	本章小節
確保集合類別的型別安全	建立集合時提供一個泛型引數	13-2
確保使用走訪器的型別安全	使用支援泛型引數的 TypeScript 內建走訪器介面	13-3
定義一個值只能是某個屬性名稱的型別	使用索引型別查詢算符	13-4-1
用屬性名稱查詢屬性型別	使用索引存取算符	13-4-3
轉換一個型別	使用型別映射	13-5
由程式自動判斷要選用的型別	使用條件型別	13-6

MEMO

在 TypeScript 專案中
混用 JavaScript

TypeScript 專案通常會包含一定分量的純 JavaScript 程式碼，原
因可能是專案就是用 TypeScript 與 JavaScript 混著寫的，或者
專案會倚賴以 NPM 安裝的第三方 JavaScript 套件。所以本章
我們要談的，就是 TypeScript 是如何支援專案中的 JavaScript
原始碼。

14-1 本章行前準備

專案基本設定

打開命令提示字元或終端機，在你想要建置練習專案的環境新增一個名為 **usingjs** 的資料夾。執行以下指令來初始化專案 (建立一個 package.json 檔)，並安裝專案所需的編譯及執行套件：

```
\usingjs> npm init –yes
\usingjs> npm install --save-dev typescript@4.3.5 tsc-watch@4.4.0
```

打開 package.json，加入以下內容：

\usingjs\package.json)

```json
{
    "name": "usingjs",
    "version": "1.0.0",
    "description": "",
    "main": "index.js",
    "scripts": {
        "test": "echo \"Error: no test specified\" && exit 1",
        "start": "tsc-watch --onsuccess \"node dist/index.js\""
    },
    "keywords": [],
    "author": "",
    "license": "ISC",
    "type": "module",
    "devDependencies": {
        "tsc-watch": "^4.4.0",
        "typescript": "^4.3.5"
    }
}
```

接著在專案目錄下新增一個名為 tsconfig.json 的檔案, 寫入下列內容:

`\usingjs\tsconfig.json`

```json
{
    "compilerOptions": {
        "target": "es2020",
        "outDir": "./dist",
        "rootDir": "./src",
        "declaration": true
    }
}
```

加入 TypeScript 程式碼

在 usingjs 目錄底下新增一個 src 子目錄, 然後在它裡面建立一個名為 **product.ts** 的檔案, 寫入下列內容:

`\usingjs\src\product.ts`

```typescript
// 產品類別 (屬性: 名稱與價格)
export class Product {
    constructor(public id: number,
        public name: string,
        public price: number) { }
}

// 列舉運動分類
export enum SPORT {
    Running, Soccer, Watersports, Other
}

// 運動產品 (繼承自產品類別)
// 屬性: 名稱, 價格, 運動分類
export class SportsProduct extends Product {
    private _sports: SPORT[];

    constructor(public id: number,
        public name: string,
        public price: number,
```

Next

```
        ...sportArray: SPORT[]) {
        super(id, name, price);
        this._sports = sportArray;
    }

    // 是否屬於某種運動分類
    usedForSport(s: SPORT): boolean {
        return this._sports.includes(s);
    }

    // 傳回所有的運動分類
    get sports(): SPORT[] {
        return this._sports;
    }
}
```

這個檔案用來定義一個基礎的 Product (產品) 類別, 然後 SportsProduct (運動用品) 類別會繼承它、並新增一些跟運動用品有關的屬性和方法。

接著, 我們還要在 src 目錄底下建立一個名為 **cart.ts** 的檔案:

\usingjs\src\cart.ts

```
import { SportsProduct } from "./product.js";

// 購物車項目類別 (屬性: 運動產品, 數量)
class CartItem {
    constructor(public product: SportsProduct,
        public quantity: number) { }

    // 計算該項目總額
    get totalPrice(): number {
        return this.quantity * this.product.price;
    }
}

// 購物車類別
export class Cart {
    // 記錄購物項目的私有 Map 屬性
    private items = new Map<number, CartItem>();
```

Next

```
    // 公開屬性: 消費者名稱
    constructor(public customerName: string) { }

    // 在購物車加入特定數量的運動產品
    addProduct(product: SportsProduct, quantity: number): number {
        if (this.items.has(product.id)) {
            let item = this.items.get(product.id);
            item.quantity += quantity;
            return item.quantity;
        } else {
            this.items.set(product.id, new CartItem(product, quantity));
            return quantity;
        }
    }

    // 傳回購物車總金額
    get totalPrice(): number {
        return [...this.items.values()].reduce((total, item) =>
            total += item.totalPrice, 0);
    }

    // 傳回購物車產品總數
    get itemCount(): number {
        return [...this.items.values()].reduce((total, item) =>
            total += item.quantity, 0);
    }
}
```

這個檔案定義了一個 Cart（購物車）類別，它的作用是透過 Map 集合記錄顧客所挑選的 SportProduct 物件，並以 CartItem（購物項目）類別的形式儲存。

最後，我們還需要一個檔案作為專案的進入點。在 src 目錄底下新增 **index.ts**，然後填入以下內容：

```
import { SportsProduct, SPORT } from "./product.js";
import { Cart } from "./cart.js";

// 建立運動產品
let kayak = new SportsProduct(1, "Kayak", 275, SPORT.Watersports);
let hat = new SportsProduct(2, "Hat", 22.10, SPORT.Running, SPORT.接下行
Watersports);
let ball = new SportsProduct(3, "Soccer Ball", 19.50, SPORT.Soccer);

// 建立購物車
let cart = new Cart("Bob");

// 在購物車加入產品
cart.addProduct(kayak, 1);
cart.addProduct(hat, 1);
cart.addProduct(ball, 2);

console.log(`Cart has ${cart.itemCount} items`);
console.log(`Cart value is $${cart.totalPrice.toFixed(2)}`);
```

這支程式會建立幾個 SportsProduct 的物件，把它們放入一個 Cart 類別裡，然後再透過 Cart 統計商品數量跟總額。

輸入完以上程式碼後，在命令列於 usingjs 目錄位置執行以下指令，好啟動編譯器並讓程式碼在編譯完成後自動執行：

```
\usingjs> npm start
下午1:31:21 - Starting compilation in watch mode...
下午1:31:23 - Found 0 errors. Watching for file changes.
Cart has 4 items
Cart value is $336.10
```

14-2 在 TypeScript 專案中使用 JavaScript

■ 14-2-1 直接使用 JavaScript 程式碼的問題

截至目前為止，本書的範例都假設讀者撰寫的是純 TypeScript 的程式，但這在實務上幾乎是不可能的。你很可能是在專案開發到一半時才導入 TypeScript, 或者你會需要匯入先前舊專案已經開發好的 JavaScript 套件。

若要讓一個專案能同時包含 TypeScript 與 JavaScript 程式碼，你其實只需更改 TypeScript 編譯器的設定，並執行幾個額外的步驟來描述 JavaScript 程式所用的型別。但為了示範在專案中直接使用 JavaScript 會有什麼狀況，請在 src 目錄下建立一個名為 formatters.js 的檔案，然後寫入以下內容：

\usingjs\src\format.js

```javascript
export function sizeFormatter(thing, count) {
    writeMessage(`The ${thing} has ${count} items`);
}

export function costFormatter(thing, cost) {
    writeMessage(`The ${thing} costs $${cost.toFixed(2)}`, true);
}

function writeMessage(message) {
    console.log(message);
}
```

 注意副檔名是 .js, 因為這是一支純 JavaScript 檔案。本節的範例都要特別注意，別弄錯了副檔名。

這個 JavaScript 檔匯出兩個函式，它們的作用都只是簡單印出一句格式化訊息。而若要將這些 JavaScript 函式整合到我們的應用程式，請在 index.ts 檔加入底下的敘述：

```
import { SportsProduct, SPORT } from "./product.js";
import { Cart } from "./cart.js";
import { sizeFormatter, costFormatter } from "./formatters.js";

let kayak = new SportsProduct(1, "Kayak", 275, SPORT.Watersports);
let hat = new SportsProduct(2, "Hat", 22.10, SPORT.Running, SPORT.
Watersports);
let ball = new SportsProduct(3, "Soccer Ball", 19.50, SPORT.Soccer);
let cart = new Cart("Bob");

cart.addProduct(kayak, 1);

cart.addProduct(hat, 1);
cart.addProduct(ball, 2);

console.log(`Cart has ${cart.itemCount} items`);
console.log(`Cart value is $${cart.totalPrice.toFixed(2)}`);

// 呼叫 JavaScript 函式
sizeFormatter("Cart", cart.itemCount);
costFormatter("Cart", cart.totalPrice);
```

儲存檔案變更後，程式通過了編譯，卻在執行時出現下列錯誤：

```
internal/process/esm_loader.js:74
    internalBinding('errors').triggerUncaughtException(
                              ^
Error [ERR_MODULE_NOT_FOUND]: Cannot find module \usingjs\dist\
formatters.js' imported from \usingjs\dist\index.js
```

這其實是因為 TypeScript 編譯器並沒有把副檔名為 .js 的程式複製到 dist 目錄，導致 Node.js 在其執行環境中找不到這個 JavaScript 模組。

▌ 14-2-2 在編譯過程中包含 JavaScript 原始碼

TypeScript 編譯器雖然會在編譯過程中使用 JavaScript 檔來解析模組間的倚賴,但是並不會把它們包含在編譯後的輸出結果。要改變這個預設行為,我們需要在 tsconfig.json 設定檔啟用 allowJs 設定,如同以下範例:

修改 \usingjs\tsconfig.json

```
{
    "compilerOptions": {
        "target": "es2020",
        "outDir": "./dist",
        "rootDir": "./src",
        "declaration": true,
        "allowJs": true
    }
}
```

啟用 allowJs 設定後,src 目錄裡的 JavaScript 檔案便也被納入編譯過程。JavaScript 檔案當然不會包含 TypeScript 程式碼,但是編譯器會把它們改寫成符合 target 版本的 JavaScript。以這個範例而言,formatters.js 檔案所用的程式功能並沒有任何改變,因為 target 屬性是設定為 es2020。但無論如何,開發者可藉此確保不論是 TypeScript 或 JavaScript 編譯後都能產生相同的 JavaScript 版本。

▌ 14-2-3 對 JavaScript 程式碼進行型別檢查

你還可以在組態設定檔將 checkJs 屬性設定為 true,這使 TypeScript 編譯器也會檢查 JavaScript 程式碼。這種檢查的深入程度比不上 TypeScript 原始碼,但還是能協助找出許多潛在問題:

```
{
    "compilerOptions": {
        "target": "es2020",
        "outDir": "./dist",
```
Next

```
        "rootDir": "./src",
        "declaration": true,
        "allowJs": true,
        "checkJs": true
    }
}
```

小編註　從 TypeScript 4.1 起, 啟用 checkJs 就會隱含啟用 allowJs。

　　改好之後，你必須重新啟動編譯器，checkJs 設定才會生效。請按下 Ctrl + C 中斷 ts-watch 的監看，然後用『npm start』重新啟動它。你應該會看到以下的新訊息：

```
src/formatters.js(6,60): error TS2554: Expected 0-1 arguments, but got 2.
```

　　這是因為在 formatters.js 檔案裡的 costFormatter() 函式會呼叫同檔案中的 writeMessage() 函式，然而它提供的引數數量卻多於 writeMessage() 的參數數量。這樣的行為在 JavaScript 是可接受的，畢竟 JavaScript 沒有限制呼叫函式的引數數量，不過 TypeScript 編譯器就會認定這是個錯誤。

　　這時你當然可直接修改 JavaScript 檔內容來解決這問題，但有很多時候你並沒有更動原始碼的權力、或者它們必須符合某種第三方函式庫規範，使得這種檢查就沒有意義了。對於這種情況，你可以用註解的方式來控制是否要對特定 JavaScript 檔案進行檢查：

名稱	說明
//@ts-check	這個註解要求編譯器檢查此 JavaScript 檔案的內容, 即使 tsconfig.json 設定檔中的 checkJs 屬性被設定為 false 也仍要檢查。
//@ts-nocheck	這個註解要求編譯器忽略檢查此 JavaScript 檔案的內容, 即使 tsconfig.json 設定檔中的 checkJs 屬性被設定為 true 也不要檢查。

　　於是我們就如下對 formatters.js 檔加入一條 //@ts-nocheck 註解，告知編譯器不要檢查此檔案。編譯器還是會檢查專案中任何其他的 JavaScript 檔，除非你也對它們套用了這個註解：

修改 \usingjs\src\formatter.js

```javascript
// @ts-nocheck

export function sizeFormatter(thing, count) {
    writeMessage(`The ${thing} has ${count} items`);
}

export function costFormatter(thing, cost) {
    writeMessage(`The ${thing} costs $$${cost.toFixed(2)}`, true);
}

function writeMessage(message) {
    console.log(message);
}
```

　　編譯器會偵測到改變，並在執行時跳過這個 JavaScript 檔案的檢查，然後顯示下列的執行結果：

```
Cart has 4 items
Cart value is $336.10
The Cart has 4 items        ◀── 呼叫 sizeFormatter()
The Cart costs $336.10      ◀── 呼叫 costFormatter()
```

14-3 描述 JavaScript 程式中使用的型別

▌ 14-3-1　讓 TypeScript 編譯器自行推論 JavaScript 型別的問題

　　TypeScript 編譯器雖然能把 JavaScript 程式納入專案中，但編譯器沒辦法對它們套用 TypeScript 靜態型別。編譯器雖然會盡力推論 JavaScript 程式碼中使用的型別，但若真的沒辦法，就只能退而求其次套用 any 型別，尤其是針對函式的參數與傳回值。

舉例來說，我們可以打開 dist 子目錄下的 formatter.d.ts，來看編譯器將 formatters.js 檔案中定義的 costFormatter() 函式使用了怎樣的型別註記：

\usingjs\dist\formtter.d.ts

```
...

export function costFormatter(thing: any, cost: any): void;
```

編譯器無法得知 costFormatter() 函式的邏輯是假定它會收到一個 number 值。也就是說，在專案中加入 JavaScript 很可能會造成型別檢查的漏洞，削弱使用 TypeScript 帶來的好處。我們只要刻意在 index.ts 檔加入一行提供 string 值的敘述就能證實這點：

修改 \usingjs\src\index.ts

```
...

console.log(`Cart has ${cart.itemCount} items`);
console.log(`Cart value is $${cart.totalPrice.toFixed(2)}`);

sizeFormatter("Cart", cart.itemCount);
costFormatter("Cart", cart.totalPrice);
costFormatter("Cart", `${cart.totalPrice}`);
```

新修改的這行敘述把 costFormatter() 的第二個引數換成 string 值。TypeScript 編譯器無法預判這會引起錯誤，以致編譯時並不會回報任何錯誤。可是程式執行之後，costFormatter() 函式會在呼叫 toFixed() 方法時產生以下的執行錯誤 (因為 string 型別值沒有 toFixed() 方法)：

```
file:/usingjs/dist/formatters.js:6
    writeMessage(`The ${thing} costs $${cost.toFixed(2)}`, true);
                                            ^

TypeError: cost.toFixed is not a function
```

為了解決這個問題，我們得對編譯器提供 JavaScript 程式碼的型別資訊，好讓它在編譯過程就能拿來檢查。我們有兩種方式可以描述 JavaScript 程式碼當中所用的型別，下面就分別來介紹。

14-3-2　使用 JSDoc 註解來描述型別

JavaScript 程式檔如果有 **JSDoc** 註解，TypeScript 編譯器可以從中取得型別資訊。JSDoc 是一種廣受歡迎的標記語言，可以用註解的形式對 JavaScript 程式碼進行型別註記。以下範例就嘗試在 formatters.js 檔加入 JSDoc 註解：

修改 \usingjs\src\formatter.js

```
// @ts-nocheck

export function sizeFormatter(thing, count) {
    writeMessage(`The ${thing} has ${count} items`);
}

/**
* Format something that has a money value
* @param { string } thing - the name of the item
* @param { number } cost - the value associated with the item
*/
export function costFormatter(thing, cost) {
    writeMessage(`The ${thing} costs $${cost.toFixed(2)}`, true);
}

function writeMessage(message) {
    console.log(message);
}
```

JSDoc 註解讓我們可以註記函式參數的型別，譬如範例中的 JSDoc 指出 costFormatter() 的 thing 參數預期收到 string 值，cost 參數則應該收到 number 值。不過要注意，型別資訊雖然是 JSDoc 的標準功能，它的主要目的還是在替使用者提供程式碼的說明文件。

 許多程式編輯器都能協助使用者產生 JSDoc 註解。比如, VS Code 在你輸入 JSDoc 註解的開頭就會認出它, 然後自動產生函式參數的列表。

如欲完整查詢有哪些 JSDoc 註記是 TypeScript 編譯器看得懂的, 請參閱此網址：
https://github.com/Microsoft/TypeScript/wiki/JSDoc-support-in-JavaScript for Compiler

儲存以上變更後，TypeScript 編譯器從 JSDoc 註解取得 costFormatter()
函式的型別資訊，判定 index.ts 檔案中用來呼叫該函式的值用錯了資料型別，
於是產生以下編譯錯誤：

```
src/index.ts(19,23): error TS2345: Argument of type 'string' is not
assignable to parameter of type 'number'.
```

為解決這個問題，JSDoc 註解也可使用 TypeScript 語法來描述更為複
雜的型別。底下範例便嘗試用它來描述一個型別聯集 number | string，並修
改 costFormatter() 來同時應付 number 與 string 型別引數：

修改 \usingjs\src\formatter.js

```js
// @ts-nocheck

export function sizeFormatter(thing, count) {
    writeMessage(`The ${thing} has ${count} items`);
}


/**
 * Format something that has a money value
 * @param { string } thing - the name of the item
 * @param { number | string } cost - the value associated with the item
 */
export function costFormatter(thing, cost) {
    if (typeof cost === "number") {   // 型別防衛敘述
        writeMessage(`The ${thing} costs $${cost.toFixed(2)}`, true);
    } else {
        writeMessage(`The ${thing} costs $${cost}`);
    }
}

function writeMessage(message) {
    console.log(message);
}
```

儲存變更後，程式碼會重新編譯，然後產生如下結果：

```
Cart has 4 items
Cart value is $336.10
The Cart has 4 items
The Cart costs $336.10
The Cart costs $336.1   ← 用字串引數呼叫 costFormatter()
```

⚙ // @ts-expect-error 註解

從 TypeScript 3.9 起，假如你要刻意測試有錯的 JavaScript 程式碼，或是壓制暫時找不到解法的程式錯誤，你可以在該行程式碼前面加上以下註解：

```
// @ts-expect-error
```

這會使 TypeScript **忽略**下一行程式引發的錯誤。不過要注意，若程式碼完全沒有問題，那麼編譯器會回報說該註解是多餘的。

14-3-3 使用型別宣告檔 (type declaration files)

型別宣告檔也稱型別定義檔，副檔名是 d.ts，而檔案名稱則得和關聯的 JavaScript 檔相同，我們在之前的章節已經看過它很多次。這些檔案提供了另一種向 TypeScript 描述 JavaScript 程式的方式、而且不必動到 JavaScript 原始碼。

這回我們要幫 formatters.js 檔建立一個宣告檔，也就是在 src 子目錄 (注意不是 dist 目錄) 下新增一個名為 **formatters.d.ts** 的檔案，並寫入底下的內容：

\usingjs\src\formatter.d.ts

```
export declare function sizeFormatter(thing: string, count: number): void;
export declare function costFormatter(thing: string, cost: number | 接下行
string ): void;
```

型別宣告檔的內容必須對應到其描述的程式檔，而且每行敘述都需包含 **export** 及 **declare** 關鍵字，告訴編譯器說它是在描述別處所定義的型別。

一旦使用了型別宣告檔,它就必須完整描述 JavaScript 檔裡有被應用程式用到的所有東西,因為 TypeScript 編譯器不再會檢視 JavaScript 檔,而是把型別宣告檔當成唯一的參考資訊來源。以上面的範例來說,這表示型別宣告檔內一定要描述 sizeFormatter 與 costFormatter 函式型別,這兩者都有被 index.ts 的程式呼叫。

> **提示** 若同時使用型別宣告檔與 JSDoc 註解,型別宣告檔的定義會優先被採納。
>
> 此外,TypeScript 編譯器會認定型別宣告檔的內容正確無誤,所以使用者必須負起責任,確保你選用的型別是 JavaScript 程式碼所能支援的,而 JavaScript 程式碼中的全部實作方式也都符合你給的描述。

型別宣告檔中未描述的功能,TypeScript 編譯器就看不見它。為了示範這點,下面我們改寫 formatters.js 檔案中的 writeMessage() 函式,匯出它並讓專案的其他地方呼叫之:

修改 \usingjs\src\formatter.js

```
...

export function writeMessage(message) {
    console.log(message);
}
```

接著,我們在 index.ts 檔匯入這個新函式,並用它顯示一道簡單的訊息:

修改 \usingjs\src\index.ts

```
import { SportsProduct, SPORT } from "./product.js";
import { Cart } from "./cart.js";
import { sizeFormatter, costFormatter, writeMessage } 接下行
from "./formatters.js";

let kayak = new SportsProduct(1, "Kayak", 275, SPORT.Watersports);
let hat = new SportsProduct(2, "Hat", 22.10, SPORT.Running, SPORT.
Watersports);
```
Next

```
let ball = new SportsProduct(3, "Soccer Ball", 19.50, SPORT.Soccer);
let cart = new Cart("Bob");

cart.addProduct(kayak, 1);
cart.addProduct(hat, 1);
cart.addProduct(ball, 2);

console.log(`Cart has ${cart.itemCount} items`);
console.log(`Cart value is $${cart.totalPrice.toFixed(2)}`);

sizeFormatter("Cart", cart.itemCount);
costFormatter("Cart", cart.totalPrice);
costFormatter("Cart", `${cart.totalPrice}`);
writeMessage("Test message");
```

儲存 index.ts 檔的變更後，編譯器會自動處理與執行，然後回報下列錯誤 (formatters.js 未匯出 writeMessage)：

```
src/index.ts(3,40): error TS2305: Module '"./formatters.js"' has no
exported member 'writeMessage'.
```

前面說過，編譯器會完全仰賴型別宣告檔來描述 formatters 模組的內容，因此它認為 writeMessage 並未匯出。於是我們也需要在 formatters.d.ts 檔裡加入 writeMessage() 函式的描述，讓編譯器得知它的存在與型別特性：

修改 \usingjs\src\formatter.d.ts

```
export declare function sizeFormatter(thing: string, count: number): void;
export declare function costFormatter(thing: string, cost: number | 接下行
string ): void;
export declare function writeMessage(message: string): void;
```

在宣告檔補上 writeMessage() 函式的敘述後，專案程式便得以正確編譯執行，產生以下的輸出結果：

```
Cart has 4 items
Cart value is $336.10
The Cart has 4 items
The Cart costs $336.10
The Cart costs $336.1
Test message      ←── 成功呼叫 writeMessage()
```

☆ 產生型別宣告檔

如各位在本書已經看過的, 若你的程式碼需要提供給其他專案使用, 你可以在組態設定檔加入 "declaration": true, 好要求編譯器在輸出純 JavaScript 時也一併產生其宣告檔。這樣不僅能為其他 TypeScript 程式設計師保留型別資訊, 也能讓專案被當成一般的 JavaScript 套件來使用。

要注意的是, 在 TypeScript 3.7 之前, 若組態設定中啟用了 allowJs, 編譯器就不會輸出宣告檔, 這意味著你必須將 src 目錄下的純 JavaScript 檔拿掉或全數換成 TypeScript 檔。本書我們使用的是較新的 TypeScript 版本, 因此編譯器會在 dist 子目錄內產生另一個 formatter.d.ts。

14-3-4 描述第三方 JavaScript 程式碼

型別宣告檔亦可用來描述透過 NPM 加入專案的第三方 JavaScript 套件。請按 Ctrl + C 中斷 ts-watch 監看, 在命令提示字元或終端機確保切換到 usingjs 目錄, 然後執行以下指令來替範例專案安裝 **debug** 套件:

```
\usingjs> npm install debug@4.3.2
```

這個工具套件的用途是為 JavaScript 主控台輸出的除錯訊息加上辨識顏色。我在這裡選用 debug 套件的理由是它很小, 但品質優秀、也經常被運用在 JavaScript 應用程式開發。

編譯器也會嘗試對專案中的第三方套件推論型別, 但效果就跟前面直接應付 JavaScript 檔一樣十分有限。我們雖然可以替安裝在 node_modules 目錄裡的套件建立型別宣告檔, 但這麼做效率低、風險又高, 所以最好的辦法還是使用公開的定義檔 (下一節會再介紹)。

安裝與使用 debug 套件

無論如何，我們要做的第一件事情是設定好 TypeScript 編譯器如何解析模組相依性。請參考底下範例的設定：

修改 \usingjs\tsconfig.json

```json
{
    "compilerOptions": {
        "target": "es2020",
        "outDir": "./dist",
        "rootDir": "./src",
        "declaration": true,
        "moduleResolution": "node",
        "allowJs": true,
        "checkJs": true
    }
}
```

組態設定中的 **moduleResolution** 選項為解析模組的方式，在這裡指定為 "node"，也就是要 TypeScript 編譯器以 Node.js 的方式尋找透過 NPM 安裝的模組或套件。

小編註 moduleResolution 選項的預設值為 "classic"，這是為了能和舊版 TypeScript 使用的模組解析方式相容。若想了解 TypeScript 在兩種模式下如何解析模組，可參閱以下官方文件：https://www.typescriptlang.org/docs/handbook/module-resolution.html。

接著在 src\index.ts 新增以下內容，好匯入並使用 debug 套件：

修改 \usingjs\src\index.ts

```typescript
import { SportsProduct, SPORT } from "./product.js";
import { Cart } from "./cart.js";
import { sizeFormatter, costFormatter, writeMessage } from "./formatters.js";
import debug from "debug";   // 匯入 debug 套件

let kayak = new SportsProduct(1, "Kayak", 275, SPORT.Watersports);
let hat = new SportsProduct(2, "Hat", 22.10, SPORT.Running, SPORT.[接下行]
Watersports);
```

Next

```
let ball = new SportsProduct(3, "Soccer Ball", 19.50, SPORT.Soccer);
let cart = new Cart("Bob");

cart.addProduct(kayak, 1);
cart.addProduct(hat, 1);
cart.addProduct(ball, 2);

console.log(`Cart has ${cart.itemCount} items`);
console.log(`Cart value is $${cart.totalPrice.toFixed(2)}`);

sizeFormatter("Cart", cart.itemCount);
costFormatter("Cart", cart.totalPrice);
costFormatter("Cart", `${cart.totalPrice}`);
writeMessage("Test message");

let db = debug("Example App", true);
db.enabled = true;
db("Message: %0", "Test message");
```

 如要詳細查詢 debug 套件所提供的完整 API, 請參閱 https://github.com/
visionmedia/debug。

　　注意到 debug 套件在匯入時只有名稱, 沒有相對路徑, 因此編譯器會
嘗試尋找它、並在 node_modules 目錄下找到。重新執行 npm start 指令
來編譯並執行專案:

```
\usingjs> npm start
上午11:35:30 - Found 0 errors. Watching for file changes.
Cart has 4 items
Cart value is $336.10
The Cart has 4 items
The Cart costs $336.10
The Cart costs $336.1
Test message        ◀── debug 套件訊息
  Example App Message: %0 Test message +0ms   ◀── debug 套件訊息
```

替 debug 模組加入型別宣告檔

由上可見 debug 套件可正常執行，不過現在我們將替它建立一個型別宣告檔。在專案根目錄下建立 \types\debug 目錄，然後在裡頭新增一個名為 **index.d.ts** 的檔案：

\usingjs\types\debug\index.d.ts

```
declare interface Debug {
    (namespace: string): Debugger
}

declare interface Debugger {
    (...args: string[]): void;
    enabled: boolean;
}

declare var debug: { default: Debug };
export = debug;
```

此宣告檔定義了 debug 套件最基本的兩個介面，也就是我們在 src\index.ts 會用到的功能。而此 index.d.ts 檔案的路徑必須位於『\types\ 套件名稱』底下，檔名則必須和專案的進入點 index.ts 一致。

為了讓編譯器能找到此宣告檔，我們也得在 tsconfig.json 檔設定 **baseUrl** 及 **path** 屬性：

修改 \usingjs\tsconfig.json

```
{
    "compilerOptions": {
        "target": "es2020",
        "outDir": "./dist",
        "rootDir": "./src",
        "declaration": true,
        "moduleResolution": "node",
        "baseUrl": ".",
        "paths": {
            "*": [
```

Next

```
                "types/*"
            ],
        },
        "allowJs": true,
        "checkJs": true
    }
}
```

這會使 TypeScript 編譯器以 baseUrl 的位置 (句點 . 代表專案根目錄)
為基礎，到 paths 指定的路徑 (types 子目錄) 下尋找套件或型別宣告檔。

 從 TypeScript 4.1 起, 你可以只使用 paths 選項而不寫 basuUrl (在 4.1 之前的版本是必須的)。以前面的範例來說, 你也可以寫成如下:

```
"paths": {
    "*": [
        "./types/*"
    ],
},
```

儲存以上變更後，TypeScript 編譯器會找到 \types\debug\index.d.ts
宣告檔，然後判定 debug() 函式用了過多引數來呼叫，並回報下列錯誤訊息：

```
src/index.ts(23,31): error TS2554: Expected 1 arguments, but got 2.
```

若是沒有宣告檔，這個錯誤根本不會被舉報，因為如前面提過的，純
JavaScript 並不會要求函式引數與參數數量一致。

不過，你其實並不需要刻意把程式寫錯，才能知道編譯器是否找到了宣
告檔。現在於命令列按 Ctrl + C 中斷 ts-watch 的監看，然後在專案目錄下
執行這個指令：

```
\usingjs> tsc --traceResolution
```

traceResolution 參數的用意是要編譯器回報它解析模組路徑的狀況 (你也可以在 tsconfig.json 檔裡加入 **"traceResolution": true** 並重新執行 npm start)。回報的結果可能會相當冗長，在複雜的專案中尤其如此，不過最後會有這麼一行：

```
...
======== Module name 'debug' was successfully resolved to '/usingjs/
types/debug/index.d.ts'. ========
```

你看到的目錄位置取決於你的專案的實際位置，但這條訊息確認了編譯器已經找到你自訂的型別宣告檔，並用它來解析 debug 套件的相依關係。

🏮 不要自行為第三方套件撰寫宣告檔

以上範例雖然證明了要替公開套件撰寫宣告檔是可行的，但是我並不推薦大家這麼做，所以我也不打算再深入介紹描述套件內容的其他方式。

首先，要正確描述第三方 JavaScript 套件並不容易，中間牽扯的因素很複雜，原作者也很可能沒預期到會有人嘗試以靜態型別來描述他們的程式。再加上 JavaScript 語言的版本與模組格式也相當多種，你恐怕得借助神奇的魔法，才有辦法憑一己之力正確描述所有模組中的程式碼啊！

其次，你的自訂宣告往往只著重在你當下需要的功能，但隨著用到的功能變多，宣告檔也得持續改版，變得越來越不易理解且維護更加困難。

但是不該自己撰寫宣告檔的最有力理由，是網路上的 『Definitely Typed』 專案早已對成千上萬的 JavaScript 套件提供了現成、品質極高的宣告檔 (下一小節就會來介紹)。而隨著 TypeScript 越來越受歡迎，也已經有更多套件會內附型別宣告檔。

若你仍執意要撰寫自己的宣告檔，或是想為 Definitely Typed 專案貢獻一己之力，那麼 Microsoft 有個專門的指南教你如何描述套件。此指南的網址為：https://www.typescriptlang.org/docs/handbook/declaration-files/introduction.html。

■ 14-3-5 使用 Definitely Typed 專案提供的套件宣告檔

Definitely Typed 專案為數以千計的 JavaScript 套件提供型別宣告檔，讓 TypeScript 得以順利安全地操作第三方套件，且不論效率還是正確性都遠強過自行撰寫型別宣告檔。

Definitely Typed 的宣告檔可透過 npm install 指令來安裝，有時 NPM 工具甚至會在安裝套件時建議你安裝其宣告檔。現在按 Ctrl + C 中斷 ts-watch 的監看，接著用以下指令來安裝針對 debug 套件設計的宣告檔：

```
\usingjs> npm install --save-dev @types/debug
```

> 提示　Definitely Typed 各個套件的名稱寫法是在 @types/ 後面接上需要宣告檔之套件的名稱。注意上面我並沒有指定宣告檔的版本編號；在安裝由 Definitely Typed 提供的套件時, 我會讓 NPM 自行選擇套件版本。

接著我們得去修改組態設定檔，讓編譯器不要再到 types 資料夾尋找之前的自訂宣告檔：

修改 \usingjs\tsconfig.json

```
{
    "compilerOptions": {
        "target": "es2020",
        "outDir": "./dist",
        "rootDir": "./src",
        "declaration": true,
        "moduleResolution": "node",
        // "baseUrl": ".",      ← 註解掉 baseUrl 與 paths 選項
        // "paths": {
        //      "*": [
        //          "types/*"
        //      ],
        // },
        "allowJs": true,
        "checkJs": true
    }
}
```

　　修改 tsconfig.json 設定檔是必要的，因為目前我們專案的 debug 套件同時存在著自訂的宣告檔與 Definitely Typed 提供的宣告檔。不過在真實專案中，這反而不成問題，因為你可以在組態設定檔當中詳細指定每個套件要用哪一個宣告檔。

　　在命令列確保切換到 usingjs 目錄底下，再次執行以下指令，觀察套用 Definitely Typed 宣告檔後 TypeScript 會如何解析模組：

```
\usingjs> tsc --traceResolution
```

　　新的結果顯示編譯器已經找到了一個不同的宣告檔：

```
...
======== Type reference directive 'debug' was successfully resolved to
'/usingjs/node_modules/@types/debug/index.d.ts' with Package ID '@types/
debug/index.d.ts@4.1.7', primary: true. ========
```

　　現在編譯器搜尋到的宣告檔變成位於 node_modules/@types/debug 資料夾下的 index.d.ts (你也不需再額外於組態設定檔指定路徑)。每個套件的宣告檔都會放在與套件同名的子目錄中，並採用跟前一小節自訂檔案相同的命名規則。

　　經過這一連串操作之後，Definitely Typed 的宣告檔已被編譯器採用，為 debug 套件提供其 API 的完整型別描述，你也會看到 TypeScript 編譯器一樣回報了引數過多的錯誤。於是最後我們便修正這個問題：

修改 \usingjs\src\index.ts

```
...

let db = debug("Example App");
db.enabled = true;
db("Message: %0", "Test message");
```

儲存變更後，用 npm start 編譯並執行專案，編譯器會輸出以下的結果：

```
Cart has 4 items
Cart value is $336.10
The Cart has 4 items
The Cart costs $336.10
The Cart costs $336.1
Test message
  Example App Message: %0 Test message +0ms
```

▌ 14-3-6　使用內含型別宣告檔的套件

隨著 TypeScript 越來越受歡迎，許多套件也開始附上宣告檔，省去了額外搜尋與下載的功夫。而若要知道某個套件是否包含宣告檔，最簡單的方法就是安裝後先到 node_modules 資料夾看看。以下我們就來做個實際示範。

請在命令提示字元或終端機停止 ts-watch 監看，並在 usingjs 目錄底下為範例專案安裝一個新套件：

```
\usingjs> npm install chalk@4.1.2
```

Chalk 是一個可以改變主控台輸出風格的套件。安裝完畢後，打開專案下的 node_modules/chalk/source 目錄，你會看見該目錄底下有個 index.d.ts 檔案。

小編註　在使用 VS Code 時，你可能要在安裝套件後按一下左側檔案總管的重新整理。

為了證明 TypeScript 編譯器確實能找到 Chalk 套件的宣告檔，請參考底下範例為 src\ndex.ts 檔加入新的敘述：

修改 \using\src\index.ts

```
import { SportsProduct, SPORT } from "./product.js";
import { Cart } from "./cart.js";
import { sizeFormatter, costFormatter, writeMessage } from 接下行
"./formatters.js";
import debug from "debug";
import chalk from "chalk";   // 匯入 chalk 套件

...

console.log(chalk.greenBright("Formatted message"));   // 新增到檔案結尾
console.log(chalk.notAColor("Formatted message"));
```

　　和 Chalk 套件相關的第一行敘述，是幫主控台輸出的文字上色（套用 greenBright 或亮綠色）。至於第二行敘述，我們刻意呼叫了個不存在的函式，好測試編譯器能否偵測到錯誤。

　　接著我們得在組態設定檔啟用 **allowSyntheticDefaultImports** 設定：

修改 \usingjs\tsconfig.json

```
{
    "compilerOptions": {
        "target": "es2020",
        "outDir": "./dist",
        "rootDir": "./src",
        "declaration": true,
        "moduleResolution": "node",
        "allowSyntheticDefaultImports": true,
        "allowJs": true,
        "checkJs": true
    }
}
```

提示 之所以需要啟用這個選項，是因為 Chalk 套件遵循的是 CommonJs 模組規範，使用『**module.exports = chalk**』而非 **export default** 關鍵字來匯出預設功能。這使得下面這行匯入的敘述在正常情況下無法運作：

```
import chalk from "chalk";
```

allowSyntheticDefaultImports 會替我們將 module.exports 轉成 export default, 使上面的匯入敘述得以生效。當然, 另一個方式是將專案設定為使用 CommonJs 模組, 我們在下一章將會看到作法。

當我們儲存 index.ts 與 tsconfig.json 檔的變更、用 npm start 重新啟動自動編譯後, 編譯器會找出其宣告檔, 並回報下列錯誤：

```
src/index.ts(30,19): error TS2339: Property 'notAColor' does not exist
on type 'Chalk & ChalkFunction & { supportsColor: false | ColorSupport;
Level: Level; Color: Color; ForegroundColor: ForegroundColor;
BackgroundColor: BackgroundColor; Modifiers: Modifiers; stderr: Chalk & {
...; }; }'.
```

為了深入了解編譯器尋找宣告檔的流程, 請再次退出 ts-watch 的監看模式, 然後在命令列中於 usingjs 目錄下執行以下指令：

```
\usingjs> tsc --traceResolution
```

產生的回報訊息相當龐大, 但仔細讀下去就會看見, 編譯器到了好幾個不同的位置去檢查宣告檔, 最後在 node_modules 目錄下找到它：

```
...
======== Module name 'chalk' was successfully resolved to '/usingjs/
node_modules/chalk/index.d.ts' with Package ID 'chalk/index.d.ts@4.1.1'.
========
...
```

於是我們把故意寫錯的敘述註解掉，用 npm start 重新編譯和執行專案，便會看到 Chalk 正確輸出了訊息，而且 chalk.greenBright() 輸出的文字顏色也確實變成亮綠色：

修改 \usingjs\src\index.ts

```
...
//console.log(chalk.notAColor("Formatted message"));
\usingjs> npm start
下午4:50:27 - Found 0 errors. Watching for file changes.
Cart has 4 items
Cart value is $336.10
The Cart has 4 items
The Cart costs $336.10
The Cart costs $336.1
Test message
  Example App Message: %0 Test message +0ms
Formatted message      ◀—— 在主控台內會以亮綠色顯示
```

 提示 你可在這裡找到 Chalk 套件的 API 說明：https://github.com/chalk/chalk

14-4 本章總結

本章示範了如何在 TypeScript 專案中混用 JavaScript 原始碼，同時也解釋了如何設定編譯器對 JavaScript 檔進行型別檢查，以及如何利用 JSDoc 註解或型別宣告檔來向編譯器描述 JavaScript 程式碼。

接下來我們就要進入第三篇的實戰攻略，實際運用 TypeScript 來建立網頁應用程式。我們將循序漸進，先從獨立的 TypeScript 應用開始，然後再依序轉戰 Angular、React 與 Vue.js 這三個熱門開發框架。

下表是本章內容的概要整理：

問題	解決辦法	本章小節
在專案中包含 JavaScript 原始檔並檢查型別	啟用 allowJs 與 checkJs 的編譯器選項	14-2-2, 14-2-3
控制 TypeScript 編譯器是否要檢查特定 JavaScript 原始檔	使用 @ts-check 與 @ts-nocheck 註解	14-2-3
描述 JavaScript 原始檔內的型別	使用 JSDoc 註解, 或建立一個型別宣告檔	14-3-2, 14-3-3
描述第三方 JavaScript 套件	更新編譯器解析路徑並建立一個宣告檔	14-3-4
描述第三方套件而不自己建立宣告檔	使用包含了宣告檔的套件, 或是安裝公開的型別宣告套件	14-3-5, 14-3-6

為了方便讀者快速查詢，下表則列出本章所用的 TypeScript 編譯器設定選項：

名稱	說明
allowJs	是否允許編譯 JavaScript 原始檔
allowSyntheticDefaultImports	允許使用 import ... from ... 的語法匯入遵循 CommonJs 模組規範的套件
baseUrl	設定解析模組相依的根目錄位置
checkJs	在編譯 JavaScript 原始檔時, 檢查其中的錯誤
declaration	生成為 JavaScript 程式提供型別資訊的 .d.ts 型別宣告檔, 可為其他 TypeScript 專案描述程式所用的型別
moduleResolution	設為 node 即指定使用 Node.js 的模組解析方式
paths	指定解析模組相依的目錄位置
traceResolution	印出編譯器解析模組的詳細過程

CHAPTER

15

打造獨立網路
應用程式 (上)

進入第三篇, 我要開始實際示範如何將 TypeScript 帶入目前最受歡迎的其中三種前端框架 —— **Angular**、**React** 與 **Vue.js** —— 的開發流程。我在每個框架的範例會打造一模一樣的網路應用程式, 而且會帶讀者走過完整流程, 從建立專案的各個部分到設立提供資料的網路服務等等。不過, 前兩章我們先**不使用**這些框架來建置此 App, 這樣讀者才有更明確的比較基礎, 理解各個框架的運作原理、以及它們是如何搭配 TypeScript。

其實在開發真正的應用程式專案時, 我並不推薦完全不使用框架。但用純 JavaScript 開發一個網站, 可以讓讀者更深刻理解 TypeScript 在現代開發實務中能扮演的角色, 所以這仍是非常值得好好學習的。

15-1 本章行前準備

打開命令提示字元或終端機，在你想要建置練習專案的環境新增一個名為 **webapp** 的資料夾。從該資料夾的位置執行以下指令來初始化專案 (建立一個 package.json 檔)，並安裝 TypeScript 編譯器：

```
\webapp> npm init --yes
\webapp> npm install --save-dev typescript@4.3.5
```

本章將會逐步建立一系列工具鏈，向讀者展示一般網路應用程式開發的流程。既然 TypeScript 編譯器會包含在其中，我們就需要以本地安裝的方式將 typeScript 套件放在專案中，因為工具鏈無法仰賴以全域方式安裝的套件。隨著 webapp 專案逐漸成形，我們會再來安裝其他的必需套件。

現在先幫 TypeScript 編譯器定義其組態檔。在 webapp 目錄新增一個名為 tsconfig.json 的檔案，輸入以下內容：

\webapp\tsconfig.json

```
{
    "compilerOptions": {
        "target": "es2020",
        "outDir": "./dist",
        "rootDir": "./src",
        "module": "commonJs"
    }
}
```

 由於本章的工具鏈目前只適用於 commonJs 模組，因此後面的模組匯入語法會跟本書前面的 ECMAScript Module 有點不同。

這幾個設定內容告訴 TypeScript 編譯器使用 ES2020 版本的 JavaScript 做為編譯目標，本專案的原始碼位在 src 子目錄底下，而編譯出來的 JavaScript 程式碼則應輸出到 dist 子目錄。

接著我們要為應用程式新增一個起始頁面。建立一個名為 src 的子目錄，然後在裡頭新增一個 index.ts 檔案，寫入以下內容：

\webapp\src\index.ts

```
console.log("Web App");
```

最後於命令列執行以下指令，對 index.ts 檔進行編譯，然後執行輸出在 dist 目錄下的 JavaScript 檔案：

```
\webapp> tsc
\webapp> node dist/index.js
Web App
```

15-2 建立工具鏈 (toolchain)

網路應用程式的開發需要仰賴多種工具，彼此環環相扣組成一條工具鏈，能夠一氣呵成完成編譯程式碼、傳輸資料，以及在 JavaScript 環境中執行應用程式。但目前我們專案唯一使用的開發工具就只有 TypeScript 編譯器：

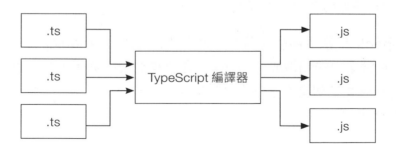

在使用 Angular、React 或 Vue.js 等框架時，開發工具會被隱藏起來。但本章我們要親自安裝與設定每一項工具，好對各位完整展示工具鏈的建立過程。

▋ 15-2-1　新增打包工具 (bundler)

當你使用 Node.js 執行專案時，它會解析程式中的所有 import 敘述，試著找到由 TypeScript 編譯器產生的 JavaScript 套件、或是你安裝在 node_modules 目錄中的模組或套件。

Node.js 無法預先得知每個程式檔會有哪些 import 敘述，因此它也無法預知必要的 JavaScript 檔有哪些。不過這對它影響並不大：既然所有檔案都是可輕鬆存取的本地檔案，查找和解析依賴關係的速度就相當快。然而，當你在瀏覽器執行網路應用程式（即一個網站）時，這種方法不見得可行，因為瀏覽器沒有直接存取本地檔案系統的權限。程式只能透過 HTTP 請求來下載伺服器上的檔案，這有可能很慢且效率很差，也很難檢查多個位置來解析檔案間的依賴。

而這便是**打包工具**派上用場的地方：打包工具會在程式編譯時就開始解析相關檔案，然後把需要用到的檔案全部打包到**單獨一個**檔案裡。瀏覽器只要送出一次 HTTP 請求，就能收到應用程式所需的全部檔案，甚至連 CSS 樣式檔等其他內容也能放進打包工具整理好的這個 **bundle** 檔裡。此外在打包過程中，程式碼與內容會被盡可能縮小與壓縮，降低客戶端下載應用程式時所需的頻寬。大型應用程式甚至會被拆分成多個 bundle, 讓非必要的程式碼與內容只在需要時才會各別載入。

Webpack 是當今最多人用的打包工具，它也是 Angular、React 與 Vue.js 工具鏈當中的關鍵成分，只是你在這些框架中通常不需要直接操作它。Webpack 對初學者而言可能有點難用，但由於它支援類型廣泛的套件，幾乎任何類型的專案都能把它整合到開發工具鏈中。

請在 webapp 目錄下執下列指令，為範例專案安裝 webpack 套件：

```
\webapp> npm install --save-dev webpack@5.51.1 webpack-cli@4.8.0 ts-接下行
loader@9.2.5
```

　　上面安裝的第一個套件是 **webpack** 套件的主要功能，第二個 **webpack-cli** 套件則是替 webpack 加入命令列 (cli 即 command line) 支援。然後 webpack 還得使用『載入器』(loader) 套件來處理不同種類的內容，而 **ts-loader** 套件除了可編譯 TypeScript 檔案，還能把編譯後的程式碼加入 webpack 建立的 bundle 中。

　　安裝完成後，接著請在 webapp 根目錄新增一個名為 **webpack.config. js** 的檔案，寫入下列內容來建置 webpack 的組態設定檔：

\webapp\webpack.config.js

```javascript
module.exports = {
    mode: "development",
    entry: "./src/index.ts",
    output: { filename: "bundle.js" },
    resolve: { extensions: [".ts", ".js"] },
    module: {
        rules: [
            {
                test: /\.ts/,
                use: "ts-loader",
                exclude: /node_modules/
            }
        ]
    }
};
```

　　其中 entry 是要 webpack 從 src/index.ts 檔開始解析應用程式的相關檔案，而打包完成的檔案則依 output 取名為 bundle.js。其他配置則要求 webpack 使用 ts-loader 套件處理附檔名為 .ts 的套件。

 若想了解 webpack 完整的組態設定, 請參考 https://webpack.js.org。

　　完成之後，在命令列於 webapp 目錄執行底下的指令，好執行 webpack 來建立 bundle 檔：

```
\webapp> npx webpack
```

webpack 會開始解析整個專案的相關檔案，並用 ts-loader 套件來編譯它找到的 TypeScript 檔案，然後產生下列結果：

```
asset bundle.js 1.21 KiB [emitted] (name: main)
./src/index.ts 25 bytes [built] [code generated]
webpack 5.47.1 compiled successfully in 3323 ms
```

建立好的 bundle.js 檔就位在 dist 目錄下，所以我們就能用 Node.js 來執行打包好的程式。

```
\webapp> node dist/bundle.js
```

範例專案目前只有一個 TypeScript 檔案，但 bundle 本身就是自給自足的一個檔案，即使將來專案變得更複雜也仍是如此。執行 bundle 會產生下列的結果：

```
Web App
```

加入 webpack 和它的支援套件後，我們的開發工具鏈變成了這個模樣：

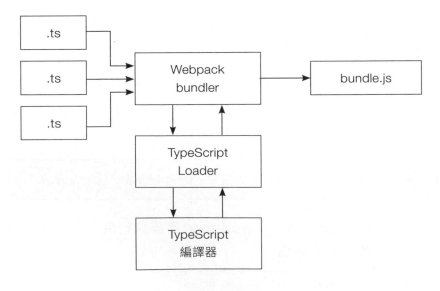

▌ 15-2-2 架設網頁伺服器

網頁伺服器 (web server) 負責將打包好的 bundle 檔傳給瀏覽器，讓
應用程式得以執行。**Webpack Dev Server** (簡稱 WDS) 是個能整合在
webpack 當中的 HTTP 開發伺服器套件，它支援在程式碼檔案有所變更或
是產生新的 bundle 檔案時，能夠讓瀏覽器重新載入網站。

於命令列中在 webapp 目錄下執行下列指令來安裝 WDS 套件：

```
npm install --save-dev webpack-dev-server@4.0.0
```

接著你得修改 webpack.config.js 來加入 WDS 的基本設定：

\webapp\webpack.config.js

```
module.exports = {
    mode: "development",
    entry: "./src/index.ts",
    output: { filename: "bundle.js" },
    resolve: { extensions: [".ts", ".js"] },
    module: {
        rules: [
            {
                test: /\.ts/,
                use: "ts-loader",
                exclude: /node_modules/
            }
        ]
    },  ◀── 加逗號
    devServer: {
        static: "./assets",
        port: 4500
    }
};
```

小編註 若你使用 Webpack Dev Server 4.0.0 之前的版本，你得在 devServer 的第一個設定把
『static』換成 『contentBase』。

新設定告訴 WDS, 到名為 assets 的子資料夾尋找任何不是 bundle 檔的靜態 (static) 檔案, 並監聽來自通訊埠 4500 的 HTTP 請求, 將檔案提供給客戶端存取。

　　接著, 我們要提供一個 HTML 檔給 WDS 以回應瀏覽器的請求。在 webapp 底下建立子目錄 assets, 然後在裡頭新增一個 index.html 和寫入以下內容:

\webapp\assets\index.html

```html
<!DOCTYPE html>
<html>

<head>
    <title>Web App</title>
    <script src="bundle.js"></script>
</head>

<body>
    <div id="app">Web App Placeholder</div>
</body>

</html>
```

　　當瀏覽器接收到 HTML 檔案, 就會開始處理它的內容, 並在執行到 <script> 標籤時觸發 HTTP 請求、將 bundle.js 檔案也下載回來, 而 bundle.js 會包含網路應用程式的所有內容。

　　所以接著請執行以下指令來啟動伺服器:

```
\webapp> npx webpack serve
```

　　WDS HTTP 伺服器將會啟動、然後編譯專案來產生 bundle。但是產生的 bundle 已經不會儲存在 dist 目錄, 而是暫存在記憶體當中, 準備用來回應 HTTP 請求, 無須在硬碟創建一個檔案。而隨著開發伺服器啟動與應用程式被打包, 你會見到下列訊息:

```
<i> [webpack-dev-server] Project is running at:
<i> [webpack-dev-server] Loopback: http://localhost:4500/
<i> [webpack-dev-server] On Your Network (IPv4):
http://192.168.0.186:4500/
<i> [webpack-dev-server] Content not from webpack is served from './
assets' directory
asset bundle.js 567 KiB [emitted] (name: main)
runtime modules 27.2 KiB 13 modules
javascript modules 426 KiB
  modules by path ./node_modules/ 420 KiB 38 modules
  modules by path ./src/ 5.83 KiB
    modules by path ./src/data/*.ts 3.75 KiB
      ./src/data/localDataSource.ts 1.22 KiB [built] [code generated]
      ./src/data/abstractDataSource.ts 1.2 KiB [built] [code generated]
      ./src/data/entities.ts 1.33 KiB [built] [code generated]
    ./src/index.ts 896 bytes [built] [code generated]
    ./src/htmlDisplay.tsx 524 bytes [built] [code generated]
    ./src/tools/jsxFactory.ts 710 bytes [built] [code generated]
asset modules 4.4 KiB 16 modules
webpack 5.51.1 compiled successfully in 5193 ms
```

等伺服器啟動完成後，打開新的網頁瀏覽器或新的分頁，在網址列輸入 http://localhost:4500，這正是我們為 WDS 設定監聽 HTTP 請求的通訊埠。瀏覽器會顯示 index.html 的內容：

接著請按下 F12 鍵打開瀏覽器的開發工具，切換到 **Console** 分頁查看 index.ts 檔案 (見 15-3 頁) 中那行 console.log 敘述的輸出結果：

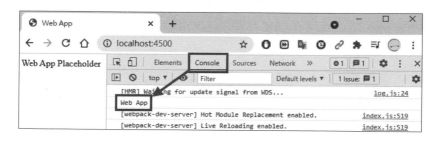

當 WDS 啟動後，webpack 會進入監看模式，並在偵測到程式檔有變更時就產生一個新的 bundle。在每次打包的過程中，WDS 會將額外程式碼注入到 JavaScript 檔案，藉此讓它連線到 WDS、等待重新載入的訊號傳來，而 webpack 重新打包時就會送出這個訊號。也就是說，我們只要修改 JavaScript 原始檔和儲存，應用程式就會自動編譯、並在瀏覽器重新載入。

 在這個階段，重新載入功能只適用於 JavaScript 原始檔，對 assets 目錄下的 HTML 或其他檔案無效。若是修改後者，你必須重啟 WDS 才能讓變更生效。

我們可以如下在 index.ts 檔加入一行新敘述（不要關掉網頁或停止 WDS)，好驗證自動重新載入功能：

`\webapp\src\index.ts`

```
console.log("Web App");
console.log("This is a new statement");
```

儲存 index.ts 檔的變更後，webpack 套件會立刻著手建立新的 bundle，並發送『重新載入』訊號給瀏覽器。瀏覽器的開發工具主控台會因而顯示下列訊息：

```
[HMR] Waiting for update signal from WDS...
Web App
This is a new statement
[webpack-dev-server] Hot Module Replacement enabled.
[webpack-dev-server] Live Reloading enabled.
```

WDS 延伸了整個專案的開發工具鏈，並將應用程式連結到瀏覽器提供的 JavaScript 執行環境。現在我們的工具鏈已經變成這樣：

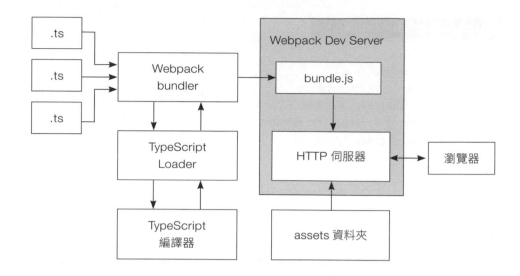

　　這個工具鏈包含了絕大多數網路應用程式專案都有的關鍵要素，只是有些部分經常會被隱藏起來。特別要注意的是，TypeScript 編譯器在此只是整個工具鏈的一環，其目的是讓 TypeScript 原始碼得以被整合到更廣泛的 JavaScript 開發工具中。

15-3 建立資料模型

■ 15-3-1　定義資料型別與類別

　　接著我們要來看這個網路應用程式真正的需求：透過 HTTP 請求從一個網路服務 (web service) 取得一系列產品的資料。使用者能夠選擇不同產品組成一筆訂單，然後再以另一個 HTTP 請求發送回去給網頁服務，好記錄他們訂購了什麼東西。本書第三篇要示範的四個網頁 App，全部都是要實現這個功能。

　　我們首先要建立資料模型 (data model)，好描述產品跟訂單資料。在 src 目錄底下建立一個名為 data 的子資料夾，然後新增一個 **entities.ts** 檔案，寫入以下程式碼：

```typescript
// 產品型別
export type Product = {
    id: number,  // 產品 id
    name: string,  // 產品名稱
    description: string,  // 產品描述
    category: string,  // 產品分類
    price: number  // 產品價格
};

// 單一選購產品的記錄類別
export class OrderLine {
    // 屬性：產品物件及其數量
    constructor(public product: Product, public quantity: number) {}

    get total(): number {   // 傳回此一產品的總購買金額
        return this.product.price * this.quantity;
    }
}

// 購物車
export class Order {
    // 屬性：Map, 用產品 id 為鍵對應到 OrderLine 物件
    private lines = new Map<number, OrderLine>();

    constructor(initialLines?: OrderLine[]) {
        if (initialLines) {
            initialLines.forEach(ol => this.lines.set(ol.product.id, ol));
        }
    }

    // 方法：對某個選購產品追加數量（數量若給 0 則刪除該選購產品）
    public addProduct(prod: Product, quantity: number) {
        if (this.lines.has(prod.id)) {
            if (quantity === 0) {
                this.removeProduct(prod.id);
            } else {
                this.lines.get(prod.id)!.quantity += quantity;
            }
        } else {
```

Next

```
            this.lines.set(prod.id, new OrderLine(prod, quantity));
        }
    }

    // 方法：移除一樣選購產品
    public removeProduct(id: number) {
        this.lines.delete(id);
    }

    // getter 屬性：傳回所有選購產品
    get orderLines(): OrderLine[] {
        return [...this.lines.values()];
    }

    // getter 屬性：傳回購物車中的產品總數
    get productCount(): number {
        return [...this.lines.values()]
            .reduce((total, ol) => total += ol.quantity, 0);
    }

    // getter 屬性：傳回所有產品總金額
    get total(): number {
        return [...this.lines.values()].reduce((total, ol) => total += 接下行
ol.total, 0);
    }
}
```

Product、Order 與 OrderLine 型別都用 export 匯出，讓應用程式其他
地方也能使用它們。Order 物件用來代表使用者的購物車，而每樣選購的產
品都用一個 OrderLine 物件來表示，它包含了一個 Product 物件及一個數
量。我們把 Product 定義成一個型別別名，因為這樣可以在從遠端取得產品
資料時簡化處理過程。至於 Order 與 OrderLine 型別則宣告為類別，因為它
們不只包含相關屬性、也會定義操作方法。

15-3-2 建立資料來源

下一章會再介紹應用程式使用的網路服務，目前我們要先建一個類別來提供本地端的測試資料。為了簡化下一章切換到遠端資料時的轉換，我會定義一個抽象類別來提供基本功能，然後再為本地跟遠端資料來源建立不同的實例物件。

在 src 的 data 目錄新增一個名為 abstractDataSource.ts 的檔案，寫入以下範例的內容：

\webapp\src\data\abstractDataSource.ts

```typescript
import { Product, Order } from "./entities"; // 注意沒有 .js (commonJs 規範)

export type ProductProp = keyof Product;

// 資料來源的抽象類別
export abstract class AbstractDataSource {
    private _products: Product[];   // 產品清單
    private _categories: Set<string>;   // 產品分類 (Set, 元素為字串)
    public order: Order;   // 購物車
    public loading: Promise<void>;   // 資料來源是否讀取完畢

    constructor() {
        this._products = [];
        this._categories = new Set<string>();
        this.order = new Order();
        this.loading = this.getData();
    }

    // 從來源讀入產品與分類資料
    protected async getData(): Promise<void> {
        this._products = [];
        this._categories.clear();
        const rawData = await this.loadProducts();
        rawData.forEach(p => {
            this._products.push(p);
            this._categories.add(p.category);
```

Next

```
        });
    }
    // 傳回產品列表 (呼叫 selectProducts(), 根據產品 id 和指定分類排序)
    async getProducts(sortProp: ProductProp = "id",
        category?: string): Promise<Product[]> {
        await this.loading;
        return this.selectProducts(this._products, sortProp, category);
    }

    // 根據指定的產品屬性排序, 傳回符合指定分類的產品列表
    protected selectProducts(prods: Product[],
        sortProp: ProductProp, category?: string): Product[] {
        return prods.filter
            (p => category === undefined || p.category === category)
            .sort((p1, p2) => p1[sortProp] < p2[sortProp]
                ? -1 : p1[sortProp] > p2[sortProp] ? 1 : 0);
    }

    // 傳回產品分類
    async getCategories(): Promise<string[]> {
        await this.loading;
        return [...this._categories.values()];
    }

    // 得由子類別實作的方法:
    // 載入產品資料
    protected abstract loadProducts(): Promise<Product[]>;
    // 儲存訂單
    abstract storeOrder(): Promise<number>;
}
```

AbstractDataSource 類別使用了 JavaScript 的 **Promise** 功能以及 **async** 與 **await** 關鍵字, 好用非同步的方式在背景下載產品和分類資料。

本書不會詳細介紹 JavaScript／TypeScript 的非同步程式設計, 在此僅簡單説明。

套用 **async** (asynchronous) 關鍵字的函式會變成非同步函式 (async function), 意即呼叫者無須等待它結束, 就能繼續做自己的事。非同步函式適合用來處理可能會失敗、甚至可能無法完成的作業, 例如讀取檔案或從網路下載資料。

非同步函式會傳回 Promise 物件, 而 Promise 則能視運算成功或失敗傳回兩個值, 代表 fulfilled (實現) 或 rejected (拒絕) 狀態。如果還沒有確定的結果, 則會處於 pending (等待完成) 狀態。你可以用 await 關鍵字來等待非同步函式的 Promise 物件真正產生一個值, 但 await 同樣只能用在非同步函式裡。

另一個方式是呼叫 Promose 物件的 then() 方法, 好在取得結果後做些處理。這種方式就不需使用 await, 也不限於在非同步函式內呼叫:

```
Promise.then(onFulfilled[, onRejected]);
```

then() 中可傳入兩個函式, 第一個用於處理 Promise 成功時的結果, 第二個 (選擇性的) 則處理其失敗時的結果。

Promise 的 < 與 > 內的型別代表運算成功時的傳回型別。但在上面的範例中, getData() 卻是傳回 Promise<void>, 這表示目的不是要得到值, 而是讓其他非同步函式可以用 await 等待它完成作業。

　　以上範例會呼叫抽象方法 loadProducts() 方法來取得資料。為了提供本地端的測試資料, 我們接著在 src\data 目錄下新增 **localDataSource.ts** 來實作之, 並傳回一些產品資料:

\webapp\src\data\localDataSource.ts

```
import { AbstractDataSource } from "./abstractDataSource";
import { Product } from "./entities";

// 繼承抽象資料來源類別
export class LocalDataSource extends AbstractDataSource {
    // 實作抽象方法
    loadProducts(): Promise<Product[]> {
        return Promise.resolve([   // 用 Promose 傳回測試產品資料
```
Next

```
            {
                id: 1, name: "P1", category: "Watersports",
                description: "P1 (Watersports)", price: 3
            },
            {
                id: 2, name: "P2", category: "Watersports",
                description: "P2 (Watersports)", price: 4
            },
            {
                id: 3, name: "P3", category: "Running",
                description: "P3 (Running)", price: 5
            },
            {
                id: 4, name: "P4", category: "Chess",
                description: "P4 (Chess)", price: 6
            },
            {
                id: 5, name: "P5", category: "Chess",
                description: "P6 (Chess)", price: 7
            },
        ]);
    }

    storeOrder(): Promise<number> {
        // 目前只印出訂單內容，沒有真正儲存它
        console.log("Store Order");
        console.log(JSON.stringify(this.order));
        return Promise.resolve(1);
    }
}
```

這個檔案定義的 localDataSource 類別，其 loadProducts() 方法使用 **Promise.resolve()** 建立一個 Promise 物件，代表非同步作業成功時要傳回的值。storeOrder() 也是如此，但既然目前我們還沒有地方儲存訂單，該方法就只傳回數字 1 代表成功。

loadProducts() 傳回的測試資料是現場產生的，所以其實也沒有非同步等待的問題——我們在第 16 章會介紹真正能在背景操作、以網路服務當成資料來源的程式。

最後，為了檢查整個資料模型的基本功能是否運作正常，請把 index.ts 原本的簡單敘述換成下列程式碼：

```typescript
import { LocalDataSource } from "./data/localDataSource";

// 非同步的產品資料展示函式（傳回一個很長的字串）
async function displayData(): Promise<string> {
    let ds = new LocalDataSource();  // 載入產品與分類資料當成 data store
    let allProducts = await ds.getProducts("name");  // 取得產品物件
    let categories = await ds.getCategories();  // 取得產品分類
    // 取出西洋棋產品
    let chessProducts = await ds.getProducts("name", "Chess");
    let result = "";

    // 在字串加入每種產品的名稱和分類
    allProducts.forEach(p => result += `Product: ${p.name}, ${p.category}\n`);
    // 在字串加入所有分類
    categories.forEach(c => result += (`Category: ${c}\n`));
    // 將所有西洋棋產品放入購物車
    chessProducts.forEach(p => ds.order.addProduct(p, 1));
    // 在字串加入購物車總金額
    result += `Order total: $${ds.order.total.toFixed(2)}`;

    return result;
}

// 在 Promjse 有傳回值時把它印出來
displayData().then(res => console.log(res));
```

儲存 index.ts 檔案的變更後，如果 WDS 尚未啟動，就用以下指令來重新編譯專案，所有相依模組會被解析、並將產生的 JavaScript 全部放入 webpack 的 bundle 中：

```
\webapp> npx webpack serve
```

假如你已經開啟 WDS 和網頁，那麼它則會觸發瀏覽器重新載入。無論如何，你可以在瀏覽器開發工具的 console 分頁看到下列輸出結果：

```
[HMR] Waiting for update signal from WDS...
Product: P1, Watersports
Product: P2, Watersports
Product: P3, Running
Product: P4, Chess
Product: P5, Chess
Category: Watersports
Category: Running
Category: Chess
Order total: $13.00
```

15-4 將產品資料呈現於網頁

∎ 15-4-1　使用 DOM API 將內容寫到 HTML

不過，除了開發者自己以外，應該沒有使用者會想在瀏覽器的 JavaScript 主控台視窗查看輸出結果。這時我們便可使用瀏覽器提供的**文件物件模型** (Document Object Model, 簡稱 **DOM**)，好跟網頁的 HTML 元素 (element, 即 HTML 標籤) 進行互動，以便將結果動態展示給使用者，並回應使用者的進一步操作。

所以接下來我們要建立一個能動態產生 HTML 元素的類別。請在 src 目錄新增一個檔案 **domDisplay.ts**：

\webapp\src\domDisplay.ts

```
import { Product, Order } from "./data/entities";

export class DomDisplay {
    // 要用在網頁的資料
    props: {
```
Next

```
        products: Product[],
        order: Order
    }

    getContent(): HTMLElement {
        // 用 DOM API 產生 HTML 元素 <h3></h3>
        let elem = document.createElement("h3");
        // 在 <h3> 內寫入文字
        elem.innerText = this.getElementText();
        // 設定 <h3> 的 Bootstrap CSS 樣式
        elem.classList.add("bg-primary", "text-center", "text-white", "p-2");
        return elem;
    }

    // 替 getContent() 產生要顯示的內容 (購物車的產品數量及總金額字串)
    getElementText() {
        return `${this.props.products.length} Products, `
            + `Order total: $${this.props.order.total}`;
    }
}
```

DomDisplay 類別定義了一個 getContent() 方法，其傳回值是一個
HTMLElement 物件，這是 DOM API 用來代表一個 HTML 元素的型別。此
方法會建立一個 h3 元素 (即 <h3> 標頭)，並呼叫 getElementText() 來設定
其 innerText 屬性的文字內容。接著，h3 元素再被加入四個 Bootstrap 樣式
類別 (class)，決定了該元素會顯示出來的模樣 (藍色背景、文字置中、白色
字體、周圍加入 0.5x)。

⬡ HTML 的 class

HTML 標籤的 class 並非物件導向的類別，而是讓你能替 HTML 元素指定一個『分
類』，好來統一控制同一類型標籤的 CSS 樣式。在我們的範例中，這些 CSS 樣式會
由 Bootstrap 套件提供 (見下一小節)。

注意到我們給 DomDisplay 類別定義了個屬性 props，其值是個字面值物件，裡面的成員則是網頁要顯示的相關原始資料。為什麼要這樣寫呢？這其實是仿效了許多前端框架元件的慣例，props (properties) 代表一個網頁元件要用來顯示的資料。等到各位讀到後面各章時，就能明白箇中原理了。

▌ 15-4-2　加入對 Bootstrap CSS 樣式的支援

在前面範例中，我們對 h3 元素所指派的 class 其實是由 Bootstrap 套件所定義的樣式。Bootstrap 是個高品質的開源 CSS 框架，能輕鬆協助產生美觀的 HTML 內容。因此我們要進一步擴大開發工具鏈，安裝 Bootstrap 並修改 Webpack 組態設定檔，讓它知道要使用額外的載入器來支援 Bootstrap CSS 樣式表。

按下 Ctrl + C 中斷 WDS 服務，然後在 webapp 專案目錄下輸入以下指令，安裝 Bootstrap 套件及 CSS loader：

```
\webapp> npm install bootstrap@5.1.0
\webapp> npm install --save-dev css-loader@6.2.0 style-loader@3.2.1
```

 我絕大多數的專案都會使用 Bootstrap CSS 框架，因為它兼具易用與產出結果良好的優點。若要查閱它完整的樣式以及額外的 JavaScript 功能支援，請參考官網說明：https://getbootstrap.com。

小編註 有興趣者亦可參考**設計師一定要學的 Bootstrap 5 RWD 響應式網頁設計** (旗標出版)。

以上安裝的 css-loader 與 style-loader 套件包含了能處理 CSS style 樣式的載入器，因此我也需要在 Webpack 的組態設定加入它們，才能把 CSS 檔整合到 bundle 裡。請參考以下範例調整 webpack.config.js：

```js
module.exports = {
    mode: "development",
    entry: "./src/index.ts",
    output: { filename: "bundle.js" },
    resolve: { extensions: [".ts", ".js", ".css"] },
    module: {
        rules: [
            {
                test: /\.ts/,
                use: "ts-loader",
                exclude: /node_modules/
            },
            {
                test: /\.css$/,
                use: ["style-loader", "css-loader"]
            }
        ]
    },
    devServer: {
        static: "./assets",
        port: 4500
    }
};
```

接下來我們要整個重寫 index.ts 檔案，匯入 Bootstrap 套件的 CSS 樣式表，以及存取 DOM、使用 DomHeader 類別來修改 HTML 內容：

```ts
import { LocalDataSource } from "./data/localDataSource";
import { DomDisplay } from "./domDisplay";
import "bootstrap/dist/css/bootstrap.css";

let ds = new LocalDataSource();  // 取得 data store

async function displayData(): Promise<HTMLElement> {
    // 建立一個新的 DomDisplay 物件
    let display = new DomDisplay();
```

Next

```
    // 設定 DomDisplay 物件的 props 屬性，放入 data store 的產品及訂單物件
    display.props = {
        products: await ds.getProducts("name"),
        order: ds.order
    }
    return display.getContent();  // 傳回 DomDisplay 物件
}

// DOM 事件 (event)：在網頁載入狀態改變時觸發
document.onreadystatechange = () => {
    if (document.readyState === "complete") {  // 若網頁載入完成
        // 呼叫 displayData()
        displayData().then(elem => {
            // 將 displayData() 傳回的 HTML 元素寫到網頁內
            let rootElement = document.getElementById("app");
            rootElement.innerHTML = "";
            rootElement.appendChild(elem);
        });
    }
};
```

    DOM API 提供了讓 JavaScript 在瀏覽器完整控制 HTML 文件的功能，但要注意的是，它寫起來會比較冗長和較難看懂，特別是顯示的內容與背景工作的傳回結果有關時 (譬如從網頁服務取得資料)。

    以上範例需要等待兩個工作完成才有辦法在 HTML 顯示任何內容。首先，瀏覽器會從頭依序處理 HTML 網頁內容，這代表它會先執行 JavaScript，然後才處理 HTML 元素，但如果 HTML 還沒處理完畢，讓 JavaScript 修改它就可能導致不一致的結果；因此程式必須等到正確的時刻 (也就是 HTML 載入完成後) 才進行寫入動作。這便是為何我們需要使用 DOM 內建的 onreadystatechange 事件來繪製 (render, 或稱渲染) HTML 元素。

小編註 本書不會深入介紹 DOM API, 但各位可參考以下官方文件：https://developer.mozilla.org/zh-TW/docs/Web/API/Document_Object_Model。

其次，就和前面一樣，這段程式碼也得等待從資料來源取得資料，所以繪製 HTML 元素的動作得在 then() 中進行，但 localDataSource 類別當場就能傳回本地測試資料。我們在下一章會把它換成一個網路服務，而這就有可能產生延遲、使得用 then() 等待是有必要的。

等這兩件工作完成後，程式就會存取 assets\index.html 當中 id 為『app』的 <div> 元素：

\webapp\assets\index.html

```
...

<body>
    <div id="app">Web App Placeholder</div>
</body>

...
```

接著程式透過 <div> 之 innerHTML 屬性來清空字串『Web App Placeholder』，再填入我們提供的 DomDisplay 物件，這些物件會透過 getProducts() 放入產品資料。

儲存 index.ts 檔的變更，在命令列中於 webapp 目錄執行以下指令，來重新啟動 webpack dev server 並編譯／執行專案：

\webapp> **npx webpack serve**

這會在記憶體中建立出一個包含 CSS 樣式的 bundle。在瀏覽器的網址列輸入 http://localhost:4500 即可見到 HTML 內容被顯示了出來：

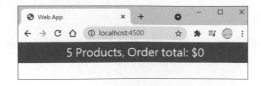

我們加入專案的 CSS 載入器,其實是在 bundle 加入 JavaScript 程式碼,並在瀏覽器處理 bundle.js 時執行,好用瀏覽器自身的 API 來建立 CSS 樣式。這表示 bundle 即使只包含 JavaScript,也照樣能產生不同的樣式內容。

15-5 使用 JSX/TSX 建立 HTML 內容

▌ 15-5-1 認識 JSX/TSX

以 JavaScript 描述 HTML 元素畢竟不容易;直接操作 DOM API 的程式碼既冗長又不易理解,且即使有 TypeScript 支援的靜態型別,依然很容易出錯 (因為 TypeScript 並不知道網頁上存在哪些 HTML 元素)。

問題不在於 DOM API 本身 (雖然說它的設計也沒有很友善),而是要用程式碼描述 HTML 標籤這種東西實在不易。改用 **JSX** (JavaScript XML 的簡稱) 會是更優雅的解法,因為它能更輕鬆地結合 HTML 標籤與 JavaScript 程式碼敘述。JSX 最常和 React 搭配使用 (見第 19 章),不過 TypeScript 編譯器也有支援它,所以可以用在任何專案中。

 JSX 並非唯一能簡化 HTML 元素操作的方法。我們之所以在本章使用它,主要是因為 TypeScript 編譯器有支援,而且能配合我們這個專案的示範目的。若你不喜歡 JSX,網路上還有許多 JavaScript 模板套件可選用 (譬如你可以參考 mustache template, https://mustache.github.io/)。

若要理解 JSX,最佳辦法當然就是動手寫點 JSX 程式碼,而包含 JSX 內容的 TypeScript 檔案 (TSX) 其實擁有 **.tsx** 的副檔名,好反映它結合了這兩者。

現在請在 src 目錄新增一個名為 **htmlDisplay.tsx** 的檔案，寫入以下內容：

```
\webapp\src\htmlDisplay.tsx
```

```tsx
import { Product, Order } from "./data/entities";

export class HtmlDisplay {
    props: {
        products: Product[],
        order: Order
    }

    getContent(): HTMLElement {
        return <h3 className="bg-dark text-center text-white p-2" >
            {this.getElementText()}
        </h3>

    }

    getElementText() {
        return `${this.props.products.length} Products, `
            + `Order total: $${this.props.order.total}`;
    }
}
```

這個 TSX 檔案建立一個 HtmlDisplay 類別，功能和前面的 domDisplay 類別一樣，差別在於 getContent() 方法現在會直接傳回 HTML 內容，不必仰賴 DOM API 去建立一個物件、然後再透過 DOM 物件來修改它。這回 <h3> 標籤的內容是由 JavaScript 程式碼動態產生，並透過樣板語法 {} 產生為 HTML 的一部分。

留意到我們把 h3 的 className 的第一個樣式從『bg-primary』換成『bg-dark』，使得顯示文字的背景變成深灰色，以便在後面看到修改專案的實際效果。

由於我們尚未設定專案使用 JSX/TSX, 所以這檔案仍無法編譯（但暫時也不構成影響），在編輯器內也會顯示錯誤。不過你已經能看出來，這種格式如何能用更自然的形式創造 HTML 內容。接下來我將解釋 JSX 檔案是如何處理的，以及如何設定專案來支援它。

▋ 15-5-2 了解 TSX 的作業流程

當一個 TSX 檔被編譯時，TypeScript 編譯器會處理它包含的 HTML 元素，將它們轉換為 JavaScript 敘述。每個元素會被解析和拆分成三部分：元素標籤，其 HTML 屬性，以及元素的內容。

編譯器會把每個 HTML 元素替換成呼叫**工廠函式 (factory function)**, 好在執行環境建立 HTML 內容。在此我們把這個工廠函式仿效 React 框架的慣例取名為 createElement()（稍後我們會來定義它）。也就是說，前面的 htmlDisplay.tsx 在編譯成 JavaScript 時，會被轉換成以下的程式碼：

```
import { Product, Order } from "./data/entities";


export class HtmlDisplay {
    props: {
        products: Product[],
        order: Order
    }

    getContent() {            ── 被編譯器換成工廠函式
        return createElement("h3",
            { className: "bg-dark text-center text-white p-2" },
            this.getElementText());
    }

    getElementText() {
        return `${this.props.products.length} Products, `
            + `Order total: $${this.props.order.total}`;
    }
}
```

編譯器其實也只知道工廠函式的名稱，對其他東西一無所知。但工廠函式被呼叫時，原始碼的 HTML 內容就會被換成 JavaScript 程式敘述，使它可以正常編譯和被一般 JavaScript 環境執行，透過編譯器解析好的標籤名稱、屬性和內容來產生 HTML。下圖總結了這整個轉換過程：

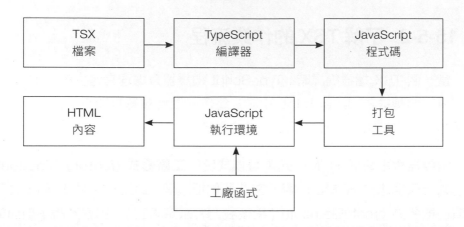

🔽 了解 JSX/TSX 使用的 HTML 標籤與屬性

JSX/TSX 檔案中的某些 HTML 標籤與屬性並非標準 HTML 語法，這些會被工廠函式轉換成標準 HTML，而這也經常會引起一些誤解。比如，**className** 屬性會被轉成 HTML 的 class 屬性；這是因為 **class** 是 JavaScript 關鍵字，所以在 JSX/TSX 中不能寫成 class。

在後面介紹的各個框架中，也會允許開發者用自訂的標籤名稱來指向網頁元件，並用元件的 props 屬性的各個成員來『綁定』 HTML 標籤的屬性，甚至提供額外的語法來控制標籤等等。

▊ 15-5-3 設定 TypeScript 編譯器與 Webpack 載入器使用 TSX

TypeScript 編譯器預設不會處理 TSX 檔案，所以我們需要新增兩個設定來改變它的行為。請參考下表說明：

▼ tsconfig.json 設定選項

名稱	說明
jsx	決定編譯器要以何種方式處理 TSX 檔案中的元素。設為 『react』 會把 HTML 元素替換成工廠函式的呼叫形式, 並輸出 JavaScript 檔。 設為 『react-native』 則會輸出一個保留完整 HTML 元素的 JavaScript 檔; 至於設為 『preserve』 則會輸出一個保留完整 HTML 元素的 JSX 檔案。
jsxFactory	指定工廠函式的名稱, 若 jsx 被設為 『react』 時, 編譯器就會呼叫它。

因此我要替範例專案定義一個名為 **createElement()** 的工廠函式，並在 TypeScript 組態設定中啟用 jsx 選項和設為『react』，好讓編譯器把 TSX 的 HTML 內容換成呼叫 createElement() 的版本。請參考以下範例修改 tsconfig.json：

修改 \webapp\tsconfig.json

```
{
    "compilerOptions": {
        "target": "es2020",
        "outDir": "./dist",
        "rootDir": "./src",
        "module": "commonJs",
        "jsx": "react",
        "jsxFactory": "createElement"
    }
}
```

然後我們也得更改 Webpack 的組態設定，要它把 TSX 檔案也放進打包流程：

```
module.exports = {
    mode: "development",
    entry: "./src/index.ts",
    output: { filename: "bundle.js" },
    resolve: { extensions: [".tsx", ".ts", ".js", ".css"] },
    module: {
        rules: [
            {
```
Next

```
                test: /\.tsx?$/ ,  ◀── 要 ts-loader 載入任何 .ts 和 .tsx
                use: "ts-loader",
                exclude: /node_modules/
            },
            {
                test: /\.css$/,
                use: ["style-loader", "css-loader"]
            }
        ]
    },
    devServer: {
        static: "./assets",
        port: 4500
    }
};
```

▌ 15-5-4 建立 TSX 工廠函式

現在編譯器會把 TSX 檔案中的 HTML 內容替換成呼叫工廠函式，以便將之轉譯為標準 JavaScript。工廠函式的實作取決於應用程式的執行環境，比如若我要讓專案以 React 框架應用程式的形式運作，我就得確保工廠函式能夠解讀和轉換 React 語法。

我下面會來自行撰寫一個工廠函式，使用 DOM API 來建立 HTMLElement 物件。這麼做的優雅程度與效率當然比不上 React 與其他可處理動態內容的框架，但已足夠讓我們了解 JSX/TSX 是如何被解讀和轉換的。

請在 src 目錄下再建一個 tools 資料夾，新增一個名為 **jsxFactory.ts** 的檔案，然後依照以下範例撰寫工廠函式的程式碼：

`\webapp\src\tools\jsxFactory.ts`

```
export function createElement(
    tag: any, props: Object, ...children: Object[]): HTMLElement {
```

Next

```
    function addChild(elem: HTMLElement, child: any) {
        elem.appendChild(child instanceof Node ?
            child : document.createTextNode(child.toString()));
    }

    if (typeof tag === "function") {
        return Object.assign(
            new tag(), { props: props || { } }).getContent();
    }

    const elem = Object.assign(
        document.createElement(tag), props || { });

    children.forEach(child => Array.isArray(child) ?
        child.forEach(c =>
            addChild(elem, c)) : addChild(elem, child));

    return elem;
}

declare global {
    namespace JSX {
        interface ElementAttributesProperty { props; }
    }
}
```

上面的 createElement() 工廠函式功能十分陽春，僅僅用 DOM API 建立 HTML 元素，沒有用到後面章節的高級框架功能，但即使如此也不容易懂。這裡我們就只簡單討論它的運作原理。

簡單來說，傳入 createElement() 的 tag 參數是代表標籤名稱的字串，但也可以是一個函式；JSX/TSX 程式可以用函式傳回一個已經存在的 HTML 元素物件，工廠函式會用 Object.assign() 把它複製到新物件內。至於工廠函式的 props 參數是要指定給 HTML 元素的屬性，而 children 參數則可用來設定任何子標籤。

範例最後三行程式碼的作用，是告訴 TypeScript 編譯器它該使用 props 屬性來對 TSX 檔案中指派給 HTML 屬性的值進行型別檢查。這部分用到了 TypeScript **命名空間 (namespace)**，它本來是 TypeScript 在 ES2015/ES6 之前設計來應付模組的歷史產物。如今我們已經不會用 namespace 來定義模組，這也是為何我在本書沒有特別介紹它。

15-5-5 使用 TSX 類別

既然 TSX 類別會被轉換成標準 JavaScript 程式碼，因此它們也能當成 TypeScript 的一般類別使用。現在，我們要在 index.ts 移除它對 DOM API 類別的倚賴，改而匯入 TSX 類別：

修改 \webapp\src\index.ts

```
import { LocalDataSource } from "./data/localDataSource";
import { HtmlDisplay } from "./htmlDisplay";
import "bootstrap/dist/css/bootstrap.css";

let ds = new LocalDataSource();

async function displayData(): Promise<HTMLElement> {
    let display = new HtmlDisplay();  // 把 DomDisplay() 換掉
    display.props = {
        products: await ds.getProducts("name"),
        order: ds.order
    }
    return display.getContent();
}

...
```

可以看到在此 TSX 類別直接取代了使用 DOM API 的 DomDisplay 類別。稍後我們還會看到使用 TSX 的類別能如何合併，不過正規類別與包含 HTML 元素的類別之間終究還是有某個界線存在的。以我們的範例專案而言，這個界線就在 index 檔與 HtmlDisplay 類別之間的互動。

■ 15-5-6　匯入 TSX 類別中的工廠函式

　　設定 TSX 功能的最後一個步驟，就是用 import 把工廠函式加入 TSX 類別。儘管我們已經告訴 TypeScript 編譯器要用哪個工廠函式將 HTML 元素轉換為呼叫該工廠函式，但你仍得在 TSX 檔案明確匯入它，才能讓程式碼順利編譯：

修改 \webapp\src\htmlDisplay.tsx

```
import { createElement } from "./tools/jsxFactory";
import { Product, Order } from "./data/entities";

export class HtmlDisplay {

...
```

　　現在請使用 ⌈Ctrl⌋ + ⌈C⌋ 中斷 WDS, 然後以新的組態來重新啟動它：

```
\webapp> npx webpack serve
```

　　等打包好的 bundle 重新建立後，在瀏覽器打開 http://localhost:4500, 就會看見新的 TSX 類別改變了網頁樣式，換了個和之前不同的顏色：

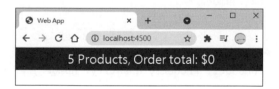

15-6 為網站加入其餘功能

現在網站的基本架構建置完成了，我們可以開始把預定的功能逐一放進去。首先就從篩選和顯示產品清單開始。

> **注意** 為了方便讀者事後開啟範例專案，以下我們會使用起始內容跟 webapp 一模一樣的專案 webapp2 來講解 (此外 webapp2 也不會包含 domDisplay.ts)，但讀者也可以直接沿用前面的專案。若你選擇直接開啟範例，請記得先在命令列於該目錄下執行『npm install』來安裝所有套件。

■ 15-6-1 顯示產品清單及訂購數量選擇

在 src 目錄下新增一個名為 **productItem.tsx** 的檔案，然後寫入以下程式碼，好建立一個用來顯示單一產品細節、並能選擇產品數量的 TSX 類別：

\webapp2\src\productItem.tsx

```
import { createElement } from "./tools/jsxFactory";
import { Product } from "./data/entities";

export class ProductItem {
    private quantity: number = 1;

    props: {
        product: Product,
        callback: (product: Product, quantity: number) => void
    }

    getContent(): HTMLElement {
        return <div className="card m-1 p-1 bg-light">
            <h4>
                {this.props.product.name}
                <span className="badge rounded-pill bg-primary float-end">
                    ${this.props.product.price.toFixed(2)}
                </span>
```

Next

```
            </h4>
            <div className="card-text bg-white p-1">
                {this.props.product.description}
                <button className="btn btn-success btn-sm float-end"
                    onclick={this.handleAddToCart} >
                    Add To Cart
                </button>
                <select className="form-control-inline float-end m-1"
                    onchange={this.handleQuantityChange}>
                    <option>1</option>
                    <option>2</option>
                    <option>3</option>
                </select>
            </div>
        </div>
    }

    handleQuantityChange = (ev: Event): void => {
        this.quantity = Number((ev.target as HTMLSelectElement).value);
    }

    handleAddToCart = (): void => {
        this.props.callback(this.props.product, this.quantity);
    }
}
```

每一個 ProductItem 類別代表一個要顯示在畫面上的產品,包含其名
稱、描述和價格,並且有個下拉式選單能選擇數量,外加一個能將產品放進
購物車的按鈕。

實際上,ProductItem 類別會透過其 props 屬性收到一個 Product 型別
物件,以及一個回呼 (callback) 函式,我們稍後就會看到這些資料是怎麼來
的。getContent() 方法負責設定 HTML 元素 (工廠函式會呼叫這方法),以
便在網頁上顯示 Product 物件的內容。我們放了能讓使用者選擇產品數量
的 <select> 下拉式選單標籤,以及能把物品加入購物車的 button (按鈕)。

當使用者按下按鈕時，會觸發其 onclick 事件並呼叫 handleAddToCart()
方法，該方法則會呼叫類別儲存在 props 內的回呼函式，並傳入產品物件跟
使用者選擇的數量 (this.quantity 私有屬性)。

this.quantity 等於是此類別的內部狀態資料，它不會被類別拿來顯示在
網頁上，但回呼函式會把它傳給購物車類別。當使用者在下拉選單點選新項
目時，<select> 會觸發 onchange 事件，並呼叫 handleQuantityChange()
方法。這兩個方法都是以胖箭頭函式的形式定義：

```
handleQuantityChange = (ev: Event): void => {
    this.quantity = Number((ev.target as HTMLSelectElement).value);
}

handleAddToCart = (): void => {   // 呼叫 callback
    this.props.callback(this.props.product, this.quantity);
}
```

在這邊使用箭頭函式，能確保函式中的 this 關鍵字指向 ProductItem
物件，進而能夠存取其 props 與 quantity 屬性。因為若是使用正規的函式
(物件方法) 來處理事件，this 會指向描述該事件的物件。

此外，TypeScript 對 DOM API 事件處理中的型別宣告比較不直覺，你
需要為事件物件 ev 的 target (目標物件) 屬性做型別斷言 (將 ev.target 斷
言為 HTMLSelectElement 型別)，才能存取其中的功能，例如使用者選取的
值 (ev.target 的 value 屬性)。

 HTMLSelectElement 型別是 DOM API 的一種標準型別, 相關詳情請參閱：
https://developer.mozilla.org/en-US/docs/Web/API/HTMLElement。

▌ 15-6-2 顯示產品篩選按鈕

接下來我們要加入篩選產品分類的按鈕，好讓使用者可以過濾畫面上顯示的產品。在 src 目錄下新增一個名為 **categoryList.tsx** 的檔案，寫入底下的內容：

\webapp2\src\categoryList.tsx

```tsx
import { createElement } from "./tools/jsxFactory";

export class CategoryList {
    props: {
        categories: string[];
        selectedCategory: string,
        callback: (selected: string) => void
    }

    getContent(): HTMLElement {   // 產生所有分類的按鈕
        return <div className="d-grid gap-2">
            {["All", ...this.props.categories].map(c =>
                this.getCategoryButton(c))}
        </div>
    }

    getCategoryButton(cat?: string): HTMLElement {
        let selected = this.props.selectedCategory === undefined
            ? "All" : this.props.selectedCategory;
        let btnClass = selected === cat ? "btn-primary" : "btn-secondary";

        return <button className={`btn ${btnClass}`}
            onclick={() => this.props.callback(cat)}>
            {cat}
        </button>
    }
}
```

CategoryList 類別會顯示一排按鈕，這些按鈕的外層用一個 `<div>` `</div>` 包起來，並套用 Bootstrap 套件的 d-grid 樣式，好確保按鈕會垂直排列。接著 CategoryList 類別會走訪一個包含產品分類字串的陣列 (第一個是 All (全部)，其餘則來自 props 屬性內的 categories 成員，這也會在類別建立時收到產品分類資料)，並一一呼叫 getCategoryButton() 來產生按鈕標籤。

當使用者點選任何一個分類篩選鈕時，其 onclick 事件會呼叫 props 的回呼函式，好把按鈕本身的名稱傳給 selectedCategory 屬性，記錄使用者目前選擇顯示哪類產品 (我們等一下也會看到這函式會由其他類別來提供)。目前你只需要知道，CategoryList 類別每次重新產生按鈕時，會將符合所選分類的按鈕的樣式設為 btn-primary (藍色)，其餘按鈕則設為 btn-secondary (灰色)。

■ 15-6-3 在同一個畫面顯示按鈕及產品清單

接下來，我們要將產品清單與按鈕整合在同一個畫面中。在 src 目錄下新增一個檔案 **productList.tsx**, 寫入以下內容：

\webapp2\src\productList.tsx

```
import { createElement } from "./tools/jsxFactory";
import { Product } from "./data/entities";
import { ProductItem } from "./productItem";
import { CategoryList } from "./categoryList";

export class ProductList {
    props: {
        products: Product[],
        categories: string[],
        selectedCategory: string,
        addToOrderCallback?: (product: Product, quantity: number) => void,
        filterCallback?: (category: string) => void;
    }
```
Next

```
getContent(): HTMLElement {
    return <div className="container-fluid">
        <div className="row">
            <div className="col-3 p-2">
                <CategoryList categories={this.props.categories}
                    selectedCategory={this.props.selectedCategory}
                    callback={this.props.filterCallback} />
            </div>
            <div className="col-9 p-2">
                {
                    this.props.products.map(p =>
                        <ProductItem product={p}
                            callback={this.props.addToOrderCallback} />)
                }
            </div>
        </div>
    </div>
}
}
```

這個 ProductList 類別中的 getContent() 方法仰賴 JSX 最常用的一個功能, 也就是把其他 JSX (在此例是 TSX) 類別當成 HTML 元素套用：

```
<CategoryList categories={this.props.categories}
    selectedCategory={this.props.selectedCategory}
    callback={this.props.filterCallback} />
```

當 TypeScript 編譯器在解析 TSX 檔時, 它偵測到自訂的標籤 <CategoryList>, 就會使用 CategoryList 類別來呼叫工廠函式。於是在執行環境中, 這個類別的一個新實例物件會被建立出來, 標籤中的 HTML 屬性也會被指派給 CategoryList 物件的對應 props 屬性。(注意我們在指派回呼函式給 CategoryList 物件時, 使用的是 ProductList 自己的屬性 props. filterCallback。這個函式同樣會由外部類別提供。)

最後執行環境會呼叫 ProductList 的 getContent() 方法，取得包含 HTML 的內容並顯示給使用者看。這個畫面是左右兩塊 <div>，藉由 Bootstrap CSS 樣式指定為長度 3:9 (col-3 和 col-9)；左邊顯示產品篩選按鈕，右邊則用 map() 來走訪 products 屬性，好產生一連串的 ProductItem 物件、代表不同的產品。

ProductList 元件畫面

<CategoryList /> (產品分類按鈕)	<ProductItem /> (產品 1) <ProductItem /> (產品 2) <ProductItem /> (產品 3) <ProductItem /> (產品 4) ...

▌15-6-4 顯示內容與處理更新

最後我需要搭建一座橋梁，把對使用者顯示內容的 TSX 類別連接到網站的產品資料，同時確保應用程式能夠回應使用者的操作、在需要時更新顯示內容。這裡我們比較像土法煉鋼，用最簡化的方式來處理這個獨立專案：當使用者要求改變網頁內容時，就直接重新產生要在瀏覽器顯示的整個畫面。

我們將如下重寫整個 HtmlDisplay 類別，讓它能接收資料來源並管理資料狀態，以正確顯示篩選過後的產品清單。

修改 \webapp2\src\htmlDisplay.tsx

```
import { createElement } from "./tools/jsxFactory";
import { Product, Order } from "./data/entities";
import { AbstractDataSource } from "./data/abstractDataSource";
import { ProductList } from "./productList";

export class HtmlDisplay {
    private containerElem: HTMLElement;
    private selectedCategory: string;

    constructor() {
```
Next

```
        this.containerElem = document.createElement("div");
    }

    props: {
        dataSource: AbstractDataSource;
    }

    async getContent(): Promise<HTMLElement> {
        await this.updateContent();
        return this.containerElem;
    }

    async updateContent() {
        // 取得產品資料
        let products = await this.props.dataSource.getProducts("id",
            this.selectedCategory);
        // 取得產品分類
        let categories = await this.props.dataSource.getCategories();
        // 清空 index.html 上 <div> 的內容
        this.containerElem.innerHTML = "";

        let content = <div>
            <ProductList products={products} categories={categories}
                selectedCategory={this.selectedCategory}
                addToOrderCallback={this.addToOrder}
                filterCallback={this.selectCategory} />
        </div>

        this.containerElem.appendChild(content);  // 將以上內容寫入 <div>
    }

    // 將產品放入購物車時的回呼函式
    addToOrder = (product: Product, quantity: number) => {
        this.props.dataSource.order.addProduct(product, quantity);
        this.updateContent();
    }

    // 選擇產品分類時的回呼函式
    selectCategory = (selected: string) => {
        this.selectedCategory = selected === "All" ? undefined : selected;
        this.updateContent();
    }
}
```

HtmlDisplay 類別定義的幾個方法，會變成 ProductList 物件的回呼函式，而 ProductList 又會把它們傳給 ProductItem 與 CategoryList 物件。當這些方法被呼叫 (透過某個事件) 時，它們都會更新這些物件的相關屬性，然後呼叫非同步方法 updateContent()，好在 index.html 內繪製一塊全新的 HTML 內容。

為了提供 HtmlDisplay 類別所需要的 dataSource 屬性 (這回資料會透過 HtmlDisplay 類別讀取和處理)，我們還得如下更新 index.ts 的內容：

修改 \webapp2\src\index.ts

```
import { LocalDataSource } from "./data/localDataSource";
import { HtmlDisplay } from "./htmlDisplay";
import "bootstrap/dist/css/bootstrap.css";

let ds = new LocalDataSource();

async function displayData(): Promise<HTMLElement> {
    let display = new HtmlDisplay();
    display.props = {
        dataSource: ds
    }
    return display.getContent();
}

...
```

儲存變更後，新的 bundle 會被建立並且觸發瀏覽器重新載入，顯示下圖的頁面：

 注意 你有可能會看到 WDS 丟出編譯錯誤，這是因為 Webpack 有時無法正確偵測到變更。試試看停止 WDS、重開編輯器和用 『**npx webpack serve**』 再次啟動服務。

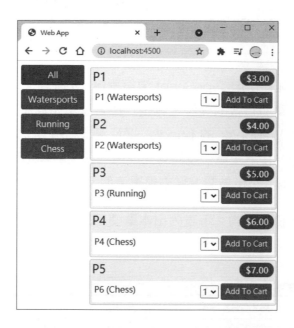

使用者只要點選左邊產品種類的按鈕，就能過濾要顯示給使用者的產品清單（按鈕觸發 onclick 事件，透過 HtmlDisplay 提供的回呼函式呼叫 updateContent()。updateContent() 會從 dataSource 取得符合分類的產品清單，並且產生新網頁內容，使得只有新選擇之分類的產品會顯示出來）：

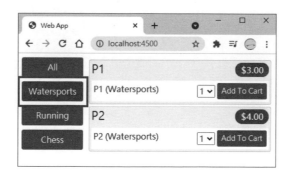

使用者也可以點選想要的產品數量並放入購物車，只是這部分要等到下一章才會實作。

15-7 本章總結

本章示範了如何使用 TypeScript 編譯器與 Webpack 套件，為網路應用程式建立一個簡單而有效的開發工具鏈，接著展示如何將 TypeScript 編譯器的輸出整合到 Webpack 的 bundle，以及怎樣利用 JSX/TSX 簡化 HTML 元素的處理流程。在下一章，我們會完成這個獨立的網路應用程式，使你能實際進行購物流程，然後做些準備來部署這個網站。

為方便讀者快速查詢，下表列出本章使用的 TypeScript 編譯器設定選項：

名稱	說明
jsx	決定 JSX/TSX 檔案中對 HTML 元素的轉譯方式。
jsxFactory	指定工廠函式的名稱，它可用來取代 JSX/TSX 檔案中的 HTML 元素。

16

打造獨立網路
應用程式 (下)

本章我們要做完上一章的獨立網路應用程式, 加入實際可運作的
購物車和送出訂單功能, 接著將它部署至正式環境, 讓讀者感受
TypeScript 專案能如何無縫銜接到標準開發流程中。

16-1 本章行前準備

　　你能在本章繼續沿用第 15 章建立的專案，下面則以內容與前章 webapp2 相同的專案 webapp3 來解說。現在我們要替它安裝一些額外套件，在命令列切換到專案目錄底下，並執行以下指令：

```
\webapp3> npm install --save-dev json-server@0.16.3 npm-run-all@4.1.5
```

　　第一個指令安裝的 **json-server** 套件可以模擬一個 RESTful 網路服務 (web service)，我們要用它來為應用程式提供『遠端』JSON 格式資料，取代第 15 章的本地測試資料。而 npm-run-all 套件則是個便利的工具，讓你只需下一個指令即可執行多重 NPM 套件。

　　為了提供資料給網路服務，請在 webapp3 根目錄下建立一個名為 **data.js** 的檔案，寫入以下內容：

\webapp3\data.js

```
module.exports = function () {
    return {
        products: [
            {
                id: 1, name: "Kayak", category: "Watersports",
                description: "A boat for one person", price: 275
            },
            {
                id: 2, name: "Lifejacket", category: "Watersports",
                description: "Protective and fashionable", price: 48.95
            },
            {
                id: 3, name: "Soccer Ball", category: "Soccer",
                description: "FIFA-approved size and weight", price: 19.50
            },
            {
                id: 4, name: "Corner Flags", category: "Soccer",
                description: "Give your playing field a professional touch",
                price: 34.95
```

Next

```
        },
        {
            id: 5, name: "Stadium", category: "Soccer",
            description: "Flat-packed 35,000-seat stadium", price: 79500
        },
        {
            id: 6, name: "Thinking Cap", category: "Chess",
            description: "Improve brain efficiency by 75%", price: 16
        },
        {
            id: 7, name: "Unsteady Chair", category: "Chess",
            description: "Secretly give your opponent a disadvantage",
            price: 29.95
        },
        {
            id: 8, name: "Human Chess Board", category: "Chess",
            description: "A fun game for the family", price: 75
        },
        {
            id: 9, name: "Bling Bling King", category: "Chess",
            description: "Gold-plated, diamond-studded King", price: 1200
        }
    ],
    orders: []
    }
}
```

等等我們會設定 json-server 套件來提供以上的產品資料，而 data.js 內的資料（包含 orders 陣列記錄的使用者訂單）在 json-server 每次重新啟動時也會重置。當然 json-server 套件也可用來儲存永久保存的資料，但這目前對我們的範例專案並沒有太大幫助。在後面使用框架時，我們會再示範如何做到這一點。

接著我們還要更新開發工具的組態設定。請照以下範例修改 package.json 中的 scripts 項目：

```
{
    ...
    "scripts": {
        "test": "echo \"Error: no test specified\" && exit 1",
        "json": "json-server data.js -p 4600",
        "wds": "webpack serve",
        "start": "npm-run-all -p json wds"
    },
    ...
}
```

這三行設定讓我們只需一個指令就能啟動 json-server 來提供資料網路服務、以及開啟 WDS (npm-run-all 套件會依次執行 script 區塊中的 **json** 與 **wds** 指令)：

```
\webapp3> npm start
```

網路服務跟 HTTP 伺服器會就此啟動，只是我們還沒有把網路服務的產品資料整合進應用程式。為了測試網路服務，請打開瀏覽器在網址列輸入 **http://localhost:4600/products**，你應該會看到下圖的畫面：

　　而若你打開 http://localhost:4500, 則會看到我們在上一章建立的網路應用程式, 而它顯示的仍是本地測試資料:

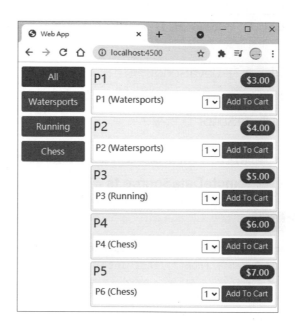

16-2 讓專案存取網路服務

▌ 16-2-1 　使專案能存取遠端資料

　　上一章為了簡化操作與說明, 所以先用了存在本地程式檔 (localData-Source.ts) 的測試資料。這種方法在剛開始為專案建構基礎功能時還蠻實用的, 可先避掉從伺服器取得資料的種種問題。但既然我們的專案已稍具雛形, 就可以來讓 App 存取網路服務、真正處理遠端資料。

 當然, 這兒我們提供的網路服務仍然是在本地端的 localhost 運作, 但對專案來說, 該網路服務就跟網路上的任何網路服務沒有兩樣。

為了能讓專案連線到網路服務，我們要再新增一個 **Axios** 套件。請按 [Ctrl] + [C] 中斷工具鏈，並在命令列於專案目錄下進行安裝：

```
\webapp3> npm install axios@0.21.1
```

有很多套件可支援在 JavaScript 應用程式中送出 HTTP 請求，它們用的都是瀏覽器環境提供的 API。本章選用的 Axios 套件除了有操作容易的優點，還附有完整的 TypeScript 宣告檔。

我們要建立一個能送出 HTTP 請求的 data source。請在 src/data 子目錄下新增一個名為 **remoteDataSource.ts** 的檔案，寫入下列內容：

\webapp3\src\data

```typescript
import { AbstractDataSource } from "./abstractDataSource";
import { Product, Order } from "./entities";
import Axios from "axios";  // 匯入 Axios 套件

// 網路服務伺服器資訊
const protocol = "http";
const hostname = "localhost";
const port = 4600;
const urls = {
    products: `${protocol}://${hostname}:${port}/products`,
    orders: `${protocol}://${hostname}:${port}/orders`
};

// 繼承 AbstractDataSource 類別並實作抽象方法
export class RemoteDataSource extends AbstractDataSource {

    loadProducts(): Promise<Product[]> {
        // 用 Axios 向網路服務取得產品資料
        return Axios.get(urls.products).then(
            response => response.data);
    }

    storeOrder(): Promise<number> {
        // 把 order (購物車) 內的產品與數量轉成要存入網路服務的形式
        let orderData = {
```

Next

16-6

```
            lines: [...this.order.orderLines.values()].map(ol => ({
                productId: ol.product.id,
                productName: ol.product.name,
                quantity: ol.quantity
            }))
        }
        // 用 Axios 將資料寫入網路服務，取得訂單 id
        return Axios.post(urls.orders, orderData).then(
            response => response.data.id);
    }
}
```

　　Axios 套件提供的 get() 與 post() 方法可以分別送出 HTTP GET 與 POST 請求。loadProducts() 方法會送出一個 GET 要求到網路服務以取得產品資料；storeOrder() 方法則把應用程式中的購物車內容轉成容易儲存的物件形狀，然後以 POST 要求把資料送給網路服務。json-server 在加入新資料時會自動給它指派一個新 id，代表成功送出的新訂單編號，而該數字會透過 Axios 套件傳回，使我們能夠拿來顯示在稍後的另一個畫面中。

■ 16-2-2　將資料來源整合到應用程式中

　　在讓前面的網路服務存取功能生效之前，我們得先修改 TypeScript 編譯器的組態設定檔，讓編譯器能夠解析和找到 Axios 套件：

修改 \webapp3\tsconfig.json

```json
{
    "compilerOptions": {
        "target": "es2020",
        "outDir": "./dist",
        "rootDir": "./src",
        "module": "commonJs",
        "moduleResolution": "node",
        "jsx": "react",
        "jsxFactory": "createElement"
    }
}
```

如我們在第 14 章看過的，這個設定要 TypeScript 編譯器以 Node.js 的方式尋找透過 NPM 安裝的模組或套件，因此它會嘗試去包含 node_modules 在內的位置尋找 Axios 套件。

至於 Webpack 的組態設定則不需做任何改變，但是我們也要更新 index.ts 檔案，把資料來源改成新的 RemoteDataSource：

修改 \webapp3\src\index.ts

```
import { RemoteDataSource } from "./data/remoteDataSource";
import { HtmlDisplay } from "./htmlDisplay";
import "bootstrap/dist/css/bootstrap.css";

let ds = new RemoteDataSource();

async function displayData(): Promise<HTMLElement> {
    let display = new HtmlDisplay();
    display.props = {
        dataSource: ds
    }
    return display.getContent();
}

document.onreadystatechange = () => {
    if (document.readyState === "complete") {
        displayData().then(elem => {
            let rootElement = document.getElementById("app");
            rootElement.innerHTML = "";
            rootElement.appendChild(elem);
        });
    }
};
```

接著重啟工具鏈：

```
\webpp3> npm start
```

在瀏覽器打開 http://localhost:4500，你會見到資料已經改從網路服務抓取過來了：

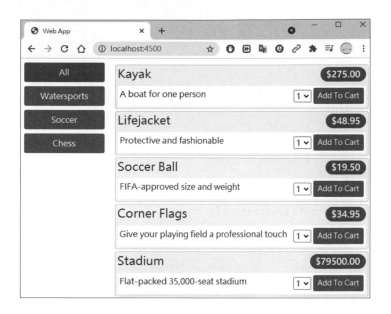

16-3 裝飾器的使用

▌ 16-3-1　撰寫裝飾器

 注意 以下使用範例專案 webapp4，內容延續自 webapp3，但不會包含 src\data\localDataSource.ts。

前面操作的 JSX/TSX 和 React 框架的關聯最大，而接著我們要看的**裝飾器 (decorator)** 則和 Angular 框架息息相關。裝飾器是未來會加入 JavaScript 規範的新功能，目前仍在 Stage 2（草案）階段，但是除了 Angular 框架的開發之外使用頻率並不高。

TypeScript 已經對裝飾器提供了支援，但讀者必須注意，這在未來可能會隨著提案的變更而有所變動。若要啟用裝飾器功能，請在 tsconfig.json 啟用之：

```
{
    "compilerOptions": {
        "target": "es2020",
        "outDir": "./dist",
        "rootDir": "./src",
        "module": "commonJs",
        "moduleResolution": "node",
        "jsx": "react",
        "jsxFactory": "createElement",
        "experimentalDecorators": true
    }
}
```

簡單來說，裝飾器是一種以 @ 開頭的註記，可以用來修改類別、物件方法、函式處理參數／傳回值的行為，而且能同時套用在多個地方。我們要為本章的範例建立一個簡單的裝飾器 **@minimumValue**；它可以檢查函式傳回的物件的某個屬性，要是值低於指定門檻就強制修改該屬性。

請在 src 目錄下建立一個檔案 decorators.ts 並寫入以下內容：

\webapp4\src\decorators.ts

```
export const minimumValue = (propName: string, min: number) =>

    (constructor: any,
        methodName: string,
        descriptor: PropertyDescriptor): any => {

        const origFunction = descriptor.value;
        descriptor.value = async function wrapper(...args) {
            let results = await origFunction.apply(this, args);
            return results.map(r =>
            ({
                ...r, [propName]: r[propName] < min
                    ? min : r[propName]
            }));
        }
    }
```

撰寫裝飾器不見得容易，因為它們得仰賴巢狀結構的函式。它實際上做的事是傳入『被裝飾』的物件或函式、修改它的內容，然後將新的物件或函式傳回去**取代**執行環境中原有的對象。

minimumValue() 箭頭函式有兩個參數，一個是要操作的產品屬性名稱，另一個是該屬性值的最低門檻。它會傳回一個在執行階段被呼叫的子函式，後者這個函式的參數 constructor 和 methodName 得到的就是被裝飾的類別與其方法的名稱，而 descriptor 參數的值則是個 **PropertyDescriptor** 物件，用來描述傳入的方法。

在這個裝飾器中，我們只需要用到 descriptor 參數。PropertyDescriptor 型別是 TypeScript 提供的介面，它可以描述 JavaScript 物件屬性的形狀。PropertyDescriptor 物件的 value 屬性會用來存放傳入的函式；我們在這裡用該函式的 apply() 方法呼叫它 (這和使用 call() 一模一樣，差別在於在第一個 this 參數之後不是傳入一連串引數，而是一個包含引數的陣列)。等到取得該函式傳回的結果後，我們就用 propName 屬性名稱修改其傳回值的內容。

這樣講可能還是很難理解，所以我們來看個實際範例。請修改 src\data\abstractDataSource.ts 來加入以下程式碼，將 @minimumValue 套用到 getProducts()：

修改 \webapp4\src\data\abstractDataSource.ts

```
import { Product, Order } from "./entities";
import { minimumValue } from "../decorators";

export type ProductProp = keyof Product;

export abstract class AbstractDataSource {

    ...

    @minimumValue("price", 30)   // 產品價格最低必為 $30
    async getProducts(sortProp: ProductProp = "id",
        category?: string): Promise<Product[]> {
                                                          Next
```

```
        await this.loading;
        return this.selectProducts(this._products, sortProp, category);
    }

    ...
}
```

在執行環境中，getProducts 方法會被傳入 @minimumValue，而後者的子函式會被拿來取代 getProducts。這個新函式會先呼叫 getProducts() 並取得 Product 物件，然後檢視該產品的 price 屬性。要是 price 屬性值小於 30，就把它改成 30。這使得應用程式呼叫 getProducts() 時，任何產品的最低價格一定都會從 $30 起跳。

現在按下 [Ctrl] + [C] 中斷工具鏈，然後以新的 TypeScript 編譯器組態設定重新啟動：

```
\webapp4> npm start
```

打開 http://localhost:4500，會發現所有原始價格低於 $30 的產品，現在都一律被改為 $30 了：

▍16-3-2 使用裝飾器元數據 (metadata)

裝飾器函式是在執行階段才被呼叫的，這表示它們無法從 TypeScript 的原始檔取得型別資訊、也無法得知編譯器推論的型別。為了降低撰寫裝飾器的難度，TypeScript 編譯器可以在輸出的 JavaScript 中包含裝飾器的中繼資料 (metadata) 來提供相關型別資訊。

要啟用這個功能，請如下修改 TypeScript 編譯器的組態設定檔：

修改 webapp4\tsconfig.json

```json
{
    "compilerOptions": {
        "target": "es2020",
        "outDir": "./dist",
        "rootDir": "./src",
        "module": "commonJs",
        "moduleResolution": "node",
        "jsx": "react",
        "jsxFactory": "createElement",
        "experimentalDecorators": true,
        "emitDecoratorMetadata": true
    }
}
```

不過我們還要再安裝一個套件，才能讓 emitDecoratorMetadata 設定發揮作用。按 Ctrl + C 停止工具鏈，在命令列於 webapp 目錄下安裝以下套件：

```
\webapp4> npm install reflect-metadata@0.1.12
```

如此一來在編譯時，TypeScript 編譯器便會把 metadata 加入輸出的 JavaScript，並且用 reflect-metadata 套件存取之。編譯器對於裝飾器會加入下表的元數據：

名稱	說明
design:type	描述裝飾器套用的對象。以前面範例的 @minimumValue 裝飾器而言，這個值會是 Function。
design:paramtypes	描述裝飾器所套用之函式參數的型別。以 @minimumValue 裝飾器而言會是 [String, String]，代表兩個參數接受的都是字串值。
design:returntype	描述裝飾器所套用之函式傳回值的型別。以 @minimumValue 裝飾器而言會是 Promise。

為了示範如何存取 metadata，下面我們來在 decorators.ts 定義一個新的裝飾器 **@addClass**，它可以用來對 TSX 中的 HTML 元素加入額外的 Bootstrap CSS 樣式：

修改 \webapp4\src\decorators.ts

```
import "reflect-metadata";

// ... minimumValue() 的宣告不動

export const addClass = (selector: string, ...classNames: string[]) =>

    (constructor: any,
        methodName: string,
        descriptor: PropertyDescriptor): any => {

        if (Reflect.getMetadata("design:returntype",
            constructor, methodName) === HTMLElement) {
            const origFunction = descriptor.value;
            descriptor.value = function wrapper(...args) {
                let content: HTMLElement = origFunction.apply(this, args);
                content.querySelectorAll(selector).forEach(elem =>
                    classNames.forEach(c => elem.classList.add(c)));
                return content;
            }
        }
    }
```

Reflect（反射）是一個 JavaScrip 的內建物件，可以在執行階段檢視物件的細節。新安裝的 reflect-metadata 套件則進一步為 Reflect 新增了幾個方法：在以上範例中，我們用 **Reflect.getMetadata()** 方法取得 **design:returntype** 項目，以確保裝飾器只會套用至傳回值是 HTMLElement 物件的方法。

@addClass 裝飾器接受一個 selector 字串參數，用它來尋找 HTMLElement 中符合的標籤元素，然後把 classNames 的值 (一連串 Bootstrap CSS 樣式) 加到該標籤。以下範例便把 @addClass 套用到 ProductList 類別所產生的 HTML：

修改 \webapp4\src\productList.tsx

```tsx
import { createElement } from "./tools/jsxFactory";
import { Product } from "./data/entities";
import { ProductItem } from "./productItem";
import { CategoryList } from "./categoryList";
import { addClass } from "./decorators";

export class ProductList {
    ...

    // 對 <select> (下拉選單) 標籤加入兩個新 CSS 樣式
    @addClass("select", "bg-info", "m-1")
    getContent(): HTMLElement {
        return <div className="container-fluid">
            <div className="row">
                <div className="col-3 p-2">
                    <CategoryList categories={this.props.categories}
                        selectedCategory={this.props.selectedCategory}
                        callback={this.props.filterCallback} />
                </div>
                <div className="col-9 p-2">
                    {
                        this.props.products.map(p =>
                            <ProductItem product={p}
                                callback={this.props.addToOrderCallback} />)
                    }
```

Next

```
                </div>
            </div>
        </div>
    }
}
```

這個範例混用了你在 React 與 Angular 框架都很常見到的功能,目的是讓讀者知道它們仍是奠基在標準功能之上,而且兩者可用在同一個應用程式內 (雖然實務上很少會這麼做)。

用 [Ctrl] + [C] 中斷工具鏈,然後用『npm start』以新的編譯器組態設定重新啟動之。新的 bundle 會建立起來,裡頭也包含元數據與使用它的必要套件。裝飾器執行時會在 ProductList 類別輸出的 HTML 中找出 <select> 元素,然後將它們加入額外的 CSS 樣式,改變背景顏色與選單周邊的空間,如下圖所示:

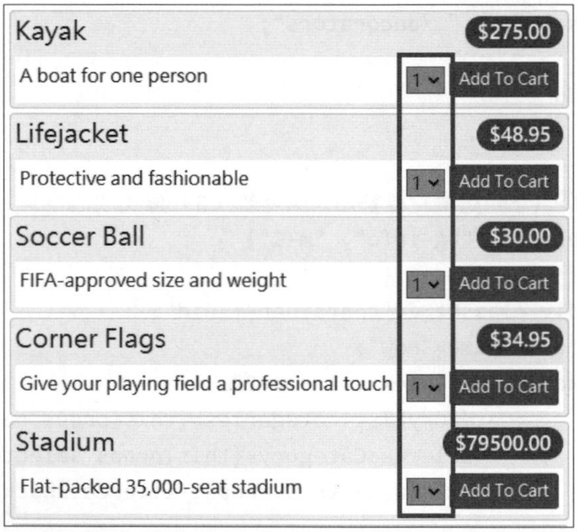

16-4 完成範例應用程式

 注意 以下會使用範例專案 webapp5, 內容延續自專案 webapp4。

第 15 章花了很多功夫在建置開發工具以及調整專案的設定, 好讓它得以用 TSX 來處理程式當中的 HTML 內容。如今基本架構幾乎都完成了, 加入新功能也變得相對簡單許多。所以接著我們不會再介紹新的 TypeScript 功能, 而是要把預定的內容逐步加入, 集中火力完成專案。

▌ 16-4-1 新增表頭類別

首先我們要為瀏覽產品的網頁添加一個表頭 (header), 顯示使用者目前的購物車摘要 (選購了幾樣產品、總金額為多少, 並提供一個『結帳』鈕)。請在 src 子目錄下新增一個檔案 **header.tsx**, 然後寫入底下的內容:

\webapp5\src\header.tsx

```
import { createElement } from "./tools/jsxFactory";
import { Order } from "./data/entities";

export class Header {
    props: {
        order: Order,
        submitCallback: () => void
    }

    getContent(): HTMLElement {
        let count = this.props.order.productCount;

        // 顯示購物車摘要及結帳鈕
        return <div className="p-1 bg-secondary text-white text-end">
            {count === 0 ? "(No Selection)"
                : `${count} product(s), $${this.props.order.total. 接下行
toFixed(2)}`}
            <button className="btn btn-primary m-1"
```
                                                                    Next

```
                onclick={this.props.submitCallback}>
                Submit Order
            </button>
        </div>
    }
}
```

這個 Header 類別會收到一個 Order 的物件（購物車）與一個回呼函式。它會顯示 Order 的簡單摘要資訊以及一個按鈕，並在按鈕被點選時呼叫回呼函式。

▌16-4-2　加入訂單確認類別

當使用者按下結帳鈕時，我們得切到一個新畫面顯示購物車的細節（選購的每種產品及其數量），並讓使用者確認或取消訂單。請在 src 目錄下新增一個檔案 orderDetails.tsx：

\webapp5\src\orderDetails.tsx

```
import { createElement } from "./tools/jsxFactory";
import { Order } from "./data/entities";

export class OrderDetails {
    props: {
        order: Order
        cancelCallback: () => void,
        submitCallback: () => void
    }

    getContent(): HTMLElement {
        return <div>
            <h3 className="text-center bg-primary text-white p-2">
                Order Summary
            </h3>
            <div className="p-3">
                <table className="table table-sm table-striped">
                    <thead>
                        <tr>
                            <th>Quantity</th><th>Product</th>
```

Next

16-18

```jsx
                                    <th className="text-end">Price</th>
                                    <th className="text-end">Subtotal</th>
                                </tr>
                            </thead>
                            <tbody>
                                {this.props.order.orderLines.map(line =>
                                    <tr>
                                        <td>{line.quantity}</td>
                                        <td>{line.product.name}</td>
                                        <td className="text-end">
                                            ${line.product.price.toFixed(2)}
                                        </td>
                                        <td className="text-end">
                                            ${line.total.toFixed(2)}
                                        </td>
                                    </tr>
                                )}
                            </tbody>
                            <tfoot>
                                <tr>
                                    <th className="text-end"
                                        colSpan="3">Total:</th>
                                    <th className="text-end">
                                        ${this.props.order.total.toFixed(2)}
                                    </th>
                                </tr>
                            </tfoot>
                        </table>
                    </div>
                    <div className="text-center">
                        <button className="btn btn-secondary m-1"
                            onclick={this.props.cancelCallback}>
                            Back
                        </button>
                        <button className="btn btn-primary m-1"
                            onclick={this.props.submitCallback}>
                            Submit Order
                        </button>
                    </div>
                </div>
        }
}
```

這個檔案裡的 OrderDetails 類別會顯示一個包含訂單細節的表格（走訪 order 屬性傳回的 orderLines, 並將每一種產品的數量、單價與總額產生成一列）, 以及兩個按鈕：返回產品清單的 Back, 和確認送出訂單的 Submit Order, 各自會呼叫一個回呼函式。

▋ 16-4-3　新增一個訂購成功類別

我們希望使用者在購物車細節畫面按下確認送出後, 畫面上會出現訂購成功的訊息。為了實現這功能, 在 src 目錄下新增一個 summary.tsx：

\webapp4\src\summary.tsx

```
import { createElement } from "./tools/jsxFactory";

export class Summary {
    props: {
        orderId: number,
        callback: () => void
    }

    getContent(): HTMLElement {
        return <div className="m-2 text-center">
            <h2>Thanks!</h2>
            <p>Thanks for placing your order.</p>
            <p>Your order is #{this.props.orderId}</p>
            <p>We'll ship your goods as soon as possible.</p>
            <button className="btn btn-primary"
                onclick={this.props.callback}>
                OK
            </button>
        </div>
    }
}
```

這支程式中的 Summary 類別會在畫面上顯示一段簡單的訊息, 顯示訂單 ID (orderId 屬性會得到網路服務記錄訂單時賦予的 ID) 以及一個返回產品畫面的按鈕。

▊ 16-4-4　完成範例應用程式

以上我們將新功能都實作出來了，最終步驟便是把它們整合在網頁中。
我們得在 htmlDisplay.tsx 加入必要的程式碼，對各個 TSX 類別物件提供所
需的資料與回呼函式，並顯示它們所生成的 HTML 內容。

修改 \webapp4\src\htmlDisplay.tsx

```tsx
import { createElement } from "./tools/jsxFactory";
import { Product, Order } from "./data/entities";
import { AbstractDataSource } from "./data/abstractDataSource";
import { ProductList } from "./productList";
import { Header } from "./header";
import { OrderDetails } from "./orderDetails";
import { Summary } from "./summary";

enum DisplayMode {
    // 畫面顯示模式：產品清單、訂單確認、訂購成功
    List, Details, Complete
}

export class HtmlDisplay {
    private containerElem: HTMLElement;
    private selectedCategory: string;
    // 記錄畫面模式
    private mode: DisplayMode = DisplayMode.List;
    // 送出的訂單編號
    private orderId: number;

    constructor() {
        this.containerElem = document.createElement("div");
    }

    props: {
        dataSource: AbstractDataSource;
    }

    async getContent(): Promise<HTMLElement> {
        await this.updateContent();
        return this.containerElem;
```

Next

```
    }

    async updateContent() {
        let products = await this.props.dataSource
            .getProducts("id", this.selectedCategory);
        let categories = await this.props.dataSource.getCategories();
        this.containerElem.innerHTML = "";
        let contentElem: HTMLElement;

        // 根據畫面模式來顯示不同內容
        switch (this.mode) {
                contentElem = <div>
                    <Header order={this.props.dataSource.order}
                        submitCallback={this.showDetails} />
                    <ProductList products={products}
                        categories={categories}
                        selectedCategory={this.selectedCategory}
                        addToOrderCallback={this.addToOrder}
                        filterCallback={this.selectCategory} />
                </div>
                break;
            case DisplayMode.Details:
                contentElem = <OrderDetails
                    order={this.props.dataSource.order}
                    cancelCallback={this.showList}
                    submitCallback={this.submitOrder} />
                break;
            case DisplayMode.Complete:
                contentElem = <Summary orderId={this.orderId}
                    callback={this.showList} />
                break;
        }

        // 將上面的網頁內容寫入 index.html 的 <div>
        this.containerElem.appendChild(contentElem);
    }

    // 定義要給其他 TSX 類別使用的回呼函式

    addToOrder = (product: Product, quantity: number) => {
        this.props.dataSource.order.addProduct(product, quantity);
        this.updateContent();
```

Next

16-22

```
    }

    selectCategory = (selected: string) => {
        this.selectedCategory = selected === "All" ? undefined : selected;
        this.updateContent();
    }

    showList = () => {   // 選擇顯示產品清單
        this.mode = DisplayMode.List;
        this.updateContent();
    }

    showDetails = () => {   // 選擇顯示購物車細節
        this.mode = DisplayMode.Details;
        this.updateContent();
    }

    submitOrder = () => {   // 選擇顯示訂購成功畫面
        this.props.dataSource.storeOrder().then(id => {
            this.orderId = id;
            this.props.dataSource.order = new Order();
            this.mode = DisplayMode.Complete;
            this.updateContent();
        });
    }
}
```

這回在 HtmlDisplay 類別新增的部分，會用來決定要使用哪個 TSX 類別顯示網頁內容給使用者看。其中最關鍵的就是 mode 私有屬性，它會根據 DisplayMode 列舉的值來選擇內容，而 showDetails、showList 與 submitOrder 這三個方法都會改變 mode 的值，並更新網頁顯示的內容。

在開發專案時常會遇到一種狀況，就是專案的複雜度會集中在某個類別上 (比如上面的 HtmlDisplay 類別開始變得非常長)，即便我們寫的是個簡單的練習專案也一樣。使用後續章節要介紹的開發框架雖然會有幫助，但本質上也只是換個表達方式而已。在專案中，最難處理的東西通常就是怎麼呼叫各種子功能對應的類別，特別是這些子功能會對應到網站的不同 URL 時。

儲存以上變更、讓工具鏈重新打包並讓瀏覽器載入新網站，現在你就可以把一系列產品加入購物車、瀏覽訂單內容，然後將訂單傳給網路服務：

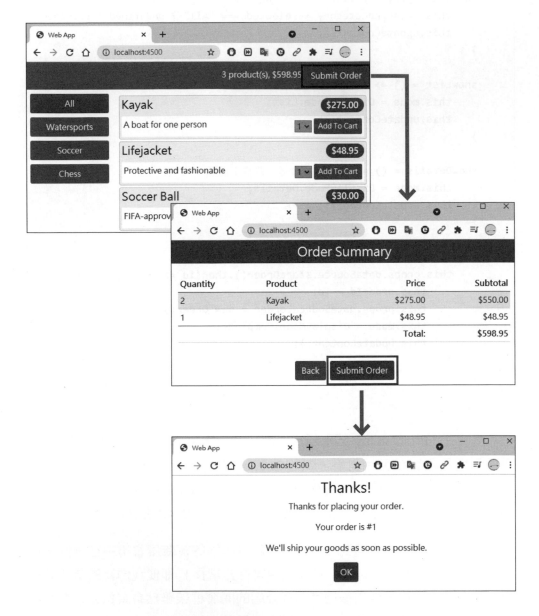

　　在你送出訂單後，在網址列輸入 http://localhost:4600/orders 來檢視網路服務內儲存的訂單資料：

```
localhost:4600/orders          ×      +

←  →  C  ⌂      ⓘ localhost:4600/orders

[
  {
    "lines": [
      {
        "productId": 1,
        "productName": "Kayak",
        "quantity": 2
      },
      {
        "productId": 2,
        "productName": "Lifejacket",
        "quantity": 1
      }
    ],
    "id": 1
  }
]
```

16-5 應用程式的部署

 以下會使用範例專案 webapp6, 內容延續自專案 webapp5。

完成了網路應用程式之後，我們就可以考慮將它部署為正式上線環境版本 (production)。我會在接下來的幾個小節講解部署網路 App 所需的準備工作。

▌16-5-1　安裝 Production HTTP Server 套件

WDS 套件並不適合將專案發佈到正式上線環境，因為它最主要的功能是在開發環境中根據原始碼的改變而動態建立 bundle。而在正式環境中，我們需要將 App 打包成實體的 bundle.js, 並使用 HTTP 伺服器將專案的 HTML、CSS 與 JavaScript 內容供應給瀏覽器存取。

對我們製作的小型測試專案來說，使用開源的 **Express** 伺服器套件是個不錯的選擇，它也是個設計來在 Node.js 環境執行的 JavaScript 套件。使用 [Ctrl] + [C] 中斷開發鏈工具，然後在 webapp 目錄執行以下指令來安裝 express 套件：

```
\webapp6> npm install --save-dev express@4.17.1
```

 注意 本章與前一章安裝的其他套件, 有可能已經順便安裝過 express 套件了。即使如此, 重新手動安裝套件依然是個好習慣, 因為這麼做會更新 project.json 檔裡的套件依賴關係。

■ 16-5-2 建立永久的 JSON 資料檔

前面我們啟動 json-server 套件時使用的是 JavaScript 檔，這使我們能在開發階段重置所有資料。但若要永久保存使用者提交的資訊，就得把它改成 JSON 檔。因此請在專案目錄下新增一個名為 **data.json** 的檔案，然後填入以下資料：

\webapp6\data.json

```
{
    "products": [
        {
            "id": 1,
            "name": "Kayak",
            "category": "Watersports",
            "description": "A boat for one person",
            "price": 275
        },
        {
            "id": 2,
            "name": "Lifejacket",
            "category": "Watersports",
            "description": "Protective and fashionable",
            "price": 48.95
        },
```
Next

```
    {
        "id": 3,
        "name": "Soccer Ball",
        "category": "Soccer",
        "description": "FIFA-approved size and weight",
        "price": 19.50
    },
    {
        "id": 4,
        "name": "Corner Flags",
        "category": "Soccer",
        "description": "Give your playing field a professional touch",
        "price": 34.95
    },
    {
        "id": 5,
        "name": "Stadium",
        "category": "Soccer",
        "description": "Flat-packed 35,000-seat stadium",
        "price": 79500
    },
    {
        "id": 6,
        "name": "Thinking Cap",
        "category": "Chess",
        "description": "Improve brain efficiency by 75%",
        "price": 16
    },
    {
        "id": 7,
        "name": "Unsteady Chair",
        "category": "Chess",
        "description": "Secretly give your opponent a disadvantage",
        "price": 29.95
    },
    {
        "id": 8,
        "name": "Human Chess Board",
        "category": "Chess",
        "description": "A fun game for the family",
        "price": 75
```

Next

```
        },
        {
            "id": 9,
            "name": "Bling Bling King",
            "category": "Chess",
            "description": "Gold-plated, diamond-studded King",
            "price": 1200
        }
    ],
    "orders": []
}
```

這份產品資料跟我們先前在 data.js 檔填入的資料完全相同,只是改成了使用 JSON 格式,這樣也能讓我們保存產品與訂單資料的變更。

▌ 16-5-3 架設伺服器

接著我們要透過 Express 搭建一個伺服器,以便把應用程式和資料傳給瀏覽器。在專案根目錄新增一個名為 **server.js** 的檔案,然後寫入以下程式碼:

\webapp6\express.js

```
const express = require("express");
const jsonServer = require("json-server");  // 匯入 json-server

// 設定 Express 處理 URL "/"
const app = express();
app.use("/", express.static("dist"));
app.use("/", express.static("assets"));

// 設定 Express 使用 json-server 來處理 URL "/api"
const router = jsonServer.router("data.json");
app.use(jsonServer.bodyParser)
app.use("/api", (req, resp, next) => router(req, resp, next));

// 在指定的 port (預設 4000) 啟動 Express 伺服器
const port = process.argv[3] || 4000;
app.listen(port, () => console.log(`Running on port ${port}`));
```

這段程式的主要作用在於設定 Express 與 json-server 套件，讓 dist 與 assets 子目錄的內容得以被拿來提供網站的靜態檔案 (static file)、使它們可從網站根目錄存取，並透過以 /api 開頭的 URL 來存取 RESTful 網路服務。

> **提示** 以上程式透過 require() 匯入模組，這是 Node.js 支援的 JavaScript 語法。此外我們不是啟動獨立的 json-server 伺服器，而是讓 Express 伺服器在收到指定的路徑時呼叫 json-server 的功能，這也是 json-server 套件的設計特色之一；詳情可參考 https://github.com/typicode/json-server#module。換言之，我們讓 Express 同時扮演了網站伺服器和網路服務伺服器的功能。
>
> 當然你也可以透過 TypeScript 撰寫伺服器部分的程式碼，再透過編譯器產生為正式環境的 JavaScript。如果你的伺服器程式特別複雜，這麼做就有好處。但若是比較簡單的專案、只需要合併幾個不同套件提供的功能，那麼直接用 JavaScript 來撰寫反而比較單純。

▌ 16-5-4 以相對路徑 URL 提供資料請求

在前面的開發過程中，提供資料給應用程式的 json-server 網路服務有自己的伺服器，跟 Webpack Development Server 同時運作。但在正式部署的網站中，我們要使用單一一個 Express 伺服器來同時提供網站和網路服務，根據傳入的 URL 來決定怎麼處理 HTTP 請求。

請按照以下方式修改 RemoteDataSource 類別使用的資料來源路徑，透過 /api 相對路徑來存取網路服務：

修改 src\data\remoteDataSource.ts

```
import { AbstractDataSource } from "./abstractDataSource";
import { Product, Order } from "./entities";
import Axios from "axios";

// const protocol = "http";    ◀── 註解掉舊的 json-server 路徑
// const hostname = "localhost";
// const port = 4600;
const urls = {
```
Next

```
    // products: `${protocol}://${hostname}:${port}/products`,
    // orders: `${protocol}://${hostname}:${port}/orders`
    products: "/api/products",    ◄── 改用相對路徑
    orders: "/api/orders"
};

...
```

▍16-5-5　建置應用程式

　　最後，在命令列於專案根目錄執行以下指令，好建置一個要在正式上線
環境運作的 bundle：

```
\webapp6> npx webpack --mode "production"
```

　　--mode "production" 參數代表要求 Webpack 建立一個用於正式環境
的 bundle，它會將編譯出來的檔案最小化 (去掉所有換行和空白字元)，用意
是犧牲程式碼閱讀性來盡可能縮小檔案。

　　打包完成後，Webpack 會列出有哪些檔案被打包到 bundle 裡，你會看
到類似以下的訊息：

```
asset bundle.js 248 KiB [emitted] [minimized] [big] (name: main) 1
related asset
runtime modules 1.54 KiB 6 modules
javascript modules 333 KiB
  modules by path ./node_modules/ 314 KiB
    modules by path ./node_modules/axios/ 41.3 KiB 27 modules
    modules by path ./node_modules/style-loader/dist/runtime/*.js 5.02
KiB 6 modules
    modules by path ./node_modules/bootstrap/dist/css/*.css 215 KiB 2
modules
    modules by path ./node_modules/css-loader/dist/runtime/*.js 2.37 KiB
2 modules
    1 module
  modules by path ./src/ 18.6 KiB
    modules by path ./src/*.tsx 11.4 KiB 7 modules
                                                              Next
```

```
    modules by path ./src/data/*.ts 4.67 KiB 3 modules
    modules by path ./src/*.ts 1.85 KiB 2 modules
    ./src/tools/jsxFactory.ts 710 bytes [built] [code generated]
asset modules 4.4 KiB 16 modules
... (下略)
```

TypeScript 檔案就跟開發階段時一樣會被編譯成 JavaScript，而輸出的 bundle.js 檔會被放在 dist 目錄下。

 你可能也會看到 Webpack 警告說產生出來的 bundle.js 大小超過 244 kb，透過網路下載時可能效率不彰。我們可以暫時忽略它，因為本篇後面介紹的框架都會自動採取一些解決辦法，例如將檔案拆成多重 bundle。

16-5-6 測試建置好的正式網站

為了確保建置出來的專案可正常運作，請在命令列下於專案目錄啟動 Express 伺服器：

```
\webapp6> node server.js
 Running on port 4000
```

這時打開網頁瀏覽器，在網址列輸入 localhost:4000，你就會看到範例專案的執行成果：

你可以用以下方式指定網站 IP 及 port：

```
node server.js 127.0.0.1 8080 ◀—— 於 http://127.0.0.1:8080 啟動伺服器
```

若你的電腦在內網裡, 也可以將 IP 設為內網 IP, 即可讓其他人透過你的電腦存取網站。

若我們像之前一樣送出一份訂單，然後打開專案資料夾中的 data.json，會發現訂單資料被保存下來了：

\webapp6\data.json

```json
{
    "products": [
        ...(略)
    ],
    "orders": [
        {
            "lines": [
                {
                    "productId": 1,
                    "productName": "Kayak",
                    "quantity": 1
                },
                {
                    "productId": 2,
                    "productName": "Lifejacket",
                    "quantity": 2
                }
            ],
            "id": 1
        }
    ]
}
```

16-6 容器化應用程式

 以下使用範例專案 webapp7, 內容延續自專案 webapp6。webapp7 已經使用
『npx webpack --mode "production"』 來產生正式上線用的 bundle。

在本章結尾，我打算為範例專案建立一個**容器 (container)**，讓它能更方便地佈署到正式環境。目前最受歡迎的容器是 **Docker**, 你可以把它想成是個最精簡的 Linux 虛擬機，剛好有足夠的功能來執行應用程式。絕大多數雲端平台或網站服務引擎都支援 Docker, 而 Docker 的工具在各種主流作業系統上也都能執行。

▌ 16-6-1　安裝 Docker

第一步就是到它的官網 (https://hub.docker.com/search?q=&type=edition&offering=community) 下載與安裝 Docker 工具組到你的開發機器上。Docker 支援 Windows、macOS 和 Linux 等作業系統，甚至還有支援 Amazon 與 Microsoft 雲端平台的特殊版本。從以上網址挑一個適合你系統的版本進行安裝。

 Docker 有個惡名昭彰的缺點, 就是常常在新版改變功能, 以致和舊版的操作方式不相容。若你使用的版本比本書更新 (以下使用 3.5.2 版), 而以下過程無法順利進行的話, 請參閱 Docker 官方文件, 或者聯絡旗標公司。

對 Docker 有興趣者亦可參考旗標出版《跟著 Docker 隊長，修練 22 天就精通》。

▌ 16-6-2　準備好應用程式

首先要準備的，是建立一個組態檔，以便讓 NPM 下載在容器中執行應用程式所需的額外套件。在專案目錄新增一個名為 **deploy-package.json** 的檔案, 寫入底下的內容：

```
{
    "name": "webapp",
    "description": "Stand-Alone Web App",
    "repository": "",
    "license": "0BSD",
    "devDependencies": {
        "express": "4.17.1",
        "json-server": "0.16.3"
    }
}
```

　　devDependencies 段落的設定，代表在容器中執行應用程式所需的套件，也就是 Express 和 json-server。至於應用程式原始碼使用 import 匯入的套件，都會被整合到 webpack 建立的 bundle 當中。此組態檔的其他部分只是單純描述這個應用程式，避免容器在建立時出現警告訊息。

16-6-3　建立 Docker 容器

　　在 webapp 目錄新增一個名為 **Dockerfile** 的檔案 (沒有附檔名)，寫入以下範例 16-30 的內容：

\webapp7\Dockerfile

```
FROM node:14.17.3

RUN mkdir -p /usr/src/webapp

COPY dist /usr/src/webapp/dist
COPY assets /usr/src/webapp/assets

COPY data.json /usr/src/webapp/
COPY server.js /usr/src/webapp/
COPY deploy-package.json /usr/src/webapp/package.json

WORKDIR /usr/src/webapp

RUN echo 'package-lock=false' >> .npmrc
```
Next

```
RUN npm install

EXPOSE 4000

CMD ["node", "server.js"]
```

> 小編註 在使用 VS Code 時，你也可以安裝 Docker 的擴充模組（它會在你建立以上檔案後提出建議）。

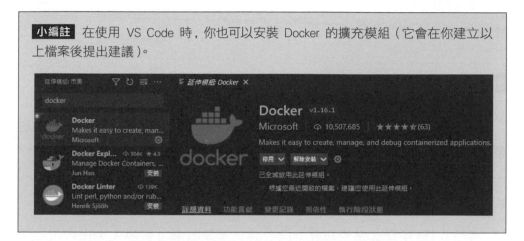

Dockerfile 的內容會使用一個基礎映像檔 (image)，該映像檔會先設定好指定版本的 Node.js 環境，接著會複製應用程式執行時所需的 dist 與 assets 資料夾，包括 dist 下打包好的 bundle, 以及專案的 package.json, 以便在佈署環境用 NPM 安裝專案所需的套件。

為了加速整個容器化的過程，我還要在專案目錄下新增一個檔案 **.dockerignore**，寫入底下這一行字，好告訴 Docker 直接跳過 node_modules 目錄，因為那不是容器必要的東西、藉此省下處理時間：

\webapp7\.dockerignore

```
node_modules
```

接著執行以下指令來建立一個包含範例應用程式、以及所有必要套件的映像檔：

```
\webapp7> docker build . -t webapp -f Dockerfile
```

映像檔是容器的模板，Docker 會開始依序處理 Dockerfile 檔案裡的指令，下載與安裝 NPM 套件，然後把所有的設定檔和程式檔都複製到映像檔裡頭。

16-6-4　執行容器應用程式

映像檔建立完成後，請在命令列輸入以下指令，建立和開啟一個新的容器。

```
\webapp7> docker run -p 4000:4000 webapp
```

要測試應用程式是否已經上線，請在瀏覽器網址列輸入 http://local-host:4000，即可見到在容器中執行的網頁伺服器如常運作：

若想停止容器的執行，請開一個**新的**命令提示字元或終端機，先輸入下列指令：

```
> docker ps
```

你會看到正在執行的容器列表，節錄如下：

```
CONTAINER ID    IMAGE      COMMAND                 CREATED
...
508f94a75fb4    webapp     "docker-entrypoint.s…"  About a minute ago
...
```

接著再根據 Container ID 欄位的資訊，執行以下指令來停止容器：

```
> docker stop 508f94a75fb4
```

若你使用 Windows 或 macOS 等版本的 Docker, 也可透過其視窗介面來啟動或停止容器：

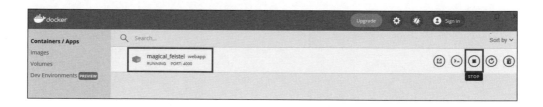

大功告成，這個範例應用程式已經準備好部署到任何支援 Docker 的平台了。接下來你可用 Docker 將映像檔發佈到網路上，但本書不會深入介紹這部分。

16-7 本章總結

在本章當中，我們完成了一個獨立網路應用程式的開發，為它加入由網路服務提供的資料，以及能根據情況替使用者顯示不同的 TSX 類別內容。最後，我還示範了佈署網站的相關準備工作，包括建立一個 Docker 容器。在下一章，我則要開始示範如何使用 Angular 框架打造一個功能完全相同的網路應用程式。

為了方便讀者快速查詢，下表列出本章使用的 TypeScript 編譯器設定選項：

名稱	說明
emitDecoratorMetadata	在編譯器輸出的 JavaScript 中包含裝飾器元數據。需要和 experimentalDecorators 一起使用。
experimentalDecorators	允許使用函式裝飾器。
moduleResolution	指定模組的解析方式。

17

打造 Angular 網路
應用程式 (上)

在接下來的兩章, 我要改用 **Angular** 框架, 帶領讀者重現前兩章
的同一個網路應用程式範例。Angular 與其他開發框架最大的不
同在於, 它直接將 TypeScript 置於網路 App 的開發核心, 並大量
仰賴 TypeScript 的功能、尤其是裝飾器。

17-1 本章行前準備

■ 17-1-1 安裝 Angular 並建立專案

若要建立 Angular 專案，最簡單的方式就是使用 angular-cli 套件。在命令提示字元或終端機執行下列指令，好在全域範圍安裝 **angular-cli** 套件：

```
\> npm install --global @angular/cli@12.2.0
```

> Angular 12.x 必須搭配 Node.js 12.x 或 14.x 版，而且需要 TypeScript 4.2 以上。
> 在安裝好之後，你也可用以下指令來更新 Angular 到最新版：
>
> ```
> \> ng update @angular/cli @angular/core
> ```

注意 angular-cli 套件的名字前方有個 @ 符號。安裝完成後，切換到你想要建立專案的位置，然後執行以下指令來建立一個新的 Angular 專案：

```
\> ng new angularapp
```

> **小編註** 若你使用 VS Code，請先開啟一個獨立的命令提示字元或終端機，在想要的位置建立 Angular 專案，接著才用 VS Code 開啟建好的專案資料夾。
>
> VS Code 使用者也可以安裝 Angular Language Service 延伸模組來支援 Angular 框架：

Angular 開發工具的操作都會透過 **ng** 指令，而 ng new angularapp 意思就是創建一個名為 angularapp 的新專案目錄。ng 也會詢問你兩個問題，它們會決定新專案的組態設定。對於本章的範例專案，請依照下表來回答：

問題	回答
Would you like to add Angular routing? (你想加入 Angular 路由控制嗎?)	輸入 **Y** 並按 〔Enter〕
Which stylesheet format would you like to use? (你想使用哪種樣式表?)	用方向箭選擇 **CSS** 並按 〔Enter〕

接下來建置專案環境的過程可能會花上幾分鐘，因為它必須下載大量的 JavaScript 套件。

▌ 17-1-2 設定網路服務

專案環境建置完成後，請在命令列切換到 angularapp 專案目錄。假如你使用 VS Code 來開發，則可在編輯器中開啟該目錄為工作區，並新增一個終端機。

在專案目錄下，我們要和 16 章一樣安裝提供網路服務的 json-server 套件，以及可用單一指令啟動多重套件的 npm-run-all 套件：

```
\> cd angularapp
\angularapp> npm install --save-dev json-server@0.16.3 npm-run-all@4.1.5
```

為了提供資料給網路服務，在 angularapp 根目錄新增一個名為 data.js 的檔案，寫入以下內容：

`\angularapp\data.js`

```
module.exports = function () {
    return {
        products: [
            {
                                                        Next
```

```
            id: 1, name: "Kayak", category: "Watersports",
        description: "A boat for one person", price: 275
    },
    {

            id: 2, name: "Lifejacket", category: "Watersports",
        description: "Protective and fashionable", price: 48.95
    },
    {

            id: 3, name: "Soccer Ball", category: "Soccer",
        description: "FIFA-approved size and weight", price: 19.50
    },
    {

            id: 4, name: "Corner Flags", category: "Soccer",
        description: "Give your playing field a professional touch",
        price: 34.95
    },
    {

            id: 5, name: "Stadium", category: "Soccer",
        description: "Flat-packed 35,000-seat stadium", price: 79500
    },
    {

            id: 6, name: "Thinking Cap", category: "Chess",
        description: "Improve brain efficiency by 75%", price: 16
    },
    {

            id: 7, name: "Unsteady Chair", category: "Chess",
        description: "Secretly give your opponent a disadvantage",
        price: 29.95
    },
    {

            id: 8, name: "Human Chess Board", category: "Chess",
        description: "A fun game for the family", price: 75
    },
    {

            id: 9, name: "Bling Bling King", category: "Chess",
        description: "Gold-plated, diamond-studded King", price: 1200
    }
```

Next

```
        ],
        orders: []
    }
}
```

　　接著我們還得修改 Angular 開發工具的組態設定。請參考以下範例，修改 package.json 設定檔中的 scripts 項目，加入開發工具的設定，好讓我們可以只用一個指令就同時啟動 Angular 工具鏈與網路服務：

\angular\package.json

```
{
    "name": "angularapp",
    "version": "0.0.0",
    "scripts": {
        "ng": "ng",
        "serve": "ng serve",
        "build": "ng build",
        "watch": "ng build --watch --configuration development",
        "test": "ng test",
        "json": "json-server data.js -p 4600",
        "start": "npm-run-all -p serve json"
    },
    ...
}
```

 注意　由於 Angular 已經加入一個 script 指令叫做 start，因此我們在此將它改名為 serve，並將啟動 npm-run-all 的新指令設為 start。

17-1-3 設定 Bootstrap CSS 套件

本章我們也會使用 Bootstrap CSS 框架來設定網站樣式。在命令列於專案目錄下安裝它:

```
\angularapp> npm install bootstrap@5.1.0
```

安裝完成後,我們也得調整 Angular 開發工具的設定,才能把 Bootstrap CSS 樣式表的功能套用到專案中。打開專案根目錄下的 **angular.json** 檔案,參照以下範例在 build/styles 段落加入一行新設定:

\angularapp\angular.json

```json
{
  "$schema": "./node_modules/@angular/cli/lib/config/schema.json",
  "version": 1,
  "newProjectRoot": "projects",
  "projects": {
    "angularapp": {
      ...
      "architect": {
        "build": {
          "builder": "@angular-devkit/build-angular:browser",
          "options": {
            ...
            ],
            "styles": [
              "src/styles.css",
              "node_modules/bootstrap/dist/css/bootstrap.min.css"
            ],
            "scripts": []
          },
          ...
}
```

注意 在 angular.json 設定檔裡其實有兩個 styles 設定, 請留意你改的是位在 build 段落那個, 而非 test 段落。若範例專案執行後沒有顯示任何樣式, 可能就是你改錯地方了。

17-1-4 啟動範例專案

最後在命令列於專案目錄下執行 npm start 指令 , 啟動開發工具與網路服務 :

```
\angularapp> npm start
```

Angular 開發工具會花一些時間編譯專案。啟動完成後會顯示如同下列的訊息 :

```
> angularapp@0.0.0 start
> npm-run-all -p serve json

> angularapp@0.0.0 serve
> ng serve

> angularapp@0.0.0 json
> json-server data.js -p 4600

  \{^_^}/ hi!

  Loading data.js
  Done

  Resources
  http://localhost:4600/products
  http://localhost:4600/orders

  Home
  http://localhost:4600
                                                          Next
```

```
    Type s + enter at any time to create a snapshot of the database
    ↑
    到這裡是 json-server 啟動完成的訊息。
接著才是 Angular 編譯階段:
↓
√ Generating browser application bundles (phase: setup)...Compiling
@angular/core : es2015 as esm2015

GET /db 200 7.820 ms - -

GET /__rules 404 18.147 ms - 2

Compiling @angular/common : es2015 as esm2015

Compiling @angular/platform-browser : es2015 as esm2015

Compiling @angular/router : es2015 as esm2015

Compiling @angular/platform-browser-dynamic : es2015 as esm2015

√ Browser application bundle generation complete.


Initial Chunk Files    | Names        |      Size
vendor.js              | vendor       |    2.39 MB
styles.css, styles.js  | styles       |  535.56 kB
polyfills.js           | polyfills    |  508.71 kB
main.js                | main         |   57.19 kB
runtime.js             | runtime      |    6.62 kB


                       | Initial Total |   3.47 MB


Build at: 2021-08-11T06:46:35.608Z - Hash: 56eb7333ed084cdfd278 - Time:
54874ms


** Angular Live Development Server is listening on localhost:4200, open
your browser on http://localhost:4200/ **


√ Compiled successfully.
√ Browser application bundle generation complete.


5 unchanged chunks


Build at: 2021-08-11T06:46:38.753Z - Hash: bacb0b38560c6c6079fb - Time: 1701ms


√ Compiled successfully.  ◄── 編譯成功
```

耐心等待初始編譯完成，接著打開瀏覽器、在網址列輸入 **http://localhost:4200**, 即可看見方才的指令所建立的 Angular 臨時頁面：

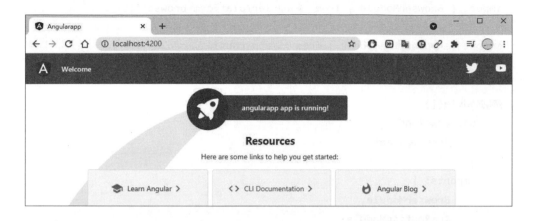

提示　Angular 伺服器的預設 port 為 4200。你也可以把 package.json 中的 "serve": "ng serve" 改成如下：

```
"serve": "ng serve --port 8080"  ←── 以 port 8080 啟動
```

17-2 TypeScript 在 Angular 開發中扮演的角色

▌17-2-1　Angular 的 TypeScript 裝飾器

第 16 章介紹過 TypeScript 裝飾器，而 Angular 事實上就仰賴它來描述網路應用程式的不同建構元件。為了方便讀者理解，我就拿現成的範例、也就是 Angular 本身所依賴的其中一個模組來說明。請打開 src\app 子目錄下的 app.module.ts 檔案並檢視其內容：

\angularapp\src\app\app.module.ts

```
import { NgModule } from '@angular/core';
import { BrowserModule } from '@angular/platform-browser';

import { AppRoutingModule } from './app-routing.module';
import { AppComponent } from './app.component';


@NgModule({}
    declarations: [
        AppComponent
    ],
    imports: [
        BrowserModule,
        AppRoutingModule
    ],
    providers: [],
    bootstrap: [AppComponent]
})
export class AppModule { }
```

　　裝飾器在 Angular 的開發中扮演著舉足輕重的角色，就連屬性、方法很少（甚至沒有任何成員）的類別都會套用裝飾器，以便協助應用程式的定義與設定。這個檔案中的 **@NgModule** 裝飾器用來描述 Angular 程式的一組相關功能。在 Angular 應用程式中會同時存在傳統 JavaScript 模組與 Angular 模組，所以你也會在這檔案看到 import 敘述與裝飾器。

　　AppComponent 是 Angular 專案建立時的預設元件，因此我們也來開啟 src\app 子目錄下的 app.component.ts 檔看看：

\angularapp\src\app\app.component.ts

```
import { Component } from '@angular/core';

@Component({
    selector: 'app-root',
    templateUrl: './app.component.html',
```

Next

```
    styleUrls: ['./app.component.css']
})
export class AppComponent {
    title = 'angularapp';
}
```

這個檔案匯入 @Component 裝飾器，並套用在 AppComponent 類別上，代表它是一個 Angular 元件 (component)。元件由模板、樣式和類別組成，能用來產生網頁上某部分的 HTML 內容，功能相當於前兩章獨立應用程式中的 JSX/TSX 類別。

▌17-2-2 了解 TypeScript 與 Angular 的工具鏈

Angular 的工具鏈和前兩章使用的工具十分相似，同樣仰賴 Webpack 和 Webpack Dev Server，這些也已經針對 Angular 做好了調整。你可以從 Angular 開發工具丟出的一些訊息看出 Webpack 存在的蛛絲馬跡，只是細節與設定檔沒有直接對外公開。你倒是可以查閱和修改 TypeScript 編譯器的設定檔，因為 Angular 專案仍是依據 tsconfig.json 檔來建立的。

目前 tsconfig.json 檔裡的內容如下：

\angularapp\tsconfig.json

```
/* To learn more about this file see: https://angular.io/config/tsconfig.
*/
{
    "compileOnSave": false,
    "compilerOptions": {
        "baseUrl": "./",
        "outDir": "./dist/out-tsc",
        "forceConsistentCasingInFileNames": true,
        "strict": true,
        "noImplicitReturns": true,
        "noFallthroughCasesInSwitch": true,
        "sourceMap": true,
        "declaration": false,
```
Next

```
            "downlevelIteration": true,
            "experimentalDecorators": true,
            "moduleResolution": "node",
            "importHelpers": true,
            "target": "es2017",
            "module": "es2020",
            "lib": [
                "es2018",
                "dom"
            ]
        },
        "angularCompilerOptions": {
            "enableI18nLegacyMessageIdFormat": false,
            "strictInjectionParameters": true,
            "strictInputAccessModifiers": true,
            "strictTemplates": true
        }
    }
```

　　從這個檔案可以看出，輸出 JavaScript 的位置是 dist\out-tsc 子目錄，不過你在專案中看不見它，因為 Angular 會使用 Webpack 來自動建立 bundle 檔。

> **注意**　無論如何，若要修改 tsconfig.json 檔就得非常小心，因為這有可能會破壞 Angular 工具鏈的某個環節。幸好，Angular 專案的多數變更仍會透過它自己的 angular.json 檔來設定。

　　另外 tsconfig.json 中重要的設定就是 experimentalDecorators 與 emitDecoratorMetadata 這兩個項目都被啟用，好允許在輸出的 JavaScript 檔案中使用裝飾器與裝飾器元數據，畢竟這些是 Angular 開發時必用不可的 TypeScript 功能。

17-2-3　了解 Angular 的兩個編譯器

Angular 應用程式有兩個編譯階段。第一個就是你在本書一而再看到的，由 TypeScript 編譯器處理 TypeScript 檔，然後輸出為純 JavaScript 程式碼。Angular 專案在開發過程中，每次偵測到檔案內容有變就會再次啟動編譯，就跟我在前兩章直接使用 Webpack 套件時一樣。

第一編譯階段

為了示範如何觸發 Angular 的第一個編譯階段，請依照以下範例修改 src\app 目錄下的 app.component.ts 檔：

修改 \angularapp\src\app\app.component.ts

```
import { Component } from '@angular/core';

@Component({
    selector: 'app-root',
    templateUrl: './app.component.html',
    styleUrls: ['./app.component.css']
})
export class AppComponent {
    title = 'angularapp';
    names: string[] = ["Bob", "Alice", "Dora"];
}
```

儲存變更後，TypeScript 編譯器會重新執行，並且建立一個新的 bundle。跟第一次啟動開發工具的時間相比，這回編譯速度快很多，因為它只需處理內容有變更的檔案而已。然後在編譯過程中，Angular 開發工具會顯示如下的訊息：

```
√ Browser application bundle generation complete.

Initial Chunk Files | Names |    Size
main.js             | main  | 57.23 kB
                                            Next
```

```
4 unchanged chunks

Build at: 2021-08-11T07:34:09.283Z - Hash: 800a1ba38d473d227736 - Time:
1782ms

√ Compiled successfully.
```

這裡我們來更仔細看看 AppComponent 類別，它的 @Compenent 裝飾器會指定類別所依賴的 HTML 檔案（元件模板）與 CSS 檔案（元件樣式）：

```
...
@Component({
    selector: 'app-root',
    templateUrl: './app.component.html',
    styleUrls: ['./app.component.css']
})
...
```

工具鏈在打包時會解析這些相依檔案，然後將它們的內容都轉成 JavaScript 字串和放進 bundle。這些 HTML 檔包含了正規的 HTML 元素，但亦有稱為『指令』(directive) 的特殊 Angular 語法，能夠存取元件類別的資料來產生動態內容。

現在，請把 src\app 目錄下的 **app.component.html** 檔案換成以下範例的內容。新加入的 Angular 指令 **ngFor** 會走訪我們先前定義的 names 陣列來產生 HTML 元素：

修改 \angularapp\src\app\app.component.html

```
<h4 class="bg-primary text-white text-center p-2">Names</h4>
<ul>
    <li *ngFor="let name of names">
        {{ name }}
    </li>
</ul>
```

上面的範例對 HTML <ui> 項目標籤中的 <li> 元素套用了 Angular 的 **ngFor** 指令，作用等同於 JavaScript 的 for...of 迴圈。它在走訪 names 陣列的每個元素 ("Bob"、"Alice" 與 "Dora") 時，對每個值都會產生一個 <li> 項目。因此儲存變更後，工具鏈會自動生成新的 bundle，並觸發瀏覽器重新載入新內容：

第二編譯階段

而第二階段的編譯，就是在瀏覽器收到 bundle、執行裡面的 JavaScript 程式時才開始的。在網路應用程式啟動時，HTML 檔案會從 bundle 中被抽出來並進行編譯，好把 Angular 指令轉譯成純 JavaScript 敘述，以供瀏覽器執行。也就是說，第二個編譯器是被包在 bundle 之內，不需依賴 TypeScript 與 TypeScript 編譯器。

Angular 這兩階段的編譯流程，可用下圖來總結它們的關係：

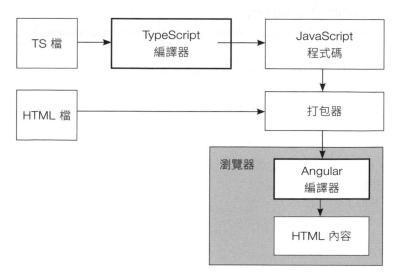

⬙ 了解何謂預先編譯

Angular 的第二個編譯階段, 是在每次啟動應用程式時由瀏覽器進行的, 這會導致使用者看到內容之前有一小段延遲。要是瀏覽器是在很慢的裝置上執行, 延遲就會比較明顯了。

若要解決這問題, 可採用預先編譯 (ahead-of-time compilation, 簡稱 AOT), 在打包階段就預先進行第二階段的編譯。這時兩個階段的編譯器都會被用來生成 bundle 的內容, 這表示 TypeScript 程式碼與帶有 Angular 指令的 HTML 檔都會被一起轉換成純 JavaScript, 於是瀏覽器收到 bundle 後就無需再進行編譯。

預先編譯的優點是應用程式啟動更快, 而且 bundle 檔不需要把 Angular 編譯器的程式碼放進去, 因此也會更小。可是並非所有專案都適用預先編譯, 因為 AOT 能使用的 TypeScript/JavaScript 功能有限, 你只能運用當中的一部份功能。(若想知道有哪些功能可用, 請參閱這個網址：https://angular.tw/guide/aot-compiler#metadata-restrictions。)

若你仍想啟用預先編譯, 就得用 --aot 參數啟動 Angular 開發工具。以我們的專案為例, 你得在 package.json 檔如下修改設定：

```
{
    "name": "angularapp",
    "version": "0.0.0",
    "scripts": {
        "ng": "ng",
        "serve": "ng serve --aot",
        "build": "ng build",
        "watch": "ng build --watch --configuration development",
        "test": "ng test",
        "json": "json-server data.js -p 4600",
        "start": "npm-run-all -p serve json"
    },
    ...
```

儲存 package.json 的變更之後, 記得以 Ctrl + C 中斷開發工具, 接著用 npm start 指令重新啟動。

17-3 替網站加入資料

■ 17-3-1 建立資料模型

接著和前兩章的獨立網路應用程式一樣，我們要開始建立資料模型，好描述產品跟訂單資料。在 src\app 底下再建立一個 data 子目錄，然後在裡頭新增一個檔案 entities.ts、寫入以下內容：

\angularapp\src\app\data\entities.ts

```
export type Product = {
    id: number,
    name: string,
    description: string,
    category: string,
    price: number
};

export class OrderLine {
    constructor(public product: Product, public quantity: number) { }

    get total(): number {
        return this.product.price * this.quantity;
    }
}

export class Order {
    private lines = new Map<number, OrderLine>();

    constructor(initialLines?: OrderLine[]) {
        if (initialLines) {
            initialLines.forEach(ol => this.lines.set(ol.product.id, ol));
        }
    }
```

Next

```
    public addProduct(prod: Product, quantity: number) {
        if (this.lines.has(prod.id)) {
            if (quantity === 0) {
                this.removeProduct(prod.id);
            } else {
                this.lines.get(prod.id)!.quantity += quantity;
            }
        } else {
            this.lines.set(prod.id, new OrderLine(prod, quantity));
        }
    }

    public removeProduct(id: number) {
        this.lines.delete(id);
    }

    get orderLines(): OrderLine[] {
        return [...this.lines.values()];
    }

    get productCount(): number {
        return [...this.lines.values()]
            .reduce((total, ol) => total += ol.quantity, 0);
    }

    get total(): number {
        return [...this.lines.values()].reduce((total, ol) =>
            total += ol.total, 0);
    }
}
```

　　這個檔案的內容和第 15 章的同名檔案完全相同，因為 Angular 也是用
TypeScript 的類別來建立實體資料模型，所以不需修改。

▌17-3-2 建立資料來源

為了建立資料來源，在 src\app\data 子目錄下新增一個名為 **dataSource.ts** 的檔案，寫入以下內容：

`\angularapp\src\app\data\dataSource.ts`

```typescript
import { Observable } from "rxjs";
import { Injectable } from '@angular/core';
import { Product, Order } from "./entities";

export type ProductProp = keyof Product;

export abstract class DataSourceImpl {
    abstract loadProducts(): Observable<Product[]>;
    abstract storeOrder(order: Order): Observable<number>;
}

@Injectable()
export class DataSource {
    private _products: Product[];
    private _categories: Set<string>;
    public order: Order;

    constructor(private impl: DataSourceImpl) {
        this._products = [];
        this._categories = new Set<string>();
        this.order = new Order();
        this.getData();
    }

    getProducts(sortProp: ProductProp = "id", category?: string)
        : Product[] {
        return this.selectProducts(this._products, sortProp, category);
    }

    protected getData(): void {
        this._products = [];
```

Next

```
        this._categories.clear();
        this.impl.loadProducts().subscribe(rawData => {
            rawData.forEach(p => {
                this._products.push(p);
                this._categories.add(p.category);
            });
        });
    }

    protected selectProducts(prods: Product[], sortProp: ProductProp,
        category?: string): Product[] {
        return prods.filter(p =>
            category === undefined || p.category === category)
            .sort((p1, p2) => p1[sortProp] < p2[sortProp]
                ? -1 : p1[sortProp] > p2[sortProp] ? 1 : 0);
    }

    getCategories(): string[] {
        return [...this._categories.values()];
    }

    storeOrder(): Observable<number> {
        return this.impl.storeOrder(this.order);
    }
}
```

　　服務 (service) 是 Angular 開發過程的一個關鍵特色。當一個類別需要依賴某個服務以執行其任務時，它能透過**依賴注入 (dependency injection)**的方式宣告相依性，這則會在執行階段被解析。而若一個類別想把自己定義成一個服務，就得加上 **@Injectable()** 裝飾器。

　　這個檔案中的 DataSource 類別，便在它的建構子函式中宣告了對 DataSourceImpl 物件的依賴：

```
constructor(private impl: DataSourceImpl) {
```

　　每當程式需要新的 DataSource 物件時，Angular 便會檢查其建構子，並建立一個 DataSourceImpl 物件，然後將該物件傳給新建立的 DataSource 物件。這個過程就是所謂的**注入**。而 @Injectable 裝飾器則告訴 Angular, 其他類別也可以宣告對 DataSource 類別的依賴，也就是能在需要時將 DataSource 物件注入其他物件。

　　DataSourceImpl 是一個抽象類別，但 DataSource 類別並不曉得哪個實作子類別會被用來解析其建構子的依賴。稍後我們會看到，我們能透過應用程式的設定檔來選擇這個實作類別。

　　使用框架來開發網路 App 的最大好處是，所有的內容更新都會自動處理。Angular 使用一個簡稱為 **RxJS** 的回應式 JavaScript 函式庫，來自動處理元件的資料變更；RxJS 提供的 **Observable**（可觀察）類別可用來描述一個值的序列，這些值會隨著時間依次產生，比如向網路服務要求資料的這類非同步活動。DataSourceImpl 類別定義的 loadProducts() 方法就會傳回一個 Observable<Product[]> 物件：

```
abstract loadProducts(): Observable<Product[]>;
```

　　我用了一個 TypeScript 泛型引數來限制它必須是一個 Observable 物件，而這物件會產生 Product 陣列的物件。接著我們再呼叫這個 Observable 物件的 **subscribe()**（訂閱）方法來接收它產生的值：

```
his.impl.loadProducts().subscribe(rawData => {
    rawData.forEach(p => {
        this._products.push(p);
        this._categories.add(p.category);
    });
});
```

在這種狀況中，我等於是用 Observable 類別直接取代了標準 JavaScript 的 Promise 物件。Observable 類別提供了多樣的功能來處理複雜的序列，但此處這麼做的優點是，只要 Observable 一產生傳回值，Angular 就會更新要網頁上呈現給使用者的內容。這代表我在撰寫 DataSource 類別時，壓根不需要顧慮非同步工作的等待。

> ☺ **觀察者模式**
>
> **觀察者模式 (observer pattern)** 是 Angular 使用的一個軟體設計模式。subscribe() 方法稱為訂閱者 (subscriber) 函式；一個 Observable 物件發佈後，必須要有人訂閱它，物件才會傳值給訂閱者。訂閱者也可以實作 Observer (觀察者) 介面，如此一來就能收到可觀察物件的同步/非同步通知；若訂閱者沒有實作觀察者的任何方法，比如以上範例，它就會忽略通知。
>
> 進一步的資訊可參考 Angular 官網：https://angular.tw/guide/observables。Observable 物件與 JavaScript Promise 的比較，則可參閱這裡：https://angular.tw/guide/comparing-observables。

17-3-3 建立資料來源的實作類別

為了從 json-server 提供的網路服務讀寫資料，我還得建立一個類別，繼承自抽象類別 DataSourceImpl 並實作它。在 src\app\data 子目錄新增一個名為 **remoteDataSource.ts** 的檔案，寫入下列程式碼：

`\angularapp\src\app\data\remoteDataSource.ts)`

```
import { Injectable } from "@angular/core";
import { HttpClient } from "@angular/common/http";
import { Observable } from "rxjs";
import { map } from "rxjs/operators";
import { DataSourceImpl } from "./dataSource";
import { Product, Order } from "./entities";

const protocol = "http";
```
Next

```
const hostname = "localhost";
const port = 4600;
const urls = {
    products: `${protocol}://${hostname}:${port}/products`,
    orders: `${protocol}://${hostname}:${port}/orders`
};


@Injectable()
export class RemoteDataSource extends DataSourceImpl {
    constructor(private http: HttpClient) {
        super();
    }

    loadProducts(): Observable<Product[]> {
        return this.http.get<Product[]>(urls.products);
    }

    storeOrder(order: Order): Observable<number> {
        let orderData = {
            lines: [...order.orderLines.values()].map(ol => ({
                productId: ol.product.id,
                productName: ol.product.name,
                quantity: ol.quantity
            }))
        }
        return this.http.post<{ id: number }>(urls.orders, orderData)
            .pipe<number>(map(val => val.id));
    }
}
```

RemoteDataSource 類別在它的建構子中宣告了對 HttpClient 類別之物件的依賴。HttpClient 是 Angular 內建的一個類別——它提供了 get() 與 post() 方法,可用來發送 HTTP GET 與 POST 請求。

預期傳回的資料型別則透過泛型引數 <Product[]> 予以規範：

```
loadProducts(): Observable<Product[]> {
    return this.http.get<Product[]>(urls.products);
}
```

在此泛型引數被用在 get() 方法的傳回值，而這個傳回值同樣也是個 Observable 物件。這個物件會在有人呼叫其 subscribe() 方法時傳回指定型別的序列，也就是我們之前範例中的 Product[]。

HttpClient() 方法的泛型引數是標準的 TypeScript 功能, 它的幕後運作跟 Angular 沒有關係, 所以從伺服器傳回的資料是什麼型別, 這仍然是開發者得處理的責任。

RxJS 函式庫也對 Observable 物件提供了多種功能來操作它傳回的值。其中來看範例中的 pipe() 方法：

```
return this.http.post<{ id: number}>(urls.orders, orderData)
    .pipe<number>(map(val => val.id));
```

pipe() 方法可以用管線 (pipeline) 的方式針對 Observable 的值做一連串轉換。在以上範例中，我們用 RxJS 提供的 map() 函式來建立一個新的 Observable 物件：它在送出 HTTP POST 請求後，接收傳回的物件，並把該物件的 id 屬性 (json-server 伺服器傳回的訂單編號) 抓出來傳回。

注意　在前兩章的獨立網路應用程式中，我的做法是建立一個抽象的 AbstractDataSource 類別, 然後實作提供本地端或網路服務端資料的子類別, 再透過呼叫抽象類別建構子的方法載入其中一個。但這個做法並不適用於這裡的 Angular 範例, 因為等到用 super() 關鍵字呼叫抽象類別建構子之後, HttpClient 才會被指派給一個實例屬性。也就是說, 要是照之前的做法, 子類別根本還沒完整建立好, 就被要求取得資料了。為了防止這問題, 我得把處理資料的操作拆到抽象類別裡。

17-3-4 設定資料來源

建立資料來源的最後一個步驟，就是建立一個 Angular 模組，好讓資料來源得以被應用程式的其他部分使用，並選出一個子類別來實作抽象類別 DataSourceImpl。在專案的 src\app\data 子目錄底下新增檔案 **data. module.ts**，寫入以下內容：

\angularapp\src\app\data\data.module.ts

```
import { NgModule } from "@angular/core";
import { HttpClientModule } from "@angular/common/http";
import { DataSource, DataSourceImpl } from './dataSource';
import { RemoteDataSource } from './remoteDataSource';

@NgModule({
    imports: [HttpClientModule],
    providers: [DataSource,
        { provide: DataSourceImpl, useClass: RemoteDataSource }]
})
export class DataModelModule { }
```

在此宣告 **DataModelModule** 類別的用意，其實只是為了可以把 @NgModule 裝飾器套用上去。@NgModule 裝飾器的 imports 屬性定義了這個類別所需要的元件或服務，而 providers 屬性定義了可以被注入到其他類別建構子的東西。

在這個模組中，imports 屬性告訴 Angular, DataModelModule 類別必須使用 HttpClientModule 模組，當中會含有前面我們用過的 HttpClient 類別。而 providers 屬性則告訴 Angular, 資料來源類別 DataSource 類別可注入到其他類別使用，而它對 DataSourceImpl 類別的依賴，Angular 也會提供一個 RemoteDataSource 類別物件給它。將來若你需要從不同的資料來源讀取資料，只要再針對 DataSourceImpl 實作一個新的子類別，然後換掉 useClass 的對象即可。

17-4 在應用程式顯示資料

17-4-1 顯示篩選後的產品清單

Angular 元件把產生 HTML 內容的功能拆成幾個檔案，當中包括套用了 @Component 裝飾器的 TypeScript 類別，以及透過 Angular 指令來產生動態內容的 HTML 模板 (由於我們會使用 Bootstrap 來設定樣式，所以我們不須撰寫元件樣式檔)。當應用程式執行後，HTML 模板就會被編譯，然後當中 Angular 指令會透過 TypeScript 類別所提供的屬性與方法來執行。

Angular 專案就是由不同功能的元件組成，而 Angular 的命名慣例是把元件的用途直接寫在檔案名稱的開頭。所以，我要在 src\app 目錄底下加入一個元件類別，由它負責對使用者顯示單一產品的細節。此類別檔就依 Angular 慣例取名為 **productItem.component.ts**：

\angularapp\src\app\productItem.component.ts

```
import { Component, Input, Output, EventEmitter } from "@angular/core";
import { Product } from './data/entities';

export type productSelection = {
    product: Product,
    quantity: number
}

@Component({
    selector: "product-item",
    templateUrl: "./productItem.component.html"
})
export class ProductItem {
    quantity: number = 1;
```

Next

```
    @Input()
    product!: Product;   // 加上明確賦值斷言

    @Output()
    addToCart = new EventEmitter<productSelection>();

    handleAddToCart() {
        this.addToCart.emit({
            product: this.product,
            quantity: Number(this.quantity)
        });
    }
}
```

　　檔案中的 @Component 裝飾器代表這個元件的基本設定，其 selector 屬性指定 Angular 要用的 CSS 選擇器 (CSS selector)，好在碰到 **<product-item>** 自訂標籤時套用樣式 (後面會看到這些自訂標籤)；而 templateUrl 屬性則是此元件對應的 HTML 模板的位置，也就是相同目錄下的 produc-tItem.component.html。

　　Angular 使用 **@Input** 裝飾器來定義屬性 product，這讓元件能透過 HTML 標籤的屬性收到輸入值 (Product 型別的物件)。而 **@Output** 裝飾器則標記了一個自訂事件，元件會透過它來輸出資料到 HTML。當使用者點擊加入購物車的按鈕時，就會呼叫 handleAddToCart()、並藉由 addToCart 屬性觸發事件，好將產品加入購物車。

> **注意**　我對 product 屬性使用了明確賦值斷言 (加上驚嘆號，見第 7 章)，這是因為 Angular 預設會啟用嚴格模式，當中包括 strictPropertyInitialization。這使得 TypeScript 編譯器會認為你沒有替 product 提供初始值 (使得它變成 undefined)，因而在編譯階段產生錯誤。
>
> 除了使用明確賦值斷言，其他解決方式包括將 strictPropertyInitialization 選項設為 false (不建議這麼做)，將屬性設為選擇性 (在名稱後面加？問號)，或是明確給屬性一個初始值。

接著，我還要為這個 ProductItem 類別撰寫對應的 HTML 模板。在 src\app 目錄下新增一個名為 **productItem.component.html** 的檔案，寫入以下內容：

\angularapp\src\app\productItem.component.html

```html
<div class="card m-1 p-1 bg-light">
    <h4>
        {{ product.name }}
        <span class="badge rounded-pill bg-primary float-end">
            ${{ product.price.toFixed(2) }}
        </span>
    </h4>
    <div class="card-text bg-white p-1">
        {{ product.description }}
        <button class="btn btn-success btn-sm float-end"
            (click)="handleAddToCart()">
            Add To Cart
        </button>
        <select class="form-control-inline float-end m-1"
            [(ngModel)]="quantity">
            <option>1</option>
            <option>2</option>
            <option>3</option>
        </select>
    </div>
</div>
```

Angular 模板要用 {{}} 兩個大括號框住 JavaScript 表達式的顯示結果，就像這樣：

```html
<span class="badge rounded-pill bg-primary float-end">
    ${{ product.price.toFixed(2) }}
</span>
```

表達式會根據元件來執行，也就是這段指令會讀取 product.price 屬性值、再呼叫其 toFixed() 方法，然後把傳回值插入 <span></span> 內。

至於 Angular 事件的處理，則是像這樣用 () 小括號框住事件的名稱，後面接著要呼叫的函式：

```
<button class="btn btn-success btn-sm float-end"
    (click)="handleAddToCart()">
```

這行敘述告訴 Angular，當 <button> 按鈕標籤送出 click (按下滑鼠) 事件時，就呼叫 ProductItem 元件裡的 handleAddToCart() 方法。

此外 Angular 對表單 (form) 元素如 <input>、<select> 有特殊的支援，所以你可以在 <select> 元素看到如下的寫法：

```
<select class="form-control-inline float-end m-1" [(ngModel)]="quantity">
```

用中括號與小括號框住的 **[(ngModel)]** 會將 <select> 標籤值與 ProductItem 類別的 quantity 屬性連結起來，建立起**雙向綁定 (two-way binding)** 的關係。當 TypeScript 類別那邊 quantity 屬性的值發生改變時，就會自動更新到 HTML 這邊的 <select>。同樣的，當畫面上 <select> 所選的值發生改變時，quantity 屬性的值也會隨之更新。

小編註 如果你使用 VS Code，可能會看到錯誤顯示說 ProductItem 元件找不到 productItem. component.html 模板。這是正常的，因為稍後才會設定這個關聯。

▋ 17-4-2 顯示產品分類按鈕

接著要建立的是負責篩選產品分類的按鈕元件。請在 src\app 目錄下新增一個檔案 categoryList.component.ts，並寫入以下內容：

\angularapp\src\app\categoryList.component.ts

```
import { Component, Input, Output, EventEmitter } from "@angular/core";

@Component({
    selector: "category-list",
    templateUrl: "./categoryList.component.html"
```

Next

```
})
export class CategegoryList {
    @Input()
    selected!: string   // 所選分類

    @Input()
    categories!: string[];  // 產品分類清單

    @Output()
    selectCategory = new EventEmitter<string>();   // 選擇新分類的事件

    getBtnClass(category: string): string {
        return "btn " +
            (category === this.selected ? "btn-primary" : "btn-secondary");
    }
}
```

　　CategoryList 元件裡的兩個 Input 屬性會分別接收到目前所選的產品分類，以及要顯示的產品清單。@Output() 裝飾器則套用到 selectCategory 屬性以定義一個自訂事件，當使用者選擇產品分類時就會觸發。而 getBtnClass() 方法則用來傳回按鈕的 Bootstrap CSS 樣式，好讓 HTML 模板本身能保持簡潔。

　　同樣的，我們也得幫這個元件建立對應的 HTML 模板。在 src\app 目錄下建立一個名為 categoryList.component.html 的檔案，寫入以下內容：

```
<button *ngFor="let cat of categories"
    [class]="getBtnClass(cat)" (click)="selectCategory.emit(cat)">
    {{ cat }}
</button>
```

　　這個模板使用 Angular 的 ngFor 指令，走訪 categories 陣列的每個字串，並替每一個產生有對應名稱的按鈕。ngFor 前面的 * 星號讓我們能用更簡潔的方式撰寫 Angular 指令 (請參閱 https://angular.tw/guide/structural-directives)。

此外，這個模板也以 [] 中括號建立了一個『單向綁定』(one-way binding), 好給一個 HTML 標籤的屬性綁定到元件屬性或方法：

```
<button *ngFor="let cat of categories"
    [class]="getBtnClass(cat)" (click)="selectCategory.emit(cat)">
```

中括號允許我們使用 JavaScript 表達式來設定按鈕的 class 屬性，呼叫元件類別的 getBtnClass() 方法、並用其傳回值來動態指定樣式 (選擇／未選擇)。除此以外你應該已經注意到，每個按鈕也加入了 (click)= 語法，好在被按下時觸發類別的 selectCategory 事件。

17-4-3 建立表頭元件

再來我們要再加入一個顯示表頭的元件，顯示使用者已放入購物車之產品的摘要 (產品數量與總額)。在 src\app 目錄下新增 header.component. ts, 寫入以下內容：

\angularapp\src\app\header.component.ts

```
import { Component, Input, Output, EventEmitter } from "@angular/core";
import { Order } from './data/entities';

@Component({
    selector: "header",
    templateUrl: "./header.component.html"
})
export class Header {
    @Input()
    order!: Order;

    @Output()
    submit = new EventEmitter<void>();

    get headerText(): string {
        let count = this.order.productCount;
```
Next

```
            return count === 0 ? "(No Selection)"
                : `${count} product(s), $${this.order.total.toFixed(2)}`
    }
}
```

我們一樣需要為這個表頭類別建立對應的 HTML 模板。在 src\app 目錄下建立 **header.component.html** 並寫入下列內容：

\angular\src\app\header.component.html

```html
<div class="p-1 bg-secondary text-white text-end">
    {{ headerText }}
    <button class="btn btn-sm btn-primary m-1" (click)="submit.emit()">
        Submit Order
    </button>
</div>
```

■ 17-4-4　合併產品清單、產品分類鈕與表頭元件

最後，我們需要再定義一個元件，把先前的 ProductItem、CategoryList 與 Header 元件整合起來一起呈現給使用者看。在 src\app 目錄下新增檔案 **productList.component.ts**，寫入以下內容：

\angularapp\src\app\productList.component.ts

```typescript
import { Component } from "@angular/core";
import { DataSource } from './data/dataSource';
import { Product } from './data/entities';

@Component({
    selector: "product-list",
    templateUrl: "./productList.component.html"
})
export class ProductList {
    selectedCategory = "All";
```

Next

```
constructor(public dataSource: DataSource) { }

get products(): Product[] {
    return this.dataSource.getProducts("id",
        this.selectedCategory === "All"
            ? undefined : this.selectedCategory);
}

get categories(): string[] {
    return ["All", ...this.dataSource.getCategories()];
}

handleCategorySelect(category: string) {
    this.selectedCategory = category;
}

handleAdd(data: { product: Product, quantity: number }) {
    this.dataSource.order.addProduct(data.product, data.quantity);
}

handleSubmit() {
    console.log("SUBMIT");
}
}
```

ProductList 類別除了宣告對 DataSource 類別（一個服務）的依賴之外，還定義了 products() 與 categories() 方法，好從 DataSource 取得特定分類的產品清單，以及所有產品分類名稱。

此外 ProductList 類別也定義了三個方法，分別負責回應使用者的不同互動：在使用者點擊產品分類按鈕時呼叫 handleCategorySelect()，在使用者將一項產品加入購物車時呼叫 handleAdd()，以及在使用者想要送出訂單時呼叫 handleSubmit()。目前 handleSubmit() 只會輸出一道訊息到主控台，我們等下一章再把它的功能做完。

接著輪到這元件對應的模板。請在 src\app 目錄下建立檔案 **productList.component.html**, 寫入以下內容：

```html
<header [order]="dataSource.order" (submit)="handleSubmit()"></header>
<div class="container-fluid">
    <div class="row">
        <div class="col-3 p-2">
            <category-list class="d-grid gap-2"
                [selected]="selectedCategory" [categories]="categories"
                (selectCategory)="handleCategorySelect($event)">
            </category-list>
        </div>
        <div class="col-9 p-2">
            <product-item *ngFor="let p of products"
                [product]="p" (addToCart)="handleAdd($event)"></product-item>
        </div>
    </div>
</div>
```

就和前兩章的範例一樣，這模板的目的是把不同元件統合起來，以便對使用者呈現一份完整的網頁。比較特別之處在於，這裡使用了自訂的 HTML 標籤名稱，用來對應到先前在各個元件類別中透過 @Component 定義的 selector 屬性。整個 ProductList 模板運用了 <header>、<category-list> 與 <product-item> 來分別顯示 Header、CategoryList 與 ProductItem 元件的內容：

```
<header [order]="dataSource.order" (submit)="handleSubmit()"></header>
        ↓
會對應到
        ↓
@Component({
    selector: "header",
    templateUrl: "./header.component.html"
})
export class Header {
    ...
}
```

<header> 既然對應到 Header 類別，<header> 的 order 與 submit 屬性也會對應到 Header 類別的屬性。order 屬性用來提供輸入值給類別，而類別會透過 submit 屬性對外觸發一個事件，呼叫 ProductList 類別提供的 handleSubmit()。

> **小編註** 官方建議給元件類別使用以大寫開頭的名稱。細節可參閱官方指南：https://angular. tw/guide/styleguide#style-02-03。

▌ 17-4-5 設定範例應用程式

應用程式的 app.module.ts 檔除了登錄應用程式本身所用的模組，也能拿來登錄額外定義與需要匯入的模組，包括我為本章所建的資料模型。因此我們要如下修改這個檔案 (粗體字就是變更部分)：

修改 \angular\src\app\app.module.ts

```
import { NgModule } from '@angular/core';
import { BrowserModule } from '@angular/platform-browser';

import { AppRoutingModule } from './app-routing.module';
import { AppComponent } from './app.component';

import { FormsModule } from "@angular/forms";
import { DataModelModule } from "./data/data.module";
import { ProductItem } from './productItem.component';
import { CategegoryList } from "./categoryList.component";
import { Header } from "./header.component";
import { ProductList } from "./productList.component";

@NgModule({
    declarations: [
        AppComponent, ProductItem, CategegoryList, Header, ProductList
    ],
    imports: [
        BrowserModule, AppRoutingModule, FormsModule, DataModelModule
    ],
```

Next

```
    providers: [],
    bootstrap: [AppComponent]
})
export class AppModule { }
```

@NgModule 裝飾器的 declarations 屬性用來宣告應用程式本身需要的各個元件，所以我們透過它把先前定義的類別都加進去。imports 屬性則列出應用程式所需的其他模組，外加我們自行定義的 DataModeModule。

而為了向使用者顯示新的網頁內容，請把 app.component.html 檔案的內容換成以下這行：

修改 \angular\src\app\app.component.html

```
<product-list></product-list>
```

前面我們建立、用來統合各元件的 ProductList 類別，其裝飾器的 selector 屬性就設為『product-list』。因此 Angular 在打開預設網頁 app.component.html 並讀到這個自訂 HTML 標籤時，就會建立一個新的 ProductList 物件、把產生的內容放進 <product-list> 的位置，並逐一解析 productList.component.html 內 <header>、<category-list> 和 <product-item> 對應的內容。等到所有網頁內容都產生出來，就會顯示給使用者看。

儲存以上變更，Angular 會重新編譯並更新應用程式畫面：

使用者可以點擊分類按鈕來過濾產品列表，並將產品加入購物車。不過現在點擊 Submit Order 按鈕只會在瀏覽器的 JavaScript 主控台寫入一道訊息，除此以外啥效果也沒有；我將在下一章加入瀏覽購物車並送出訂單的完整功能。

17-5 本章總結

本章解釋了 TypeScript 在 Angular 開發框架中扮演的角色，尤其是 Angular 如何使用 TypeScript 裝飾器來描述應用程式的各種元件、讓服務可被注入到其它元件、以及標註類別的輸出入屬性等等。我也說明了 Angular 的 HTML 模板要等到瀏覽器執行應用程式時才會被編譯，也就是說，這個第二階段編譯是由 Angular 負責，和 TypeScript 已經無關。

下一章我們會做完這個 Angular 應用程式，並做好部署網站的相關準備。

MEMO

打造 Angular 網路
應用程式 (下)

本章將延續 Angular 網路應用程式的開發, 為上一章的專案補足
欠缺的功能, 並準備部署到容器中。

18-1 本章行前準備

本章你可直接沿用上一章的範例專案 angularapp，如此就不需要任何額外的準備工作。但為了方便讀者參考範例程式，我們複製了一個相同的範例專案 angularapp2，並用它來繼續示範以下的開發過程。

 開啟現有的範例專案時，請先在專案目錄下於命令列執行 『npm install』 安裝所有套件。

在命令提示字元或終端機切換到專案目錄底下，啟動網路服務與 Angular 開發工具：

```
\angular2> npm start
```

json-server 網路服務會先啟動，接著編譯 Angular app。等它完成後，你就能在瀏覽器透過 http://localhost:4200 看到範例專案正常運作。

18-2 完成範例應用程式的其他功能

▌ 18-2-1　加入訂單確認畫面及路由功能

首先要加入的，是能顯示購物車內容的元件，並讓使用者確認訂單。在 src\app 目錄下新增檔案 **orderDetails.component.ts**，寫入以下的內容：

\angularapp2\src\app\orderDetails.component.ts

```
import { Component } from "@angular/core";
import { Router } from "@angular/router";
import { Order } from "./data/entities";
import { DataSource } from './data/dataSource';
```
Next

```
@Component({
    selector: "order-details",
    templateUrl: "./orderDetails.component.html"
})
export class OrderDetails {
    constructor(private dataSource: DataSource, private router: Router) {
    }

    get order(): Order {
        return this.dataSource.order;
    }

    submit() {
        this.dataSource.storeOrder().subscribe(id =>
            this.router.navigateByUrl(`/summary/${id}`));
    }
}
```

OrderDetails 元件的主要功能是透過建構子接收一個 DataSource 物件，然後提供 order（購物車）屬性物件給它的模板。這個元件還使用了 Angular 的 URL 路由系統，根據上傳訂單後得到的訂單號碼來轉到下一個網址 (訂單送出成功畫面)。

我們要讓本範例專案支援以下 URL, 它們的作用如下表：

名稱	說明
/products	顯示上一章定義的 ProductList 元件 (產品清單畫面)。
/order	顯示上面定義的 OrderDetails 元件 (訂單確認畫面)。
/summary/\<id\>	顯示訂購成功畫面 (後面會來撰寫此元件)。這個 URL 也會包含指派的訂單編號, 所以若訂單 ID 為 5, 網址就會是 /summary/5。
/	這個預設 URL 會被重新導向至 /products, 顯示 ProductList 元件。

OrderDetails 類別的建構子會收到一個 Router 物件，它的作用就是允許這元件使用 URL 路由功能導引至新的 URL。submit() 方法會用 DataSource 的 storeOrder() 方法把使用者的購物車內容傳給網路服務伺服器、等候伺服器的回應並收到訂單 id, 然後再用 Router 物件的 navigateByUrl() 方法轉頁到 /summary、並將訂單 id 納入 URL 中, 好通知使用者他們剛送出的是第幾號訂單。

接著, 我們要建立 OrderDetails 類別的模板。在 src\app 目錄下新增一個 **orderDetails.component.html** 檔, 寫入以下內容：

\angularapp2\src\app\orderDetails.component.html

```
<h3 class="text-center bg-primary text-white p-2">Order Summary</h3>
<div class="p-3">
    <table class="table table-sm table-striped">
        <thead>
            <tr>
                <th>Quantity</th>
                <th>Product</th>
                <th class="text-end">Price</th>
                <th class="text-end">Subtotal</th>
            </tr>
        </thead>
        <tbody>
            <tr *ngFor="let line of order.orderLines">
                <td>{{ line.quantity }}</td>
                <td>{{ line.product.name }}</td>
                <td class="text-end">${{ line.product.price.toFixed(2)接下行
}}</td>
                <td class="text-end">${{ line.total.toFixed(2) }}</td>
            </tr>
        </tbody>
        <tfoot>
            <tr>
                <th class="text-end" colSpan="3">Total:</th>
                <th class="text-end">
                    ${{ order.total.toFixed(2) }}
```

Next

18-4

```
                </th>
            </tr>
        </tfoot>
    </table>
</div>
<div class="text-center">
    <button class="btn btn-secondary m-1" routerLink="/products">
        Back</button>
    <button class="btn btn-primary m-1" (click)="submit()">
        Submit Order</button>
</div>
```

orderDetails 元件類別會透過這個模板顯示使用者挑選的產品詳情 (用 *ngFor 來走訪購物車內容)，而提交訂單鈕會呼叫 submit() 方法，返回鈕則會把頁面重新導引至 /products、顯示 ProductList 元件。從 HTML 模板直接轉頁的方式是對 <button> 元素套用 Angular 的 **routerLink** 指令，好讓按鈕被按下時把瀏覽器轉往至指定的 URL：

```
<button class="btn btn-secondary m-1" routerLink="/products">
    Back</button>
```

由於 routerLink 指令是 Angular 內建的路由功能，因此不使用元件類別中的 Router 物件也一樣能導向新網址。

18-2-2　加入訂購成功元件

現在還欠缺的，就是用來在 /summary 網址顯示內容 (訂單送出成功) 的元件。在 src\app 目錄下新增一個名為 **summary.component.ts** 的檔案，寫入以下內容：

\angularapp2\src\app\summary.component.ts

```typescript
import { Component } from "@angular/core";
import { ActivatedRoute } from "@angular/router";

@Component({
    selector: "summary",
    templateUrl: "./summary.component.html"
})
export class Summary {
    constructor(private activatedRoute: ActivatedRoute) { }

    get id(): string {
        return this.activatedRoute.snapshot.params["id"];
    }
}
```

這個 Summary 元件宣告了對 **ActivatedRoute** 路由物件的依賴，而 Angular 會用依賴注入的功能解析它。ActivatedRoute 物件能夠透過內建的 snapshot 屬性描述連線當下的網址或路徑（也就是該路徑的『快照』）； Summary 元件會從中讀取 URL 中 id 參數的值，好獲得訂單的編號。所以 URL 若是 /summary/5, id 參數值就是 5。

小編註 你可在官方文件進一步參考 Angular 的路由功能：https://angular.tw/guide/router-reference。

接著請在 src\app 目錄下新增 summary.component.html 檔，建立這個元件的 HTML 模板：

\angularapp2\src\app\summary.component.html

```html
<div class="m-2 text-center">
    <h2>Thanks!</h2>
    <p>Thanks for placing your order.</p>
    <p>Your order is #{{ id }}</p>
    <p>We'll ship your goods as soon as possible.</p>
    <button class="btn btn-primary" routerLink="/products">OK</button>
</div>
```

這個 HTML 模板會透過 Summary 元件取得 id 屬性值,並將它顯示出來。它還會產生一個按鈕元素,並在使用者點擊按鈕的時候,將網頁導回 /products。

▌ 18-2-3 建立路由的組態設定

為了對 Angular 描述範例程式支援的 URL 以及要顯示的對應元件,請依照以下範例修改 app.module.ts 檔的內容,建立 Angular 路由系統所需的設定:

修改 \angularapp2\src\app\app.module.ts

```
import { NgModule } from '@angular/core';
import { BrowserModule } from '@angular/platform-browser';

import { AppRoutingModule } from './app-routing.module';
import { AppComponent } from './app.component';

import { FormsModule } from "@angular/forms";
import { DataModelModule } from "./data/data.module";
import { ProductItem } from './productItem.component';
import { CategegoryList } from "./categoryList.component";
import { Header } from "./header.component";
import { ProductList } from "./productList.component";

import { RouterModule } from "@angular/router"
import { OrderDetails } from "./orderDetails.component";
import { Summary } from "./summary.component";

const routes = RouterModule.forRoot([
    { path: "products", component: ProductList },
    { path: "order", component: OrderDetails },
    { path: "summary/:id", component: Summary },
    { path: "", redirectTo: "/products", pathMatch: "full" }
]);
```

Next

```
@NgModule({
    declarations: [
        AppComponent, ProductItem, CategegoryList, Header, ProductList,
        OrderDetails, Summary
    ],
    imports: [
        BrowserModule, AppRoutingModule, FormsModule, DataModelModule,
        DataModelModule, routes
    ],
    providers: [],
    bootstrap: [AppComponent]
})
export class AppModule { }
```

RouterModule.forRoot() 用來描述各個 URL 與其對應的元件，並指示將預設 URL（即 / ）重新導引至 /products。而 RouterModule 會將路由的顯示結果放入 <router-outlet></router-outlet> 標籤，因此我們要拿這個來取代 app.component.html 檔的內容：

修改 \angularapp2\src\app\app.component.html

```
<router-outlet></router-outlet>
```

最後，我們得依照底下範例修改 ProductList 元件，讓它的 submit() 方法改用 Angular 的路由功能轉頁至 /order：

\angularapp2\src\app\productList.component.ts

```
import { Component } from "@angular/core";
import { DataSource } from './data/dataSource';
import { Product, Order } from './data/entities';
import { Router } from "@angular/router";

@Component({
    selector: "product-list",
    templateUrl: "./productList.component.html"
})
```

Next

```
export class ProductList {
    selectedCategory = "All";

    constructor(public dataSource: DataSource, private router: Router) {
        this.dataSource.order = new Order;
    }

    get products(): Product[] {
        return this.dataSource.getProducts("id",
            this.selectedCategory === "All" ? undefined : this.
selectedCategory);
    }

    get categories(): string[] {
        return ["All", ...this.dataSource.getCategories()];
    }

    handleCategorySelect(category: string) {
        this.selectedCategory = category;
    }

    handleAdd(data: { product: Product, quantity: number }) {
        this.dataSource.order.addProduct(data.product, data.quantity);
    }

    handleSubmit() {
        this.router.navigateByUrl("/order");
    }
}
```

　　這回我們在 ProductList 的建構子加入一行程式, 好確保每次重新轉頁到 /product (比如完成購物之後), 購物車的內容就會被清除:

```
this.dataSource.order = new Order;
```

　　儲存變更，等候開發工具重新編譯整個應用程式，瀏覽器也會重新載入
新網頁。

　　恭喜，這支 Angular 範例應用程式終於大功告成！你可以選購產品，查
看購物車內容，以及將訂單提交給伺服器。

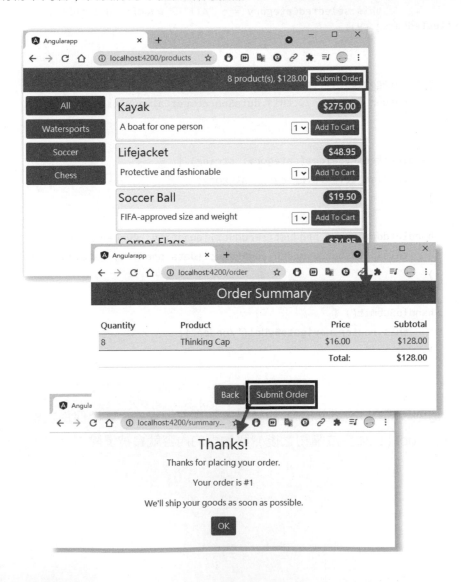

提示 若你按下 Submit Order 按鈕後只有瀏覽器 URL 變了,請檢查你是否忘了依照範例置換 app.component.html 檔的內容。

18-3 部署應用程式

注意 以下使用範例專案 angularapp3, 內容與 angularapp2 相同。

Angular 開發工具同樣仰賴 WDS 伺服器,但如我們在第 16 章提過的,它並不適合用來提供正式的應用程式給使用者,因為它會在生成的 JavaScript bundle 中加入自動重新載入等功能。所以我們也要來做類似第 16 章的準備,以便能部署 Angular 應用程式。

■ 18-3-1　安裝正式環境的 HTTP Server 套件

為了讓網站上線,我們需要架設一個正規的 HTTP 伺服器,好傳送 HTML、CSS 與 JavaScript 檔案給瀏覽器。在此我同樣要用 Express 套件替範例專案架設伺服器 (事實上,本書第三篇的四組範例專案都同樣會用到 Express 套件)。

使用 Ctrl + C 中斷 Angular 開發工具,然後在命令列於專案目錄位置執行下列指令,好安裝 Express 以及 connect-history-api-fallback 套件:

```
\angularapp3> npm install --save-dev express@4.17.1 connect-history-api-接下行
fallback@1.6.0
```

在部署支援 URL 路由的應用程式時,connect-history-api-fallback 套件可以將專案支援的 URL 路徑要求轉到 index.html 檔,確保瀏覽器重新載入時不會對使用者顯示『查無網頁』錯誤。

▌ 18-3-2 建立永久的 JSON 資料檔

接著和第 16 章一樣，我們要為網路服務建立永久的資料檔，以便保存使用者的訂單資訊。在專案目錄新增一個名為 **data.json** 的檔案，寫入以下內容：

```
\angularapp3\data.json
{
    "products": [
        {
            "id": 1,
            "name": "Kayak",
            "category": "Watersports",
            "description": "A boat for one person",
            "price": 275
        },
        {
            "id": 2,
            "name": "Lifejacket",
            "category": "Watersports",
            "description": "Protective and fashionable",
            "price": 48.95
        },
        {
            "id": 3,
            "name": "Soccer Ball",
            "category": "Soccer",
            "description": "FIFA-approved size and weight",
            "price": 19.50
        },
        {
            "id": 4,
            "name": "Corner Flags",
            "category": "Soccer",
            "description": "Give your playing field a professional touch",
            "price": 34.95
        },
```
Next

```
        {
            "id": 5,
            "name": "Stadium",
            "category": "Soccer",
            "description": "Flat-packed 35,000-seat stadium",
            "price": 79500
        },
        {
            "id": 6,
            "name": "Thinking Cap",
            "category": "Chess",
            "description": "Improve brain efficiency by 75%",
            "price": 16
        },
        {
            "id": 7,
            "name": "Unsteady Chair",
            "category": "Chess",
            "description": "Secretly give your opponent a disadvantage",
            "price": 29.95
        },
        {
            "id": 8,
            "name": "Human Chess Board",
            "category": "Chess",
            "description": "A fun game for the family",
            "price": 75
        },
        {
            "id": 9,
            "name": "Bling Bling King",
            "category": "Chess",
            "description": "Gold-plated, diamond-studded King",
            "price": 1200
        }
    ],
    "orders": []
}
```

18-3-3 架設伺服器

接著我們要搭建一個伺服器，以便把應用程式和資料傳給瀏覽器。在專案目錄新增一個檔案 server.js, 寫入以下範例的程式碼：

\angularapp3\server.js

```
const express = require("express");
const jsonServer = require("json-server");
const history = require("connect-history-api-fallback");
const app = express();

app.use(history());
app.use("/", express.static("dist/angularapp"));
                                    ↑
                注意目標子目錄的名稱要跟專案相同

const router = jsonServer.router("data.json");
app.use(jsonServer.bodyParser)
app.use("/api", (req, resp, next) => router(req, resp, next));

const port = process.argv[3] || 4001;
app.listen(port, () => console.log(`Running on port ${port}`));
```

這段程式的作用是在設定 Express 與 json-server 套件，要 Express 提供 dist\angularapp3 目錄的內容給使用者瀏覽 (Angular 輸出的應用程式 JavaScript bundle 與 HTML 檔案就會位於此處)，而 json-server 提供的網路服務則是透過 /api 開頭的 URL 來存取。

> **提示** Angular 編譯並輸出 bundle 的目標位置, 可透過根目錄的 angular.json 內的『outputPath』 來指定。我們在本章的所有範例專案都使用了同一個名稱, 但若你要複製自己的現成專案, 就請依需要修改之。

18-3-4 以相對路徑 URL 提供資料請求

而既然現在我們要使用 Express 擔任伺服器，我們就能像第 16 章那樣不必把 json-server 開成獨立的伺服器，而是透過 Express 來呼叫它，用同一個伺服器供應網站和網路服務。

為了做到這點，我們得改寫 RemoteDataSource 類別，以便利用同一伺服器的相對路徑來存取網路服務：

修改 \angularapp3\src\app\data\remoteDataSource.ts

```
import { Injectable } from "@angular/core";
import { HttpClient } from "@angular/common/http";
import { Observable } from "rxjs";
import { map } from "rxjs/operators";
import { DataSourceImpl } from "./dataSource";
import { Product, Order } from "./entities";

// const protocol = "http";    ←── 註解掉
// const hostname = "localhost";
// const port = 4600;

const urls = {
    // products: `${protocol}://${hostname}:${port}/products`,  ←── 註解掉
    // orders: `${protocol}://${hostname}:${port}/orders`
    products: "/api/products",
    orders: "/api/orders"
};

...
```

18-3-5 建置應用程式

在 Angular 應用程式的目錄下有個 browserslist 檔案，開發者可在裡面設定專案支援的瀏覽器版本。Angular 建構工具會根據此檔的內容，來調整編譯器輸出特定版本的 JavaScript。

預設狀況下，即使是不支援最新走訪器功能的瀏覽器也會被一併納入。但問題是，我們在範例程式的資料模組中使用了走訪器。我當然可以修改 browserslist 檔的內容，直接排除這些不支援走訪器的舊版瀏覽器，但更有彈性的作法是在 TypeScript 編譯器的組態設定檔啟用 **downlevelIteration**，讓程式在編譯時加入額外的輔助程式碼，使得舊版瀏覽器也能夠使用走訪器。

在目前的 Angular 版本中，tsconfig.json 已經會自動加入這行，**如果你找不到才需要手動加入**：

```
\angularapp3\tsconfig.json
```

```
/* To learn more about this file see: https://angular.io/config/tsconfig.
*/
{
    "compileOnSave": false,
    "compilerOptions": {
        "baseUrl": "./",
        "outDir": "./dist/out-tsc",
        "forceConsistentCasingInFileNames": true,
        "strict": true,
        "noImplicitReturns": true,
        "noFallthroughCasesInSwitch": true,
        "sourceMap": true,
        "declaration": false,
        "downlevelIteration": true,
        "experimentalDecorators": true,
        "moduleResolution": "node",
        "importHelpers": true,
        "target": "es2017",
                                                    Next
```

```
        "module": "es2020",
        "lib": [
            "es2018",
            "dom"
        ]
    },
    "angularCompilerOptions": {
        "enableI18nLegacyMessageIdFormat": false,
        "strictInjectionParameters": true,
        "strictInputAccessModifiers": true,
        "strictTemplates": true
    }
}
```

　　接著請在專案目錄執行以下的指令，為應用程式建構正式上線環境要用的 bundle 檔：

```
\angularapp3> ng build
```

小編註 在 Angular 12 版之前要使用 『ng build --prod』 的寫法。

　　Angular 會在 dist 目錄生成一系列經過最佳化的 JavaScript 檔案，同時顯示下列訊息，告訴使用者它建立了哪些檔案：

```
 Generating browser application bundles (phase: setup)...Compiling
@angular/core : es2015 as esm2015
Compiling @angular/common : es2015 as esm2015
Compiling @angular/platform-browser : es2015 as esm2015
Compiling @angular/router : es2015 as esm2015
Compiling @angular/platform-browser-dynamic : es2015 as esm2015
Compiling @angular/common/http : es2015 as esm2015
Compiling @angular/forms : es2015 as esm2015
 Browser application bundle generation complete.
 Copying assets complete.
 Index html generation complete.
                                                              Next
```

```
Initial Chunk Files                    | Names      |      Size
main.d3442b863d019ea7a8c6.js           | main       | 253.76 kB
styles.dbeacab1dc8d41d4172f.css        | styles     | 156.32 kB
polyfills.89e8bd56b08023902018.js      | polyfills  |  36.20 kB
runtime.95ab668e15141267bad8.js        | runtime    |   1.03 kB

                                       | Initial Total | 447.30 kB

Build at: 2021-09-01T03:26:56.453Z - Hash: b4e89d515f18d913ba31 - Time:
65307ms
```

▌ 18-3-6 測試建置好的正式網站

為了確保建置出來的專案可正常運作, 請在專案目錄啟動 Express 伺服器 (若要指定 IP 及 port, 請參閱第 16 章):

```
\angularapp3> node server.js
Running on port 4001
```

打開網頁瀏覽器 , 在網址列輸入 http://localhost:4001, 你就會看到範例專案正常運作:

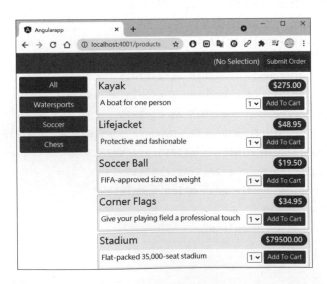

18-4 容器化應用程式

 以下使用範例專案 angularapp4, 內容延續自 angularapp3, 但沒有 data.js 並移除一些註解。此專案會和前一個專案一樣, 先用 **ng build** 編譯出正式上線版的 bundle。

最後，我要為 Angular 範例專案建立一個 Docker 容器，讓它能更方便地部署到正式環境。若你仍未安裝 Docker, 請參照第 16 章的說明把它裝起來，這樣才有辦法跟著演練本章後續的範例。

18-4-1　準備好應用程式

首先要準備的，是建立一個 NPM 的組態檔，以便讓 NPM 下載在容器中執行應用程式所需的額外套件。在專案目錄新增一個名為 **deploy-package.json** 的檔案，寫入底下的內容：

\angularapp4\deploy-package.json

```
{
    "name": "angularapp",
    "description": "Angular Web App",
    "repository": "",
    "license": "0BSD",
    "devDependencies": {
        "express": "4.17.1",
        "json-server": "0.16.3",
        "connect-history-api-fallback": "1.6.0"
    }
}
```

這個檔案的用意和第 16 章所提的相同，因此這裡便不再贅述。

18-4-2 建立 Docker 容器

在專案根目錄新增一個名為 **Dockerfile** 的檔案（不需要副檔名），寫入以下範例的內容，以便用一個基礎映像檔安裝指定版本的 Node.js、並將應用程式執行時所需的檔案（包括讓 NPM 安裝套件用的 package.json）複製到映像檔內：

`\angularapp4\Dockerfile`

```
FROM node:14.17.3

RUN mkdir -p /usr/src/angularapp
COPY dist /usr/src/angularapp/dist/
COPY data.json /usr/src/angularapp/
COPY server.js /usr/src/angularapp/
COPY deploy-package.json /usr/src/angularapp/package.json

WORKDIR /usr/src/angularapp

RUN echo 'package-lock=false' >> .npmrc
RUN npm install

EXPOSE 4001

CMD ["node", "server.js"]
```

而為了加速整個容器化的過程，我也會透過 **.dockerignore** 這個檔案要 Docker 跳過 node_modules 目錄：

`\angularapp4\.dockerignore`

```
node_modules
```

最後在專案目錄執行底下這個指令，以便建立一個包含範例應用程式、以及所有必要套件的映像檔：

```
\angularapp4> docker build . -t angularapp -f Dockerfile
```

映像檔是容器的模板，Docker 會開始依序處理 Dockerfile 檔案裡的指令，下載與安裝 NPM 套件，然後把所有的設定檔和程式檔都複製到映像檔裡頭。

▊ 18-4-3　執行應用程式

映像檔建立完成後，請在命令列如下建立和啟動一個新的容器：

```
\angularapp4> docker run -p 4001:4001 angularapp
```

在瀏覽器網址列輸入 http://localhost:4001，即可見到在容器中執行的網頁伺服器如常運作。

 停止 Docker 容器的方式請參閱第 16 章。

18-5 本章總結

本章我們先將 Angular 範例應用程式的功能元件補齊，並且使用 URL 路由功能來根據網址選擇要顯示給使用者的內容。然後我們也示範了部署網站到正式環境的相關準備工作，並利用容器化的方式來降低部署難度。

在下一章，我們將示範如何用下一個框架 React 打造相同的網路應用程式。

MEMO

打造 React 網路
應用程式 (上)

在看過如何以 Angular 框架打造網路應用程式後, 我們在這兩章
則要用 React 框架來製作一個一模一樣的範例。儘管在 React
開發流程中 TypeScript 並非必要的核心功能, 但 TypeScript 對
React 仍具有良好的支援, 且能有效改善開發者的體驗。

19-1 本章行前準備

▌ 19-1-1　建立 React 專案

要建立 React 專案，最簡單的方式就是使用 **create-react-app** 套件，其作用和 Angular Cli 很類似。在命令提示字元或終端機執行以下指令，好在全域範圍安裝 create-react-app 套件：

```
\> npm install --global create-react-app@4.0.3
```

安裝完成後，切換到你想要建置專案的目錄，執行底下的指令，好在該位置建立一個名為 **reactapp** 的專案目錄：

```
\> npx create-react-app reactapp --template typescript
```

接在專案名稱後方的 **--template** 參數告訴 create-react-app 套件，這個專案會套用 TypeScript 範本，需要一併安裝與設定 TypeScript 編譯器，以及描述 React API 與其相關工具的宣告檔。

 本書透過 create-react-app 安裝的 React 版本為 17.0.2。它必須使用 Node.js 14.x 或更新版本。若要為現存的 React 專案加入 TypeScript, 則請參閱此處的說明：https://create-react-app.dev/docs/adding-typescript/。

至於可使用的現成範本，可在用以下網址來搜尋：https://www.npmjs.com/search?q=cra-template-* 例如, cra-template-typescript 就是上面我們使用的 **typescript** 範本。

小編註 VS Code 使用者若已經裝有 TypeScript 延伸模組, 就已經可支援 JSX/TSX 語法, 不須再安裝其他模組。

▋ 19-1-2 設定網路服務與組態

專案建置完成後，請在命令列切換到 reactapp 專案目錄，然後安裝提供網路服務的 json-server 套件，以及可用單一指令啟動多重套件的 npm-run-all 套件：

```
\> cd reactapp
\reactapp> npm install --save-dev json-server@0.16.3 npm-run-all@4.1.5
```

和之前一樣，在 reactapp 根目錄新增一個 data.js 檔案，好讓 json-server 能透過網路服務提供資料：

\reactapp\data.js

```
module.exports = function () {
    return {
        products: [
            {
                id: 1, name: "Kayak", category: "Watersports",
                description: "A boat for one person", price: 275
            },
            {
                id: 2, name: "Lifejacket", category: "Watersports",
                description: "Protective and fashionable", price: 48.95
            },
            {
                id: 3, name: "Soccer Ball", category: "Soccer",
                description: "FIFA-approved size and weight", price: 19.50
            },
            {
                id: 4, name: "Corner Flags", category: "Soccer",
                description: "Give your playing field a professional touch",
                price: 34.95
            },
            {
                id: 5, name: "Stadium", category: "Soccer",
                description: "Flat-packed 35,000-seat stadium", price: 79500
            },
```

Next

```
            {
                id: 6, name: "Thinking Cap", category: "Chess",
                description: "Improve brain efficiency by 75%", price: 16
            },
            {
                id: 7, name: "Unsteady Chair", category: "Chess",
                description: "Secretly give your opponent a disadvantage",
                price: 29.95
            },
            {
                id: 8, name: "Human Chess Board", category: "Chess",
                description: "A fun game for the family", price: 75
            },
            {
                id: 9, name: "Bling Bling King", category: "Chess",
                description: "Gold-plated, diamond-studded King", price: 1200
            }
        ],
        orders: []
    }
}
```

接著請打開 package.json 設定檔，參照以下範例修改 scripts 項目，加入開發工具的設定，好讓我們可以只用一個指令就同時啟動 React 工具鏈與網路服務：

\reactapp\package.json

```
{
    "name": "reactapp",
    "version": "0.1.0",
    "private": true,
    "dependencies": {
        ...
    },
    "scripts": {
        "serve": "react-scripts start",
        "build": "react-scripts build",
```

Next

```
        "test": "react-scripts test",
        "eject": "react-scripts eject",
        "json": "json-server data.js -p 4600",
        "start": "npm-run-all -p serve json"
    },
    ...
```

▌19-1-3　安裝 Bootstrap CSS 套件

繼續在專案目錄下執行以下指令，為專案安裝 Bootstrap CSS 框架：

```
\reactapp> npm install bootstrap@5.1.0
```

為了確保應用程式會使用 Bootstrap CSS 樣式表，在 src 子目錄下已
經存在的 index.tsx 檔加入一行新的 import 敘述：

\reactapp\src\index.tsx
```
import React from 'react';
import ReactDOM from 'react-dom';
import './index.css';
import App from './App';
import reportWebVitals from './reportWebVitals';
import 'bootstrap/dist/css/bootstrap.css';

ReactDOM.render(
  <React.StrictMode>
    <App />
  </React.StrictMode>,
  document.getElementById('root')
);

// If you want to start measuring performance in your app, pass a function
// to log results (for example: reportWebVitals(console.log))
// or send to an analytics endpoint. Learn more: https://bit.ly/CRA-vitals
reportWebVitals();
```

19-1-4　啟動範例專案

在命令列於專案目錄下執行 npm start 指令，啟動開發工具與網路服務：

```
\reactapp> npm start
```

json-server 網路服務會先啟動，然後請等待片刻讓 React 工具啟動。你會看到如下的訊息：

```
   Home
Compiled successfully!

You can now view reactapp in the browser.

   Local:            http://localhost:3000
   On Your Network:  http://192.168.56.1:3000

Note that the development build is not optimized.
To create a production build, use npm run build.
```

React 也會自動打開一個新的瀏覽器視窗到 http://localhost:3000, 顯示 React 專案的臨時網頁：

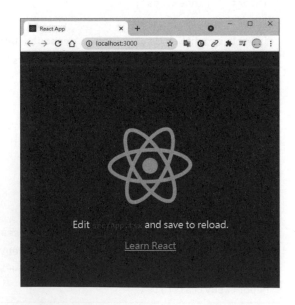

19-2 TypeScript 在 React 開發中扮演的角色

▋ 19-2-1　了解 Babel 編譯器

React 開發主要仰賴的是我們在第 15 章看過的 JSX, 也就是在同一個檔案中混用 JavaScript 與 HTML；React 在幕後同樣會使用 Webpack 與 WDS 建立 JavaScript 的 bundle, 並把它傳給瀏覽器。

然而，TypeScript 並非 React 框架的必要開發工具，而這點也反映在 React 的開發工具與 TypeScript 編譯器的配置方式。React 框架實際上是透過 **Babel** 套件來將 JSX 檔轉換為純 JavaScript 程式碼。Babel 是一個 JavaScript 編譯器，它能把新版 JavaScript 原始碼轉譯成可供舊瀏覽器執行的程式碼，就像 TypeScript 編譯器能指定輸出版本那樣。Babel 還可透過不同的插件 (plugin) 來擴大它的支援範圍，把更多不同格式的內容 (包括 JSX 檔) 轉譯成 JavaScript。

下圖是 React 開發工具鏈在一個正規 JavaScript 專案中的基本樣貌：

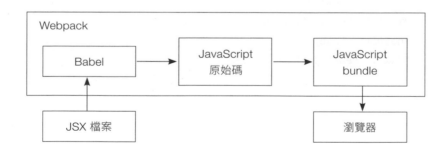

負責轉譯 JSX 的 Babel 插件，它所扮演的角色跟我們在第 15 章建立的 JSX 工廠函式是一樣的。它會用 JavsScript 敘述取代 HTML 段落，只不過用的是更有效率的 React API。產生的純 JavaScript 再被打包到一個檔案中，以利瀏覽器接收與執行。打包好的 bundle 裡也包含了必要的 JavaScript 程式碼，好解開應用程式需要的 CSS、圖像等資源。

所以說，TypeScript 在 React 工具鏈扮演的角色，和前兩個專案非常不一樣。為了更清楚看出這是怎麼回事，我們可以檢視專案中 TypeScript 編譯器的組態設定檔：

\reactapp\tsconfig.json

```json
{
    "compilerOptions": {
        "target": "es5",
        "lib": [
            "dom",
            "dom.iterable",
            "esnext"
        ],
        "allowJs": true,
        "skipLibCheck": true,
        "esModuleInterop": true,
        "allowSyntheticDefaultImports": true,
        "strict": true,
        "forceConsistentCasingInFileNames": true,
        "noFallthroughCasesInSwitch": true,
        "module": "esnext",
        "moduleResolution": "node",
        "resolveJsonModule": true,
        "isolatedModules": true,
        "noEmit": true,
        "jsx": "react-jsx"
    },
    "include": [
        "src"
    ]
}
```

請特別注意 **noEmit** 與 **jsx** 這兩個設定。當 noEmit 設為 true 時，Type-Script 編譯器不會輸出 JavaScript 檔案。而 jsx 設為 preserve 時，JSX 檔案中的 HTML 片段也不會被轉譯成 JavaScript 敘述。所以這兩個設定表示

TypeScript 編譯器根本不會經手處理 HTML 內容、也不會輸出 JavaScript 檔案。可是 , 這樣難道不會對 React 專案造成嚴重限制嗎 ?

之所有會有這麼不尋常的設定 , 是因為在 React 中負責把 TypeScript 原始碼轉譯為 JavaScript 的根本不是 TypeScript 編譯器 , 而是 Babel 套件。React 工具鏈當中包含了一個 Babel 插件 , 不僅能將 TypeScript 轉譯為純 JavaScript, 也能處理 JSX/TSX 檔案中的 HTML 元素。

但其實 Babel 並不了解 TypeScript 的功能、沒辦法對要編譯的內容做型別檢查 , 所以檢查工作還是必須留給 TypeScript 編譯器。也就是說 , 處理 TypeScript 的工作被切成了兩個部分:TypeScript 編譯器只負責檢查原始碼的型別錯誤 , Babel 則負責輸出要給瀏覽器執行的 JavaScript。

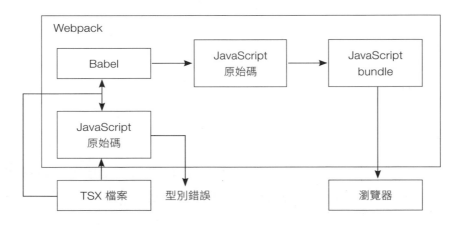

這種架構的限制便是 Babel 無法支援 TypeScript 全部的功能 , 但欠缺的部分其實也意外的少。在本書寫成之際 , 它無法使用常數列舉 (const enum, 但可以藉由 babel-plugin-const-enum. 插件來補足), 對於 TypeScript 命名空間 (namespace) 也僅有部分支援。

> **注意** 你在啟動開發工具的時候可能會收到一個警告 , 說你的 TypeScript 版本不符。這個警告是提醒你 , 新版 TypeScript 編譯器的型別檢查功能與當前 Babel 版本支援的版本可能存在著差異。我們的範例只是很小的專案 , 不會有嚴重影響。但如果是大型專案 , 建議還是使用 create-react-app 套件有明確支援的 TypeScript 版本。
> (**小編註**:目前 create-react-app 已經支援 TypeScript 4.x。)

▋19-2-2 修改 TypeScript 編譯目標

再來，因為我們的範例專案會使用展開運算子，所以我們還得把 TypeScript 編譯器的 target 設定從 "es5" 改成 "es2015" (即 ES6)：

\reactapp\tsconfig.json

```json
{
    "compilerOptions": {
        "target": "es2015",
        "lib": [
            "dom",
            "dom.iterable",
            "esnext"
        ],
        ...
    },
    "include": [
        "src"
    ]
}
```

Babel 的轉譯功能可支援展開運算子，無須額外設定，修改 TypeScript 的 target 設定只是為了預防 TypeScript 編譯器報錯。

19-3 建立資料類別

React 框架的特色是，它把重心擺在將 HTML 內容呈現給使用者看，至於管理應用程式資料與提出 HTTP 請求等工作，則是交給其他套件處理。所以我先把重點擺在 React 本身有提供的功能，等稍後要為範例程式加入完整功能時，再把需要的套件一一安裝起來。

首先，我要先建立資料模型，好描述產品跟訂單資料。請在 src\data 子目錄下建立一個名為 entities.ts 的檔案，寫入以下內容：

\reactapp\src\data\entities.ts

```typescript
export type Product = {
    id: number,
    name: string,
    description: string,
    category: string,
    price: number
};

export class OrderLine {
    constructor(public product: Product,
        public quantity: number) { }

    get total(): number {
        return this.product.price * this.quantity;
    }
}

export class Order {
    private lines = new Map<number, OrderLine>();

    constructor(initialLines?: OrderLine[]) {
        if (initialLines) {
            initialLines.forEach(ol =>
                this.lines.set(ol.product.id, ol));
        }
    }

    public addProduct(prod: Product, quantity: number) {
        if (this.lines.has(prod.id)) {
            if (quantity === 0) {
                this.removeProduct(prod.id);
            } else {
                this.lines.get(prod.id)!.quantity += quantity;
            }
        } else {
            this.lines.set(prod.id, new OrderLine(prod, quantity));
```

Next

```
        }
    }

    public removeProduct(id: number) {
        this.lines.delete(id);
    }

    get orderLines(): OrderLine[] {
        return [...this.lines.values()];
    }

    get productCount(): number {
        return [...this.lines.values()]
            .reduce((total, ol) => total += ol.quantity, 0);
    }

    get total(): number {
        return [...this.lines.values()].reduce(
            (total, ol) => total += ol.total, 0);
    }
}
```

　　這組資料型別的內容和前兩個範例程式是相同的。無論使用哪種開發框架,你都能用相同的特性來描述資料型別。

19-4 替網站加入元件

▋ 19-4-1　顯示產品清單

　　React 使用 JSX 語法來讓你在 JavaScript 程式碼中包含 HTML 標籤,這其實非常類似我們在第 15、16 章開發獨立網路應用程式時的做法。等到編譯的時候,HTML 元素會被轉譯成 JavaScript 敘述,然後很有效率地透過 React API 將內容顯示給使用者。我們等一下會解釋以上這話是什麼意思。

React 應用程式的核心是由元件 (component) 構成, 它們負責產生不同的 HTML 內容, 透過 JSX/TSX 類別的 props 屬性控制元件內容, 並處理 HTML 元素觸發的事件以回應使用者的互動, 好改變網頁或本地資料狀態 (這則是透過類別的 state 屬性)。

我們首先先來建立一個簡單的 React 元件, 用於顯示產品的基本資料、並提供選擇數量和將產品放入購物車的功能。請在 src 目錄下新增一個名為 **productItem.tsx** 的檔案, 然後寫入以下內容:

`\reactapp\src\productItem.tsx`

```tsx
import React, { Component, ChangeEvent } from "react";
import { Product } from "./data/entities";

interface Props {
    product: Product,
    callback: (product: Product, quantity: number) => void
}

interface State {
    quantity: number
}

export class ProductItem extends Component<Props, State> {
    constructor(props: Props) {
        super(props);
        this.state = {
            quantity: 1
        }
    }

    render() {
        return <div className="card m-1 p-1 bg-light">
            <h4>
                {this.props.product.name}
                <span className="badge rounded-pill badge-primary float-end">
                    ${this.props.product.price.toFixed(2)}
```

Next

```
                    </span>
            </h4>
            <div className="card-text bg-white p-1">
                    {this.props.product.description}
                    <button className="btn btn-success btn-sm float-end"
                        onClick={this.handleAddToCart} >
                        Add To Cart
                    </button>
                    <select className="form-control-inline float-end m-1"
                        onChange={this.handleQuantityChange}>
                        <option>1</option>
                        <option>2</option>
                        <option>3</option>
                    </select>
            </div>
        </div>
    }

    handleQuantityChange = (ev: ChangeEvent<HTMLSelectElement>): void =>
        this.setState({ quantity: Number(ev.target.value) });

    handleAddToCart = (): void =>
        this.props.callback(this.props.product, this.state.quantity);
}
```

在 React 中，元件類別必須以英文大寫開頭。但為了使用 TypeScript，我們需要稍微對 React 元件的定義方式做些調整，用兩個介面來描述 props 與 state 屬性，並將這些資料型別當成 Component 類別的泛型參數，以便讓 TypeScript 編譯器能對它們做型別檢查：

```
export class ProductItem extends Component<Props, State> {
```

React 元件會有兩個屬性，**props** (properties) 以及 **state** (狀態)，前者用來接收從外界傳入的資料，後者則用來記錄元件自身的狀態資料。當 React 偵測到這些屬性有變化時，就會重繪網頁內容。

🔧 React 與 Virtual DOM

JSX/TSX 類別經過 React 編譯後，其 render() 方法傳回的東西其實會變成一個 JavaScript 物件叫做 **Virtual DOM** (虛擬 DOM)。React 會比較 Virtual DOM 與真正網頁的 DOM 物件 (此動作稱為 diffing)，然後在兩者有差異時才重繪後者。React 藉此減少網頁需要重繪的次數，好增進應用程式的執行效率。

當元件的 props 或 state 屬性被改變時，這意味著網頁內容很可能也產生改變，因此這會觸發 React 的自動重繪行為。其實 React 提供了一些進階功能來讓你決定何時該重繪，但本書不會討論到這部分。

ProductItem 類別透過上層元件收到的 props 含有一個 Product 型別的物件，以及一個回呼函式。當使用者按下加入購物車的按鈕時，就會透過 ProductItem 自身的 handleAddToCart() 呼叫它。此外 ProductItem 類別給 state 屬性指派了個物件，該物件擁有一個成員 quantity, 用來記錄使用者選擇的產品數量。

React 的元件宣告檔也包含了 HTML 事件會用到的型別 Change Event。當使用者切換 <select> 下拉選單而觸發 onChange 事件時，負責處理的函式就會收到一個 ChangeEvent<HTMLSelectElement> 物件：

```
handleQuantityChange = (ev: ChangeEvent<HTMLSelectElement>): void =>
    this.setState({ quantity: Number(ev.target.value) });
```

這時事件處理函式會用 React 元件的 **setState()** 方法來修改 state 屬性，React 也會因此知道元件的狀態產生改變、進而用 render() 重繪網頁。

> 💡 **提示** 在 React 元件類別中, 你永遠應該使用 setState() (由 Component 類別提供) 來修改 state 屬性。直接修改 this.state 可能會導致錯誤結果，因為 state 屬性的更新是非同步的, this.state 可能不會即時反映它的最新結果。

▌19-4-2　使用函式元件與 Hook

前面範例的 ProductItem 元件是以類別的方式定義的，但其實 React 也支援用函式來定義元件，而且寫法更為簡潔。因此下面我就來示範改寫 ProductItem 元件，把它從類別改寫為函式的版本。事實上，在我們的 React 範例專案中，其餘元件都將會採用這種寫法。

 React 同時支援函式元件與類別元件，你可以照自己的偏好來選擇。兩種方式各有優點，要在同一個專案中混用也不成問題。但注意 Hook 只有 React 16.8.0 版之後才可直接使用。

事實上，React 官方其實鼓勵開發者使用函式元件和 Hook，好減少撰寫類別時帶來的複雜性和 this 關鍵字可能引起的混淆。詳情可參閱官方說明：https://zh-hant.reactjs.org/docs/hooks-intro.html。

在使用 TypeScript 時，函式元件必須註記為 **FunctionComponent<T>** 型別，而泛型參數 T 代表的就是該元件會收到的 props 屬性：

修改 \reactapp\src\productItem.tsx

```tsx
import { ChangeEvent, FunctionComponent, useState } from "react";
import { Product } from "./data/entities";

interface Props {
    product: Product,
    callback: (product: Product, quantity: number) => void
}

// 不須定義 State 介面

export const ProductItem: FunctionComponent<Props> = (props) => {
    // 建立 state 屬性與其設定函式
    const [quantity, setQuantity] = useState<number>(1);

    // 傳回網頁內容
```

Next

19-16

```
    return <div className="card m-1 p-1 bg-light">
        <h4>
            {props.product.name}
            <span className="badge rounded-pill badge-primary float-end">
                ${props.product.price.toFixed(2)}
            </span>
        </h4>
        <div className="card-text bg-white p-1">
            {props.product.description}
            <button className="btn btn-success btn-sm float-end"
                onClick={() => props.callback(props.product, quantity)} >
                Add To Cart
            </button>
            <select className="form-control-inline float-end m-1"
                onChange={(ev: ChangeEvent<HTMLSelectElement>) =>
                    setQuantity(Number(ev.target.value))}>
                <option>1</option>
                <option>2</option>
                <option>3</option>
            </select>
        </div>
    </div>
}
```

函式元件用 return 傳回的東西，就跟之前類別元件 render() 的傳回值相同，差別在於類別元件需用 this 關鍵字來存取其屬性與方法，當中包括 state 狀態屬性。相對地，函式元件利用所謂的『**鉤子**』**(hook)** 來達到類似的效果：

```
const [quantity, setQuantity] = useState<number>(1);
```

這便是一個典型的狀態鉤子 (state hook), 提供了一個狀態資料 quantity 給函式元件。**useState()** 函式會傳入一個泛型引數，以及狀態值的初始值 (數值 1)。useState() 會回傳一個包含兩個成員的 tuple, 第一個就是狀態值，第二個則是一個函式，可呼叫來修改該狀態值。

提示 由於函式元件的生命週期與類別元件不同, 正常狀況下函式元件無法記住自己的狀態。這便是為何 React 設計了 hook, 好將類似的生命週期功能『鉤到』函式元件中。

在這個範例中, 我們使用 useState() 建立狀態值 quantity, 並可以用 setQuantity 函式 (使用了 React 的命名慣例, 在狀態值名稱前面加上 set) 來修改它, 作用等同於前面的 setState()。因此我們就能像下面這樣取得當前的狀態或 quantity 值:

```
onClick={ () => props.callback(props.product, quantity) }>
```

而由於 quantity 被宣告為常數, 它的值無法直接變更, 所以只能透過 setQuantity() 函式改變它:

```
<select className="form-control-inline float-end m-1"
    onChange={ (ev: ChangeEvent<HTMLSelectElement>) =>
        setQuantity(Number(ev.target.value)) }>
```

刻意分開狀態值的讀取和寫入動作, 能夠確保狀態資料的所有改變都會觸發 React 的更新動作 (因為這下你只能以特定的方式修改之), 而 TypeScript 編譯器也會檢查傳給函式的值, 確保它們符合 useState() 函式的泛型引數的型別。

▌19-4-3 顯示產品分類按鈕

再來要加入的是顯示產品分類的元件。在 src 子目錄下新增檔案 **categoryList.tsx** 並寫入以下內容:

\reactapp\src\categoryList.tsx

```
import { FunctionComponent } from "react";

interface Props {
```
Next

```
    selected: string,
    categories: string[],
    selectCategory: (category: string) => void;
}

export const CategoryList: FunctionComponent<Props> = (props) => {
    return <div className="d-grid gap-2">
        {["All", ...props.categories].map(c => {

            let btnClass = props.selected === c
                ? "btn-primary" : "btn-secondary";

            return <button key={c}
                className={`btn ${btnClass}`}
                onClick={() => props.selectCategory(c)}>
                {c}
            </button>

        })}
    </div>
}
```

這個 CategoryList 元件沒有定義任何狀態資料，它的父類別也只用了一個 <Props> 泛型引數。在它傳回的網頁元素中，會走訪所有的產品分類，並透過 map() 方法內的箭頭函式產生每個按鈕的網頁元素。

▌ 19-4-4　建立表頭元件

接著要建立的是 header 元件。在專案的 src 子目錄新增檔案 **header.tsx**：

\reactapp\src\header.tsx

```
import { FunctionComponent } from "react";
import { Order } from "./data/entities";
```

Next

```
interface Props {
    order: Order
}

export const Header: FunctionComponent<Props> = (props) => {
    let count = props.order.productCount;

    return <div className="p-1 bg-secondary text-white text-end">
        {count === 0 ? "(No Selection)"
            : `${count} product(s), $${props.order.total.toFixed(2)}`}

        <button className="btn btn-sm btn-primary m-1">
            Submit Order
        </button>

    </div>
}
```

19-4-5　整合與測試各個元件

　　下一個元件要負責的是把前面的表頭、產品清單，以及篩選產品分類的按鈕整合成同一個畫面。在 src 目錄新增一個 **productList.tsx**，並寫入以下內容：

`\reactapp\src\productList.tsx`

```
import { FunctionComponent, useState } from "react";
import { Header } from "./header";
import { ProductItem } from "./productItem";
import { CategoryList } from "./categoryList";
import { Product, Order } from "./data/entities";

interface Props {
    products: Product[],
    categories: string[],
    order: Order,
```

Next

```
    addToOrder: (product: Product, quantity: number) => void
}

export const ProductList: FunctionComponent<Props> = (props) => {
    // 狀態值：目前選擇的產品分類
    const [selectedCategory, setSelectedCategory] =
        useState<string>("All");

    // 根據分類篩選產品清單
    let products: Product[] = props.products.filter(
        p => selectedCategory === "All" || p.category
            === selectedCategory);

    // 產生畫面並將資料傳給子元件的 props
    return <div>
        <Header order={props.order} />
        <div className="container-fluid">
            <div className="row">
                <div className="col-3 p-2">
                    <CategoryList categories={props.categories}
                        selected={selectedCategory}
                        selectCategory={(cat: string) => {
                            setSelectedCategory(cat);
                        }} />
                </div>
                <div className="col-9 p-2">
                    {
                        products.map(p =>
                            <ProductItem key={p.id} product={p}
                                callback={props.addToOrder} />)
                    }
                </div>
            </div>
        </div>
    </div>
}
```

這邊透過自訂的 HTML 元素來連結對應的 TSX 元素,只不過在此我們使用了 React 函式元件和 hook,而非類別與屬性。props 用來提供資料和回呼函式,並藉此改變 state 變數、進而達到操縱 HTML 元素的目的。

為了測試這些元件是否能正確顯示內容,請把 src 目錄下的 App.tsx 檔的內容換成以下程式碼:

修改 \reactapp\src\App.tsx

```tsx
import { FunctionComponent, useState } from "react";
import { Product, Order } from './data/entities';
import { ProductList } from './productList';

let testData: Product[] = [1, 2, 3, 4, 5].map(num =>
({
    id: num, name: `Prod${num}`, category: `Cat${num % 2}`,
    description: `Product ${num}`, price: 100
}))

interface Props { }   // 空介面, 不需有內容

export const App: FunctionComponent<Props> = (props) => {
    // 建立購物車 (狀態值)
    const [order, setOrder] = useState<Order>(new Order());

    let categories: string[] =
        [...new Set(testData.map(p => p.category))];

    // 產生畫面並將資料傳給子元件的 props
    return <div className="App">
        <ProductList products={testData}
            categories={categories}
            order={order}
            addToOrder={(product: Product, quantity: number) => {
                // 將新產品加入購物車
                let newOrder = new Order(order.orderLines);
                newOrder.addProduct(product, quantity);
                setOrder(newOrder);   // 儲存狀態
```

Next

19-22

```
        }} />
    </div>
}

export default App;  // 將 App 設為預設匯出項目
```

最後一行是必須的，以便把 App 函式設為 App.tsx 的預設輸出項目。這樣網站首頁 index.tsx 才能用『import App from './App';』的語法匯入並使用它。

☼ 用 useState() 觸發重繪的奇妙陷阱

在以上範例中，我們在指定 ProductList 元件要使用的 addToOrder 回呼函式內容時，其內容並不是就地修改 order 物件，而是產生一個新物件 newOrder、將 order 的購物清單放進去，然後才呼叫其 addProduct() 方法新增產品、並把它傳給 setOrder() 來更新狀態值。為什麼要這樣多此一舉呢？

這是因為 React 只有在偵測到 props 和 state（在此例的 order）值有改變時，才會更新網頁內容。若我們只是純粹修改 order 物件的屬性，而沒有置換整個物件，React 就會認為你沒有更改狀態、因此沒有重繪網頁的需要：

```
addToOrder={(product: Product, quantity: number) => {
    order.addProduct(product, quantity);
    setOrder(order);  // 更新狀態值，但不會觸發重繪
}}
```

如果想要的話，也有別的方式可以強迫 React 重繪網頁，比如建立一個『計數器』狀態值。請參閱官方文件：https://zh-hant.reactjs.org/docs/hooks-faq.html#is-there-something-like-forceupdate。

以上我們改寫了 App 元件的內容來顯示 ProductList 的內容。它目前用的仍是測試資料，稍後我會為它加入處理網路服務的功能，但目前這樣已經足以顯示產品清單，並能提供基本的購物操作：

19-5 建立 Data Store 與 HTTP 請求功能

19-5-1 安裝 Redux

在大多數 React 專案中,應用程式的資料是交由一個『data store』資料倉儲來管理。有不少套件能協助管理資料,其中最多人用來搭配 React 的叫做 **Redux**。在命令列按 Ctrl + C 停止開發工具,於 reactapp 專案目錄下輸入以下指令,把 Redux 套件安裝起來:

```
\reactapp> npm install redux@4.1.1 react-redux@7.2.4
\reactapp> npm install --save-dev @types/react-redux
```

React-Redux 是用來將 React 專案跟 Redux data store 連結起來的套件。儘管 Redux 套件本身就內建 TypeScript 宣告檔,我們仍得額外幫 React-Redux 套件安裝其宣告檔。

▌ 19-5-2　撰寫 Redux 的 action 類別

　　Redux 遵循著嚴格的單向資料流，它的 data store 把讀取資料跟改變資料的操作分離開來。你剛開始會覺得這樣不太順手，但這麼做其實和 React 的開發概念是相似的 (例如狀態資料的讀和寫會分開)，等到熟悉了就會覺得很自然。

　　為了修改 Redux store 存放的資料，你得傳遞所謂的 **action** 物件給它，有點像在送出一個 HTTP 請求。這種物件得透過稱為『action creator』的函式建立，而物件中會有個 type 屬性代表它欲執行的操作。為了在我們的 React App 描述 data store 要支援的 action，請在 src\data 子目錄下新增一個名為 **types.ts** 的檔案、寫入以下內容：

> **注意**　Redux data store 有很多不同的建立、設定以及連接到 React 元件的方式。本章我選用的是最簡單的做法，以獨立類別來處理要和網路服務互動的 HTTP 請求；因為在此的重點不是我怎樣使用 data store, 而是我能如何利用 TypeScript 型別註記來描述我選用的方法, 好讓編譯器進行型別檢查。

\reactapp\src\data\types.ts

```
import { Product, Order } from "./entities";
import { Action } from "redux";

export interface StoreData {
    products: Product[],
    order: Order
}

export enum ACTIONS {  // 列舉 actions
    ADD_PRODUCTS, MODIFY_ORDER, RESET_ORDER
}

export interface AddProductsAction extends Action<ACTIONS.ADD_PRODUCTS> {
    payload: Product[]
```

Next

```
}

export interface ModifyOrderAction extends Action<ACTIONS.MODIFY_ORDER> {
    payload: {
        product: Product,
        quantity: number
    }
}

export interface ResetOrderAction extends Action<ACTIONS.RESET_ORDER> { }

export type StoreAction =
    AddProductsAction | ModifyOrderAction | ResetOrderAction;
```

StoreData 介面定義了 data store 要管理的資料，也就是要給元件使用的 products 與 order 屬性。

ACTIONS 列舉定義的值對應了 data store 要支援的三種操作，每個列舉值都可當作 Action 介面的泛型參數。Action 類別由 Redux 套件提供，我們也定義了三個介面來繼承 Action 並定義各個行為所需的內容。AddProductsAction（新增產品）與 ModifyOrderAction（修改訂單）都有 payload 屬性，負責提供套用 action 時所需的資料。最後，我們再把這三種 action 介面的交集以 StoreAction 型別的方式匯出。

▌ 19-5-3　撰寫 action creator

接著需要的就是撰寫 action creator 函式，它們負責拿前面的介面型別把 action 物件建立出來，用以操作 data store 內容的變更。在專案的 src\data 子目錄下新增 **actionCreators.ts**，並寫入下列程式碼：

\reactapp\src\data\actionCreators.ts

```ts
import { ACTIONS, AddProductsAction, ModifyOrderAction,接下行
ResetOrderAction } from "./types";
import { Product } from "./entities";

export const addProduct =
    (...products: Product[]): AddProductsAction => ({
        type: ACTIONS.ADD_PRODUCTS,
        payload: products
    });

export const modifyOrder =
    (product: Product, quantity: number): ModifyOrderAction => ({
        type: ACTIONS.MODIFY_ORDER,
        payload: { product, quantity }
    });

export const resetOrder = (): ResetOrderAction => ({
    type: ACTIONS.RESET_ORDER
});
```

　　這幾個函式將發揮橋樑的作用,將應用程式的各個元件與 data store 連接起來:應用程式能夠建立出不同的 action 物件,以便用它們來操作 data store。

▌19-5-4　撰寫 Redux reducer 來處理 action

　　而在 Redux 中,負責處理 action 的函式則稱為『reducer』,它需要定義兩個參數,一個是 data store 目前的狀態,另一個就是 action 物件,用來描述所需的操作。請在 src\data 子目錄下新增一個名為 **reducer.ts** 的檔案,寫入以下內容,好建立範例專案所需的 reducer 函式:

```
import { ACTIONS, StoreData, StoreAction } from "./types";
import { Order } from "./entities";
import { Reducer } from "redux";

export const StoreReducer: Reducer<StoreData, StoreAction>
    = (data: StoreData | undefined, action) => {

        // 若 data 是 undefined 就建立新物件
        data = data || { products: [], order: new Order() }

        switch (action.type) {
            case ACTIONS.ADD_PRODUCTS:
                return {
                    ...data,
                    products: [...data.products, ...action.payload]
                };

            case ACTIONS.MODIFY_ORDER:
                data.order.addProduct(
                    action.payload.product, action.payload.quantity);
                return { ...data };

            case ACTIONS.RESET_ORDER:
                return {
                    ...data,
                    order: new Order()
                }

            default:
                return data;
        }
    }
```

　　StoreReducer 函式套用了 Redux 提供的 **Reducer<S, A>** 函式型別，它得接收一個 state 參數 (在此為 data) 和一個 action 參數，其型別分別為泛型參數 S 和 A (在此即為我們在前面定義的 StoreData 和 StoreAction 型別)。當 StoreReducer 函式被呼叫時，它會根據 action 物件的 type 屬性辨識這是哪種操作，並在需要時根據物件內的 payload 屬性來新增或更新資料。

▌ 19-5-5　建立 data store

　　最後，我們要把 data store 建立起來，以供專案應用程式使用。在專案的 src\data 子目錄下新增一個檔案 **dataStore.ts**，寫入以下內容：

```
\reactapp\src\data\dataStore.ts
```

```typescript
import { createStore, Store } from "redux";
import { StoreReducer } from "./reducer";
import { StoreData, StoreAction } from "./types";

export const dataStore: Store<StoreData, StoreAction>
    = createStore(StoreReducer);
```

　　這個檔案使用 Redux 套件的 **createStore()** 方法建立一個 dataStore 物件，然後匯出給整個應用程式使用。

▌ 19-5-6　建立 HTTP 請求類別

　　Redux 的 data store 其實支援一種特殊的 action，可直接處理 HTTP 請求，但這必須用到幾個進階的功能，而且壓根用不上 TypeScript。所以為了讓範例專案保持單純，我打算寫一個獨立的類別來處理 HTTP 請求，並用它來取得產品資料和寫入使用者的訂單。

由於 React 本身沒有對 HTTP 的整合支援，所以我得像第 16 章一樣安裝 Axios 套件來協助處理這個工作。在命令列內於專案目錄下執行下列指令，把此套件安裝起來：

```
\reactapp> npm install axios@0.21.1
```

安裝完畢後，在 src\data 子目錄下新增一個名為 **httpHandler.ts** 的檔案，寫入下列內容：

\reacapp\src\data\httpHandler.ts

```
import Axios from "axios";
import { Product, Order } from "./entities";

const protocol = "http";
const hostname = "localhost";
const port = 4600;
const urls = {
    products: `${protocol}://${hostname}:${port}/products`,
    orders: `${protocol}://${hostname}:${port}/orders`
};

export class HttpHandler {

    loadProducts(callback: (products: Product[]) => void): void {
        Axios.get(urls.products).then(response => callback(response.data))
    }

    storeOrder(order: Order, callback: (id: number) => void): void {
        let orderData = {
            lines: [...order.orderLines.values()].map(ol => ({
                productId: ol.product.id,
                productName: ol.product.name,
                quantity: ol.quantity
            }))
        }
```
Next

```
            Axios.post(urls.orders, orderData)
                .then(response => callback(response.data.id));
        }
    }
}
```

■ 19-5-7　連結 Data Store 與各個元件

　　在 React 應用程式中，React-Redux 套件能用來將應用程式的元件連接到 Redux data store。為了將 ProductList 元件連接至 data store, 在 src\data 子目錄下新增 **productListConnector.ts** 並寫下以下內容：

\reactapp\src\data\productListConnector.ts

```
import { StoreData } from "./types";
import { modifyOrder } from "./actionCreators";
import { connect } from "react-redux";
import { ProductList } from "../productList";

const mapStateToProps = (data: StoreData) => ({
    products: data.products,
    categories: [...new Set(data.products.map(p => p.category))],
    order: data.order
})

const mapDispatchToProps = {
    addToOrder: modifyOrder
}

const connectFunction = connect(mapStateToProps, mapDispatchToProps);

export const ConnectedProductList = connectFunction(ProductList);
```

連接程序得先透過 mapStateToProps() 函式把需要的資料屬性從 data store 提取出來，再把 action creator 函式 (modifyOrder()) 映射到元件的 props (addToOrder())。當這個元件產生時，它的一部分 props 屬性就會來自 data store，其他的則會在產生 HTML 時被設定。最後我們將 ProductList 元件與 data store 連結起來，得到了 ConnectedProductList 元件。

 提示 注意我在連結元件的時候沒有使用型別註記。這邊的狀況較為複雜, 所以我寧可交由編譯器推論型別、並在發生問題的時候警告我。

為了使用這個連結好的 ConnectedProductList 元件，我們得回頭改寫 App 元件，改用 store 來存取網路服務的資料，並移除已經沒有作用的測試資料與 props：

\reactapp\src\App.tsx

```
import { FunctionComponent } from "react";
// import { Product, Order } from './data/entities';    ◀── 註解掉
// import { ProductList } from './productList';          ◀── 註解掉
import { dataStore } from "./data/dataStore";
import { Provider } from 'react-redux'
import { HttpHandler } from "./data/httpHandler";
import { addProduct } from './data/actionCreators';
import { ConnectedProductList } from './data/productListConnector';


// 拿掉測試資料


interface Props { }


// 從網路服務讀取資料到 data store
let httpHandler = new HttpHandler();
httpHandler.loadProducts(data =>
    dataStore.dispatch(addProduct(...data)));


export const App: FunctionComponent<Props> = (props) => {
```

Next

```
    // 目前用不到的送出訂單處理函式
    let submitCallback = () => {
        console.log("Submit order")
    };

    // 提供連結好的 data store 給元件
    return <div className="App">
        <Provider store={dataStore}>
            <ConnectedProductList />
        </Provider>
    </div>

}

export default App;
```

在以上範例中，Provider 元件會建立 data store 以供 ConnectedPro-
ductList 元件存取：

```
<Provider store={ dataStore }>
    <ConnectedProductList />
</Provider>
```

Provider 元件由 Redux 提供，它能讓應用程式內的元件能夠存取 data-
Store。而在 <Provider> 標籤中則是前面建立的 ConnectedProductList 元
件，它讓 ProductList 元素能夠用 dataStore 的資料來產生幾個 props 屬
性。

data store 除了拿來映射到 props，也可以直接使用。比如 App 函式
元件會建立 HttpHandler 類別物件，從網路服務取得資料，然後明確地用
addProduct() 建立一個 action、去更改 data store 裡的資料：

```
// 將網路服務的資料存入 dataStore
httpHandler.loadProducts(data => dataStore.
dispatch(addProduct(...data)));
```

這個呼叫必須放在函式元件之外，畢竟它只需要在載入時執行一次。假如你是用類別元件的形式來寫 App 元件，則可以把它放在類別建構子中。

如此一來，程式執行後便可從 json-server 網路服務取得資料並存入 data store，並透過各個元件把新的資料顯示在頁面上。用 npm start 重新啟動開發工具，然後打開 http://localhost:3000 來檢視成果：

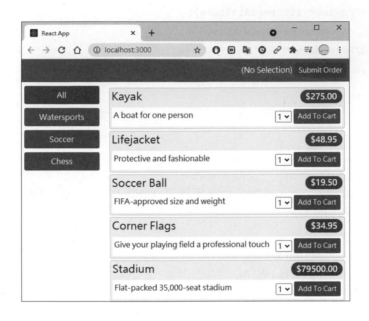

19-6 本章總結

本章我示範了如何建立一個運用 TypeScript 來產生網頁應用程式的 React 專案，並且解釋了它不尋常的開發工具配置、以及對 TypeScript 編譯器的影響。然後我使用 TypeScript 逐一建立各個 React 元件，並將它們連接至一個 Redux 套件的 data store。下一章我們將完成這個 React 專案發，以及做好佈署網站的相關準備。

打造 React 網路
應用程式 (下)

本章我們要為 React 範例專案補上 URL 路由功能以及其他欠缺
的元件,以及部署到容器的相關準備。

20-1 本章行前準備

　　本章我們要繼續開發上一章建立的 reactapp 專案，但下面為了方便讀者開啟範例程式，將用一個一模一樣的 reactapp2 專案來說明（請先用『npm install』安裝所有必要套件）。在命令提示字元或終端機切換到專案目錄底下，執行下方的指令來啟動網頁服務與 React 開發工具：

```
\reactapp2> npm start
```

　　等待網站 bundle 編譯完成後，瀏覽器應該會開啟新的頁面、顯示範例專案的目前成果。

20-2 設定 URL 路由

　　多數 React 專案都會使用 URL 路由功能來『轉頁』，根據瀏覽器目前的 URL 來選擇要顯示給使用者看的元件。React 其實並沒有內建 URL 路由，所以我們得安裝一個大家最常用的 **React Router** 套件。

　　按 [Ctrl] + [C] 中斷開發工具，在命令列於 reactapp2 專案目錄底下安裝 React Router 套件和它的型別宣告檔：

```
\reactapp2> npm install react-router-dom@5.2.0
\reactapp2> npm install --save-dev @types/react-router-dom
```

　　React Router 套件支援多種轉頁系統，並包含了網路應用程式所需的功能。本範例專案要使用的 URL 以及其作用和第 18 章類似，如下表所示：

名稱	說明
/products	顯示產品清單畫面 (ProductList 元件)。
/order	顯示購物車內容／訂單確認畫面。
/summary/<id>	顯示訂購成功畫面。這個 URL 也會包含指派的訂單編號, 所以若訂單 ID 為 5, 網址就會是 /summary/5。
/	這個預設 URL 會被重新導向至 /products, 顯示 ProductList 元件。

不過我們還沒做好全部的元件，所以接著我要對預設路徑 / 以及 / products 這兩個 URL 設定路由，之後再把其他元件補上：

\reactapp2\src\App.tsx

```tsx
import { FunctionComponent } from "react";
import { dataStore } from "./data/dataStore";
import { Provider } from 'react-redux';
import { HttpHandler } from "./data/httpHandler";
import { addProduct } from './data/actionCreators';
import { ConnectedProductList } from './data/productListConnector';
import { Switch, Route, Redirect, BrowserRouter } from "react-router-dom";

interface Props { }

let httpHandler = new HttpHandler();
httpHandler.loadProducts(data =>
    dataStore.dispatch(addProduct(...data)));

export const App: FunctionComponent<Props> = (props) => {

    let submitCallback = () => {
        console.log("Submit order")
    };

    return <div className="App">
        <Provider store={dataStore}>
            <BrowserRouter>
                <Switch>
                    <Route path="/products"
                        component={ConnectedProductList} />
                    <Redirect to="/products" />
```

Next

```
            </Switch>
        </BrowserRouter>
    </Provider>
  </div>

}

export default App;
```

React 的 **Router** 套件可透過 **<BrowserRouter>** 標籤設定 URL 與其要執行的對應元件。**<Switch>** 標籤的作用相當於 JavaScript 的 switch...case 敘述,它會尋找一個 URL 相符的 <Route> 設定;假如找不到,則轉頁到 <Redirect> 標籤提供的預設 URL (在此為 /products)。

儲存變更後,我們可以重新打開 http://localhost:3000, 觀察 Router 套件發揮作用,將網站 URL 轉到 /products:

20-3 完成範例應用程式的其他功能

■ 20-3-1 加入表頭的 URL 轉址

React 範例程式現在已經能根據 URL 來顯示不同內容，所以我接著要為它加入其餘的元件。首先，我要為表頭元件顯示的按鈕啟用 URL 路由功能，好讓我們能完成結帳動作。請根據以下範例來修改 header.tsx 檔：

修改 \reactapp2\src\header.tsx

```tsx
import { FunctionComponent } from "react";
import { Order } from "./data/entities";
import { NavLink } from "react-router-dom";

interface Props {
    order: Order
}

export const Header: FunctionComponent<Props> = (props) => {
    let count = props.order.productCount;

    return <div className="p-1 bg-secondary text-white text-end">
        {count === 0 ? "(No Selection)"
            : `${count} product(s), $${props.order.total.toFixed(2)}`}
        <NavLink to="/order" className="btn btn-sm btn-primary m-1">
            Submit Order
        </NavLink>
    </div>
}
```

<NavLink> 標籤會產生一個 anchor 元素 (也就是 HTML 標籤 <a>，一般網頁會用 <a href> 來產生超連結)，它會在按鈕被按下時導向指定的 URL (/order)。而套用至 <NavLink> 的 Bootstrap className 類別，則依然能賦予這個超連結一個按鈕的外觀。

20-3-2 加入訂單確認元件

為了向使用者顯示訂單的內容，在 src 子目錄下新增一個名為 **orderDetails.tsx** 的文件，寫入下列程式碼：

`\reactapp2\src\orderDetails.tsx`

```
import { FunctionComponent } from "react";
import { StoreData } from "./data/types";
import { Order } from "./data/entities";
import { connect } from "react-redux";
import { NavLink } from "react-router-dom";

const mapStateToProps = (data: StoreData) => ({
    order: data.order
})

interface Props {
    order: Order,
    submitCallback: () => void
}

const OrderDetailsComponent: FunctionComponent<Props> = (props) => {
    return <div>
        <h3 className="text-center bg-primary text-white p-2">
            Order Summary</h3>
        <div className="p-3">
            <table className="table table-sm table-striped">
                <thead>
                    <tr>
                        <th>Quantity</th><th>Product</th>
                        <th className="text-end">Price</th>
                        <th className="text-end">Subtotal</th>
                    </tr>
                </thead>
                <tbody>
                    {props.order.orderLines.map(line =>
                        <tr key={line.product.id}>
                            <td>{line.quantity}</td>
                            <td>{line.product.name}</td>
                            <td className="text-end">
```

Next

20-6

```
                            ${line.product.price.toFixed(2)}
                        </td>
                        <td className="text-end">
                            ${line.total.toFixed(2)}
                        </td>
                    </tr>
                )}
            </tbody>
            <tfoot>
                <tr>
                    <th className="text-end" colSpan={3}>Total:</th>
                    <th className="text-end">
                        ${props.order.total.toFixed(2)}
                    </th>
                </tr>
            </tfoot>
        </table>
    </div>
    <div className="text-center">
        <NavLink to="/products" className="btn btn-secondary m-1">
            Back
        </NavLink>
        <button className="btn btn-primary m-1"
            onClick={props.submitCallback}>
            Submit Order
        </button>
    </div>
    </div>
}

const connectFunction = connect(mapStateToProps);

export const OrderDetails = connectFunction(OrderDetailsComponent);
```

　　當使用者按下 Back 按鈕時，這個元件利用 **<NavLink>** 將使用者導回 /products 頁面。而在使用者送出訂單時，則會呼叫函式 prop. submitCallback()。(稍後我們會透過 App.tsx 實作這個函式。)

上一章建立的 productListConnector 檔已經替 ProductList 元件連結到 data store，使該元件可以把訂購資料存進去（不過這部分目前還沒建置好）。既然 orderDetails.tsx 是一個分離的畫面，我們也得把它跟 data store 連結起來，才能存取購物車內容。因此我先建立一個函式元件 **OrderDetailsComponent**，然後用 Redux 套件的 connect() 把它連結到 data store、傳回一個已連結的新元件 **OrderDetails**。

以上的做法就不需要再額外撰寫一個檔案來宣告並匯出連結過的元件，但這也表示若 dataStore 不存在，此元件就會無法運作。

■ 20-3-3　加入訂購成功元件

接著同樣的，我希望使用者將訂單提交給網路伺服器後，畫面上能顯示訂購成功的訊息。在專案的 src 目錄下新增一個 **summary.tsx** 檔，然後寫入下列程式碼：

\reactapp2\src\summary.tsx

```
import { FunctionComponent } from "react";
import { match } from "react-router";
import { NavLink } from "react-router-dom";

interface Params {
    id: string;
}

interface Props {
    match: match<Params>
}

export const Summary: FunctionComponent<Props> = (props) => {
    let id = props.match.params.id;

    return <div className="m-2 text-center">
        <h2>Thanks!</h2>
        <p>Thanks for placing your order.</p>
        <p>Your order is #{id}</p>
```

Next

```
            <p>We'll ship your goods as soon as possible.</p>
            <NavLink to="/products" className="btn btn-primary">OK</NavLink>
        </div>
    }
}
```

　　Summary 元件只需知道由網頁服務傳回的訂單 id, 而這個數字是透過 URL 取得的 (比如 \summary\5 表示 id 為 5)。在此我們使用 React Router 套件的 match 介面來取得此參數, 將值放進 props (透過 match.params.id 存取；id 的值會由下一小節的路由功能傳入)。此外我們也用 Param 介面來註記 match 屬性, 讓 TypeScript 編譯器得以檢查其型別。

　　🏮　**使用 useParams()**

　　React 也提供了一個叫做 **useParams()** 的 hook, 可讓我們用更簡潔的方式取得 URL 參數：

```
import { useParams, NavLink } from "react-router-dom";
...
// 把 let id = props.match.params.id 換成以下這行
let { id } = useParams<Params>();  // 用 Params 介面作為型別檢查
```

▌ 20-3-4　完成路由設定

　　接著我要加入新的 <Route> 元素到 App.tsx 檔案, 完成整個範例程式的路由設定, 好讓方才建立的 OrderDetails 與 Summary 元件也能顯示出來。

\reactapp2\src\App.tsx

```
import { FunctionComponent } from "react";
import { dataStore } from "./data/dataStore";
import { Provider } from 'react-redux';
import { HttpHandler } from "./data/httpHandler";
import { addProduct } from './data/actionCreators';
```
Next

```
import { ConnectedProductList } from './data/productListConnector';
import { Switch, Route, Redirect, BrowserRouter, RouteComponentProps }
    from "react-router-dom";
import { OrderDetails } from './orderDetails';
import { Summary } from './summary';
import { Order } from "./data/entities";

interface Props { }

let httpHandler = new HttpHandler();
httpHandler.loadProducts(data =>
    dataStore.dispatch(addProduct(...data)));

export const App: FunctionComponent<Props> = (props) => {

    let submitCallback = (routeProps: RouteComponentProps) => {
        httpHandler.storeOrder(dataStore.getState().order,
            id => routeProps.history.push(`/summary/${id}`));
        // 清除訂單資料
        dataStore.getState().order = new Order();
    };

    return <div className="App">
        <Provider store={dataStore}>
            <BrowserRouter>
                <Switch>
                    <Route path="/products"
                        component={ConnectedProductList} />
                    <Route path="/order" render={(routeProps) =>
                        <OrderDetails {...routeProps}
                            submitCallback={() =>
                                submitCallback(routeProps)} />} />
                    <Route path="/summary/:id" component={Summary} />
                    <Redirect to="/products" />
                </Switch>
            </BrowserRouter>
        </Provider>
    </div>
}

export default App;
```

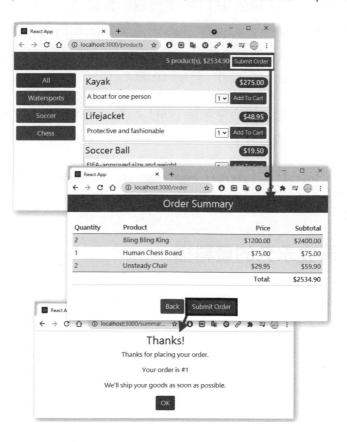

在此我們修改了兩個地方，一個是用來傳給 OrderDetails 元件的 submitCallback() 回呼函式 (用於送出訂單)，二是用來顯示 OrderDetails 元件及 Summary 元件的 URL 路由設定。

submitCallback() 回呼函式被呼叫時，它會透過 httpHandler 將購物車內容傳給 json-server 的網路服務，並將購物車清空。這函式也扮演了轉頁的角色，但它必須存取路由功能才能導向到新的 URL。幸好我們可以借用 React Router 提供的 **RouteComponentProps** 介面達到這個目的，用 routeProps 物件的 history.push() 方法來指定轉址路徑 (/summary/id)。網站轉頁後，新路徑就會被 <Route path="/summary/:id" component={Summary} /> 接收到，並顯示 Summary 元件。

儲存這些變更後，使用者就能將選擇的產品加入購物車，並提交訂單給網路服務 (如果你還沒啟動開發工具，就在命令列執行『npm start』)：

20-4 應用程式的部署

 注意 以下使用範例專案 reactapp3, 內容延續自專案 reactapp2。

　　React 開發工具同樣仰賴 WDS, 但如同我們前兩個版本的 App 範例, WDS 並不適合用來提供正式的應用程式, 因為它會在生成的 JavaScript bundle 中加入自動重新載入等功能。所以我們接著就要來把 React 應用程式部署到正式環境。

▌ 20-4-1　安裝正式環境的 HTTP Server 套件

　　我們需要架設一個正規的 HTTP 伺服器, 好傳送 HTML、CSS 與 JavaScript 檔案給瀏覽器。而我為 React 選用的是和前兩個範例專案相同的 Express 套件, 以及能將專案根目錄 URL 的請求轉到 index.html 的 connect-history-api-fallback 套件 (見第 18 章)。

　　若開發工具仍然啟動, 在命令列按 Ctrl + C 中斷它, 然後於專案目錄執行下列指令來安裝這些套件:

```
\reactapp3> npm install --save-dev express@4.17.1 connect-history-api-接下行
fallback@1.6.0
```

▌ 20-4-2　建立永久的資料檔

　　接著我們也要為網路服務建立永久的資料檔。在專案目錄新增一個 **data.json** 和寫入以下內容:

\reactapp3\data.json

```json
{
    "products": [
        {
            "id": 1,
            "name": "Kayak",
            "category": "Watersports",
            "description": "A boat for one person",
            "price": 275
        },
        {
            "id": 2,
            "name": "Lifejacket",
            "category": "Watersports",
            "description": "Protective and fashionable",
            "price": 48.95
        },
        {
            "id": 3,
            "name": "Soccer Ball",
            "category": "Soccer",
            "description": "FIFA-approved size and weight",
            "price": 19.50
        },
        {
            "id": 4,
            "name": "Corner Flags",
            "category": "Soccer",
            "description": "Give your playing field a professional touch",
            "price": 34.95
        },
        {
            "id": 5,
            "name": "Stadium",
            "category": "Soccer",
            "description": "Flat-packed 35,000-seat stadium",
            "price": 79500
        },
        {
            "id": 6,
```
Next

```
        "name": "Thinking Cap",
        "category": "Chess",
        "description": "Improve brain efficiency by 75%",
        "price": 16
    },
    {
        "id": 7,
        "name": "Unsteady Chair",
        "category": "Chess",
        "description": "Secretly give your opponent a disadvantage",
        "price": 29.95
    },
    {
        "id": 8,
        "name": "Human Chess Board",
        "category": "Chess",
        "description": "A fun game for the family",
        "price": 75
    },
    {
        "id": 9,
        "name": "Bling Bling King",
        "category": "Chess",
        "description": "Gold-plated, diamond-studded King",
        "price": 1200
    }
    ],
    "orders": []
}
```

█ 20-4-3　架設伺服器

接著我們要搭建一個伺服器，以便把應用程式和資料傳給瀏覽器。在專案根目錄新增 **server.js** 並寫入以下程式碼：

\reactapp3\server.js

```
const express = require("express");
const jsonServer = require("json-server");
```

Next

```
const history = require("connect-history-api-fallback");
const app = express();

app.use(history());
app.use("/", express.static("build"));

const router = jsonServer.router("data.json");
app.use(jsonServer.bodyParser)
app.use("/api", (req, resp, next) => router(req, resp, next));

const port = process.argv[3] || 4002;
app.listen(port, () => console.log(`Running on port ${port}`));
```

　　如同第 18 章的介紹，這段程式的作用是設定 Express 套件，要它提供 build 目錄中由 Rsact 編譯的 bundle 給使用者，並且透過 /api 開頭的 URL 來呼叫 json-server 套件提供的網路服務。

20-4-4　以相對路徑 URL 提供資料請求

　　接著同樣的請依照底下範例，修改 src\data 目錄下的 HttpHandler 類別，好讓網頁應用程式透過正確的 URL 來存取網路服務：

修改 \reactapp3\src\data\httpHandler.ts

```
import Axios from "axios";
import { Product, Order } from "./entities";

//const protocol = "http";
//const hostname = "localhost";
//const port = 4600;
const urls = {
    //products: `${protocol}://${hostname}:${port}/products`,
    //orders: `${protocol}://${hostname}:${port}/orders`
    products: "/api/products",
    orders: "/api/orders"
};

...
```

▌ 20-4-5 建置應用程式

在命令列於專案根目錄執行以下指令，好建構一個要在正式上線環境運作的 bundle：

```
\reactapp3> npm run build
```

React 會在 build 目錄生成一系列經過最佳化的 JavaScript 檔案，同時顯示下列訊息，告訴使用者它建立了哪些檔案：

```
> reactapp3@0.1.0 build
> react-scripts build


Creating an optimized production build...
Compiled successfully.


File sizes after gzip:

  58.52 KB   build\static\js\2.d53d9e2b.chunk.js
  23.54 KB   build\static\css\2.983f79de.chunk.css
  2.29 KB    build\static\js\main.3143238b.chunk.js
  1.62 KB    build\static\js\3.1ad126dd.chunk.js
  1.17 KB    build\static\js\runtime-main.d4a7004b.js
  278 B      build\static\css\main.6dea0f05.chunk.css


The project was built assuming it is hosted at /.
You can control this with the homepage field in your package.json.


The build folder is ready to be deployed.
You may serve it with a static server:

  npm install -g serve
  serve -s build


Find out more about deployment here:

  https://cra.link/deployment
```

20-4-6　測試建置好的正式網站

為了確保建置出來的專案可正常運作，請在專案目錄啟動 Express 伺服器 (指定不同 IP 及 port 的方式請參閱第 16 章)：

```
\reactapp3> node server.js
Running on port 4002
```

這時打開網頁瀏覽器，在網址列輸入 http://localhost:4002，你就會看到範例專案正常運作：

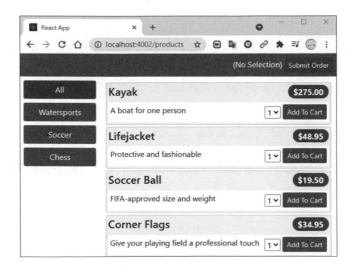

20-5 容器化應用程式

 以下使用範例專案 reactapp4, 內容延續自專案 reactapp3, 但是沒有 data.js。

最後，我也要為 React 範例專案建立一個 Docker 容器，讓它能更方便地部署到正式環境。若你仍未安裝 Docker, 請參照第 16 章的說明把它裝起來。

20-5-1 準備好應用程式

首先建立一個 NPM 組態檔, 以便讓 NPM 下載在容器中執行應用程式所需的額外套件。在專案根目錄新增檔案 **deploy-package.json**, 寫入底下的內容：

\reactapp4\deploy-package.json

```
{
    "name": "reactapp",
    "description": "React Web App",
    "repository": "",
    "license": "0BSD",
    "devDependencies": {
        "express": "4.17.1",
        "json-server": "0.16.3",
        "connect-history-api-fallback": "1.6.0"
    }
}
```

這個檔案其實和第 18 章我們為 Angular 專案建立的組態檔幾乎一樣, 因此這邊我們不再詳細介紹。

20-5-2 建立 Docker 容器

在 reactapp 專案根目錄新增一個名為 **Dockerfile** 的檔案 (不需要副檔名), 寫入以下範例的內容：

\reactapp4\Dockerfile

```
FROM node:14.17.3

RUN mkdir -p /usr/src/reactapp
COPY build /usr/src/reactapp/build/
COPY data.json /usr/src/reactapp/
COPY server.js /usr/src/reactapp/
COPY deploy-package.json /usr/src/reactapp/package.json
```

Next

```
WORKDIR /usr/src/reactapp

RUN echo 'package-lock=false' >> .npmrc
RUN npm install

EXPOSE 4002

CMD ["node", "server.js"]
```

接著在 reactapp 專案目錄下新增 **.dockerignore**, 好告訴 Docker 跳過 node_modules 目錄, 以便加速容器化的過程:

\reactapp4\.dockerignore

```
node_modules
```

最後用以下指令建立一個包含範例應用程式、以及所有必要套件的 Docker 映像檔:

```
\reactapp3> docker build . -t reactapp -f Dockerfile
```

映像檔是容器的模板, Docker 會開始依序處理 Dockerfile 檔案裡的指令, 下載與安裝 NPM 套件, 然後把所有的設定檔和程式檔都複製到映像檔裡頭。

▌ 20-5-3　執行應用程式

映像檔建立完成後, 請在命令列輸入下方的指令, 建立和啟動一個新的容器:

```
\reactapp4> docker run -p 4002:4002 reactapp
```

接著在瀏覽器打開 http://localhost:4002 即可測試它。停止 Docker 容器的方式請參閱第 16 章。現在這個 React 範例應用程式已經準備好部署到任何支援 Docker 的平台了。

20-6 本章總結

本章我們完成了 React 網路應用程式的開發，為它補上 URL 路由功能以及其他欠缺的元件。最後，和前兩個範例專案一樣，我還示範了部署網站的相關準備工作，包括建立一個 Docker 容器的映像檔。

在下一章，我將示範如何使用 TypeScript 和本書的最後一個框架 Vue.js, 來打造另一個功能相同的網路應用程式。

打造 Vue.js 網路
應用程式 (上)

在本篇的最後兩章, 我要示範使用 Vue.js 框架, 製作一個與先前
相同的網路應用程式。在本書介紹的三大框架中, Vue.js 是套用
TypeScript 後改變最多的開發框架。TypeScript 不僅能提供型
別檢查, 連框架核心元件的操作方式也會因而徹底改變。

21-1 本章行前準備

21-1-1　建立 Vue.js 專案

要建立 Vue.js 專案，最簡單的方式就是透過 Vue Cli 套件，因為它的內建功能可直接建置支援 TypeScript 的 Vue.js 專案。打開命令提示字元或終端機，執行下列指令在全域範圍安裝 Vue Cli 套件：

```
\> npm install --global @vue/cli@4.5.13
```

第一個 @ 其實是套件名稱『@vue-cli』的一部分，第二個 @ 才是指定版本的分隔符號。安裝完成後，切換到你想要建立專案的位置，用以下指令建立一個新的 vueapp 專案目錄：

```
\> vue create vueapp
```

Vue Cli 會問你幾個專案環境設定的問題，請參照下表選擇每個問題的回答：

Please pick a preset (選擇一個預設配置)	用箭頭選擇 **Manually select features** (手動選擇) 然後按 ⎡Enter⎤
Check the features needed for your project (選擇你專案需要的功能)	用空白鍵勾選 **Babel, TypeScript, Router, Vuex**, 然後按 ⎡Enter⎤
Choose a version of Vue.js that you want to start the project with (你想在專案使用的 Vue.js 版本)	3.x
Use class-style component syntax? (使用類別元件的語法嗎?)	Y
Use Babel alongside TypeScript? (要使用 Babel 來搭配 TypeScript?)	Y
Use history mode for router? (在路由功能使用 history 模式?)	Y

Pick a linter / formatter config (選擇 linter 與格式化工具組態)	ESLint with error prevention only (僅使用 ESLint 偵測錯誤)
Pick additional lint features (選擇額外 linter 功能)	Lint on save (存檔時檢查)
Where do you prefer placing config for Babel, PostCSS, ESLint, etc.? (希望把組態設定檔放在哪裡？)	In dedicated config files (放在專門的設定檔)
Save this a preset for future projects? (儲存此預設配置給日後專案套用？)	使用者自行決定

　　回答完所有問題後，專案目錄與所有必要的套件就會按照我們選擇的配置被安裝起來。

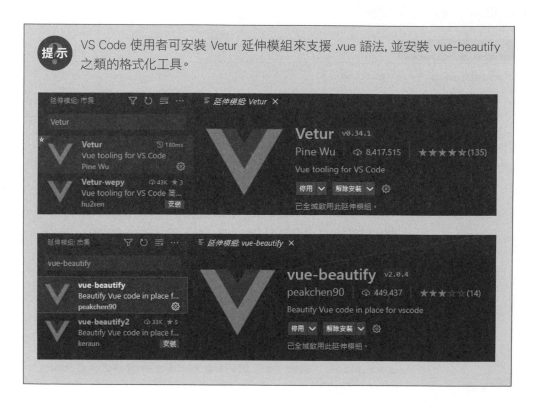

提示　VS Code 使用者可安裝 Vetur 延伸模組來支援 .vue 語法, 並安裝 vue-beautify 之類的格式化工具。

21-2-1　設定網路服務與工具

　　專案環境建置完成後，請在命令列切換到專案目錄，然後安裝提供網路服務的 json-server 套件、可用一個指令啟動多個套件的 npm-run-all 套件，以及能夠送出 HTTP 請求的 Axios 套件：

```
\> cd vueapp
\vueapp> npm install --save-dev json-server@0.16.3 npm-run-all@4.1.5
\vueapp> npm install axios@0.21.1
```

　　為了讓 json-server 能提供網路服務資料，在專案根目錄新增一個 data.js 檔案，寫入以下內容：

`vueapp\data.js`

```
module.exports = function () {
    return {
        products: [
            {
                id: 1, name: "Kayak", category: "Watersports",
                description: "A boat for one person", price: 275
            },
            {
                id: 2, name: "Lifejacket", category: "Watersports",
                description: "Protective and fashionable", price: 48.95
            },
            {
                id: 3, name: "Soccer Ball", category: "Soccer",
                description: "FIFA-approved size and weight", price: 19.50
            },
            {
                id: 4, name: "Corner Flags", category: "Soccer",
                description: "Give your playing field a professional touch",
                price: 34.95
            },
            {
                id: 5, name: "Stadium", category: "Soccer",
                description: "Flat-packed 35,000-seat stadium", price: 79500
            },
```

Next

```
            {
                id: 6, name: "Thinking Cap", category: "Chess",
                description: "Improve brain efficiency by 75%", price: 16
            },
            {
                id: 7, name: "Unsteady Chair", category: "Chess",
                description: "Secretly give your opponent a disadvantage",
                price: 29.95
            },
            {
                id: 8, name: "Human Chess Board", category: "Chess",
                description: "A fun game for the family", price: 75
            },
            {
                id: 9, name: "Bling Bling King", category: "Chess",
                description: "Gold-plated, diamond-studded King", price: 1200
            }
        ],
        orders: []
    }
}
```

接著我們得修改開發工具的組態設定。請如下修改 package.json 設定
檔中的 scripts 項目，好讓工具鏈與網路服務得以同時啟動：

修改 \vueapp\package.json

```
{
    "name": "vueapp",
    "version": "0.1.0",
    "private": true,
    "scripts": {
        "serve": "vue-cli-service serve",
        "build": "vue-cli-service build",
        "lint": "vue-cli-service lint",
        "json": "json-server data.js -p 4600",
        "start": "npm-run-all -p serve json"
    },
    ...
}
```

▌ 21-1-3 設定 Bootstrap CSS 套件

接著請繼續在 vueapp 專案目錄下輸入下列指令，為專案安裝 Bootstrap CSS 框架。

```
\vueapp> npm install bootstrap@5.1.0
```

安裝完成後，我們同樣得先調整 Vue.js 開發工具的設定，才能把 Bootstrap CSS 樣式表的功能套用到專案中。打開 src 子目錄下的 **main.ts** 檔案，如下加入一行新設定：

修改 \vueapp\src\main.ts

```
import { createApp } from 'vue'
import App from './App.vue'
import router from './router'
import store from './store'
import "bootstrap/dist/css/bootstrap.min.css";

# 建立 App 實例物件，使用 data store 及路由功能，然後掛載到網頁 DOM 物件
createApp(App).use(store).use(router).mount('#app')
```

▌ 21-1-4 啟動範例專案

一切就緒後，在命令列於專案目錄下執行 npm start 指令，好啟動開發工具與網路服務：

```
\vueapp> npm start
```

稍待片刻，Vue.js 開發工具啟動完成後會顯示如同下列的訊息：

```
DONE  Compiled successfully in 12831ms
下午2:27:00

  App running at:
  - Local:   http://localhost:8080/
```

Next

```
 - Network: http://192.168.0.186:8080/

Note that the development build is not optimized.
To create a production build, run npm run build.

No issues found.
```

初始編譯完成後，打開瀏覽器在網址列輸入 http://localhost:8080，即可見到 Vue.js 的歡迎畫面：

21-2 TypeScript 在 Vue.js 開發中扮演的角色

▍21-2-1 了解 Vue 單一檔案元件

　　就和 React 一樣，TypeScript 並非開發 Vue.js 的必備工具，但隨著 TypeScript 越來越受歡迎，現在主要的 Vue.js 套件都開始包含完整的型別宣告檔；就連 Vue Cli 套件都像前面展示的那樣，能直接產生支援 TypeScript 的專案。

　　Vue.js 專案不管有沒有採用 TypeScript，所有檔案的副檔名一律都是 .vue。Vue.js 框架採用所謂的『單一檔案元件』(single-file components)，使用者可將模板、樣式和程式邏輯的區塊全部整合在同一個檔案。而在使用 TypeScript 來開發時，你就能用加了裝飾器的類別來定義 Vue.js 元件。

　　我們可以在建好的專案中來看一個現成範例，其實就是上面打開的專案預設畫面。打開 src\views 子目錄下的 Home.vue 檔，即可看到它包含的 <template> 與 <script> 這兩個區塊：

\vueqpp\src\view\Home.vue

```
<template>
  <div class="home">
    <img alt="Vue logo" src="../assets/logo.png" />
    <HelloWorld msg="Welcome to Your Vue.js + TypeScript App" />
  </div>
</template>

<script lang="ts">
import { Options, Vue } from "vue-class-component";
import HelloWorld from "@/components/HelloWorld.vue"; // @ is an alias to /src

@Options({
  components: {
```
                                                                        Next

```
    HelloWorld,
  },
})
export default class Home extends Vue {}
</script>
```

　　檔案中的 `<template>` 區塊定義了網頁內容，而 `<script>` 區塊則是要執行的程式碼。注意 `<script>` 用 lang 屬性指定了語言：

```
<script lang="ts">
```

　　『ts』即 TypeScript，也就是告訴 Vue.js 說 `<script>` 區塊內的所有程式碼都需交給 TypeScript 編譯器處理。

　　至於要定義元件則有兩種方式，上面是定義了一個元件類別 Home，繼承自 Vue.js 自己的 Vue 類別：

```
export default class Home extends Vue {}
```

　　這種使用裝飾器的 Class API 和 Angular 很像，乃是 Vue.js 2.0 嘗試搭配 TypeScript 的產物。但因其穩定性和複雜性的問題，Vue.js 3.0 提出了 Composition API 來取代類別，也就是對 **defineComponent()** 函式傳入一個用 JavaScript 物件字面表示法定義的物件。因此在本章和下一章中，我們都會用 Composition API 來定義新的元件。

■ 21-2-2　了解 TypeScript 與 Vue.js 的工具鏈

　　Vue.js 開發工具同樣得仰賴前幾章介紹過的 Webpack 與 WDS 套件。而由於我們在創建專案目錄時，已經指定要使用 TypeScript 來開發，專案下就會建立如下的 tsconfig.json 組態設定檔：

```json
{
    "compilerOptions": {
        "target": "esnext",
        "module": "esnext",
        "strict": true,
        "jsx": "preserve",
        "importHelpers": true,
        "moduleResolution": "node",
        "experimentalDecorators": true,
        "skipLibCheck": true,
        "esModuleInterop": true,
        "allowSyntheticDefaultImports": true,
        "sourceMap": true,
        "baseUrl": ".",
        "types": [
            "webpack-env"
        ],
        "paths": {
            "@/*": [
                "src/*"
            ]
        },
        "lib": [
            "esnext",
            "dom",
            "dom.iterable",
            "scripthost"
        ]
    },
    "include": [
        "src/**/*.ts",
        "src/**/*.tsx",
        "src/**/*.vue",
        "tests/**/*.ts",
        "tests/**/*.tsx"
    ],
    "exclude": [
        "node_modules"
    ]
}
```

這些組態設定啟用了裝飾器，而且將 target 設為 esnext, 代表使用最新的 JavaScript 功能 (包括尚未正式採用的新功能)。

Vue.js 開發工具在處理 .vue 檔案時，會把 <template> 區塊的內容轉成程式碼敘述，並使用 TypeScript 編譯器來處理 <script> 區塊的內容。接著 Vue.js 再把編譯完成的原始碼一併交給 Babel 套件，由它來生成指定版本的 JavaScript 程式碼。Vue.js 也支援正規的 TypeScript 檔與 TypeScript TSX 檔，它們最後都會被打包到 bundle 裡，然後透過 WDS 傳給瀏覽器。

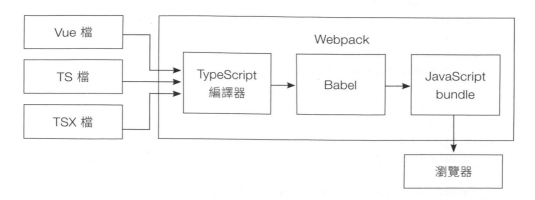

不過要在 Vue.js 專案支援 TypeScript, 還是需要做一些額外的調整，而這正是專案 src 目錄中 **shims-vue.d.ts** 這個檔案的作用：它們提供額外的型別宣告，讓 TypeScript 編譯器得以解析對 .Vue 單一元件檔與 .tsx 檔的依賴。

21-3 建立資料類別

首先，我們同樣要為應用程式建立基本的資料模型，以便描述產品跟訂單資料。在專案的 src 目錄下新增一個 data 子目錄，然後建立 **entities.ts** 檔案並寫入以下程式碼：

```typescript
export class Product {
    constructor(
        public id: number,
        public name: string,
        public description: string,
        public category: string,
        public price: number) { }
}

export class OrderLine {
    constructor(public product: Product, public quantity: number) { }

    get total(): number {
        return this.product.price * this.quantity;
    }
}

export class Order {
    private lines: OrderLine[] = [];

    constructor(initialLines?: OrderLine[]) {
        if (initialLines) {
            this.lines.push(...initialLines);
        }
    }

    public addProduct(prod: Product, quantity: number) {
        const index = this.lines.findIndex(ol => ol.product.id === prod.id)
        if (index > -1) {
            if (quantity === 0) {
                this.removeProduct(prod.id);
            } else {
                this.lines[index].quantity += quantity;
            }
        } else {
            this.lines.push(new OrderLine(prod, quantity));
        }
    }

    public removeProduct(id: number) {
```

Next

```
            this.lines = this.lines.filter(ol => ol.product.id !== id);
        }

    get orderLines(): OrderLine[] {
        return this.lines;
    }

    get productCount(): number {
        return this.lines.reduce((total, ol) => total += ol.quantity, 0);
    }

    get total(): number {
        return this.lines.reduce((total, ol) => total += ol.total, 0);
    }
}
```

　　這個檔案一樣定義了產品基本資料、選購產品與購物車的資料結構，以及它們彼此間的關係與操作方法。不過這回與前面幾章不同的是，Product 被定義為類別而非型別別名，因為 Vue.js 開發環境只能使用實體型別 (concrete type)。其次是 Vue.js 檢測網頁變更的系統並不擅於處理 JavaScript 的 Map，所以代表購物車的 Order 類別改成使用陣列來儲存資料。

21-4 替網站加入元件

　　Vue.js 儘管支援好幾種不同的元件定義方式，在此我要示範使用它最受歡迎的單一檔案元件，把 HTML 模板和對應的程式碼寫在同一個 .vue 檔案裡。但我不會在這些 .vue 元件檔裡使用 CSS 樣式 (雖然它們也能一併放在裡面)，因為我們已經設定好要改用 Bootstrap 套件了。

21-4-1　顯示產品清單

　　Vue.js 的慣例是把個別元件存放在 src\components 資料夾下，然後把負責顯示整合畫面的元件放在 src\views 目錄。跟之前一樣，我們先來建立一個顯示產品基本資料的元件。在 src\components 目錄下新增一個名為 **ProductItem.vue** 的檔案，寫入以下內容：

\vueapp\src\components\ProductItem.vue

```
<template>
  <div class="card m-1 p-1 bg-light">
    <h4>
      {{ product.name }}
      <span class="badge badge-pill badge-primary float-end">
        ${{ product.price.toFixed(2) }}
      </span>
    </h4>
    <div class="card-text bg-white p-1">
      {{ product.description }}
      <button class="btn btn-success btn-sm float-end"
              @click="handleAddToCart">
        Add To Cart
      </button>
      <select
        class="form-control-inline float-end m-1"
        v-model.number="quantity"
      >
        <option>1</option>
        <option>2</option>
        <option>3</option>
      </select>
    </div>
  </div>
</template>

<script lang="ts">
import { defineComponent, PropType } from "vue";
import { Product } from "../data/entities";

export default defineComponent({
```

Next

21-14

```
  name: "ProductItem",

  props: {
    product: {
      type: Object as PropType<Product>,
    },
  },

  data() {
    return {
      quantity: 1,
    };
  },

  methods: {
    handleAddToCart() {
      this.$emit("addToCart", {
        product: this.product,
        quantity: this.quantity,
      });
    },
  },
});
</script>
```

在這個元件的 <template> 模板區塊中,用 {{ }} 雙層大括號框住的部分就是所謂的『資料綁定』(data binding)。透過 {{ }} 內的運算式,Vue.js 得以將產品名稱、產品價格與產品說明等資料動態綁定至畫面上,而 @click="handleAddCart" 則將一個事件屬性綁訂到事件處理函式。

模板區塊中使用的資料與事件,就來自下半段 <script> 程式區塊中的物件屬性。兩者搭配的結果就是這個元件會顯示 Product 物件的詳細內容,並在使用者按下 Add To Cart 按鈕時產生一個事件。

元件物件是在 `<script>` 區塊內用 defineComponent() 函式建立的, 這函式來自 vue 套件:

```
export default defineComponent(
```

函式內傳入了一個用物件字面表示法建立的物件, 其屬性描述了元件的各種行為。props、data 與 methods 都是 Vue.js 元件會使用的專有屬性。

props 屬性代表它會從上層元件收到的資料, 例如下面這樣:

```
props: {
  product: {
    type: Object as PropType<Product>,
  },
},
```

props 中只定義了一個成員叫做 product。為了表明這個資料應該收到何種型別, product 會定義一個 type 屬性, 其型別註記為 Object, 並用 TypeScript 型別斷言指定為 PropType<Product>。

Vue.js 會對 props 屬性採取簡單的型別檢查, 而 **PropType<T>** 是用來銜接 TypeScript 的泛型型別, 好讓我們透過 T 參數來指定想要的型別。於是在以上範例中, product 值的預期型別會是 Product。

至於 **data** 屬性, 它用來設定元件的狀態資料, 且必須是一個函式。Vue.js 在建立新元件時會呼叫它, 有點像在呼叫物件建構子那樣。此函式傳回一個物件, 目前物件中只有一個值 quantity, 其起始值為 1:

```
data() {
  return {
    quantity: 1,
  };
},
```

最後元件的 **methods** 屬性定義了其方法，可以在事件發生時呼叫，而且方法內部可以用 this 來存取元件自身。在此元件定義了個方法 handleAddToCart(), 它會用 $emit 觸發一個自訂事件。當使用者按下模板中的按鈕時，其事件處理器就會呼叫該方法：

```
<button class="btn btn-success btn-sm float-end"
    @click="handleAddToCart">
```

這樣的效果便是元件的上層物件會收到此自訂事件，而事件內會夾帶來自 props 的 product 資料，以及元件的狀態資料 quantity。

▍21-4-2　加入產品分類按鈕元件

接著我們要撰寫顯示產品分類按鈕的元件。在 src\components 目錄下新增一個名為 **CategoryList.vue** 的檔案，寫入以下內容：

\vueapp\src\components\CategoryList.vue

```
<template>
  <div className="d-grid gap-2">
    <button
      v-for="c in categories"
      v-bind:key="c"
      v-bind:class="getButtonClasses(c)"
      @click="selectCategory(c)"
    >
      {{ c }}
    </button>
  </div>
</template>

<script lang="ts">
import { defineComponent, PropType } from "vue";

export default defineComponent({
  name: "CategoryList",
```

Next

```
  props: {
    categories: {
      type: Object as PropType<string[]>,
    },
    selected: {
      type: String as PropType<string>,
    },
  },

  methods: {
    selectCategory(category: string) {
      this.$emit("selectCategory", category);
    },
    getButtonClasses(category: string): string {
      const btnClass =
        this.selected === category ? "btn-primary" : "btn-secondary";
      return `btn ${btnClass}`;
    },
  },
});
</script>
```

　　這個元件會顯示一排按鈕，並用 CSS 樣式標示出使用者已經按下的那個分類按鈕。通常 HTML 標籤中的屬性就是字面值字串。但我在 <template> 區塊中的某些標籤屬性前面加上了 Vue.js 的 **v-bind** 指令，意思是建立一個資料綁定，將該標籤屬性的值與 <script> 區塊中的物件屬性連結起來。

　　透過這些 Vue.js 指令，我們就可以把元件物件的屬性與方法傳回值插入模板中的 HTML 元素，就像這樣：

```
v-bind:class="getButtonClasses(c)" ◀── 將 getButtonClasses(c) 的傳回值傳給 class
```

　　其實你也可以不寫『v-bind』，只要在要綁定的屬性前面加一個冒號即可：

```
:class="getButtonClasses(c)"
```

這行指令告訴 Vue.js, 這個 HTML 標籤中 class 屬性的值, 會使用呼叫 getButtonClasses() 方法所獲得的傳回值, 好決定它會顯示成什麼樣式。而這個 getButtonClasses() 方法的引數 c 則是透過 v-for 這個迴圈指令來取得, 它會走訪 categories 陣列中的每個字串, 並用每個產品分類名稱建立對應的按鈕元素:

```
<button
    v-for="c in categories"
    v-bind:key="c"
    v-bind:class="getButtonClasses(c)"
    @click="selectCategory(c)"
  >
    {{ c }}
</button>
```

此外, 這些按鈕元素按下時還會呼叫元件的 selectCategory() 方法, 並觸發一個自訂事件, 將使用者選取的產品分類通報給應用程式的其他元件。

這裡要提到 Vue.js 型別檢查的一個怪僻:它會用 JavaScript 內建型別的建構子名稱來檢查 props 屬性。這表示若你在 props 定義了一個字串屬性, Vue.js 會用『String』建構子型別來檢查它:

```
selected: {
    type: String as PropType<string>
}
```

這起先會令人困惑, 但隨著你越來越熟悉 vue 元件, 就會習慣了。

最後, 若你想強制讓某個 props 屬性有初始值, 你得在 props 的定義內加入 **required** 屬性。下面我們以此來修改 categories 屬性:

```
...
categories: {
    type: String as PropType<string[]>,
    required: true
}
```

若 categories 屬性的字面值物件若沒有加入『required: true』,categories 的型別就會被 TypeScript 編譯器設為 **string[] | undefined**,這使得當你從 categories 取值指派給 selected 時,還得檢查值是不是 undefined, 以免引發編譯錯誤。

▍ 21-4-3 加入表頭元件

再來要建立的就是顯示表頭的元件。在專案的 src\components 目錄下新增 **Header.vue**, 並寫入以下內容:

\vueapp\src\components\Header.vue

```html
<template>
  <div class="p-1 bg-secondary text-white text-end">
    {{ displayText }}
    <button class="btn btn-sm btn-primary m-1">Submit Order</button>
  </div>
</template>

<script lang="ts">
import { defineComponent, PropType } from "vue";
import { Order } from "../data/entities";

export default defineComponent({
  name: "Header",

  props: {
    order: {
      type: Object as PropType<Order>,
      required: true,
    },
```

Next

```
  },

  computed: {
    displayText(): string {
      const count = this.order.productCount;
      return count === 0
        ? "(No Selection)"
        : `${count} product(s), $${this.order.total.toFixed(2)}`;
    },
  },
});
</script>
```

Header 元件負責顯示目前購物車的摘要資訊,其 **computed** 屬性是 Vue.js 元件的另一個專有屬性,用來撰寫函式、以便根據元件資料 (比如 proprs) 來計算出結果。藉由把複雜的運算包裝成函式,你就能在模板的運算式中使用更簡潔的語法來取得值。

computed 和 methods 方法功能上很類似,差別在於 Vue.js 會將 computed 函式的計算結果存入快取和顯示,等到元件的值有改變時才重新呼叫函式。以上面為例,我們定義了一個 displayText() 方法,它會根據 props 中的 order 屬性來傳回選購產品的數量和總額。

▌ 21-4-4 整合與測試各個元件

下一個元件則要把表頭、產品清單以及產品分類按鈕整合成同一個畫面。在 src\views 目錄 (不是 src\components) 新增檔案 **ProductList.vue**,寫入下列範例的內容。按照 Vue.js 的慣例,整合其他元件頁面的 .vue 檔會被放在 views 子目錄底下,但讀者不一定要在自己的專案遵循這種做法。

```
<template>
  <div>
    <Header v-bind:order="order" />
    <div class="container-fluid">
      <div class="row">
        <div class="col-3 p-2">
          <CategoryList
            v-bind:categories="categories"
            v-bind:selected="selectedCategory"
            @selectCategory="handleSelectCategory"
          />
        </div>
        <div class="col-9 p-2">
          <ProductItem
            v-for="p in filteredProducts"
            v-bind:key="p.id"
            v-bind:product="p"
            @addToCart="handleAddToCart"
          />
        </div>
      </div>
    </div>
  </div>
</template>

<script lang="ts">
import { defineComponent } from "vue";
import { Product, Order } from "../data/entities";
import ProductItem from "../components/ProductItem.vue";
import CategoryList from "../components/CategoryList.vue";
import Header from "../components/Header.vue";

export default defineComponent({
  name: "ProductList",

  components: { ProductItem, CategoryList, Header },

  data() {
    const products: Product[] = [];
```

Next

21-22

```
    // 產生測試產品資料
    [1, 2, 3, 4, 5].map((num) =>
      products.push(
        new Product(num, `Prod${num}`, `Product ${num}`, `Cat${num % 2}`, 100)
      )
    );
    return {
      products,
      selectedCategory: "All",
      order: new Order(),
    };
  },

  computed: {
    categories(): string[] {
      return ["All", ...new Set<string>(
        this.products.map((p) => p.category))];
    },
    filteredProducts(): Product[] {
      return this.products.filter(
        (p) =>
          this.selectedCategory == "All" ||
              this.selectedCategory === p.category
      );
    },
  },

  methods: {
    handleSelectCategory(category: string) {
      this.selectedCategory = category;
    },
    handleAddToCart(data: { product: Product; quantity: number }) {
      this.order.addProduct(data.product, data.quantity);
    },
  },
});
</script>
```

ProductList 元件統整了 ProductItem、CategoryList 與 Header 元件，把它們的內容一起呈現給使用者看。但它使用其他元件內容的流程，其實分成了好幾個步驟。首先，元件必須用 import 指令匯入：

```
import Header from "../components/Header.vue";
```

特別注意，匯入元件檔案的敘述沒有使用 {} 大括號 (比如上面不是寫成『import { Header } from...』)，因為它們都已經用 export default 匯出了。此外，來源元件檔的路徑和 .vue 副檔名都要完整寫出。

接下來，我們得在元件中定義屬性 components，用來指明它要用到的元件：

```
components: { ProductItem, CategoryList, Header},
```

最後一步是把各元件以網頁元素的形式套用到模板中，並用 v-bind 指令將 ProductList 元件自身的 props 屬性值 order 提供給子元件的 props：

```
<Header v-bind:order="order" />
```

為了測試這些元件是否能正確顯示內容，請把 src 目錄下的 App.vue 檔的內容換成以下內容：

修改 \vueapp\src\App.vue

```
<template>
  <ProductList />
</template>

<script lang="ts">
import { defineComponent } from "vue";
import ProductList from "./views/ProductList.vue";

export default defineComponent({  // 改用 Composition API 定義元件
  name: "App",
                                                              Next
```

```
  components: { ProductList },
});
</script>
```

　　原本 App 元件顯示的是專案建立時自動生成的臨時頁面，現在改為顯示 ProductList 的內容。儲存 App.vue 檔的變更後，瀏覽器會重新載入新內容、並顯示我們建置的測試資料。稍後我同樣會為它加入處理網路服務的功能，但目前的測試資料已足以驗證程式的基本功能。

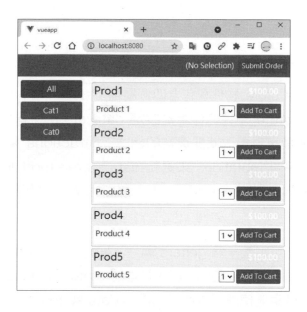

21-5 連結到 data Store

▌ 21-5-1　建立 data Store

　　多數 Vue.js 專案會把其資料交由 **Vuex** 套件來管理，它提供的 data store 功能已經整合到 Vue.js 的 API 內。由於我們一開始在設定專案時，已經在提問中回答了要加入 Vuex 套件，所以你能在專案的 src\store 子目錄下看到一個檔案 index.ts：

```typescript
import { createStore } from 'vuex'

export default createStore({
  state: {
  },
  mutations: {
  },
  actions: {
  },
  modules: {
  }
})
```

Vuex 的 data store 物件會包含四個屬性：state、mutations、actions 以及 modules。state 屬性的作用是設定 data store 所管理的狀態資料，mutations 屬性是定義更改狀態資料的函式，而 actions 屬性則是定義非同步工作，藉由呼叫 mutations 來更新 data store。modules 屬性則可把 data store 分割成更小的多重模組，但我在這個範例應用程式中不會用到它。

data store 亦可定義一個 getters 屬性，好利用存在 data store 當中的資料來計算值。請參考以下範例，加入基本的 state、mutations 與 getters，好讓我們的範例專案能使用測試資料來操作 data store：

修改 \vueapp\src\store\index.ts

```typescript
import { createStore } from "vuex";
import { Product, Order } from "../data/entities";

export interface StoreState {
  products: Product[],
  order: Order,
  selectedCategory: string
}

type ProductSelection = {
```

Next

```
    product: Product,
    quantity: number
}

export default createStore<StoreState>({
  state: {
    products: [1, 2, 3, 4, 5].map(num => new Product(num, `Store 接下行
Prod${num}`,
        `Product ${num}`, `Cat${num % 2}`, 450)),
    order: new Order(),
    selectedCategory: "All"
  },

  mutations: {
    selectCategory(currentState: StoreState, category: string) {
      currentState.selectedCategory = category;
    },
    addToOrder(currentState: StoreState, selection: ProductSelection) {
      currentState.order.addProduct(selection.product, selection. 接下行
quantity);
    }
  },

  getters: {
    categories(state): string[] {
      return ["All", ...new Set(state.products.map(p => p.category))];
    },
    filteredProducts(state): Product[] {
      return state.products.filter(p => state.selectedCategory === "All"
        || state.selectedCategory === p.category);
    }
  },

  actions: {
  },

  modules: {
  }
})
```

由於我們的範例專案已經安裝了 Vuex 的宣告檔，因此我們可以在建立 data store 時加上利用泛型參數來描述狀態資料，好讓 TypeScript 能檢查它的型別。在這段範例中，我定義了一個 StoreState 介面來描述 products、order 與 selectedCategory 的型別，然後再用這個介面當成 createStore 的泛型參數來建立 store：

```
export default createStore<StoreState>({
```

StoreState 介面的各個屬性型別會被套用到傳入物件的 state 屬性，確保 data store 的狀態資料只能使用符合介面規範的屬性與型別。

21-5-2　把元件連結至 data Store

只要使用 Vue.js 提供的輔助函式 **useStore()**，我們就能無縫地把 data store 功能整合到元件中。請照以下範例修改 Header 元件，讓它得以直接存取 data store 的資料：

修改 \vueapp\src\components\Header.vue

```
<template>
  <div class="p-1 bg-secondary text-white text-end">
    {{ displayText }}
    <button class="btn btn-sm btn-primary m-1">Submit Order</button>
  </div>
</template>

<script lang="ts">
import { defineComponent, PropType } from "vue";
import { Order } from "../data/entities";
import { useStore } from "vuex";

export default defineComponent({
  name: "Header",

  // props: {        ◄── 註解掉
  //     order: {
  //         type: Object as PropType<Order>,
```
Next

21-28

```
  //          required: true
  //      }
  // },

  setup() {
    return { store: useStore() };
  },

  computed: {
    displayText(): string {
      const count = this.store.state.order.productCount;
      return count === 0
        ? "(No Selection)" :
        `${count} product(s), $${this.store.state.order.total.toFixed(2)}`;
    },
  },
});
</script>
```

　　元件方法 setup() 用來執行元件的初始化設定（它會在建立元件之前呼叫，因此無法存取 this 關鍵字）。它呼叫了 useStore() 函式來存取 data store，並將其內容存入一個物件的 store 屬性：

```
return { store: useStore() };
```

　　於是 displayText() 不再是存取 props 來接收上層元件傳入的資料，而是直接存取元件自身的 store 屬性，從裡面的狀態值取得需要的東西：

```
const count = this.store.state.order.productCount;
```

　　因此最後請如下修改 ProductList.vue，將原先提供測試資料的 data() 註解掉，然後修改 computed 及 methods 方法來操作 data store：

```html
<template>
  <div>
    <Header v-bind:order="order" />
    <div class="container-fluid">
      <div class="row">
        <div class="col-3 p-2">
          <CategoryList
            v-bind:categories="categories"
            v-bind:selected="selectedCategory"
            @selectCategory="handleSelectCategory"
          />
        </div>
        <div class="col-9 p-2">
          <ProductItem
            v-for="p in filteredProducts"
            v-bind:key="p.id"
            v-bind:product="p"
            @addToCart="handleAddToCart"
          />
        </div>
      </div>
    </div>
  </div>
</template>

<script lang="ts">
import { defineComponent } from "vue";
import { Product, Order } from "../data/entities";
import ProductItem from "../components/ProductItem.vue";
import CategoryList from "../components/CategoryList.vue";
import Header from "../components/Header.vue";
import { mapMutations, mapState, mapGetters } from "vuex";
import { StoreState } from "../store";

export default defineComponent({
  name: "ProductList",

  components: { ProductItem, CategoryList, Header },
```

Next

```
  // 把 data() {...} 註解掉

  computed: {
    ...mapState<StoreState>({
      selectedCategory: (state: StoreState) => state.selectedCategory,
      products: (state: StoreState) => state.products,
      order: (state: StoreState) => state.order,
    }),
    ...mapGetters(["filteredProducts", "categories"]),
  },

  methods: {
    ...mapMutations({
      handleSelectCategory: "selectCategory",
      handleAddToCart: "addToOrder",
    }),
  },
});
</script>
```

　　我在前面的 Header.vue 元件中，做法是先取得一個 data store 物件，然後透過它存取一個狀態值。可是若要一次存取多重 data store 功能，這麼做就會變成很瑣碎麻煩的過程。幸好我們可以透過 Vuex 將 data store 功能映射到元件內：mapState() 與 mapGetters() 函式能把 data store 的狀態資料和 getters 轉換成元件的 computed 屬性，而 mapMutations() 函式則能把 mutations 轉換成元件 methods 屬性。

　　這些函式會搭配物件展開算符，好確保映射函式傳回的屬性能夠被一一加入元件中，就像這樣：

```
...mapGetters(["filteredProducts", "categories"])
```

　　這會在 computed 區塊中產生 filteredProducts() 和 categories() 方法，跟我們原本自行定義的一樣。

至於在 methods 區塊，用來修改 data store 資料的兩個函式也被映射到指定名稱的方法：

```
...mapMutations({
  handleSelectCategory: "selectCategory",
  handleAddToCart: "addToOrder",
}),
```

儲存上述變更後，程式就會改而存取 data store，並將測試資料顯示出來：

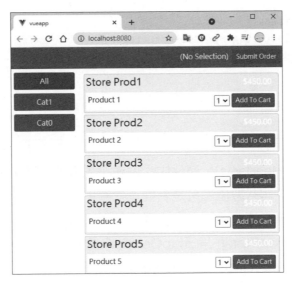

21-6 讓專案存取網路服務

21-6-1 新增 data store 的 actions

現在，為了讓 data store 能夠存取網路服務的資料，請依照底下範例加入新的 actions 的定義。這些 actions 是非同步的操作，可以用來呼叫 mutations 去改變 data store 的狀態資料。

修改 \vueapp\src\store\index.ts

```typescript
import { createStore, Store } from "vuex";
import { Product, Order } from "../data/entities";

export interface StoreState {
  products: Product[],
  order: Order,
  selectedCategory: string,
  storedId: number
}

type ProductSelection = {
  product: Product,
  quantity: number
}

export default createStore<StoreState>({
  state: {
    products: [1, 2, 3, 4, 5].map(num => new Product(num, `Store 接下行
Prod${num}`,
      `Product ${num}`, `Cat${num % 2}`, 450)),
    order: new Order(),
    selectedCategory: "All",
    storedId: -1
  },

  mutations: {
    selectCategory(currentState: StoreState, category: string) {
      currentState.selectedCategory = category;
    },
    addToOrder(currentState: StoreState, selection: ProductSelection) {
      currentState.order.addProduct(selection.product, selection.接下行
quantity);
    },
    addProducts(currentState: StoreState, products: Product[]) {
      currentState.products = products;
    },
    setOrderId(currentState: StoreState, id: number) {
      currentState.storedId = id;
    },
```

Next

```
    resetOrder(currentState: StoreState) {
      currentState.order = new Order();
    }
  },

  getters: {
    categories(state): string[] {
      return ["All", ...new Set(state.products.map(p => p.category))];
    },
    filteredProducts(state): Product[] {
      return state.products.filter(p => state.selectedCategory === "All"
        || state.selectedCategory === p.category);
    }
  },

  actions: {
    async loadProducts(context, task: () => Promise<Product[]>) {
      const data = await task();
      context.commit("addProducts", data);
    },
    async storeOrder(context, task: (order: Order) => Promise<number>) {
      context.commit("setOrderId", await task(context.state.order));
      context.commit("resetOrder");
    }
  },

  modules: {
  }
})
```

　　在 Vuex 中，actions 可以是非同步作業，但也必須透過 mutations 來修改 datastore。以上範例定義了 actions 來從網路服務載入 products 並放入 data store，同時也能將訂單傳給網路服務。

🔷 Vuex 的 context

Vuex 的 action 方法會收到一個 context 物件參數, 該物件會提供和 data store 一樣的 state、getter 和 mutation 介面。這麼做是為了簡化操作, 因為 Vuex 允許你將 data store 切割成多重模組 (modules), 而 action 方法就能藉由 context 知道它是在操作哪一個模組。而 Vuex 不允許你直接呼叫 mutation, 而是必須透過 context.commit() 來『提交』它。

在以上範例中, 我們並沒有切割 data store, 因此 context 就會代表 data store 本身。這也意味著 action 其實可以直接透過 data store 來呼叫 mutation 方法。我們可以先將 data store 指派給一個變數:

```
const datastore = createStore<StoreState>({  // 指派給 store 變數
  ...
})

export default datastore  // 設為預設匯出
```

這麼一來, 你就能在 action 改用以下方式呼叫 mutation, 效果是一樣的:

```
actions: {
  async loadProducts(context, task: () => Promise<Product[]>) {
    const data = await task();
    datastore.commit("addProducts", data);
  },
  async storeOrder(context, task: (order: Order) =>
    Promise<number>) {
    datastore.commit("setOrderId", await task(context.state.order));
    datastore.commit("resetOrder");
  }
},
```

本書不會深入介紹 Vuex, 各位可參閱其官方文件: https://vuex.vuejs.org/guide/actions.html#dispatching-actions。

21-6-2 加入 HTTP 請求功能

和其他框架一樣，Vue.js 沒有內建處理 HTTP 請求的功能，所以多數專案都會使用我們前面安裝的 Axios 套件來協助處理。在專案的 src\data 子目錄下新增一個 **httpHandler.ts**，寫入以下內容：

\vueapp\src\data\httpHandler.ts

```typescript
import Axios from "axios";
import { Product, Order } from "./entities";

const protocol = "http";
const hostname = "localhost";
const port = 4600;
const urls = {
    products: `${protocol}://${hostname}:${port}/products`,
    orders: `${protocol}://${hostname}:${port}/orders`
};

export class HttpHandler {
    loadProducts(): Promise<Product[]> {
        return Axios.get<Product[]>(urls.products).then(response =>接下行
response.data);
    }

    storeOrder(order: Order): Promise<number> {
        const orderData = {
            lines: [...order.orderLines.values()].map(ol => ({
                productId: ol.product.id,
                productName: ol.product.name,
                quantity: ol.quantity
            }))
        }
        return Axios.post<{ id: number }>(urls.orders, orderData)
            .then(response => response.data.id);
    }
}
```

▌ 21-6-3　從網路服務載入產品資料

接著我們還得再回頭整個改寫 App 元件，以便從網路服務載入產品資料：

```ts
<template>
  <ProductList />
</template>

<script lang="ts">
import { defineComponent, onMounted } from "vue";
import ProductList from "./views/ProductList.vue";
import { HttpHandler } from "./data/httpHandler";
import { useStore } from "vuex";

export default defineComponent({
  name: "App",
  components: { ProductList },

  setup() {
    const store = useStore();
    const handler = new HttpHandler();
    onMounted(() => store.dispatch("loadProducts", handler.loadProducts));
  },
});
</script>
```

onMounted() 函式是 Vue.js 提供的一個元件生命週期函式，就和 setup() 一樣，onMounted() 接受一個函式參數，該函式會在元件初始化並『掛載』(跟 DOM 物件完成綁定、第一次被繪製到網頁) 時被呼叫，而一般習慣上都會選在這個時機載入外部資料。

儲存以上變更後，就能看到網站從網路服務載入真正的產品資料：

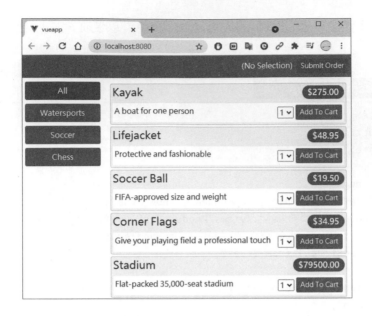

21-7 本章總結

本章示範了如何建立一個 Vue.js 專案，而且使用 TypeScript 來開發。
Vue CLi 套件在創建專案時就可以加入對 TypeScript 的支援，讓我們得以
借用型別檢查來打造範例專案的基本架構。最後，我把各個元件連結到用
Vuex 套件管理的 data store，並從網路服務載入資料。

下一章我們將會做完這個 Vue.js 專案，以及部署網站的相關準備。

打造 Vue.js 網路
應用程式 (下)

本章我們要為 Vue.js 範例專案補上 URL 路由功能以及其他欠缺
的元件, 最後還有部署到容器的相關準備。

22-1 本章行前準備

 注意 為了方便讀者開啟範例程式, 以下使用的範例專案 vueapp2 內容延續自上一章的 vueapp, 但移除了已經用不到的匯入功能及註解掉的程式碼。

在命令提示字元或終端機切換到專案目錄底下, 執行下方的指令來啟動網路服務與 Vue.js 開發工具:

```
\vueapp2> npm start
```

等待編譯完成後, 打開瀏覽器在網址列輸入 http://localhost:8080, 來開啟範例專案的畫面

22-2 設定 URL 路由

如同先前的 React 專案, 多數 Vue.js 專案也會使用 URL 路由來『轉頁』, 根據瀏覽器目前的 URL 來選擇要顯示給使用者看的元件。本範例專案要使用的 URL 和前兩個開發框架類似, 其作用如下表所示:

/products	顯示產品清單畫面 (ProductList 元件)。
/order	顯示購物車／訂單確認畫面。
/summary	顯示訂購成功畫面。
/	這個預設 URL 會被重新導向至 /products, 顯示 ProductList 元件。

在上一章建置專案時, 若你已依照建議在回答第二個問題時一併選取了 Router, 那麼 **Vue Router** 套件應該已安裝完成。你只要打開專案的 src\router 子目錄下的 index.ts, 即可看到它已自動做好了基本的設定。

不過我們還沒做好全部的元件，所以我先只針對預設路徑 / 以及 / products 這兩個 URL 設定路由，之後再把其他元件補上：

\vueapp2\src\router\index.ts

```
import { createRouter, createWebHistory, RouteRecordRaw } from 'vue-router'
// import Home from '../views/Home.vue'   ◄── 註解掉
import ProductList from "../views/ProductList.vue";

const routes: Array<RouteRecordRaw> = [
  // 取代原本的預設路由設定
  {
    path: '/products',
    component: ProductList
  },
  {
    path: '/',
    redirect: '/products'
  }
]

const router = createRouter({
  history: createWebHistory(process.env.BASE_URL),
  routes
})

export default router
```

路由設定會在 URL 是 /products 時顯示 ProductList 元件，若為 "/" 或找不到，則依照 redirect 的設定轉頁到 "/products"。

然後為了顯示路由系統所設定的元件，請依照底下範例修改 App.vue 元件：

```
<template>
  <router-view />
</template>

<script lang="ts">
import { defineComponent, onMounted } from "vue";
// import ProductList from "./views/ProductList.vue";  ◄── 註解掉
import { HttpHandler } from "./data/httpHandler";
import { useStore } from "vuex";

export default defineComponent({
  name: "App",
  // components: { ProductList },  ◄── 註解掉

  setup() {
    const store = useStore();
    const handler = new HttpHandler();
    onMounted(() => store.dispatch("loadProducts", handler.loadProducts));
  },
});
</script>
```

標籤會根據 URL 設定顯示對應的元件。儲存上述變更後，瀏覽器會的網址 URL 就會變成 "/products", 並顯示 ProductList 元件的頁面內容：

22-3 完成範例應用程式的其他功能

22-3-1 加入表頭的 URL 路由

範例程式現在已經能根據 URL 來顯示不同內容，所以我接著要為它加入其餘的元件。首先，我要為表頭元件顯示的按鈕啟用 URL 路由功能。請根據以下範例來修改 Header.vue 檔的內容：

修改 \vueall2\src\components\Header.vue

```
<template>
  <div class="p-1 bg-secondary text-white text-end">
    {{ displayText }}
    <router-link to="/order" class="btn btn-sm btn-primary m-1">
      Submit Order
    </router-link>
  </div>
</template>

...
```

<router-link> 標籤會產生一個 HTML 的 <a> 超連結，在被點擊時就會導向指定的 URL (即 "\order")。而套用至 <router-link> 的 Bootstrap CSS 樣式設定則賦予了這個元素一個按鈕的外觀。

22-3-2 加入訂單摘要元件

再來為了向使用者顯示訂單的內容，在 src\views 子目錄下新增一個檔案 OrderDetails.vue：

```
<template>
  <div>
    <h3 class="text-center bg-primary text-white p-2">Order Summary</h3>
    <div class="p-3">
      <table class="table table-sm table-striped">
        <thead>
          <tr>
            <th>Quantity</th>
            <th>Product</th>
            <th class="text-end">Price</th>
            <th class="text-end">Subtotal</th>
          </tr>
        </thead>
        <tbody>
          <tr v-for="line in order.lines" v-bind:key="line.product.id">
            <td>{{ line.quantity }}</td>
            <td>{{ line.product.name }}</td>
            <td class="text-end">${{ line.product.price.toFixed(2) }}</td>
            <td class="text-end">${{ line.total.toFixed(2) }}</td>
          </tr>
        </tbody>
        <tfoot>
          <tr>
            <th class="text-end" colSpan="3">Total:</th>
            <th class="text-end">${{ order.total.toFixed(2) }}</th>
          </tr>
        </tfoot>
      </table>
    </div>
    <div class="text-center">
      <router-link to="/products" class="btn btn-secondary m-1">
        Back
      </router-link>
      <button class="btn btn-primary m-1" @click="submit">Submit Order</button>
    </div>
  </div>
</template>

<script lang="ts">
import { defineComponent } from "vue";
```

Next

22-6

```
import { Order } from "../data/entities";
import { HttpHandler } from "../data/httpHandler";
import { mapState, mapActions } from "vuex";
import { StoreState } from "../store";

export default defineComponent({
  name: "OrderDetails",

  computed: {
    ...mapState<StoreState>({
      order: (state: StoreState) => state.order,
    }),
  },

  methods: {
    ...mapActions(["storeOrder"]),
    submit() {
      this.storeOrder((order: Order) => {
        return new HttpHandler().storeOrder(order).then((id) => {
          this.$router.push("/summary");
          return id;
        });
      });
    },
  },
});
</script>
```

　　OrderDetails 元件利用 Vuex 提供的 mapActions() 函式來把 data store 的 storeOrder() 加入到元件內。接著 submit() 方法會呼叫元件新獲得的 storeOrder(),透過 HttpHandler 將訂單傳給網路服務,並將 URL 轉址到 /summary。

■ 22-3-3　加入訂購成功元件

　　接著,我希望使用者將訂單提交給網路伺服器後,畫面上能顯示訂購成功的訊息。在專案的 src\views 目錄下新增一個 **Summary.vue** 檔,然後寫入下列內容:

```
<template>
  <div class="m-2 text-center">
    <h2>Thanks!</h2>
    <p>Thanks for placing your order.</p>
    <p>Your order is #{{ id }}</p>
    <p>We'll ship your goods as soon as possible.</p>
    <router-link to="/products" class="btn btn-primary">OK</router-link>
  </div>
</template>

<script lang="ts">
import { defineComponent } from "vue";
import { mapState } from "vuex";
import { StoreState } from "../store";

export default defineComponent({
  name: "Summary",

  computed: {
    ...mapState<StoreState>({
      id: (state: StoreState) => state.storedId,
    }),
  },
});
</script>
```

　　Summary 元件只需知道由網頁服務指派的訂單編號,而這個編號則是從 data store 取得的 (我們以 mapState() 將 data store 的 state 映射到元件內)。然後 <router-link> 標籤在使用者點擊 OK 按鈕後,就會將網站重新導回 /products 頁面。

22-3-4　完成路由設定

　　最後一個步驟,就是把我們新建立的元件和各自對應的 URL 設定好。請參考底下範例,修改 src\router\ 子目錄下的 index.ts 檔案中的路由設定:

\vueapp\src\router\index.ts

```typescript
import { createRouter, createWebHistory, RouteRecordRaw } from 'vue-router'
// import Home from '../views/Home.vue'
import ProductList from "../views/ProductList.vue";
import OrderDetails from "../views/OrderDetails.vue";
import Summary from "../views/Summary.vue";

const routes: Array<RouteRecordRaw> = [
  {
    path: '/products',
    component: ProductList
  },
  {
    path: "/order",
    component: OrderDetails
  },
  {
    path: "/summary",
    component: Summary
  },
  {
    path: '/',
    redirect: '/products'
  }
]

const router = createRouter({
  history: createWebHistory(process.env.BASE_URL),
  routes
})

export default router
```

　　儲存這些變更後便大功告成，使用者就能將選擇的產品加入購物車，並
提交訂單給網路服務：

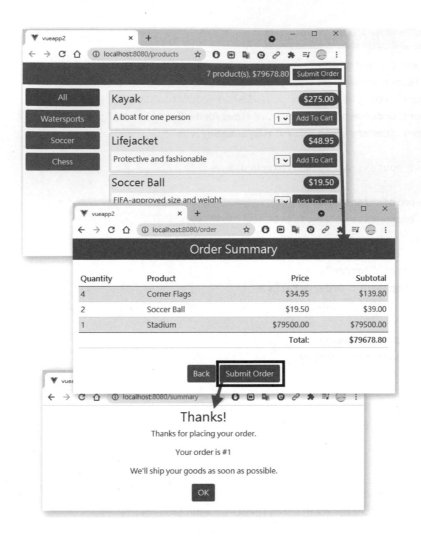

22-4 應用程式的部署

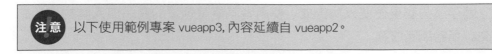

注意 以下使用範例專案 vueapp3, 內容延續自 vueapp2。

正如 Angular 及 React, Vue.js 開發工具仰賴 WDS 來生成 JavaScript bundle, 並把變更自動套用到瀏覽器, 但這並不適合用來提供正式的應用程式。所以我們接著就要做正式部署 App 的準備。

■ 22-4-1 安裝正式環境的 HTTP Server 套件

為了讓網站正式上線，我們會和前面的專案一樣使用 Express 套件來提供一個 HTTP 伺服器，此外使用 connect-history-api-fallback 套件把專案的 URL 路徑要求轉到 index.html 檔：

```
\vueapp3> npm install --save-dev express@4.17.1 connect-history-api-  接下行
fallback@1.6.0
```

■ 22-4-2 建立永久的資料檔

接著我們同樣要為網路服務建立永久的資料檔。在專案目錄新增一個 **data.json** 檔：

\vueapp3\data.json

```
{
    "products": [
        {
            "id": 1,
            "name": "Kayak",
            "category": "Watersports",
            "description": "A boat for one person",
            "price": 275
        },
        {
            "id": 2,
            "name": "Lifejacket",
            "category": "Watersports",
            "description": "Protective and fashionable",
            "price": 48.95
        },
        {
            "id": 3,
            "name": "Soccer Ball",
            "category": "Soccer",
            "description": "FIFA-approved size and weight",
            "price": 19.50
```

Next

```
            },
            {
                "id": 4,
                "name": "Corner Flags",
                "category": "Soccer",
                "description": "Give your playing field a professional touch",
                "price": 34.95
            },
            {
                "id": 5,
                "name": "Stadium",
                "category": "Soccer",
                "description": "Flat-packed 35,000-seat stadium",
                "price": 79500
            },
            {

                "id": 6,
                "name": "Thinking Cap",
                "category": "Chess",
                "description": "Improve brain efficiency by 75%",
                "price": 16
            },
            {

                "id": 7,
                "name": "Unsteady Chair",
                "category": "Chess",
                "description": "Secretly give your opponent a disadvantage",
                "price": 29.95
            },
            {

                "id": 8,
                "name": "Human Chess Board",
                "category": "Chess",
                "description": "A fun game for the family",
                "price": 75
            },
            {
                "id": 9,
                "name": "Bling Bling King",
                "category": "Chess",
```

Next

```
            "description": "Gold-plated, diamond-studded King",
            "price": 1200
        }
    ],
    "orders": []
}
```

22-4-3 架設伺服器

接著我們要搭建一個伺服器，以便把應用程式和資料傳給瀏覽器。在專案目錄新增一個 **server.js** 並寫入以下程式碼：

\vueapp\server.js

```
const express = require("express");
const jsonServer = require("json-server");
const history = require("connect-history-api-fallback");
const app = express();

app.use(history());
app.use("/", express.static("dist"));

const router = jsonServer.router("data.json");
app.use(jsonServer.bodyParser)
app.use("/api", (req, resp, next) => router(req, resp, next));

const port = process.argv[3] || 4003;
app.listen(port, () => console.log(`Running on port ${port}`));
```

如同前幾章的介紹，這段程式的作用是設定 Express 與 json-server 套件，要 Express 提供 dist 目錄的內容給瀏覽器存取 (Vue.js 輸出的 bundle 的位置)，並且透過 /api 開頭的 URL 來呼叫 json-server 套件提供的網路服務。

22-4-4　以相對路徑 URL 提供資料請求

接著我們得和之前的所有範例一樣，改寫 src\data 目錄下的 HttpHandler 類別，好讓網頁應用程式透過 /app 這個 URL 來存取 json-server 套件提供的網路服務：

修改 \vueapp3\src\data\httpHandler.ts

```
import Axios from "axios";
import { Product, Order } from "./entities";

//const protocol = "http";
//const hostname = "localhost";
//const port = 4600;
const urls = {
    //products: `${protocol}://${hostname}:${port}/products`,
    //orders: `${protocol}://${hostname}:${port}/orders`
    products: "/api/products",
    orders: "/api/orders"
};

export class HttpHandler {
    ...
}
```

22-4-5　建置應用程式並測試建置好的正式網站

在命令列於專案根目錄執行以下指令，好建構一個要在正式上線環境運作的 bundle：

```
\vueapp3> npm run build
```

Vue.js 會在 dist 目錄生成一系列經過最佳化的 JavaScript 檔案，但這個編譯過程會花點時間，請稍等片刻。編譯完成後會看到出現類似以下訊息：

```
> vueapp3@0.1.0 build
> vue-cli-service build


-  Building for production...

(...中略)

  File                                   Size           Gzipped

  dist\js\chunk-vendors.6bc8613e.js      170.33 KiB     60.44 KiB
  dist\js\app.713a0658.js                11.54 KiB      3.74 KiB
  dist\css\chunk-vendors.63c5e34a.css    158.70 KiB     23.28 KiB


  Images and other types of assets omitted.

 DONE  Build complete. The dist directory is ready to be deployed.
 INFO  Check out deployment instructions at https://cli.vuejs.org/guide/
deployment.html
```

 由於我們的專案有加入 ESLint (見第 6 章), 因此你會看到一些警告, 比如某些函式沒有標示傳回型別等等, 但目前我們可以忽略它們。

為了確保建置出來的專案可正常運作, 請在專案目錄啟動 Express 伺服器 (設定不同 IP 與 port 的方式請參閱第 16 章)：

```
\vueapp3> node server.js
Running on port 4003
```

接著打開網頁瀏覽器, 在網址列輸入 http://localhost:4003, 你就會看到範例專案正常運作：

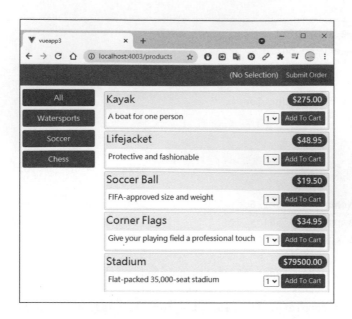

22-5 容器化應用程式

以下使用範例專案 vueapp4,內容延續自 vueapp3,但沒有 data.js 並移除了一些註解、未使用的功能等。

最後,我也要為 Vue.js 範例專案建立一個 Docker 容器,讓它能更方便地部署到正式環境。若你仍未安裝 Docker,請參照第 16 章的說明把它裝起來。

22-5-1 準備好應用程式

首先要建立一個 NPM 組態檔,以便讓 NPM 下載在容器中執行應用程式所需的額外套件。在專案根目錄新增 **deploy-package.json** 的檔案,寫入底下的內容:

\vueapp4\deploy-package.json

```
{
    "name": "vueapp",
    "description": "Vue.js Web App",
    "repository": "",
    "license": "0BSD",
    "devDependencies": {
        "express": "4.17.1",
        "json-server": "0.16.3",
        "connect-history-api-fallback": "1.6.0"
    }
}
```

這個檔案和我們前幾個範例專案建立的組態檔幾乎一樣，因此這邊我們不再詳細介紹。

22-5-2 建立 Docker 容器

在 vueapp 專案根目錄新增一個 **Dockerfile** (不需要副檔名), 寫入以下內容：

\vueapp4\Dockerfile

```
FROM node:14.17.3

RUN mkdir -p /usr/src/vueapp

COPY dist /usr/src/vueapp/dist/
COPY data.json /usr/src/vueapp/
COPY server.js /usr/src/vueapp/
COPY deploy-package.json /usr/src/vueapp/package.json

WORKDIR /usr/src/vueapp

RUN echo 'package-lock=false' >> .npmrc
RUN npm install

EXPOSE 4003

CMD ["node", "server.js"]
```

和之前的專案一樣，Dockerfile 會使用一個基礎映像檔、指定要安裝的 Node.js 環境版本，接著它會複製應用程式執行時所需的檔案，以及專案的 package.json，以便在部署環境內安裝專案所需的套件。

為了加速整個容器化的過程，我們會在專案目錄下新增一個 **dockerignore** 檔案，好告訴 Docker 直接跳過 node_modules 目錄：

\vueapp4\.dockerignore

```
node_modules
```

最後用以下指令，建立一個包含範例應用程式、以及所有必要套件的 Docker 映像檔：

```
\vueapp4> docker build . -t vueapp -f Dockerfile
```

22-5-3 執行容器的網頁應用程式

映像檔建立完成後，請在命令列輸入下方的指令，建立和啟動一個新的容器：

```
\> docker run -p 4003:4003 vueapp
```

接著在瀏覽器打開 http://localhost:4003，即可見到在容器中執行的網頁伺服器如常運作（停止 Docker 容器的方式請參閱第 16 章）。現在這個 Vue.js 範例應用程式已經準備好部署到任何支援 Docker 的平台了。

22-6 本章總結

本章我們完成了 Vue.js 搭配 TypeScript 來開發的網路應用程式，並做些準備來部署它，以及將它放進 Docker 容器中。

我在第三篇裡示範了四種將 TypeScript 整合到前端應用程式開發流程的方式，其中三種是透過目前最熱門的前端框架。不同的框架能帶來不同的好處，也有各自適合的應用領域，但在本書中有一點是共通的：TypeScript 編譯器的型別檢查能有效預防常見的 JavaScript 錯誤，大大提高開發生產力和減少除錯時間。也正是因為如此，這三個框架與許多外部套件都提供了對 TypeScript 的支援，甚至提供了包含 TypeScript 的專案範本。

至此各位應該對於 TypeScript 提供的強大功能，以及這些功能如何套用到 JavaScript 的型別系統，都有了相當完整的理解。我希望這本書能夠幫助讀者，在前端開發之路上藉由 TypeScript 獲得更愉快的開發體驗。

打造 Svelte 網路應用程式

Svelte 是近年一個備受關注的新前端框架,嚴格來說是個以 TypeScript 寫成的編譯器。它和其他框架最大的不同之處,是它編譯的 JavaScript 不會像 React 或 Vue.js 有自己的執行階段編譯器,而且捨棄了虛擬 DOM, 改而直接控制網頁 DOM 物件,藉此縮小 bundle 大小和增進執行效能。在 2021 年的 Stack Overflow 開發者調查中,Svelte 即以 71.47% 的喜愛度比例壓倒了 Angular (55.82%)、React (69.28%) 及 Vue.js (64.41%)。

有鑑於前端技術的持續進步和 Svelte 的日後潛力,我們特地撰寫這個 bonus, 來示範如何用 **Svelte/SvelteKit** 打造本書第三篇的範例,並示範它能如何搭配 TypeScript 的靜態型別功能。

到以下連結免費下載 bonus 電子書與 Svelte 專案範例!

https://www.flag.com.tw/bk/st/F1485

旗 標 FLAG

好書能增進知識 提高學習效率 卓越的品質是旗標的信念與堅持

旗 標 FLAG

http://www.flag.com.tw

旗 標 FLAG

好書能增進知識　提高學習效率　卓越的品質是旗標的信念與堅持

旗 標 FLAG

http://www.flag.com.tw